U0181356

西门子工业自动化技术丛书

SIMATIC S7-1500 与 TIA 博途软件使用指南

第 3 版

西门子工厂自动化工程有限公司　组　编
崔　坚　主　编
赵　欣　副主编

机械工业出版社

SIMATIC S7-1500 PLC 自动化系统集成大量的新功能和新特性，具有卓越的性能和出色的可用性。借助于西门子新一代框架结构的 TIA 博途软件，可在统一开放环境下组态开放 PLC、人机界面和驱动系统等。统一的数据库使各个系统之间可以轻松快速地进行互连互通，真正达到了控制系统的全集成自动化。

本书以 TIA 博途软件 V18 为基础，介绍了 SIMATIC S7-1500 产品的硬件、软件的最新功能和应用，例如 SIMATIC S7-1500R/H 冗余系统、PLCSIM Advanced 仿真器的使用和编程接口、访问保护、团队编程和调试功能、SiVArc 自动生成 HMI 画面功能和 ProDiag 带有程序显示的报警功能，使工程项目的开发和调试更加方便和快捷。

本书还介绍了 FB、FC 的应用，新指针与原有 SIMATIC S7-300/400PLC 指针应用的对比及优势，基于 Web 的诊断方式等。对读者关心的程序标准化问题以及将 SIMATIC S7-300/400 PLC 程序移植到 SIMATIC S7-1500 PLC 中容易遇到的问题做了详细的分析，使移植不再困难。

本书介绍的软件请关注"机工电气"微信公众号，输入本书 ISBN 下载或联系工作人员索取。

本书适合自动化工程技术人员和大专院校相关专业的师生阅读。

图书在版编目（CIP）数据

SIMATIC S7-1500 与 TIA 博途软件使用指南 / 西门子工厂自动化工程有限公司组编；崔坚主编 . —3 版 . —北京：机械工业出版社，2024.2（2025.2 重印）

（西门子工业自动化技术丛书）

ISBN 978-7-111-75272-1

Ⅰ. ① S… Ⅱ. ①西… ②崔… Ⅲ. ①可编程序控制器—指南 Ⅳ. ① TM571.6-62

中国国家版本馆 CIP 数据核字（2024）第 050273 号

机械工业出版社（北京市百万庄大街 22 号　邮政编码 100037）
策划编辑：杨　琼　　　　　责任编辑：杨　琼
责任校对：王小童　梁　静　　封面设计：鞠　杨
责任印制：单爱军
北京虎彩文化传播有限公司印刷
2025 年 2 月第 3 版第 2 次印刷
184mm×260mm・38.5 印张・931 千字
标准书号：ISBN 978-7-111-75272-1
定价：189.00 元

电话服务　　　　　　　网络服务
客服电话：010-88361066　机 工 官 网：www.cmpbook.com
　　　　　010-88379833　机 工 官 博：weibo.com/cmp1952
　　　　　010-68326294　金 书 网：www.golden-book.com
封底无防伪标均为盗版　机工教育服务网：www.cmpedu.com

编委会成员

项目策划：葛鹏

主　　编：崔坚

副 主 编：赵欣

委　　员：聂金龙　王广辉　张鹏飞

　　　　　胡甲宁　刘宁宁　刘胜玉

序 /Preface

随着工业领域的快速发展，我们正处于一场前所未有的工业革命中，低碳化与数字化已经成为全球经济与社会发展的共识，制造业也正向着智能化、绿色化和融合化发展。在中国，西门子公司的战略正是以数字化和低碳化的"双轮驱动"，为中国制造业的转型升级和经济的高质量发展贡献力量。现在，工业市场正在面临着"第四次工业革命"，如何抓住这个机遇确保制造业的未来，是每个制造企业都必须面对的挑战。

With the rapid development of the industry, we are in an unprecedented industrial revolution. Low carbon and digitalization have become a consensus in global economic and social development, and the manufacturing industry is also developing towards intelligence, greenery, and integration. In China, Siemens' strategy is to contribute to the transformation and upgrading of China's manufacturing industry and high-quality economic development through the "Dual Wheel Drive" of digitization and low-carbon. Today, the industry market is facing the fourth industrial revolution. It is a big challenge but also great opportunity for every manufacturer to step in to the next level of manufacturing.

为了应对这些挑战，顺应电气化、自动化、数字化生产的潮流，西门子公司早在数年前便提出了"全集成自动化（Totally Integrated Automation）"的概念。全集成自动化是一种全新的优化系统架构，基于丰富全面的产品系列，提供更加高效、标准化的自动化解决方案。其开放的系统架构，贯穿于整个生产过程，为所有自动化组件提供了高效的互操作性，为每项自动化任务提供了完整的解决方案。

Electrification, automation and digitalization are the key requirements and SIEMENS addresses that concept with the innovative 'Totally Integrated Automation（TIA）' platform.Based on the completeproduct portfolio, TIA offers Efficient and Standardized solution for automation. TIA also ensureshigh-efficiency interoperability for all automation components, and an integrated solution for each automation task.

西门子全集成自动化，化繁为简，将全部自动化组态任务完美地集成在一个单一的开发环境——"TIA博途"（Totally Integrated Automation Portal）之中。这是工程软件开发领域的一个里程碑，是工业领域第一个全面集成自动化组件的工程组态软件。TIA博途以一致的数据管理、统一的工业通信、集成的工业信息安全和故障安全为基础，帮助用户缩短开发周期、减少停机时间、提高生产过程的灵活性、提升项目信息的安全性等各个方面，为用户时刻创造着非凡的价值。

In order to efficiently realize the TIAconcept, SIEMENS has developed the engineering software platform – Totally Integrated Automation Portal. TIA Portal is a milestonein the history of industry automation software, because it's the first industry automation software which can integrate all automation tasks into one single platform. Based on the integrated engineering, the uniform industrial data management, the consistent industrial communication,and the integrated industrial security and safety, TIA Portal brings user great added value to reduce engineering and commissioning time, increase system scalability and ensure faster time-to market.

新一代的 SIMATIC 系列控制器是 TIA 全集成自动化架构的核心单元。作为 SIMATIC 控制器家族的旗舰产品，从简单的单机应用（S7-1200 控制器），到中高端的复杂应用（S7-1500 控制器），分布式的控制任务（ET200SP 控制器），以及基于 PC 的 S7-1500 软控制器，西门子公司形成了完善、领先的产品系列，能够为自动化任务提供量身定制的解决方案。凭借着超高的性价比，新一代的 SIMATIC 系列控制器在工程研发、生产操作与日常维护等各个阶段，在提高工程效率、提升操作体验、增强维护便捷性等各个方面树立了新的标杆。

Siemens has a great variety of controllers to fulfill all needs of automation requirements and tasks. The new generation of SIMATIC controllers, comprising Basic（S7-1200 Controller）, Advanced（S7-1500 Controller）, Distributed（ET200SP Controller）, and S7-1500 Software controller,expands the family of SIMATIC controllers and impresses with its scalability and integration. Users benefit from uniform processes and high efficiency during engineering, operation, and maintenance.

为了帮助大家更深入地了解 SIMATIC S7-1500 控制器的功能特性，快速领略 TIA 博途软件的强大与高效，我们特别邀请了西门子客户服务部的专家工程师和产品经理编写了本书。他们对产品的功能特点进行了深入剖析，融入自己的工程经验，使内容简单易学，为大家开辟了一条学习的捷径。在此，我对他们的辛勤付出表示由衷的谢意。

In order to support your further and know the new features of S7-1500, as well experience how powerful and efficient it is towork with TIA Portal, we invited Siemens product and technical experts to edit this S7-1500 and TIA Portal textbook. They did in-depth analysis on product features and combined their own engineering experience to give you the easiest entrance and fast implementation success for the S7-1500. I would like to show my appreciation to their great efforts.

希望在本书的帮助下，大家能够更好地使用 TIA 博途软件，掌握西门子新一代控制器的全新特性。用博途，有前途！

With the support of this book, I wish you enjoy anintuitive experience with the TIA Portal and the innovative new SIMATIC controller generation.

西门子（中国）有限公司数字化工业集团工厂自动化事业部战略与产品管理部门总监
Siemens Ltd, China DigitalIndustry Factory Automation
Head of Strategy&Product Management
韩三丰 / Nicholas Hansen
2023 年 12 月

前言 /Foreword

西门子数字化工业集团于 2010 年 11 月 23 日发布的全集成自动化软件 "TIA 博途"（TIA Portal），是业内首个采用统一工程组态和软件项目环境的自动化软件，适用于所有自动化任务，用户能够快速、直观地开发和调试自动化系统。

勇于创新、不断探索是西门子自动化一直追求的目标，创新的 TIA 博途软件采用新型、统一的软件框架，可在同一开发环境中组态西门子可编程控制器、人机界面和驱动装置，各种数据的共享可大大降低连接和组态成本。

新一代的 SIMATIC 系列控制器 S7-1500 作为 TIA 全集成自动化架构的核心单元，与 S7-300/400 系列控制器相比，从现场的接线、编程设计、实现通信的灵活方式以及系统的诊断和柔性控制方面都有显著的提高和创新。自动化技术在工业领域应用广泛，给现代制造型企业带来了革新。随着标准化生产和市场竞争的加剧，越来越多的工业自动化开始数字化转型。TIA 博途软件与 SIMATIC S7-1500 的完美结合，无论是设计、安装、调试还是维护和升级自动化系统，都能做到节省工程设计的时间、成本和人力，实现高效工程，为客户的数字化转型提供了优良的软硬件基础。

在本书即将出版时，特别要感谢西门子（中国）有限公司数字化工业集团工厂自动化事业部战略与产品管理部门总监韩三丰（Nicholas Hansen）先生为本书作序。同时，本书还得到了西门子数字化工业集团工业客户服务部客户服务中心相关领导及众多同事的大力支持和指导。本书的主编崔坚先生、副主编赵欣先生、编委聂金龙先生、王广辉先生、张鹏飞先生、胡甲宁先生、刘宁宁女士、刘胜玉先生等对本书的编写和审核付出了辛勤汗水，在此一并表示深深的谢意！

无论您是西门子工业产品的用户、自动化领域的工程技术人员，还是工业自动化的设计人员以及各大院校相关专业的师生，本书都能成为您的良师益友，为您提供相关的技术支持，为您的成功助一臂之力。

由于本书编写时间仓促，书中错误和不足之处在所难免。诚恳希望各位专家、学者、工程技术人员以及所有的读者批评指正，我们将衷心感谢您的赐教，谢谢！

王江涛
工厂自动化事业部产品总监
2023 年 12 月

目录 /Contents

第 1 章 TIA 博途软件

为了应对日益严峻的国际竞争压力，机器制造商在其产品的整个生命周期中，优化工厂设备的性能具有前所未有的重要性。优化可以降低产品的总体成本、缩短产品的上市时间，并进一步提高产品的质量。质量、时间和成本之间的平衡是工业领域决定性的成功因素，这一点表现得比以往任何时候都要突出。

全集成自动化基于西门子公司丰富的产品和优化的自动化系统，遵循工业自动化领域的国际标准，着眼于满足先进自动化理念的所有需求，并结合系统的完整性和对第三方系统的开放性，为各行业的应用领域提供整体的自动化解决方案。

TIA 博途（Totally Integrated Automation Portal）软件将全部自动化组态设计工具完美地整合在一个开发环境之中。这是软件开发领域的一个里程碑，是工业领域第一个带有"组态设计环境"的自动化软件。

1.1 TIA 博途软件简介

TIA 博途软件为全集成自动化的实现提供了统一的工程平台。如图 1-1 所示，用户不仅可以将组态和程序编辑应用于通用控制器，也可以应用于具有 Safety 功能的安全控制器。除此之外，还可以将组态应用于可视化的 WinCC 等人机界面操作系统和 SCADA 系统。通过在 TIA 博途软件中集成应用于驱动装置的 Startdrive 软件，可以对 SINAMICS 系列驱动产品配置和调试。结合面向运动控制的 SCOUT 软件，还可以实现对 SIMOTION 运动控制器的组态和程序编辑。

图 1-1 TIA 博途软件平台

1.2 TIA 博途软件的构成

TIA 博途软件包含 TIA 博途 STEP 7 工程组态软件、TIA 博途 WinCC 可视化组态软件、

TIA 博途 WinCC Unified、TIA 博途 Startdrvie 和 TIA 博途 SCOUT。用户可以购买独立的产品，例如单独购买 TIA 博途 STEP 7 V18 软件，也可以购买多种产品的组合，如购买 TIA 博途 WinCC Advanced V18 和 STEP 7 Basic V18 软件。任一产品中都已包含 TIA 博途软件平台系统，以便于与其他产品的集成。TIA 博途 STEP 7 和 TIA 博途 WinCC 软件等具有的功能和覆盖的产品版本一览如图 1-2 所示。

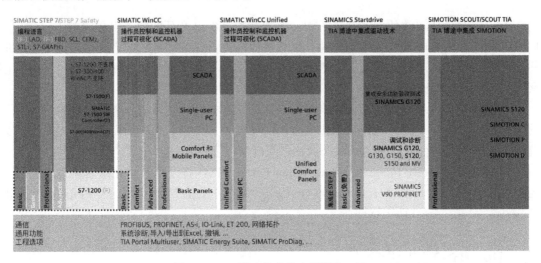

图 1-2　TIA 博途软件的产品版本一览

1.2.1　TIA 博途 STEP 7 工程组态软件

TIA 博途 STEP 7 是用于组态 SIMATIC S7-1200、SIMATIC S7-1500、SIMATIC S7-300/400 和 WinAC 控制器系列的工程组态软件（以下简称 TIA 博途 STEP 7）。

TIA 博途 STEP 7 包含两个版本：

➢ TIA 博途 STEP 7 基本版，用于组态 SIMATIC S7-1200 控制器。

➢ TIA 博途 STEP 7 专业版，用于组态 SIMATIC S7-1200、SIMATIC S7-1500、SIMATIC S7-300/400 和 WinAC 等。

1.2.2　TIA 博途 STEP 7 工程组态系统的选件

对于那些对安全性有较高要求的应用，可以通过 TIA 博途 STEP 7 Safety Basic/Advanced 软件。选件组态 F-CPU 以及故障安全 I/O，并以 F-LAD 和 F-FBD 编写安全程序。

1.2.3　TIA 博途 WinCC 可视化组态软件

TIA 博途 WinCC 是用于 SIMATIC 面板、WinCC Runtime 高级版或 SCADA 系统 WinCC Runtime 专业版的可视化组态软件（以下简称 TIA 博途 WinCC），在 TIA 博途 WinCC 中还可组态 SIMATIC 工业 PC 以及标准 PC 等 PC 站点系统。

TIA 博途 WinCC 软件（不含 WinCC Unified）分为 4 个功能版本：

➢ TIA 博途 WinCC 基本版，用于组态精简系列面板。在 TIA 博途 STEP 7 中已包含此版本。

➤ TIA 博途 WinCC 精智版，用于组态所有面板（包括精简面板、精智面板和移动面板）。

➤ TIA 博途 WinCC 高级版，用于组态所有面板以及运行 TIA 博途 WinCC Runtime 高级版的 PC。

➤ TIA 博途 WinCC 专业版，用于组态所有面板以及运行 TIA 博途 WinCC Runtime 高级版或 SCADA 系统 TIA 博途 WinCC Runtime 专业版的 PC。TIA 博途 WinCC Runtime 专业版是一种用于构建组态范围从单站系统到多用户式系统（包括标准客户端 Web 客户端）的 SCADA 系统。

> **注意：** TIA 博途 WinCC 高版本的软件包含低版本软件的所有功能，例如 TIA 博途 WinCC Professional 包含 TIA 博途 WinCC 高级版和 TIA 博途 WinCC 精智版的全部功能。

使用 TIA 博途 WinCC 高级版或 TIA 博途 WinCC 专业版还可以组态 SINUMERIK PC 以及使用 SINUMERIK HMI Pro SL RT 或 SINUMERIK Operate WinCC RT 基本版的 HMI 设备。

1.2.4　TIA 博途 WinCC 工程组态系统和运行系统的选件

SIMATIC 面板、TIA 博途 WinCC Runtime 高级版以及 TIA 博途 WinCC Runtime 专业版都包含操作员监控机器或设备的所有基本功能。此外，对应面板或不同版本的 TIA 博途 WinCC Runtime，可通过增加不同的附加选件进一步扩展新的功能。

精智面板、移动面板和多功能面板常用选件：

➤ TIA 博途 WinCC Sm@rtServer（远程操作）。

➤ TIA 博途 WinCC Audit（审计跟踪和电子签名）。

TIA 博途 WinCC Runtime 高级版常用选件：

➤ TIA 博途 WinCC Sm@rtServer（远程操作）。

➤ TIA 博途 WinCC Recipes（配方系统）。

➤ TIA 博途 WinCC Logging（过程值归档）。

➤ TIA 博途 WinCC Audit（审计跟踪和电子签名）。

TIA 博途 WinCC Runtime 专业版常用选件：

➤ TIA 博途 WinCC Client（多用户式系统的标准客户端）。

➤ TIA 博途 WinCC Server（多用户式系统的服务器对 WinCC Runtime 的功能进行补充，使之包括服务器功能）。

➤ TIA 博途 WinCC Recipes（配方系统，以前称为 WinCC / 用户归档）。

➤ TIA 博途 WinCC WebNavigator（基于 Web 的操作员监控）。

➤ TIA 博途 WinCC DataMonitor（显示和评估过程状态和历史数据）。

1.2.5　TIA 博途 WinCC Unified

TIA 博途 WinCC Unified 是 TIA 博途软件中的全新可视化系统，基于最新的 Web、边缘技术以及开放接口等功能，可根据应用的特定要求，灵活地实现多种功能，具有如下特点：

1）基于 Web 技术：使用 SIMATIC WinCC Unified，用户可基于 HTML5、SVG 和 JavaScript 脚本语言等 Web 技术对机器进行监视、控制和管理。支持 HTML5 的浏览器都可以访问 WinCC Unified 运行系统，无论使用何种设备，无需安装单独的插件都能灵活、便捷地通过 Web 浏览器进行访问。

2）统一的平台：使用统一的 TIA 博途软件平台，可以同时组态 Unified 精智面板、Unified PC、View of Things（基于 PLC 内置 Web 服务器）应用。

3）使用边缘计算扩展功能：除了典型的基于面板和 PC 的解决方案之外，还可以实现基于 Edge（边缘计算可以不将数据传输到计算中心，在源头附近及时、有效地处理数据）的应用程序。这样便可更加高效地对覆盖较大区域的工厂进行工程组态、调试和维护。

4）VoT 可使 PLC 更好地实现 Web 可视化："View of Things"（VoT）基于 S7-1500 PLC 的网页服务器，可以提供基本的可视化功能，即在 PLC 中组态可视化界面。VoT 的优势是基于 S7-1500 自身的 Web 功能，不需要额外的硬件投资就能实现可视化功能，并且无需额外的 PLC 编程。应注意的是 VoT 一般用于对界面监视功能要求不是很高的场合，例如，只是在需要查看设备状态时才打开 Web 界面。

5）支持面向对象的组态：WinCC Unified PC 支持面向对象的组态，采用类（工厂对象类型）和实例（工厂对象）概念，其中类可以被重复利用，提高了工程组态的效率。

TIA 博途 SIMATIC WinCC Unified 分为两个功能版本：

➢ WinCC Unified Comfort，用于组态 Unified 精智面板、精智面板、精简面板和移动面板。

➢ WinCC Unified PC，用于组态 WinCC Unified PC、Unified 精智面板、精智面板、精简面板、移动面板以及 WinCC Runtime Advanced。

注意：TIA 博途 WinCC Unified 不能与 TIA 博途 WinCC Professional 或 WinCC V7.x 同时安装在同一台计算机上。

1.2.6　TIA 博途 WinCC Unified 的选件

Unified 精智面板和基于 PC 的 SCADA 级应用可通过增加不同的附加选件进一步扩展新的功能。

1. 通用选项

➢ File-based logging（基于文件的日志，适用于中小型的本地数据采集）。

➢ Parameter control（参数控制，用于机器或生产参数的统一管理和控制）。

➢ Unified Collaboration（Unified 合作，用于分布式组态）。

➢ Client Operate（客户端操作，基于网络的远程操作和控制）。

➢ Client Monitor（客户端监视，基于 Web 的过程和生产显示）。

➢ Audit Basis（审计基础，记录操作员操作以跟踪生产过程和满足特殊质量需求）。

➢ Reporting Execution（报告执行，用于依赖于要求或事件的自动循环报告）。

2. SCADA 选项

➢ Database Storage（数据库存储，基于数据的日志记录选项可实现基于 SQL 的日志记录）。

➢ Calendar（PI 选项，基于日历的事件和班次管理）。

➢ Performance Insight（PI 选项，使用 KPI 和时间 / 状态模型对设备绩效进行可视化和分析）。

1.3　TIA 博途软件的安装

1.3.1　硬件的要求

表 1-1 列出了安装 TIA 博途 SIMATIC STEP 7 Professional 软件包对计算机硬件的推荐配置。

表 1-1　计算机硬件推荐配置

硬件	要求
处理器	Intel® Core™ i5-6440EQ（最高 3.4GHz）及以上
显示器	15.6″全高清显示器，分辨率为 1920×1080
RAM	16GB 或更多（对于大型项目，为 32GB）
硬盘	SSD，配备至少 50GB 的存储空间

注：1in=2.54mm。

1.3.2　支持的操作系统

TIA 博途 STEP 7 V18 软件基本版和 TIA 博途 STEP 7 V18 软件专业版分别支持的操作系统见表 1-2。

表 1-2　计算机操作系统需求

操作系统	
Windows 10（64 位）	Windows 10 专业版 21H1
	Windows 10 专业版 21H2
	Windows 10 企业版 2009
	Windows 10 企业版 20H2
	Windows 10 企业版 21H1
	Windows 10 企业版 21H2
	Windows 10 企业版 2016 LTSB
	Windows 10 企业版 2019 LTSC
	Windows 10 企业版 2021 LTSC
Windows 11（64 位）	Windows 11 专业版 21H2
	Windows 11 企业版 21H2
Windows Server（64 位）	Windows Server 2016 Standard（完全安装）
	Windows Server 2019 Standard（完全安装）
	Windows Server 2022 Standard（完全安装）

1.3.3　安装步骤

软件包通过安装程序自动安装。将安装盘插入光盘驱动器后，安装程序立即启动。如果通过硬盘上的软件安装包安装，应注意勿在安装路径中使用或者包含任何使用 UNICODE 编码的字符（例如，中文字符）。

1. 安装要求

➢ PG/PC 的硬件和软件应满足系统的要求。

➢ 具有计算机管理员的权限。

➢ 关闭所有正在运行的程序。

2. 安装步骤

以 TIA 博途 V18 软件为例，将安装盘插入光盘驱动器。安装程序将自动启动（除非在计算机上禁用了自动启动功能），如图 1-3 所示。

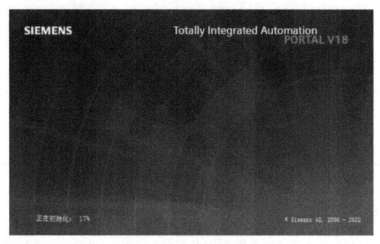

图 1-3　安装程序启动

1）如果安装程序没有自动启动，可通过双击 "Start.exe" 文件，手动启动。之后，在选择安装语言的对话框中选择安装过程中的界面语言，例如中文，如图 1-4 所示。

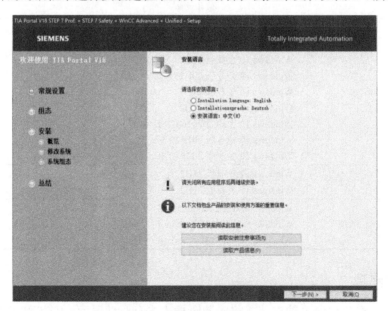

图 1-4　选择中文安装语言

2）在安装过程中，可选择阅读安装注意事项或产品信息。之后，单击 "下一步"（Next）按钮。在打开的选择产品语言的对话框中，选择 TIA 博途软件的用户界面要使用的语言。"英语"（English）作为基本产品语言进行安装，不可取消，如图 1-5 所示。

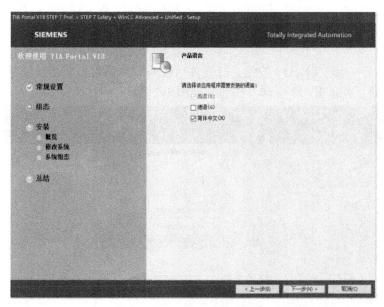

图 1-5　产品语言选择

3）单击"下一步"（Next）按钮，将打开选择产品组件的对话框，如图 1-6 所示。

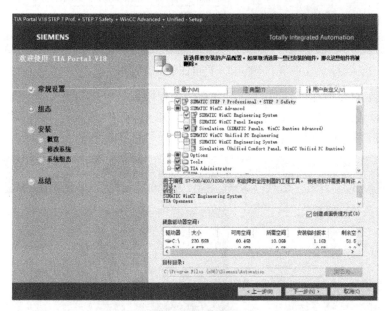

图 1-6　安装配置

如果需要以最小配置安装程序，则单击"最小"（Minimal）按钮；如果需要以典型配置安装程序，则单击"典型"（Typical）按钮；如果自主选择需要安装的组件，请单击"用户自定义"（User-defined）按钮，然后，勾选需要安装的产品对应的复选框。

如果要在桌面上创建快捷方式，请选中"创建桌面快捷方式"（Create desktop shortcut）复选框；如果要更改安装的目标目录，请单击"浏览"（Browse）按钮。安装路径的长度不能超过 89 个字符。

> **注意：** 为了保证安装速度和减少软件的空间，在 TIA 博途软件中，将 TIA 博途 STEP 7 和 TIA 博途 WinCC 集成在一起，如果不需要 TIA 博途 WinCC，可以取消勾选。

4）单击"下一步"（Next）按钮，打开许可证条款对话框。若继续安装，请阅读并接受所有许可协议，并单击"下一步"按钮，如图 1-7 所示。

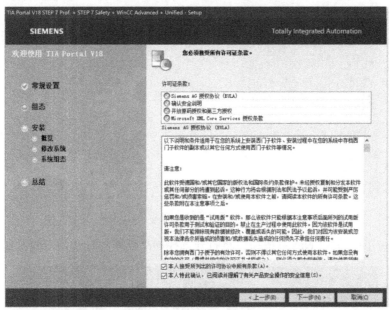

图 1-7　许可证条款确认

如果在安装 TIA 博途软件时需要更改安全和权限设置，则打开安全控制对话框，接受对安全和权限设置的更改后可以单击"下一步"（Next）按钮。下一对话框将显示安装设置概览，单击"安装"（Install）按钮，安装随即启动，如图 1-8 所示。

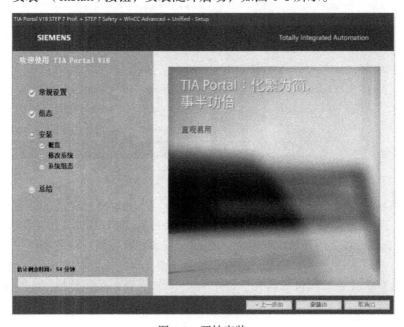

图 1-8　开始安装

如果在安装过程中未在 PC 上找到许可密钥，可以通过从外部导入的方式将其传送到 PC 中。如果跳过许可密钥传送，稍后可通过 Automation License Manager 进行注册。安装过程中可能需要重新启动计算机。在这种情况下，请选择"是，立即重启计算机"（Yes, restart my computer now.）选项按钮，然后单击"重启"（Restart），直至安装完成。

1.4　TIA 博途软件的卸载

可以选择两种方式进行卸载，即通过控制面板删除所选组件和使用源安装盘删除产品。

以通过 Windows 10 控制面板删除所选组件为例：

1）使用左下角"视窗→ Windows 系统→控制面板"，打开"控制面板"。

2）在控制面板上双击"程序与功能"，打开"卸载或更改程序"对话框。

3）选择要删除的软件包，例如"Siemens Totally Integrated Automation Portal V18"，然后右键选择"卸载"，将打开选择语言的对话框，用来显示程序删除对话框的语言。单击"下一步"（Next）按钮，将打开一个对话框，供用户选择要删除的产品，如图 1-9 所示。

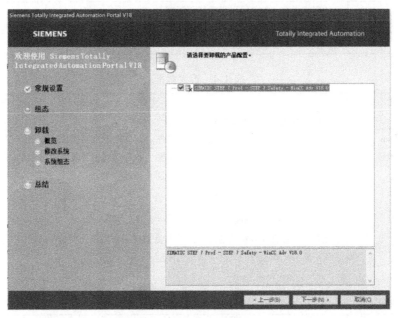

图 1-9　选择删除的产品

4）选中要删除的产品复选框，并单击"下一步"（Next）按钮。在下一对话框中，用户可以检查要删除产品的列表。如果进行任何更改，请单击"上一步"（Back）按钮；如果确认没有问题，则单击"卸载"（Uninstall）按钮，删除所选软件。

5）在软件卸载过程中，可能需要重新启动计算机。在这种情况下，请选择"是，立即重启计算。"（Yes, restart my computer now.）选项按钮。然后，单击"重启"（Restart），卸载完成后，单击"关闭"按钮完成软件的卸载。也可使用源安装盘卸载软件，即将安装盘插入相应的驱动器。安装程序将自动启动（除非在 PG/PC 上禁用了自动启动功能），如果安装程序没有自动启动，则可通过双击"Start.exe"文件手动启动。其它步骤与从控制面板卸载方式一致。

1.5　授权管理功能

1.5.1　授权的种类

授权管理器是用于管理授权密钥（许可证的技术实现，授权也称许可证）的软件。使用授权密钥的软件产品自动将许可证要求报告给授权管理器。当授权管理器发现该软件的有效授权密钥时，用户便可根据最终用户授权协议的规定使用该软件。

西门子软件产品有不同类型的授权，见表 1-3 和表 1-4。

表 1-3　标准授权类型

标准授权类型	描述
Single	使用该授权，软件可以在任意一台单 PC（机）（使用本地硬盘中的授权）上使用
Floating	使用该授权，软件可以安装在服务器的计算机上，同时只能被一个客户端用户使用
Master	使用该授权，软件可以不受任何限制
升级类型授权	利用 Upgrade 许可证，可将旧版本的许可证转换成新版本。升级十分必要，例如需要使用新版软件的新功能

表 1-4　授权类型

授权类型	描述
无限制	使用具有此类授权的软件可不受限制
Count relevant	使用具有此类授权的软件受到下列限制：合同中规定的变量数量
Count Objects	使用具有此类授权的软件受到下列限制：合同中规定的对象数量
Rental	使用具有此类授权的软件受到下列限制： 1）合同中规定的工作小时数 2）合同中规定的自首次使用日算起的天数 3）合同中规定的到期日 注意：可以在任务栏的信息区内看到关于 Rental 授权剩余时间的简短信息
Trial	使用具有此类授权的软件受到下列限制： 1）有效期，如最长为 21 天 2）自首次使用日算起的特定天数 3）用于测试和验证（免责声明）
Demo	使用具有此类授权的软件受到下列限制： 1）合同中规定的工作小时数 2）合同中规定的自首次使用日算起的天数 3）合同中规定的到期日 注意： 可以在任务栏的信息区内看到关于演示版授权剩余时间的简短信息

1.5.2　授权管理器（ALM）

在安装 TIA 博途软件时，必须安装授权管理器。授权管理器可以传递、检测或删除授权，操作界面如图 1-10 所示。

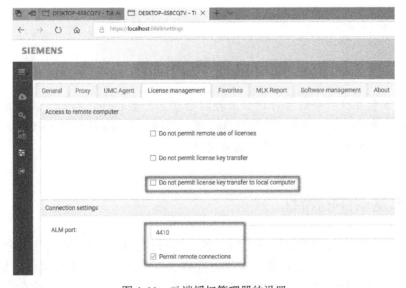

图 1-10　授权管理器操作界面

1.5.3　安装许可证密钥

将带有 USB 接口的授权盘（目前是这样的方式，早期使用 3.5 寸软盘）插入 PC 的 USB 接口。在安装软件产品期间安装授权密钥，或者在安装结束后使用授权管理器进行转移操作。在授权管理软件中，可以通过拖拽的方式将授权从授权盘中转移到目标硬盘。

如果 TIA 博途软件布署在公有 / 私有云端，需要在本地 PC 和云端 PC 安装授权管理器，在云端 PC 的 TIA Administrator（桌面）选择"License management"，需要取消激活"Do not permit license key transfer to local computer"选项（默认设置为取消激活，当安装了 SIMATIC Logon 且选择了"激活 SIMATIC Logon 访问保护"复选框后，这些复选框才会激活），然后设置访问端口，例如 4410，激活"Permit remote connections"选项，如图 1-11 所示。

图 1-11　云端授权管理器的设置

同样在本地 PC 中取消激活 "Do not permit license key transfer" 选项。双击打开 "授权管理器 ALM",选择路径 "编辑" → "连接计算机",打开配置窗口,如图 1-12 所示。

图 1-12 连接远程计算机

键入需要连接 PC 的 IP 地址和端口号,单击 "确定" 按钮,连接到远端的计算机,然后将所需要的授权拖拽到远程计算机相应的硬盘中,如图 1-13 所示。

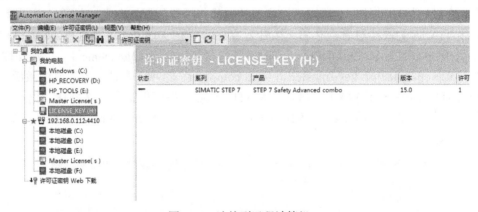

图 1-13 连接到远程计算机

注意: 不能在执行安装程序时升级授权密钥。有些软件产品的授权不是授权盘形式而是一张纸质授权书,例如 OPC UA 服务器,如果使用 CPU 中的 OPC UA 服务器功能,需要购买,并与设备一起移交到最终用户。

1.6 TIA 博途软件的特性

TIA 博途软件以一致的数据管理、统一的工业通信、集成的工业信息安全和功能安全为基础,贯穿项目规划、工程研发、生产运行到服务升级的各个工程阶段。从提高效率、缩短开发周期、减少停机时间、提高生产过程的灵活性、提升项目信息的安全性等各个方面，为用户时时刻刻创造价值。

1. 使用统一操作概念的集成工程组态

过程自动化和过程可视化"齐头并进"。

2. 通过功能强大的编辑器和通用符号实现一致的集中数据管理

变量创建完毕后，在所有编辑器中都可以调用。变量的内容在更改或纠正后将自动更新到整个项目中。

3. 全新的库概念

可以反复地使用已存在的指令及项目的现有组件，避免重复性开发，缩短项目开发周期。TIA 博途软件支持"类型"的版本管理功能，便于库的统一管理，如图 1-14 所示。

4. 轨迹 Trace（S7-1200 和 S7-1500）

实时地记录每个扫描周期的数据并以图形化的方式显示，还可以保存和复制，帮助用户快速地定位，提高调试效率，从而减少停机的时间，如图 1-15 所示。

图 1-14　TIA 博途 - 库

图 1-15　TIA 博途 -Trace

5. 系统诊断

系统诊断功能集成在 SIMATIC S7-1500、SIMATIC S7-1200 等 CPU 中，不需要额外资源和程序编辑，以统一的方式将系统诊断信息和报警信息显示于 TIA 博途软件、HMI、Web 浏览器或 CPU 显示屏中。

6. 易操作性

TIA 博途软件中提供了很多优化的功能机制，例如通过拖放的方式将变量添加到指令或添加到 HMI 显示界面或添加到库中等，如图 1-16 所示。在变量表中单击变量名称，通过下拉功能可以按地址顺序批量生成变量。用户可以创建变量组，以便于对控制对象进行快速监控和访问。用户也可以自定义常用指令收藏夹。此外，可给程序中每条指令或输入 /

输出对象添加注释，提高程序的易读性等。

图 1-16　TIA 博途软件 - 智能拖放

7. 集成信息安全

通过程序专有技术保护和程序与 SMC 卡或 PLC 绑定等安全手段，可以有效地保护用户的投资和知识产权，更加"安全"地操控机器，如图 1-17 所示。

图 1-17　TIA 博途软件的安全性

第2章 | TIA 博途软件平台支持新一代 PLC 产品

西门子公司提供适合多种自动化需求的 PLC 产品。新一代的 SIMATIC PLC 控制器包括基础系列、高级系列、分布式系列和软控制器系列，产品线广、集成度高，如图 2-1 所示。

图 2-1　SIMATIC 新一代 PLC 产品家族

2.1　完整的 PLC 产品线全面满足用户需求

SIMATIC S7-1200 和 SIMATIC S7-1500 控制器是 SIMATIC PLC 产品家族的旗舰产品。SIMATIC S7-1200 控制器定位于简单控制和单机应用，而 SIMATIC S7-1500 控制器为中高端工厂自动化控制任务量身定制，适合较复杂的应用。目前，SIMATIC S7-1500 控制器产品家族的 CPU 种类非常齐全，有 5 款标准型 CPU（见图 2-2），2 款紧凑型 CPU（见 2-3），3 款分布式 ET 200SP CPU（见图 2-4），以及 2 款分布式 ET 200pro CPU（见图 2-5）。SIMATIC S7-1500 控制器以其卓越的产品设计理念、多方面的技术革新和更高的性价比，在提升客户生产效率、缩短新产品上市时间以及提高客户核心竞争力等方面树立了新的标杆，也为实现客户工厂的可持续发展提供强有力的保障。

图 2-2　SIMATIC S7-1500 标准型控制器

图 2-3 SIMATIC S7-1500 紧凑型控制器

图 2-4 ET 200SP 分布式控制器

图 2-5 ET 200pro 分布式控制器

随着 TIA 博途 V18 软件的发布，SIMATIC S7-1500 控制器也发生了硬件的变化，从固件版本 V3.0 开始进入了双核时代，一个核专门处理用户程序和诊断，另一个核单独处理通信，带来了更高的通信性能，可避免因通信负载变化导致的用户程序执行时间的抖动，并为新硬件提供了更大的存储空间，程序存储区容量较之前增加了 1 倍，数据存储区容量较之前有 50% 以上的提高，并且程序执行时间更快，提高了性能，如图 2-6 所示。

图 2-6　SIMATIC S7-1500 控制器固件 V3.0 版本性能升级

以下型号的 CPU 从固件版本 V3.0 和 TIA 博途 V18 软件开始推出了新硬件（CPU ≤ 1516）：

> CPU 1511（F）– CPU 1516（F）；
> CPU 1511T/TF、CPU 1515T/TF；
> CPU 1513R、CPU 1515R。

新硬件有新订货号，如图 2-7 所示，以 CPU 1511 为例，旧订货号为 6ES7511-1AK02-0AB0，新订货号为 6ES7511-1AL03-0AB0。旧订货号的 CPU 不能通过刷新固件变为 V3.0 固件，只有新订货号的 CPU 支持 V3.0 固件。

图 2-7　SIMATIC S7-1500 CPU 新订货号

注意：CPU 1517/1518 没有硬件的改动，但可以将固件升级到 V3.0，支持 TIA 博途 V18 软件的新功能。

2.2　全新分布式和 PC-Based 自动化解决方案

全新 ET 200SP 开放式控制器 CPU 1515SP PC（见图 2-8）是将 PC-Based 平台与 ET 200SP 控制器功能相结合的、可靠的和紧凑的控制系统。该控制器可用于特定的 OEM（原始设备制造商）设备以及工厂的分布式控制。ET 200SP 开放式控制器是集软控制器、可视化、Windows 应用和本地 I/O 模块于一体的、小尺寸的单一设备。可以通过 ET 200SP 进行本地扩展，也可以通过 PROFINET 扩展远程 I/O 设备，以适应设备的分布式架构。

图 2-8　S7-1500 开放式控制器

SIMATIC S7-1500 控制器仅运行于某些特定型号的 SIMATIC IPC，与 S7-1500 CPU 在软件层面 100% 兼容，操作完全独立于 Windows，具有更高的可用性。该控制器可使用 C/C++ 高级语言编程，具有使用高级语言封装工艺诀窍的特点，也可以使用开源的 IT 代码，更灵活和更便利地实现复杂的工艺算法，适用于特定应用设备的使用。

2.2.1　集成功能安全和信息安全

SIMATIC S7-1500、SIMATIC S7-1200 和 SIMATIC ET 200SP 产品线均有功能故障安全型控制器和 I/O 模块（如 S7-1500 F CPU），如图 2-9 所示。使用 TIA 博途 Step 7 Professional V18 软件外加 TIA 博途 Step 7 Safety Advanced V18 软件包，用户可以在相同的开发环境下为故障安全型控制器开发标准程序和故障安全相关程序。

所有控制器都有一套详尽的信息安全概念。SIMATIC S7-1500 控制器具有革新的知识产权保护，最大程度地保护了 OEM（原始设备制造商）用户的核心利益。

2.2.2　高效的开发环境

图 2-9　SIMATIC S7-1500 故障安全型控制器

新的 SIMATIC 控制器已无缝集成到 TIA 博途软件开发框架中，这使得组态、编程和使用新功能更加方便。由于 TIA 博途软件使用一个共享的数据库，各种复杂的软件和硬件功能可以高效配合，实现各种自动化任务。TIA 博途软件完美地整合 SIMATIC 控制器、HMI、驱动、交换机等，让用户真切地感受到西门子全集成自动化解决方案的高效与创新。使用智能的 TIA 博途软件平台，可以让用户在自动化系统的编程组态上花费更少的时间和精力，从而更好地关注于自身工艺的改进和设备的研发，提高生产效率，提升自身品牌价值，在激烈的市场竞争中抢占先机。

第 3 章 SIMATIC S7-1500 PLC 控制系统的硬件组成

一个简单的控制系统可以包括 CPU、输入 / 输出模块、通信模块以及 HMI 等。CPU 采集输入模块信号进行处理，并将逻辑结果通过输出模块输出；同时可以通过通信接口将数据上传到 HMI 中进行数据管理，例如对过程数据的归档和查询，报警信息的记录等。下面介绍 S7-1500 PLC 控制系统的硬件组成。

3.1 负载电源（PM）与系统电源（PS）

3.1.1 负载电源（PM）

负载电源（Power Module, PM）用于负载供电，通常是 AC 120/230V 输入，DC 24V 输出，为模块（PS、CPU、IM、I/O、CP）、传感器和执行器提供 DC 24V 工作电源。负载电源（PM）不能通过背板总线向 SIMATIC S7-1500 PLC 以及分布式 I/O ET 200MP 供电，所以可以不安装在机架上，不在 TIA 博途软件中配置。PM 模块给 CPU/IM 提供 24V 电源，CPU/IM 向背板总线供电。

3.1.2 系统电源（PS）

系统电源（Power Supply, PS）用于系统供电，通过背板总线向 SIMATICS7-1500 PLC 及分布式 I/O ET 200MP 供电，所以必须安装在背板上。系统电源不能与机架分离安装，且必须在 TIA 博途软件中进行配置。目前，可以使用的系统电源（PS）有四种，见表 3-1。

表 3-1　SIMATIC S7-1500 PLC 控制系统电源

系统电源型号	PS 25W DC 24V	PS 60W DC 24/48/60V	PS 60W DC 24/48/60V HF	PS 60W AC/DC 120/230V
订货号	6ES7505-0KA00-0AB0	6ES7505-0RA00-0AB0	6ES7505-0RB00-0AB0	6ES7507-0RA00-0AB0
额定输入电流	DC 24V 额定电流 1.3A	DC 24V 额定电流 3A，DC 48V 额定电流 1.5A，DC 60V 额定电流 1.2A	DC 24V 额定电流 3A，DC 48V 额定电流 1.5A，DC 60V 额定电流 1.2A	DC 120V 额定电流 0.6A，DC 230V 额定电流 0.3A，AC 120V 额定电流 0.6A，AC 230V 额定电流 0.34A
背板总线上的馈电功率	25W	60W	60W（可以给 V2.1 及以上版本 CPU 存储器供电，参考 3.3.3 节）	60W

3.1.3 系统电源选择示例

可以根据电压类型和模块的功率损耗灵活地选择系统电源（PS）。SIMATIC S7-1500 中央机架和分布式 I/O ET 200MP 使用相同的方式进行配置。一个机架上最多可以插入 32 个模块 [包括系统电源（PS）、CPU 或接口模块 IM 155-5]。可以最多插入 3 个系统电源（PS）模块，通过系统电源（PS）模块内部的反向二极管划分不同的电源段。除系统电源（PS）向背板总线供电外，CPU 或接口模块 IM 155-5 也可以向背板总线供电，下面通过几个示例进行详细介绍。

1. 机架上没有系统电源（PS）

如图 3-1 所示，CPU/IM 155-5 的电源由负载电源（PM）或者其它 DC 24V 提供，CPU/IM155-5 向背板总线供电，但是功率有限（功率具体数值与 CPU 或接口模块的型号有关），且最大只能连接 12 个模块（与模块种类有关）。如果需要连接更多的模块，需要增加系统电源（PS）。

图 3-1　机架上没有系统电源（PS）

2. 系统电源（PS）在 CPU/IM155-5 的左边

如图 3-2 所示，有两种情况：第一种情况是 CPU/IM155-5 电源端子没有连接 DC 24V 电源，CPU 和 I/O 模块都消耗系统电源（PS）的功率；第二种情况是 CPU/IM155-5 电源端子连接 DC 24V 电源，与系统电源（PS）一起向背板总线供电，向背板总线提供的总功率就是系统电源（PS）与 CPU/IM155-5 输出功率之和，因此在第二种情况下可以连接更多的模块。

3. 系统电源（PS）在 CPU/IM155-5 右边

如图 3-3 所示，由于系统电源（PS）内部带有反向二极管，CPU/IM155-5 的供电会被系统电源（PS）隔断，只有系统电源（PS）将向背板总线提供电源。此时必须为 CPU/IM155-5 提供 DC 24V 电源，这样的配置方式虽然没有错误，但是没有意义。

4. 插入多个系统电源（PS）

如图 3-4 所示，在机架上插入两个系统电源（PS）。插槽 0～3 的供电方式与“系统电源（PS）在 CPU/IM155-5 的左边”的方式相同，有两种供电的可能性。插槽 4 的系统电源（PS）为插槽 5、6 的 I/O 模块供电。

图 3-2　系统电源（PS）在 CPU/IM155-5 左边

图 3-3　系统电源（PS）在 CPU/IM155-5 右边

图 3-4　插入多个系统电源（PS）

3.1.4　查看功率分配的详细信息

如果系统电源（PS）安装在插槽 0，则功率分配的详细信息在 CPU/IM 155-5 的属性中查看。如果系统电源（PS）安装在其它插槽，则功率分配的详细信息在系统电源（PS）属性中查看。图 3-4 中插槽 4 的系统电源（PS）功率分配如图 3-5 所示，两个 I/O 模块共消耗 2.00W，还剩余 23.00 W。

图 3-5　功率分配详细信息

3.1.5　系统中如何选择 PM 和 PS

I/O 模块和外部回路通常需要 24V 电源，PLC 系统中通常选择（负载电源 PM）就可以了，既便宜又方便，但是如果没有安装抑制感性负载冲击电压的释放回路，则可能对 PLC 系统造成损坏，如图 3-6 所示。CPU 的 M 端与背板总线的逻辑地相连接，如果电源同时给 CPU 和感性负载供电，感性负载的反向电压将冲击系统的逻辑地，造成 CPU 系统的崩溃，在这样的情况下一定要安装释放回路（反向二极管），抑制反向电压。CPU 可以单独使用一个负载电源（PM），如果需要与系统其它部分做等电位的连接，减少电位差，通常的做法是接地，这样所有电源的 M 端都接地了。但是，在高频情况下，接地线的感抗增加，还是会冲击系统的逻辑地，推荐使用系统电源（PS）给 CPU 供电，使用负载电源（PM）给 I/O 和负载供电。

图 3-6　SIMATIC S7-1500 PLC 系统电位的关系

3.2　SIMATIC S7-1500 CPU

3.2.1　SIMATIC S7-1500 CPU 简介

CPU 相当于一个控制器的大脑：输入模块采集的外部信号，经过 CPU 的运算和逻辑处理后，通过输出模块传递给执行机构，从而完成自动化控制任务。SIMATIC S7-1500 控制器的 CPU 包含了从 CPU 1511 到 CPU 1518 的不同型号，CPU 性能按照序号由低到高逐渐增强。性能指标主要根据 CPU 的内存空间、计算速度、通信资源和编程资源等进行区别。

CPU 按功能划分主要有以下几种类型：

1）普通型：实现计算、逻辑处理、定时、通信等 CPU 的基本功能，如 CPU 1513、CPU 1516 等。

2）紧凑型：CPU 模块上集成 I/O，还可以组态高速计数、PTO 和脉宽调制等功能。

3）故障安全型：CPU 经过 TUV 组织的安全认证，如 CPU 1515F、CPU 1516F 等。在发生故障时确保控制系统切换到安全的模式。故障安全型 CPU 会对用户程序编码进行可靠性校验。故障安全控制系统要求系统的完整性，除要求 CPU 具有故障安全功能外，还要求输入、输出模块以及 PROFIBUS/PROFINET 通信都具有故障安全功能。

从 CPU 的型号可以看出其集成通信接口的个数和类型，如 CPU 1511-1PN，表示 CPU 1511 集成一个 PN（PROFINET）通信接口，在硬件配置时显示为带有两个 RJ45 接口的交换机；又如 CPU 1516-3 PN/DP 表示 CPU 1516 集成一个 DP（PROFIBUS-DP，仅支持主站）接口、两个 PN 接口（X1 接口支持 PROFINET IO，V2.0 以下版本 CPU X2 接口仅支持 PROFINET 基本功能，例如 S7、TCP 等协议，V2.0 及以上版本 CPU 也支持 PROFINET IO）。

SIMATIC S7-1500 CPU 不支持 MPI 接口，因为通过集成的 PN 接口即可进行编程调试。与计算机连接时也不需要额外的适配器，使用 PC 上的以太网接口即可直接连接 CPU。此外，PN 接口还支持 PLC-PLC、PLC-HMI 之间的通信，已完全覆盖 MPI 接口的功能。同样 PROFIBUS-DP 接口也被 PROFINET 接口逐渐替代。相比 PROFIBUS，PROFINET 接口可以连接更多的 I/O 站点，具有通信数据量大、速度更快、站点的更新时间可手动调节等优势。一个 PN 接口既可以作为 IO 控制器（类似 PROFIBUS DP 主站），又可以作为 IO 设备（类似 PROFIBUS DP 从站）。在 CPU 1516 及以上的 PLC 中还集成 DP 接口，这主要是考虑到设备集成、兼容和改造等需求。

3.2.2　SIMATIC S7-1500 CPU 操作模式

SIMATIC S7-1500 CPU 有下列几种操作模式描述 CPU 的状态：

1. 停止模式（STOP）

停止模式下 CPU 不执行用户程序。如果给 CPU 装载程序，在停止模式下 CPU 将检测所有已经配置的模块是否满足启动条件。如果从运行模式切换到停止模式，CPU 将根据输出模块的参数设置，禁用或激活相应的输出，例如在模块参数中设置提供替换值或保持上一个值输出。通过 CPU 上的模式开关、显示屏或 TIA 博途软件可以切换到停止模式。

2. 运行模式（RUN）

在运行模式下，CPU 执行用户程序，更新输入、输出信号，响应中断请求，对故障信息进行处理等。通过 CPU 上的模式开关、显示屏或 TIA 博途软件可以切换到运行模式。

3. 启动模式（STARTUP）

与 SIMATIC S7-300/400 相比，SIMATIC S7-1500 的启动模式只有暖启动（Warm Restart）。暖启动是 CPU 从停止模式切换到运行模式的一个中间过程，在这个过程中将清除非保持性存储器的内容，清除过程映像输出，处理启动 OB，更新过程映像输入等。如果启动条件满足，CPU 将进入到运行模式。

4. 存储器复位（MRES）

存储器复位用于对 CPU 的数据进行初始化，工作存储器中的内容以及保持性和非保持性数据被删除，只有诊断缓冲区、时间、IP 地址被保留。复位完成后，CPU 存储卡中保存的项目数据从装载存储器复制到工作存储器中。只有在 CPU 处于"STOP"模式下才可以进行存储器复位操作。

5. 故障模式（DEFECT）

CPU 所有 LED 灯闪烁，与所有外部的通信中断，通常 CPU 断电后重新上电可以恢复，主要的原因是 CPU 的逻辑地受到干扰（参考 3.1.5 节中如何选择 PM 和 PS），CPU 内部无法正常工作，如果故障经常出现，可能会造成 CPU 损坏。

3.2.3 SIMATIC S7-1500 CPU 的存储器

SIMATIC S7-1500 CPU 的存储器主要分为 CPU 内部集成的存储器和 SIMATIC 存储卡。CPU 内部集成的存储器又分为工作存储器、保持性存储器和其它（系统）存储器三部分，外插 SIMATIC 存储卡为装载存储器。存储器的分布示意图如图 3-7 所示。

图 3-7　存储器分布示意图

1. 工作存储器

工作存储器是一个易失性存储器，用于存储与运行相关的用户程序代码和数据块。工作存储器集成在 CPU 中，不能进行扩展。在 SIMATIC S7-1500 CPU 中，工作存储器分为以下两个区域：

1）代码工作存储器：代码工作存储器存储与运行相关的程序代码，例如 FC、FB 和 OB 块。

2）数据工作存储器：数据工作存储器存储 DB 和工艺对象中与运行相关的部分。全局 DB 可以设置只存储于装载存储器中。

> **注意**：根据输入、输出的点数及程序的占用空间选择合适的 CPU，如果用户程序所需超过了 CPU 工作存储器的空间，只能更换更大工作存储器容量的 CPU。

2. 保持性存储器

保持性存储器是非易失性存储器，在发生电源故障或者掉电时可以保存有限数量的数据。这些数据必须预先定义为具有保持功能，例如整个 DB、DB 中的部分数据（优化数据块）、位存储器 M 区、定时器和计数器等。

当操作模式从 POWER ON 转换为 STARTUP，或者从 STOP 转换为 STARTUP 时，所有的非保持变量值都将复位为起始值。通过存储器复位或者恢复出厂设置操作可以清除保持性存储器中的数据。

1）设置数据块（DB）的保持性：打开数据块，单击"保持性"选项可以选择需要保持的变量，如图 3-8 所示。

图 3-8　设置数据块的保持性

> **注意**：优化访问的数据块中可以将单个变量定义为具有保持性，而在标准访问的数据块中，仅可统一地定义全部变量的保持性。

2）设置位存储器 M 区、定时器和计数器的保持性：如图 3-9 所示，在项目树中选择"PLC 变量"→"显示所有变量"→"变量"标签栏，单击"保持性"按钮设置保持功能，在弹出的对话框中可以增加 M、T、C 保持变量的个数。不同类型的存储区具有不同大小的保持性空间。图中也可以看到 CPU1515 数据区是 3MB，但是保持性存储器只有不到 473KB，可以配置电源模块 PS 60W DC 24/48/60V HF 扩展保持性存储区，所有的数据区都可以作为保持性存储器（不含 CPU 1518）。

图 3-9　设置位存储器 M 区、定时器和计数器的保持性

3）设置函数块（FB）接口变量的保持性：由于 FB 接口变量保存在背景 DB 中，所以接口的变量也可以设置保持性。Input、Output、InOut 以及 Static 类型声明的变量可以设置保持性，但 Temp 和 Constant 类型声明的变量和常量不能设置保持性。如果选择"在 IDB 中设置"，则可以在实例化数据块中进行单独设置，如图 3-10 所示。

图 3-10　设置 FB 接口变量的保持性

注意： 优化的函数块接口中，可以将单个变量定义为具有保持性，而标准的函数块接口中仅可统一地定义全部变量的保持性。

4）保持存储器的大小：CPU 保持存储器的大小与 CPU 的类型有关，可以从 CPU 的技术数据中查看，也可从 TIA 博途软件中查看。通过在项目树中选择"程序信息"→"资源"

标签栏可以查看保持存储器使用的详细信息。如图 3-11 所示，CPU 的保持存储器空间大小为 484000 个字节，使用了 7000 个字节。

图 3-11　保持存储器的详细信息

3. 其它（系统）存储区

其它存储区包括位存储器、定时器和计数器、本地临时数据区以及过程映像区，这些数据区的大小与 CPU 的类型有关。

4. 装载存储器

SIMATIC 存储卡就是装载存储器，是一个非易失性存储器，用于存储代码块、数据块、工艺对象和硬件配置等。这些对象下载到 CPU 时，会首先存储到装载存储器中，然后复制到工作存储器中运行。由于 SIMATIC 存储卡还存储变量的符号、注释信息及 PLC 数据类型等，所以所需的存储空间远大于工作存储器。装载存储器使用的详细信息可以参考图 3-11 中的"装载存储器"栏信息。

SIMATIC 存储卡带有序列号，可用于与用户程序进行绑定，具体操作参考访问保护章节。在 SIMATIC 存储卡的属性中可以读出序列号，此外还可以读出存储卡的容量、使用信息和卡的模式。在项目树中选择"读卡器 /USB 存储器"→"SIMATIC MC"，鼠标右键选择属性，弹出窗口如图 3-12 所示。

图 3-12　SIMATIC 存储卡属性信息

在项目中可以看到存储卡存储的程序信息，在存储卡属性界面中可以查看模式信息。

存储卡的模式有三种，分别为程序模式，用于存储用户程序；传送模式，只用于向 S7-1200 CPU 复制程序；更新固件模式，用于升级 CPU 的固件版本。这些功能将在程序调试章节中进行详细介绍。

> **注意：**
>
> 　1）可以使用商用 PC 的 SD 插槽中读出 SIMATIC 存储卡的内容，也可以删除存储卡中的用户程序，但是不能使用 Windows 中的工具对存储卡进行格式化或删除存储卡中的隐藏文件，否则可能会对 SIMATIC 存储卡造成损坏。如果误删隐藏文件，需要将存储卡安装在 SIMATIC S7-1500 CPU 中，使用 TIA 博途软件对它进行在线格式化，恢复存储卡的格式。
>
> 　2）SIMATIC 存储卡可以像普通商用 SD 卡一样存储文件，例如 WORD、EXCEL 文件，但是普通商用 SD 卡不能作为 SIMATIC 存储卡使用。

5. S7-1500 存储器的总结

1）工作存储器的空间大小与 CPU 的类型有关，不能扩展，所以选择 CPU 的类型时，除了考虑程序处理速度外还应考虑程序的大小。

2）CPU 暖启动（停止 - 启动或上电启动）后，保存在工作存储器上的过程值丢失，变量恢复到初始值。如果需要保持过程值，需要设置变量的保持性。保持性存储器的容量空间与 CPU 的类型有关，如需扩展保持性存储器的空间，需要使用电源模块 PS 60W DC 24/48/60V HF。

3）SIMATIC 存储卡是一个非易失性存储器，对 CPU 的任何操作不会让存储的用户程序丢失，也不会损毁程序（存储卡写入次数受限）。此外，符号名称、注释、跟踪和数据记录等也会占用存储卡的空间，应尽量选择容量大一些的存储卡。

4）如果 CPU 受到干扰或者在运行时拔插 SIMATIC 存储卡，CPU 会进入故障模式，即 CPU 上所有的指示灯全闪，与外围设备的通信中断。断电后再上电，由于用户程序不会丢失，系统将恢复，但是 CPU 中变量的过程数据有可能丢失并恢复到初始值，相当于重新下载了程序。

3.2.4　SIMATIC S7-1500 CPU 过程映像区的功能

用户程序访问输入（I）、输出（Q）信号时，通常不直接扫描数字量模块的端口，而是通过位于 CPU 系统存储器的一个存储区域对 I/O 模块进行访问，这个存储区域就是过程映像区。过程映像区分为两部分：过程映像输入区和过程映像输出区。系统更新过程映像区的过程如图 3-13 所示。

CPU 在启动模式执行启动 OB。启动完成后，CPU 进入循环程序执行模式，并将结果通过过程映像输出区（PIQ）输出到输出模块，然后将输入模块的信号读到过程映像输入区（PII）。过程映像输入区更新完成后开始执行用户程序的调用。OS

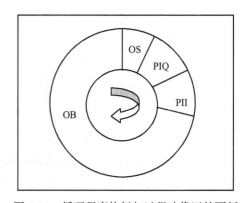

图 3-13　循环程序执行与过程映像区的更新

为操作系统的一个内部任务，用于通信和自检等操作，自检无误后再次将结果通过过程映像输出区（PIQ）输出到输出模块，循环往复。过程映像区既可以受操作系统控制而自动更新，也可以通过程序进行更新。

采用过程映像区处理输入、输出信号的好处就是保住数据的一致性，在 CPU 一个扫描周期中，过程映像区可以向用户程序提供一个始终一致的过程信号。如果在一个扫描周期中输入模块上的信号状态发生变化，过程映像区中的信号状态在当前扫描周期会保持不变，而直到下一个 CPU 扫描周期过程映像区时才被更新，这样就保证了 CPU 在执行用户程序过程中数据的一致性。

SIMATIC S7-1500 CPU 所有地址区都在过程映像区中，地址空间为 32KB。访问数字量模块与模拟量模块方式相同：输入都是以关键字符 %I 开头，例如 %I1.5、%IW272；输出都是以关键字符 %Q 开头，例如 %Q1.5、%QW272。

为了减小过程的响应时间，在用户程序中也可以不经过过程映像区而直接访问某个 I/O 端口（在地址区后加“: P”）。端口扫描将在指令运行期间执行，由此可获得较快的响应时间。例如在程序中可以一次或多次使用“L %IB2 : P”或“T %QW2 : P”指令替代“L %IB2”或“T %QW2”，这样对应的 I/O 端口在一个扫描周期内被多次访问。使用“: P”快速读写 I/O 端口也称为立即读、立即写。直接访问 I/O 端口，允许最小的数据类型为位信号。为了兼容 SIMATIC S7-300/400 的编程方式，也可以在地址区前加“P”，例如“L PIB2”或“T PQW2”，TIA 博途软件会自动进行转换。

> **注意**：PROFINET/PROFIBUS 站点的 I/O 模块由 IO 控制器 /DP 主站控制，在 CPU 中编写对 PROFINET/PROFIBUS 站点 I/O 模块的立即读、立即写操作实际上是与 IO 控制器 /DP 主站之间数据的立即交换。

在 SIMATIC S7-1500 自动化系统中，整个过程映像区被细分为 32 个过程映像分区（PIP）。PIP 0（自动更新）在每个程序周期中自动更新。可将过程映像分区 PIP 1 至 PIP 31 分配给某些 OB。在 TIA 博途软件中，分配过程在组态 I/O 模块期间进行。例如单击“模块”→“属性”标签→“I/O 地址”，将过程映像分区 PIP 2 分配给循环中断 OB30，如图 3-14 所示。

一旦循环中断 OB30 用于 PIP 2 的更新，就不能用于其它的过程映像分区了。

> **注意**：如果过程映像区通过 OB 进行更新，则不能再次调用函数“UPDAT_PI”和“UPDAT_PO”来更新这个过程映像分区。

使用过程映像分区好处在于：

1）每个过程映像区分区可以在需要的情况下更新，完全独立于操作系统对过程映像区的更新；

2）过程映像区分区比较小，响应时间更快，以 CPU 1513 为例，集中式 I/O 模块的更新时间为 9μs/ 字，如果使用分布式 I/O，CPU 与 IO 控制器间的更新时间（数据交换）为 0.5μs/ 字，接口模块更新本站的 I/O 模块同样需要时间。

响应时间长短也与扫描时间有关，例如 OB1 扫描时间为 20ms，OB30 设定扫描时间为 10ms，在 OB30 中对几个 I/O 模块的信号进行处理。如果将这些 I/O 模块配置为自动更新

PIP0，那么更新时间至少需要 20ms，即使 OB30 再快，过程响应时间也会增加。如果将这些 I/O 模块配置在一个过程映像分区，并分配给 OB30 就可以得到最优化的效果。

图 3-14　为 OB30 分配过程映像分区

3.3　SIMATIC S7-1500 CPU 显示屏（Display）

SIMATIC S7-1500 CPU 与原有 SIMATIC S7-300/400 CPU 相比，除了运算速度、性能大幅提高外，更是在诊断与维护方面取得了突破，使现场调试和维护工程师非常方便地进行操作并快速得到系统信息。例如一个 SIMATIC S7-400 PLC 控制器的几个分布式 I/O 站点上的模块出现故障，CPU 上的 LED 指示灯 $BUSXF_x$、EXTF 闪烁。即使有经验的维护工程师看到 CPU 状态指示灯后，也只能知道基本的故障类型而不能快速定位到具体的故障点，必须联机通过编程器查看 CPU 的详细信息并进行分析。而全新设计的 S7-1500 CPU 上只有三个 LED 指示灯，分别为停止 / 运行（双色 LED：绿 / 黄）、故障（单色 LED：红）和维护（单色 LED：黄），如果出现故障指示灯，可以通过 SIMATIC S7-1500 CPU 显示屏（Display）查看详细信息，并可以快速地将故障信息精确定位到一个通道上。

每个 SIMATIC S7-1500 PLC 都标配一个显示屏，按照 PLC 类型的不同有两种尺寸的显示屏，例如用于 S7-1511/1513 PLC 的为 1.36 英寸 [1 英寸（in）=25.4mm] 显示屏，用于 S7-1515/1516/1517/1518 PLC 的为 3.4 英寸显示屏，如图 3-15 所示。

SIMATIC S7-1500 CPU 可以脱离显示屏运行。显示屏也可以在运行期间插拔，而不影响 PLC 的运行。可以最多选择 11 种用户界面语言用于菜单界面显示，用于故障及报警文本的项目语言则可以最多选择两种。运行期间可以进行语言切换。语言的设置参考 CPU 属性参数设置章节。

图 3-15　SIMATIC S7-1500 CPU 显示屏

　　如图 3-15 所示，SIMATIC S7-1500 CPU 显示屏带有 4 个箭头按钮，分别为"上""下""左"和"右"用于选择菜单和设置，一个 ESC 键和一个 OK 键用于退出和确认。各个主菜单功能概述见表 3-2。

表 3-2　主菜单功能

主菜单项图例	含义	功能
	概述	・CPU 的订货号、序列号、硬件版本以及固件版本等信息 ・程序保护信息 ・所插入 SIMATIC 存储卡属性有关的信息
	诊断	・报警信息，可以定位到一个通道 ・CPU 诊断缓冲区 ・监控表和强制表进行只读访问或者读 / 写访问 ・扫描周期 ・CPU 存储器容量信息
	设置	・以太网接口的地址 ・CPU 日期时间 ・运行 / 停止 ・存储器复位、恢复工厂初始值 ・访问保护 ・显示屏锁定 / 解锁 ・固件更新
	模块	・中央安装模块状态信息 ・分布式 I/O 站点安装模块状态信息
	显示屏	・显示屏亮度设置 ・显示屏菜单语言设置 ・显示屏序列号、硬件版本以及固件版本等信息

进入菜单后可以对各个选项进行查看和设置，选项上带有指示图标，这些图标的含义见表 3-3。

表 3-3 选项图标含义

选项图标	含义
✏	可编辑的菜单项
◉	语言选择
⚠	下一个较低级别的对象中存在报警，例如 I/O 站点中的一个模块报警，在 I/O 站点上将出现这样的图标
❗	下一个较低级别的对象中存在故障
▶	浏览到下一子级，或者使用"确定"（OK）和"ESC"进行浏览
↕	在编辑模式中，可使用两个箭头键进行选择： 向下 / 向上：跳至某个选择，或用于选择指定的数字 / 选项
✛	在编辑模式中，可使用 4 个箭头键进行选择： ·向下 / 向上：跳至某个选择，或用于选择指定的数字 ·向左 / 向右：向前或向后跳过一个选择点

3.4 信号模块

信号模块（Signal Module，SM）是 CPU 与控制设备之间的接口。通过输入模块将输入信号传送到 CPU 进行计算和逻辑处理，然后将逻辑结果和控制命令通过输出模块输出以达到控制设备的目的。外部的信号主要分为数字量信号和模拟量信号。

以阀门的控制为例，如果控制的是电磁阀，阀门只能有开（"1"信号）和关（"0"信号）两种状态，这样的信号是数字量信号。将数字量输出模块的输出点连接到阀门的控制设备（如接触器）上，将阀门的状态反馈信号（可以选择接触器的辅助触点作为反馈信号）接入到数字量输入模块上，这样通过用户程序可以控制阀门的开和关。输出信号为"1"时打开阀门，输出信号为"0"时关闭阀门。同样，如果阀门打开，得到的状态反馈信息为"1"；如果阀门关闭，得到的状态反馈信息为"0"。在 HMI 中可以监控阀门当前的状态。如果控制对象为可调节阀门，阀门除开和关两种状态外，还可以在中间任意位置上停留，这样就不能再通过数字量信号监控，而是通过模拟量输入、输出信号监控阀门的开度。例如阀门的控制和反馈信号同为 0 ~ 10V 电压信号。如果输出 0V 信号，阀门全闭；输出 10V 信号，阀门全开；输出 5V 信号时，则阀门开度为 50%。同样通过模拟量输入可以监视阀门的开度，0 ~ 10V 与阀门的开度为线性比例关系。通过模拟量控制的设备大部分需要进行 PID 回路调节，例如通过阀门的开度控制蒸汽的流量以达到控制温度的目的，回路的调节为闭环控制。

3.4.1 模块特性的分类

相同类型的模块具有不同的特性，在名称的末尾标明。例如 DI 16 × 24VDC BA 和 DI 16 × 24VDC HF，虽然同是数字量输入模块，但是具有的特性不同。特性的选择用于满足工艺控制的要求。模块特性的分类见表 3-4。

表 3-4　模块特性的分类

模块分类	数字量模块	模拟量模块
BA（Basic） 基本型	·价格低 ·功能简单 ·不需要参数化 ·没有诊断	·价格低 ·允许最大的共模电压 DC 4V ·具有通道诊断 ·两线制电流需要外供电
ST（Standard） 标准型	·中等价格 ·可以对模块或通道组进行参数化 ·模块或组具有诊断功能	·中等价格 ·通用模块，可以连接多种类型的传感器 ·具有通道诊断 ·精确度 =0.3% ·允许最大的共模电压 DC 10～20V
HF（High Feature） 高特性	·价格稍高 ·功能灵活 ·可以对通道进行参数化 ·支持通道级诊断	·价格稍高 ·通用模块，可以连接多种类型的传感器 ·具有通道诊断 ·最高的精确度 <0.1% ·允许高的共模电压 DC 60V，AC 30V/隔离测量 AC 120V ·有的模块通道隔离
HS（High Speed） 高速	·用于高速处理的应用 ·最短的输入延时时间 ·最短的转换时间 ·只能通过 PROFINET 等时同步操作	—

3.4.2　模块宽度的划分

为了优化项目 I/O 点数的配置，S7-1500/ET 200MP 模块划分为 35mm 宽模块和 25mm 宽模块。35mm 宽模块的前连接器需要单独订货，统一为 40 针，接线方式为螺钉连接或弹簧压接；25mm 宽模块自带前连接器，接线方式为弹簧压接。

3.4.3　数字量输入模块

SIMATIC S7-1500 PLC/ET200 MP 的数字量输入模块型号以 "SM 521" 开头（不包含故障安全模块），"5" 表示为 SIMATIC S7-1500 系列，"2" 表示为数字量，"1" 表示为输入类型。模块类型和技术参数见表 3-5。

注意：命名方式便于记忆，只适合 SIMATIC S7-1500/ET 200MP 子系列。

表 3-5　数字量输入模块类型和技术参数

数字量输入模块	DI DC 16 × 24V HF	DI DC 32 × 24V HF	DI DC 16 × 24V SRC BA	DI AC 16 × 230V BA
订货号	6ES7521-1BH00-0AB0	6ES7521-1BL00-0AB0	6ES7521-1BH50-0AA0	6ES7521-1FH00-0AA0
宽度	35mm			
输入点数	16	32	16	
电势组数	1	2	1	4
通道间电气隔离	×	√（通道组）	×	√（通道组）
额定输入电压	DC 24V			AC 120/230V

（续）

支持等时同步	√		×	
诊断中断	√		×	
沿触发硬件中断	√		×	
通道诊断 LED 指示	√（红色 LED 指示灯）		×	
模块诊断 LED 指示	√（红色 LED 指示灯）			
输入延迟	0.05～20ms（可设置）		3～4ms	25ms
集成计数功能	前两个通道可以作为计数器，最高 1kHz		×	
数字量输入模块	DI DC 32×24V BA	DI DC 16×24V BA	DI AC 16×24…125V HF	
订货号	6ES7521-1BL10-0AA0	6ES7521-1BH10-0AA0	6ES7521-7EH00-0AB0	
宽度	25mm		35mm	
输入点数	32	16	16	
电势组数	2	1	16	
通道间电气隔离	√（通道组）	×	√	
额定输入电压	DC 24V		24/48/125VUC（交直流）	
支持等时同步	×			
诊断中断	×		√	
沿触发硬件中断	×		√	
通道诊断 LED 指示	×		√（红色 LED 指示灯）	
模块诊断 LED 指示	√（红色 LED 指示灯）		√（红色 LED 指示灯）	
输入延迟	3～ms（不可设置）		0.05～20ms（可设置）	
集成计数功能	×			

注意：模块类型和功能更新快速，书中列出类型只供参考，详细参数和功能请参考模块手册。

3.4.4　数字量输出模块

SIMATIC S7-1500 PLC/ET 200MP 的数字量输出模块型号以"SM522"开头，"5"表示为 SIMATIC S7-1500 系列，第一个"2"表示为数字量，第二个"2"表示为输出类型。35mm、25mm 宽模块类型和技术参数分别参考表 3-6。

注意：命名方式便于记忆，只适合 S7-1500/ET 200MP 子系列。

表 3-6　数字量输出模块类型和技术参数

数字量输出模块	DQ DC 8×24V/2A HF	DQ DC 16×24V/0.5A HF DQ DC 16×24V/0.5A BA	DQ AC 8×230V/5A ST DQ AC 16×230V/2A ST
订货号	6ES7522-1BF00-0AB0	6ES7522-1BH01-0AB0（HF） 6ES7522-1BH10-0AA0（BA）	6ES7522-5HF00-0AB0（8 点） 6ES7522-5HH00-0AB0（16 点）
宽度 HF	35mm	35mm（HF、ST） 25mm（BA）	35mm

（续）

输出点数	8DO，2 个电势组	16DO，2 个电势组	8DO，8 个电势组（8 点） 16DO，8 个电势组（16 点）
输出类型	晶体管		继电器
通道间电气隔离	×		√（8 点）/×（16 点）
通道最大输出电流	2A	0.5A	5A（8 点） 2A（16 点）
继电器线圈电压	—		DC 24V
额定输出电压	DC 24V		—
支持时钟同步	√	√（HF、ST）/×（BA）	×
诊断中断	√	√（HF、ST）/×（BA）	√
断路诊断	×	√（HF）/×（ST、BA）	×
通道诊断 LED 指示	√（红色 LED 指示灯）	√（HF 红色 LED 指示灯）/×（ST、BA）	×
模块诊断 LED 指示	√（红色 LED 指示灯）		
替换值输出	√	√（HF、ST）/×（BA）	√
开关操作计数器	√	√（HF）/×（ST、BA）	×
脉宽调制	√	×	×
数字量输出模块	DQ32 × 24VDC/0.5A HF DQ32 × 24VDC/0.5A ST DQ32 × 24VDC/0.5A BA	DQ8 × 230VAC/2A ST DQ16 × 230VAC/1A ST	DQ16 × 24...48VUC /125VDC/0.5A ST
订货号	6ES7522-1BL01-0AB（HF） 6ES7522-1BL10-0AA（BA）	6ES7522-5FF00-0AB0（8 点） 6ES7522-5FH00-0AB0（16 点）	6ES7522-5EH00-0AB0
宽度 HF	35mm（HF、ST） 25mm（BA）	35mm	35mm
输出点数	32DO，4 个电势组	8DO，8 个电势组（8 点） 16DO，8 个电势组（16 点）	16DO，16 个电势组
输出类型	晶体管	晶闸管	晶体管
通道间电气隔离	×	√（8 点）/×（16 点）	√
通道最大输出电流	0.5A	2A（8 点） 1A（16 点）	0.5A
继电器线圈电压	—		
额定输出电压	DC 24V	AC 230V	UC 24～48V
支持时钟同步	√（HF、ST）/×（BA）	×	×
诊断中断	√（HF、ST）/×（BA）	√	×
断路诊断	√（HF）/×（ST、BA）	×	×
通道诊断 LED 指示	√（HF 红色 LED 指示灯）/×（ST、BA）	×	×
模块诊断 LED 指示	√（红色 LED 指示灯）		
替换值输出	√（HF、ST）/×（BA）	×	√
开关操作计数器	√（HF）/×（ST、BA）	×	×
脉宽调制	×		

注意：模块类型和功能更新快速，书中列出类型只供参考，详细参数和功能请参考模块参考手册。

正常情况下，由 SIMATIC 控制的电感线圈，例如接触器线圈或继电器线圈无需接线到外部抑制元件。所需的抑制元件已经集成到模块中，但是如果控制电路带有其它断开元器件，例如，用于"紧急关闭"的继电器触点，则模块的集成抑制元器件将不再有效。简单地说就是控制的感性负载没有被输出直接断开，而由其它设备断开，这时模块可能还在输出。断开感性负载释放的高电压将对整个电路上的元器件产生冲击，在这种情况下，电感线圈必须接线到抑制元器件。例如，在直流回路使用续流二极管，在交流回路使用可变电阻或 RC 元件作为抑制元器件，如图 3-16 所示。

图 3-16　使用抑制元器件连接电感负载

3.4.5　数字量输入 / 输出模块

SIMATIC S7-1500 PLC/ET 200MP 的数字量输入 / 输出模块型号以"SM523"开头，"5"表示为 SIMATIC S7-1500 系列，"2"表示为数字量，"3"表示为数字量输入 / 输出类型，目前只有一种 25mm 宽模块，技术参数见表 3-7。

注意：命名方式便于记忆，只适合 S7-1500/ET 200MP 子系列

表 3-7　数字量输入 / 输出模块的技术参数

数字量输出模块	DI 16 × 24VDC / DQ 16 × 24V/0.5A BA
订货号	6ES7523-1BL00-0AA0
宽度	25mm
数字量输入（DI）	—
输入点数	16DI
电势组数	1 个电势组
通道间电气隔离	×
额定输入电压	DC 24V
支持等时同步	×
诊断中断	×
沿触发硬件中断	×
通道诊断 LED 指示	×

（续）

输入延迟	3 ~ 4ms
数字量输出（DO）	—
输出点数	16
输出类型	晶体管
通道间电气隔离	×
额定输出电流	0.5A
额定输出电压	DC 24V
支持时钟同步	×
诊断中断	×
替换值输出	×
通道诊断 LED 指示	×
模块参数	—
模块诊断 LED 指示	√（红色 LED 指示灯）

注意： 模块类型和功能更新快速，书中列出的类型只供参考，详细参数和功能请参考模块参考手册。

3.4.6　模拟量输入模块

模拟量输入模块将模拟量信号转换为数字量信号用于 CPU 的计算。如阀门的开度信号，阀门从关到开输出为 0 ~ 10V，通过 A/D（模 / 数）转换器按线性比例关系转换为数字量信号为 0 ~ 27648，于是 CPU 就可以计算出当前阀门的开度。采样的数值可以用于其它计算，也可以发送到人机界面用于阀门的开度显示。SIMATIC S7-1500 PLC 标准型模拟量输入模块为多功能测量模块，具有多种量程。每一个通道的测量类型和范围可以任意选择，不需要量程卡，只需要改变硬件配置和外部接线。随模拟量输入模块包装盒带有屏蔽套件，具有很高的抗干扰能力。

1. 模拟量输入模块类型

SIMATIC S7-1500 PLC/ET 200MP 的模拟量输入模块型号以"SM531"开头，"5"表示为 SIMATIC S7-1500 系列，"3"表示为模拟量，"1"表示为输入类型。模块类型和技术参数见表 3-8。

注意： 命名方式便于记忆，只适合 SIMATIC S7-1500/ET 200MP 子系列。

表 3-8　模拟量输入模块类型和技术参数

模拟量输入模块	AI 8 × U/R/RTD/TC HF AI 8 × U/I/RTD/TC ST AI 8 × U/I/R/RTD BA	AI 8 × U/I HF AI 8 × U/I HS	AI 4 × U/I/RTD/TC ST
订货号	6ES7531-7PF00-0AB0 6ES7531-7KF00-0AB0 6ES7531-7QF00-0AB0	6ES7531-7NF00-0AB0 6ES7531-7NF10-0AB0	6ES7531-7QD00-0AB0

（续）

宽度	35mm		25mm
输入数量	8AI		4AI
分辨率	15 位 + 符号		
测量类型	电压（HF 最高仅 −1 ～ +1V） 电流（HF 除外） 电阻 热敏电阻 热电偶（BA 除外）	电压 电流	电压 电流 电阻 热敏电阻 热电偶
测量范围的选择	每个通道任意选择		
输入通道与 MANA 最大共模电压（UCM）	DC 10V（ST） DC 4V（BA）	DC 10V（HS）	DC 10V
过采样	×	√（HS）	×
输出通道间最大共模电压（UCM）	DC 20V（ST） DC 8V（BA）	DC 20V（ST）	
不同回路允许的电位差（HF）	DC 60V/AC 30V，隔离测量可以达到 AC 120V（HF）		—
支持时钟同步	×	√（HS）	×
诊断中断	√		
由于超过极限值产生硬件中断	极限值可调整，可以选择两个上下限		
通道间电气隔离	√（HF）	√（HF）	×
包含积分时间每通道转换时间	快速模式 4/18/22/102ms（HF） 标准模式 9/52/62/302ms（HF） 9/23/27/107ms（ST） 10/24/27/107ms（BA）	62.5μs（每个模块，与激活的通道数无关）	9/23/27/107ms

注意：模块类型和功能更新快速，书中列出的类型只供参考，详细参数和功能请参考模块参考手册。

2. 模拟量输入分辨率的表示

CPU 只能以二进制形式处理模拟值。模拟值用一个二进制补码定点数表示，宽度为 16 位，模拟值的符号总是在第 15 位。如果一个模拟量模块的精度少于 16 位，则模拟值将左移调整，然后才被保存在模块中。分辨率表示方法参考表 3-9，所有标有 "x" 的位都置为 "0"，例如输入模块的分辨率为 13 位（12 位 + 1 符号位），最后 3 位将被置 "0"，那么转换后数值最小都是以 8 的倍数进行变换。上面列出的 SIMATIC S7-1500/ET 200SP 模拟量输入模块分辨率都是 16 位（15 位 +1 符号位），所以每次最小变化为 1，精度非常高。

模块的分辨率与模块的误差是不同的概念，每个模块的误差范围应参考模板规范手册。

表 3-9　模拟量输入模块分辨率的表示方法

分辨率 [位]（＋号）	单位		模拟值	
	十进制	十六进制	高位字节	低位字节
9	128	80_H	符号 0 0 0 0 0 0 0	1 x xxxxxx
10	64	40_H	符号 0 0 0 0 0 0 0	0 1 x xxxxx
11	32	20_H	符号 0 0 0 0 0 0 0	0 0 1 x xxxx
12	16	10_H	符号 0 0 0 0 0 0 0	0 0 0 1 x xxx
13	8	8_H	符号 0 0 0 0 0 0 0	0 0 0 0 1 x xx
14	4	4_H	符号 0 0 0 0 0 0 0	0 0 0 0 0 1 x x
15	2	2_H	符号 0 0 0 0 0 0 0	0 0 0 0 0 0 1 x
16	1	1_H	符号 0 0 0 0 0 0 0	0 0 0 0 0 0 0 1

3. 模拟量输入模数的对应关系

1）电压信号、电流信号和电阻信号的测量值都有一个共同的特点：当单极性输入信号时，对应的测量范围为 0 ~ 27648；当双极性输入信号时，对应的测量范围为 −27648 ~ 27648；超出测量范围上溢值为 32767，下溢值为 −32768（为了能够表示测量值超限，模拟值用一个二进制补码定点数表示，宽度为 16 位。带有符号位的 16 位分辨率输入信号正常范围为 −27648 ~ 27648，而不是 −32768 ~ 32767）。

2）电流信号分为 4 线制和 2 线制测量方式。无论是 4 线制还是 2 线制测量方式，与模块的连接线都是两根，区别在于模块是否供电。例如一个 4 线制仪表，仪表需要 24V 供电，然后输出 4 ~ 20mA 信号，那么需要电源线两根，信号线两根，模拟量输入模块只接收电流信号；如果是一个 2 线制仪表，需要模拟量输入模块提供的两根信号线向仪表供电。如果选择 2 线制仪表，输出只能是 4 ~ 20mA 信号，这是因为仪表有阻抗，两者模 / 数转换的对应关系相同。

3）热电阻测量可以连接 Pt100、Pt200、Pt500、Pt1000、Ni100、Ni1000、LG-Ni1000 等类型传感器，测量范围可以分为标准范围和气候范围。如果在参数化测量范围中选择"标准"类型时，1 个数值 =0.1℃，例如测量值为 200 时表示实际的温度值为 20℃；如果在参数化测量范围中选择"气候型"类型时，1 个数值 =0.01℃，例如测量值为 200 时表示实际的温度值为 2℃。其它类型的热电阻传感器（如 Ni x00 等）用模拟值表示实际温度值的方法与上述热电阻传感器相同。

4）模拟量输入信号也可以直接连接 B、N、E、R、S、J、T、K 等类型热电偶采集温度信号，模拟值表示方法与热电阻（例如 PT x00）在"标准"测量范围时的模拟值表示方法相同，1 个数值 =0.1℃。例如测量值为 200 时表示实际的温度值为 20℃。热电偶与热电阻相比，采样的温度范围更宽，但是需要温度补偿。

4. 模拟量输入连接不同的传感器

一个 SIMATIC S7-1500 模拟量模块可连接多种类型的传感器，与 SIMATIC S7-300/400 模拟量模块相比，不需要量程卡进行模块内部的跳线，而是使用不同序号的端子连接不同类型的传感器，并且需要在 TIA 博途软件中进行配置。这样的好处是没有通道组的概念，相邻通道间连接传感器类型没有限制。例如第一个通道连接电压信号，第二个通道可以连接电流信号，而使用量程卡 SIMATIC S7-300/400 模拟量模块则不行。以模块 AI 8 × U/I/

RTD/TC ST 为例，连接不同类型传感器的端子接线如图 3-17 所示。

图 3-17 模拟量输入模块连接不同类型的传感器

注意： 图 3-17 只是一个示意图，不同模块的连接可能会稍有不同，例如 AI 8×U/I/R/RTD BA 连接两线制电流信号，模块端子不提供仪表电源，需要外供电。

图中所用缩写的含义如下：U_n+/U_n-：电压输入通道 n（仅电压），M_n+/M_n-：测量输入通道 n，I_n+/I_n-：电流输入通道 n（仅电流），I_n+/I_n-：RTD 的电流输出，通道 nU_{Vn}：2 线制变送器，通道 n 的传感器电源电压；Comp+/Comp−：补偿输入，I_{Comp+}/I_{Comp-}：补偿电流输出，L+：电源电压连接，M：接地连接，M_{ANA}：模拟电路的参考电位。

图 3-17 中的电源元件随模块包装盒提供。需要将电源元件插入前连接器底部，用于模拟量模块的供电。连接电源电压到端子 41（L+）和 44（M），端子 42（L+）和 43（M）用于级联到下一个模块并提供电源。

连接不同传感器的端子分配如下：

1）连接电压类型传感器：使用通道 4 个端子中的第 3、第 4 端子连接。

2）连接 4 线制电流信号：仪表的电源与信号线分开，使用通道中第 2、第 4 端子连接。

3）连接 2 线制电流信号：仪表的电源与信号线共用，使用通道中第 1、第 2 端子连接。

4）连接热电阻信号：使用 1、3、5、7 通道的第 3、第 4 端子向传感器提供恒流源信号 I_C+ 和 I_C-，在热电阻上产生电压信号，使用相应通道 0、2、4、6 通道的第 3、第 4 端子作为测量端。测量 2、3、4 线制热电阻信号的原理相同，都需要占用两个通道，图中仅列出 4 线制接线方式。考虑到导线电阻对测量阻值的影响，使用 4 线制接线和 3 线制接线，可以补偿测量电缆中由于电阻引起的偏差，使测量结果更精确。

5）连接热电偶：使用通道中第 3、第 4 端子连接。热电偶由一对传感器以及所需安装和连接部件组成。热电偶的两根导线可以使用不同金属或金属合金进行焊接。根据所使用材料的成分，可以分为几种热电偶，例如 K 型、J 型和 N 型热电偶。不管其类型如何，所有热电偶的测量原理都相同。

5. 热电偶的工作原理

如图 3-18 所示，如果测量点的温度与热电偶的自由端（连接点）的温度不同，会在自由端产生电压即热电动势。所产生的电压大小取决于测量点与自由端的温度差以及热电偶所使用的材料成分。

由于热电偶测量的总是温度差，所以必须将自由端的温度作为参考点，以便通过测量出的温度差确定测量点的温度。热电偶可以从连接点处通过补偿导线进行扩展，这样可以将参考点安装在需要的位置，便于安装温度传感器。补偿导线与热电偶的导线是由同种材料制成，有在一定温度范围内与热电偶的热电动势的标称值相同的特性。补偿参考点即补偿导线与普通导线的连接点。

有多种方式可以获得热电偶参考点的温度（用于温度补偿），以模块 AI 8×U/I/RTD/TC ST 为例，热电偶温度补偿的方式见表 3-10。

图 3-18　热电偶的结构

表 3-10　热电偶温度补偿的方式

温度补偿方式	说　　明
固定参考点温度	如果参考点温度是一个已知的常数，可以在 TIA 博途软件中直接定义
动态参考温度	使用热电阻测量参考点温度，在用户程序中调用 WRREC（SFB 53）将参考点温度值分别写到每个模块中。只有在 CPU 运行时设定。与固定参考点温度补偿相比，补偿的温度是变化的
内部补偿	如果采用内部补偿，可以使用模块的内部温度进行比较（热电偶内部比较）
模块的参考通道	可以使用热敏电阻（铂或镍）采集参考温度，并连接到模块的温度补偿通道，端子 37～40，这样一个模块只能有一个温度作为参考

6. 固定参考点温度

如图 3-19 所示，可以将热电偶直接或通过补偿导线连接到模块，模块端子处的温度就是参考点的温度，图例中是 25℃，那么设定的固定补偿温度为 25℃。如果使用铜导线连接参考点到模块，这时需要知道参考点处的温度，图例中是 25℃，同样可以设定固定的补偿温度为 25℃。

图 3-19　固定参考点温度补偿方式

7. 动态参考温度

如果参考点的温度持续变化，使用固定参考点温度作为参考进行测量就不准确，这时可以使用任意一个热电阻通道测量参考点处的温度，例如模块端子处或参考点接线处的温度。在用户程序中调用 WRREC（SFB 53）将参考点温度值写入模块中，提高测量的准确度。

8. 内部补偿

测量元件位于模块内部，可以测量端子处的温度，这样将模块端子作为参考点，模块端子处的温度就是参考点的温度。温度内部补偿适用于将热电偶直接或通过补偿导线连接到模拟量输入模块的端子，如图 3-20 所示。使用铜线连接参考点到模块端子则不能使用这样的方式，因为参考点处的温度与端子处的温度可能有大的偏差，影响测量的准确度。

> **注意**：通过内部温度补偿的方式并不能总是达到外部补偿的准确性。

图 3-20　温度内部补偿方式

9. 模块的参考通道（外部补偿）

使用模块特定的温度测量端子 37 ~ 40 连接外部热电阻（RTD）确定参考点温度，如图 3-21 所示。将热电偶直接或通过补偿导线连接到模拟量输入端子不能使用外部补偿方式，因为这时的参考点是模块端子处的温度。

10. 传感器隔离与连接方法

隔离变送器可以浮地，非隔离变送器则必须接地。以电压信号为例，模拟量输入模块连接隔离传感器如图 3-22 所示。

图 3-22 中所用缩写的含义如下：

U_n+/U_n-：电压输入通道 n，L：电源电压连接，M：接地连接，M_{ANA}：模拟电路的参考电位，U_{CM}：共模电压，测量输入 / 模拟地 M_{ANA} 参考点之间的电位差，U_{ISO}：绝缘电压，测量模拟地和 PLC 功能地参考点之间的电位差。

图 3-21　温度外部补偿方式

图 3-22　模拟量输入模块连接隔离传感器

隔离变送器信号负端可以不连接模块的 M_{ANA}，但如果环境中存在电磁干扰或者使用了长电缆，则会造成 U_{CM} 超过规定的限制值。例如输入模块 AI 8 × U/I/RTD/TC ST，通道输入 $U_{0+} \sim U_{0-}$ 是 10V，而通道输入与 M_{ANA} 之间 U_{CM} 是 10V，如果超出限制值后，模拟量值显示超上限。这时需要使用电缆将信号负端与 M_{ANA} 端进行等电位连接，以 M_{ANA} 作为测量的基准点。一些模块可以检测到无效的电位差 U_{CM}，可以通过 CPU 的诊断缓冲区读出。

如果由于电磁干扰或者使用了长电缆，M_{ANA} 与 PLC 功能地之间的电位差 U_{ISO} 可能超出限制值，例如输入模块 AI 8 × U/I/RTD/TC ST，U_{ISO} 为 DC 75V/AC 60V，这时需要使用电缆将 M_{ANA} 端与地进行等电位连接，以地作为测量的基准点，如图 3-22 所示。

电压、4 线制电流和热电偶信号可以将信号负端连接 M_{ANA}。2 线制、电阻和热电阻信号不能连接 M_{ANA}，因为电源由模块提供，没有电位差的问题，这时需要将 M_{ANA} 与模块的 M 端连接。

非隔离变送器信号负端以本地端地为测量电位。如果连接多个非隔离变送器，相互之间也必须进行等电位连接。如果信号负端也就是变送器侧的地与模块的 M_{ANA} 电压差超过限制，需要将 M_{ANA} 与变送器侧的地进行等电位连接，从而保证测量的准确性。同样，如果 M_{ANA} 与 PLC 侧的功能地之间的电位差 U_{ISO} 超过限制值，也需要进行等电位连接，如图 3-23 所示。

图 3-23　模拟量输入模块连接非隔离传感器

3.4.7　模拟量输出模块

模拟量输出模块将数字量信号转换为模拟量信号输出。以控制阀门的开度为例，假设 0 ~ 10V 对应控制阀门从关闭到全开，则在模拟量输出模块内部，D/A（数 / 模）转换器将数字量信号 0 ~ 27648 按线性比例关系转换为模拟量信号 0 ~ 10V。这样，当模拟量输出模块输出数值 13824 时，它将转换为 5V 信号，控制阀门的开度为 50%。模拟量输出模板只有电压和电流信号。同样，随模拟量输出模块包装盒也带有具有抗干扰能力的屏蔽套件。

1. 模拟量输出模块类型

SIMATIC S7-1500 PLC/ET 200MP 的模拟量输出模块型号以 "SM532" 开头，"5" 表

示为 S7-1500 系列，"3" 表示为模拟量，"2" 表示为输出类型。模块类型和技术参数见表 3-11。

> **注意：** 命名方式便于记忆，只适合 S7-1500/ET 200MP 子系列。

表 3-11　模拟量输出模块类型和技术参数

模拟量输出模块	AQ 2 × U/I ST	AQ 4 × U/I HF AQ 4 × U/I ST	AQ 8 × U/I HS
订货号	6ES7532-5NB00-0AB0	6ES7 532-5ND00-0AB0（HF） 6ES7532-5HD00-0AB0（ST）	6ES7532-5HF00-0AB0
宽度	25mm	35mm	
输出数量	2 AO	4 AO	8 AO
分辨率	15 位 + 符号		
输出方式	电压（1 ~ 5V、0 ~ 10V、± 10V） 电流（0 ~ 20mA、4 ~ 20mA、± 20mA）		
转换时间（每通道）	0.5ms（备注）	125μs（备注）	50μs（备注）
过采样	×		√
支持时钟同步	×	√（HF）	—
诊断中断	√		
替代值输出	√		
通道隔离	×	√（HF）	×
S- 和 M_{ANA} 之间（U_{CM}）	DC 8V	DC 8V（ST）	DC 8V
不同回路允许的电位差	—	DC 60V/AC 30V，隔离测量可以达到 AC 120V（HF）	—
备注	如果需要得到通道的响应时间，除转换时间外，还需考虑模块的循环时间和稳定时间（与负载类型有关）		

2. 模拟量输出分辨率的表示

与模拟量输入的表示方法相同见表 3-9。目前，模拟量输出模块都是 16 位高分辨率模块，精度非常高。

3. 模拟量输出数模的对应关系

模拟量输出数模的对应关系与模拟量输入模数的对应关系相反，0 ~ 27648 对应单极性输出的电压信号和电流信号，例如 0 ~ 10V 和 1 ~ 5V 或者 0 ~ 20mA 和 4 ~ 20mA；-27648 ~ 27648 对应双极性输出信号，例如 ± 10V 和 ± 20mA。

4. 模拟量输出连接不同的传感器

SIMATIC S7-1500/ ET 200MP 几种模拟量输出模块都可以连接电压和电流类型负载，不需要量程卡转换和跳线。使用不同序号的端子连接不同类型的负载，只需要在 TIA 博途软件中进行配置即可。以模块 AQ 8 × U/I HS 为例，连接电压和电流类型负载的端子接线如图 3-24 所示。

图 3-24　模拟量输出模块连接电压和电流类型的执行机构

> **注意：** 图 3-24 只是一个示意图，不同模块的连接可能稍有不同，例如 AQ 2xU/I ST 使用两线制方式连接电压负载，S_n+/QV_n+ 和 S_n-/QI_n+ 不需要短接。

图中所用缩写的含义如下：QV_n+ 为电压输出通道，QI_n+ 为电流输出通道，S_n+/S_n- 为监听电路通道，L+ 为电源电压连接，M 为接地连接，M_{ANA} 为模拟电路的参考电位。

图 3-24 中电源元件随模块包装盒提供。需要将电源元件插入前连接器底部，用于模拟量模块的供电。连接电源电压到端子 41（L+）和 44（M），端子 42（L+）和 43（M）用于级联到下一个模块并提供电源。三种模拟量输出模块的接线端子固定，连接电压和电流类型执行机构的端子分配如下：

1）连接两线制电压负载：使用通道 4 个端子中的第 1、第 4 端子连接负载。第 1 和第 2 端子需要短接，第 3 和第 4 端子需要短接。

2）连接四线制电压负载：使用通道 4 个端子中的第 1、第 4 端子连接负载，第 2 和第

3 端子同样需要连接到负载。

连接负载的电缆会产生分压作用，这样加在负载端两端的电压值可能不准确。使用通道中的 S+、S− 端子连接相同的电缆到负载侧，测量电缆实际的阻值，并在输出端加以补偿，于是保证输出的准确性。

3）连接电流负载：使用通道 4 个端子中的第 1 和第 4 端子连接负载。

4）连接 M_{ANA} 到本地功能地：如果 M_{ANA} 与 PLC 功能地之间的电位差 U_{ISO} 超出限制值（例如输出模块 AQ 8 × U/I HS，U_{ISO} 为 DC 75V/AC 60V），需要使用电缆将 M_{ANA} 端与地进行等电位连接，将地作为测量的基准点。以电压型负载为例，如图 3-25 所示。

图 3-25　M_{ANA} 与地进行等电位连接

3.4.8　模拟量输入 / 输出模块

SIMATIC S7-1500 PLC/ET 200MP 的模拟量输入输出模块型号以"SM534"开头，"5"表示 S7-1500 系列，"3"表示模拟量，"4"表示模拟量输入 / 输出类型，目前只有一种 25mm 宽模块，技术参数参考表 3-12。

> **注意：**命名方式便于记忆，只适合 SIMATIC S7-1500/ET 200MP 子系列。

模拟量输入输出模块连接传感器的接线方式、方法以及数模 / 模数对应关系与单独的模拟量输入模块、输出模块相同，可以参考前面的相关章节。

3.4.9　模块的选择

智能工厂的前提是控制设备的智能化，设备的智能化则需要更多的传感器支持，对传感器的感知则需要模块的诊断能力，诊断能力越强对前期的编程越简单，对后期的维护也容易，设备故障可以快速定位，减少停止时间，提高设备的效率。ST、HF 类型的模块内部都带有处理器，可以独立进行断线、短路、超上限等诊断，并将诊断结果主动发送到 CPU 中（SIMATIC S7-300/400 是被动读），编程人员不需要额外的工作量就可以对故障进行响应和处理，而且这些系统故障信息自动上传到 HMI 中，便于维护人员的快速维修。此外 HF 模块还具有更高的抗干扰能力，保证设备的正常运行。综上所述，应尽量选择 HF 类型的模块。

表 3-12　模拟量输入输出模块类型和技术参数

模拟量输入模块	AI 4 × U/I/RTD/TC/ AQ 2 × U/I ST	输出参数	
订货号	6ES7534-7QE00-0AB0	输出数量	2 AO
宽度	25mm	分辨率	15 位 + 符号
输入参数		输出方式	电压（1 ~ 5 V、0 ~ 10V、± 10V）电流（0 ~ 20mA、4 ~ 20mA、± 20mA）
输入数量	4AI	转换时间（每通道）	0.5ms（备注）
分辨率	15 位 + 符号	诊断中断	√
测量类型	电压、电流、电阻、热敏电阻、热电偶	替代值输出	√
测量范围的选择	每个通道任意选择	通道间电气隔离	×
输入与 M_{ANA} 间的最大共模电压（U_{CM}）	10V	M_{ANA} 和 M 内部之间 /U_{ISO}	DC 75V/AC 60V（基本绝缘）
诊断中断	√	S− 和 M_{ANA} 之间（U_{CM}）	+/-8V
由于超过极限值产生硬件中断	极限值可调整，可以选择两个上下限	模块参数	
通道间电气隔离	×	支持时钟同步	×
转换时间（每通道）	9/23/27/107ms		

注：如果需要得到通道的响应时间，除转换时间外，还应考虑模块的循环时间和稳定时间（与负载类型有关）。

3.5　通信模块

SIMATIC S7-1500 系统通过通信模块可以使多个相对独立的站点连成网络并建立通信关系。每一个 SIMATIC S7-1500 CPU 都集成 PN 接口，可以进行主站间、主从以及编程调试的通信。在 PROFIBUS 的通信中，由于一些通信服务或协议太繁琐、速度慢以及通信量小等原因，它们已被取消和替代，例如 FMS、FDL 通信协议被取消。

SIMATIC S7-1500 系统的通信模块可以分为四大类，分别为点对点通信模块、IO-Link 主站模块、PROFIBUS 通信模块和 ROFINET/ETHERNET 通信模块。

3.5.1　点对点通信模块

点对点通信模块也就是串口模块，模块的类型以及支持的功能见表 3-13。

表 3-13　SIMATIC S7-1500 点对点通信模块参数

订货号	6ES7540-1AD00-0AA0	6ES7540-1AB00-0AA0	6ES7541-1AD00-0AB0	6ES7541-1AB00-0AB0
点对点通信模块	CM PtP RS232 BA	CM PtP RS422/485 BA	CM PtP RS232 HF	CM PtP RS422/485 HF
接口	RS232	RS422/485	RS232	RS422/485
数据传输速率	300 ~ 19200bit/s		300 ~ 115200bit/s	
最大帧长度	1KB		4KB	
诊断中断	√			
硬件中断	×			
支持等时同步模式	×			
支持的协议驱动	Freeport 协议 3964（R）		Freeport 协议 3964（R） Modbus RTU 主站 Modbus RTU 从站	

3.5.2　IO-Link 主站模块

　　IO-Link 主站模块用于连接 IO-Link 设备，模块的参数及支持的功能见表 3-14。

表 3-14　IO-Link 主站模块的参数及支持功能

IO-Link 主站模块	CM 8xIO-Link	IO-Link	
订货号	6ES7 547-1JF00-0AB0	循环时间	2.0ms
编程软件		每端口输入过程数据长度	最大 33B
TIA 博途 Step 7 软件	V15.1 及后续版本，通过 HSP 274	每端口输出过程数据长度	最大 32B
Step 7 V5	通过 GSD 文件配置	每模块输入过程数据长度	最大 240B
PROFIBUS GSD 文件	GSD 版本从 Revision 5 开始支持	每模块输出过程数据长度	最大 240B
PROFINET GSD 文件	GSDML V2.34	每端口设备参数存储器	2KB
额定电源电压	DC 24V	主站备份	支持
传感器电源	8 个	不使用 S7-PCT 组态	支持
输出电流	1A；整个模块最大 4A	IO-Link 电缆长度	20m
短路保护	每个通道：有	端口操作模式	
IO-Link		· IO-Link	支持
端口数量	8 个	· DI	支持
可同时操作的端口数量	8 个	IO-Link 设备端口类型	
IO-Link 协议 V1.0	支持	· A 型端口	支持
IO-Link 协议 V1.1	支持	· B 型端口	支持，需要外加 DC 24V 电源

　　除了 SIMATIC S7-1500 CM 8 × IO-Link，另外还有 SIMATIC 的 ET 200SP、ET 200AL、ET 200eco PN、ET 200pro 等多个系列提供 IO-Link 主站模块，可供柜内、柜外不同的应用场合选用。ET 200AL 有多个 IO-Link 设备模块可供选择。这些模块技术参数及使用请参考相关产品手册。

3.5.3　PROFIBUS 通信模块

PROFIBUS 通信模块的类型以及支持的功能见表 3-15。

表 3-15　SIMATIC S7-1500 PROFIBUS 通信模块参数

订货号	6GK7542-5FX10-0XE0	6GK7542-5DX10-0XE0	CPU 集成的 DP 接口（备注）
PROFIBUS 通信模块	CP 1542-5	CM 1542-5	
接口	RS485		
数据传输速率	9600kbit ~ 12Mbit/s		
诊断中断（从站）	√		
硬件中断（从站）	√		
功能和支持的协议	DPV1 主站 / 从站 S7 通信 PG/OP 通信	DPV1 主站 / 从站、S7 通信、PG/OP 通信	DPV1 主站 S7 通信、PG/OP 通信
可连接 DP 从站个数	32	125	

注：目前只有 CPU 1516、CPU 1517、CPU 1518 带有 DP 接口，并且只能作为主站。

3.5.4　PROFINET/ETHERNET 通信模块

PROFINET/ETHERNET 通信模块的类型及支持的功能见表 3-16，表中包括 CPU 集成的 PN 接口。

表 3-16　SIMATIC S7-1500 PROFINET/ETHERNET 通信模块参数

订货号	6GK7543-1AX00-0XE0	6GK7 542-1AX10-0XE0	CPU 集成的 PN 接口（备注）
PROFINET/ETHERNET 通信模块	CP 1543-1	CM 1542-1	
接口	RJ45		
数据传输速率	10/100/1000Mbit/s	10/100Mbit/s	
诊断中断	√		
硬件中断	×	√	
功能和支持的协议	TCP/IP、ISO、UDP、MODBUS TCP、S7 通信、IP 广播 / 组播、信息安全、诊断 SNMPV1/V3、DHCP、FTP 客户端 / 服务器、E-Mail、IPv4/IPv6	TCP/IP、ISO-on-TCP、UDP、MODBUS TCP S7 通信、IP 广播 / 组播（集成接口除外）、SNMPv1	
支持 PROFINET	×	√	
PROFINET IO 控制器	×	√	
PROFINET IO 设备	×	√	√
可连接 PN 设备的个数	×	128，其中最多 64 台 IRT 设备	与 CPU 类型有关，最大为 512，其中最多为 64 台 IRT 设备

注：不包括 CPU 1515/1516/1517/1518 第二个以太网接口参数。

3.6 工艺模块

工艺模块（Technology Module，TM）通常实现特殊的功能，而这些特殊功能往往是单靠 CPU 无法实现的。例如使用 CPU 内部的计数器计数，计数的最高频率往往受到 CPU 扫描周期和输入信号转换时间的限制。假设 CPU 的扫描周期为 50ms，那么信号变化时间低于 50ms 的信号不能被 CPU 捕捉到。这样 CPU 内的计数器最高计数频率为 20Hz（通常为 10Hz，因为需要捕捉上升沿和下降沿）。有些应用中使用高速的脉冲编码器测量速度值和位置值，这样对编码器信号的计数就不能使用 CPU 中的计数功能，而是需要通过高速计数器模块的计数功能来实现。工艺模块具有独立的处理功能，例如计数器模块独立处理计数功能，如果计数值达到预置值可以触发中断响应，也可以根据预先设定的方式使用集成于模块的输出点控制现场设备（快速性要求）。CPU 通过调用通信函数可以对计数器进行读写操作。

第4章 | SIMATIC S7-1500 硬件配置

一个 TIA 博途软件项目中可以包含多个 PLC 站点、HMI 以及驱动等设备。在使用 SI-MATIC S7-1500 CPU 之前，需要创建一个项目并添加 SIMATIC S7-1500 PLC 站点，其中主要包含系统的硬件配置信息和控制设备的用户程序。

硬件配置是对 PLC 硬件系统的参数设置过程，使用 TIA 博途软件将 CPU、电源、信号模块等硬件配置到相应的机架上，并对 PLC 等硬件模块的参数进行设置。硬件配置对于系统的正常运行非常重要，它的功能如下：

1）将配置信息下载到 CPU 中，CPU 功能按配置的参数执行。

2）将 I/O 模块的物理地址映射为逻辑地址，用于程序块调用。

3）CPU 比较模块的配置信息与实际安装的模块是否匹配，如 I/O 模块的安装位置、模拟量模块选择的测量类型等。如果不匹配，CPU 报警并将故障信息存储于 CPU 的诊断缓存区中，这种情况下需要根据 CPU 提供的故障信息做出相应的修改。

4）CPU 根据配置的信息对模块进行实时监控，如果模块有故障，CPU 报警并将故障信息存储于 CPU 的诊断缓存区中。

5）一些智能模块的配置信息存储于 CPU 中，例如通信处理器 CP/CM、工艺模块（TM）等，模块故障后直接更换，不需要重新下载配置信息。

本章着重介绍项目中 PLC 站点的硬件配置及编程相关的设置。

4.1 配置一个 SIMATIC S7-1500 站点

TIA 博途软件的工程界面分为 TIA 博途视图和项目视图，在两种视图下均可以组态新项目。TIA 博途视图是以向导的方式来组态新项目，项目视图则是硬件组态和编程的主视窗。下面以项目视图为例介绍如何添加和组态一个 SIMATIC S7-1500 站点。

4.1.1 添加一个 SIMATIC S7-1500 新设备

打开 TIA 博途软件并切换至项目视图后，在左侧的项目树中双击"添加新设备"标签栏，或者使用菜单命令"插入"→"设备"，则会弹出"添加新设备"对话框，如图 4-1 所示。

根据实际的需求来选择添加的站点，这些站点可以是"控制器""HMI""PC 系统"或者"驱动"。本例中选择"控制器"，然后打开分级菜单选择需要的 CPU 类型，这里选择"CPU1516-3PN/DP"，设备名称为默认的"PLC_1"，用户也可以对其进行修改。CPU 的固件版本应与实际硬件的版本匹配。勾选弹出窗口左下角的"打开设备视图"选项，单击"确定"按钮即直接打开设备视图。从 CPUV2.9 固件开始，进入设备视图前，增加了安全向导的设置界面，向导中可设置"保护机密的 PLC 数据""PG/PC 和 HMI 的通信模式""PLC 访问保护"三个安全措施，也可单击"取消"按钮，退出向导，在 CPU 的"防护与安全"属性中设置这些参数，具体设置信息在后续章节中介绍。

图 4-1 添加新设备

图 4-2 设备视图

在设备视图中可以对中央机架或者分布式 I/O 系统的模块进行详细的配置和组态。如图 4-2 所示设备视图中①区为 "项目树"，列出了项目中所有站点以及各站点项目数据的详细分类；②区为 "详细视图"，提供了项目树中被选中对象的详细信息；③区即是设备视图，用于硬件组态；④区可以浏览模块的属性信息，并对属性进行设置和修改；⑤区表示插入模块的详细的信息，包括 I/O 地址以及设备类型和订货号等；⑥区为硬件目录，可以单击 "过滤"，只保留与站点相关的模块；⑦区可以浏览模块的详细信息，并可以选择组态模块的固件版本。

4.1.2　配置 SIMATIC S7-1500 的中央机架

配置 SIMATIC S7-1500 中央机架，应注意以下几点：

1）中央机架最多有 32 个模块，使用 0 ~ 31 共 32 个插槽，CPU 占用 1 号插槽，不能更改。

2）插槽 0 可以放入负载电源模块（PM）或者系统电源（PS）。由于负载电源（PM）不带有背板总线接口，所以可以不进行硬件配置。如果将一个系统电源（PS）插入 CPU 的左侧，则该模块可以与 CPU 一起为机架中的右侧设备供电。

3）CPU 右侧的插槽中最多可以插入 2 个额外的系统电源模块。于是加上 CPU 左侧可以插入的一个系统电源模块，在主机架上最多可以插入 3 个系统电源模块（即电源段的数量最多是 3 个）。所有模块的功耗总和决定了需要的系统电源模块数量。

4）从 2 号插槽起，可以依次放入 I/O 模块或者通信模块。由于目前中央机架不带有源背板总线，相邻模块间不能有空槽位。

5）SIMATIC S7-1500 系统不支持中央机架的扩展，如果需要多个机架，通过 ET 200 分布式 I/O 实现。

6）2 ~ 31 号槽可放置最多 30 个信号模块、工艺模块或点对点通信模块（包括 PS）。PROFINET/Ethernet 通信处理器和 PROFIBUS 通信处理器的个数与 CPU 的类型有关，比如 CPU 1518 支持 8 个通信处理器模块，而 CPU 1511 则支持 4 个。模块数量与模块的宽窄尺寸无关。如果需要配置更多的模块则需要使用分布式 I/O。先选中插槽，然后在右侧的硬件目录中用鼠标双击选中的模块即可将模块添加到机架上，或者使用更加方便的拖放方式，将模块从右侧的硬件目录里直接添加到机架上的插槽中。机架中带有 32 个槽位，按实际需求及配置规则将硬件分别插入到相应的槽位中，例如插入模块到 SMATIC S7-1500 PLC 中央机架中。应注意模块的型号和固件版本应与实际的一致，默认情况下，添加的模块固件版本都是最新的，如果当前使用的模块固件版本不是最新的，可以在硬件目录下方的信息窗口中选择相应的固件版本。默认情况下只显示了 0 ~ 7 号插槽，单击插槽上方的▾，可以展开所有插槽。

在配置过程中，TIA 博途软件自动检查配置的正确性。例如，当在硬件目录中选择一个模块时，机架中允许插入该模块的槽位边缘会呈现蓝色，而不允许插入该模块的槽位边缘颜色无变化。如果使用鼠标拖放的方法将模块拖到禁止插入的槽位上，鼠标指针变为 🚫，如果选中的模块拖到允许插入的槽位时，鼠标指针变为 ⬚，插入模块时的自动检查功能如图 4-3 所示。

图 4-3　插入模块时的自动检查功能

如果需要对已经组态的模块进行更换，可以直接在模块上操作。例如要更改 CPU 的类型，只需选择 1 号槽上的 CPU 并单击鼠标右键，在弹出的菜单中选择"更改设备类型"命令，即可以在弹出的窗口中选择新的 CPU 用于替换原来的 CPU。如图 4-4 所示，选择新的 CPU 硬件版本时，在窗口的下方给出了兼容性信息，提示用户新硬件与原硬件对比时不支持的功能或新增加的功能。

图 4-4　更改设备

配置完硬件组态后，可以在设备视图右方（按▣键可以切换为上下显示方式）的设备概览视图中读取整个硬件组态的详细信息，包括模块、插槽号、输入地址和输出地址、类型、订货号、固件版本等，如图 4-5 所示。

图 4-5 设备概览视图

最后，可以单击工具栏上的最右侧的 按钮，保存窗口视图的格式，待下次打开硬件视图时，与关闭前的视图设置一样。

4.1.3 使用自动检测功能配置 SIMATIC S7-1500 中央机架

TIA 博途 STEP 7 软件具有自动检测 SIMATIC S7-1500 类型的功能，可以检测中央机架上连接的模块并上传到离线项目中。在"添加新设备"→"SIMATC S7-1500"目录下，找到"非指定的 CPU 1500"，单击"确定"按钮创建一个未指定的 CPU 站点。可以通过两种方式将实际型号的 CPU 分配给未指定的 CPU：

1）通过拖放操作的方式将硬件目录中的 CPU 替代未指定的 CPU。

2）在设备视图下，选择未指定的 CPU，在弹出的提示菜单中单击"获取"，或者通过菜单命令"在线">"硬件检测"，这时将检测 S7-1500 中央机架上的所有模块。检测后的模块参数具有默认值，实际 CPU 和模块的已组态参数及用户程序不能通过"检测"功能读取上来，如图 4-6 所示。

图 4-6 通过检测功能添加中央机架组态

4.2 CPU 参数配置

选中机架中的 CPU，在 TIA 博途软件底部的巡视窗口中显示 CPU 的属性视图。在这里可以配置 CPU 的各种参数，如 CPU 的启动特性、通信接口以及显示屏的设置等。下面以 S7-1516 PLC V3.0 为例介绍 CPU 的参数设置。

4.2.1 常规

单击属性视图中的"常规"选项卡，可见 CPU 的"项目信息""目录信息""标识和维护信息"以及"校验和"。用户可以在项目信息下编写和查看项目的"名称""作者"，还可在"注释"做一些提示性的标注。在目录信息下可查看该 CPU 的简短标识"短名称""描述""订货号"及组态的"固件版本"。

"工厂标识"和"位置标识符"可以用于识别设备和设备所处的位置，"工厂标识"最多可输入 32 个字符，"位置标识"最多可输入 22 个字符，"安装日期"用于描述设备的安装时间，更多信息最多可以输入 54 个字符。CPU 可以使用函数"Get_IM_Data"将信息读取并进行识别。

通过"校验和"可以比较 PLC 程序是否相同。在 PLC 编译时，将自动为块文件夹中所有块生成一个"软件"校验和，所有文本列表生成一个"文本列表"校验和，再次编译时，如果 PLC 程序未发生变更，则校验和保持不变。通过校验和可以判断 CPU 中当前运行的程序是否为之前加载的程序，或者是否发生了变更。通过指令"GetChecksum"，可在程序运行时读取校验和。

4.2.2 PROFINET 接口 [X1]

有些 CPU 具有多个 PROFINET 接口，参数类似，本书以 PROFINET[X1] 为例介绍参数功能和设置。PROFINET[X1] 表示 CPU 集成的第一个 PROFINET 接口，在 CPU 的显示屏中有标识符用于识别。单击"常规"标签，用户可以在"名称""作者""注释"等空白处做一些提示性的标注。这些标注不同于"标识和维护"数据，不能通过程序块读出。

单击"以太网地址"标签，可以创建或加入子网、设置 IP 地址参数等，如图 4-7 所示。

图 4-7 中的主要参数及选项的功能描述如下：

"接口连接到"设置本接口连接的子网，可以通过下拉菜单选择需要连接到的子网。如果选择的是"未联网"，那么也可以通过"添加新子网"按钮，为该接口添加新的以太网网络。新添加的以太网的子网名称默认为"PN/IE_1"。

"Internet 协议版本 4（IPv4）"默认状态为"在项目中设置 IP 地址"，可以根据需要设置"IP 地址"和"子网掩码"。这里使用默认的 IP 地址 192.168.0.1 以及子网掩码 255.255.255.0。如果该 PLC 需要和其它非同一子网的设备进行通信，那么需要激活"使用路由器"选项，并输入路由器（网关）的 IP 地址。如果 PROFINET 接口要从 DHCP 服务器获取 IP 地址及子网掩码，需激活"DHCP 服务器的 IP 地址"选项，并且该接口不能组态 PROFINET IO 通信。S7-1500 CPU 使用客户端 ID 向 DHCP 服务器标识自己的身份。如图 4-8 所示，对于客户端 ID，S7-1500 CPU 支持以下两种操作模式：

"使用 MAC 地址作为客户端 ID"使用 CPU 的 MAC 地址作为 DHCP 客户端的客户端

ID。如果在此操作模式下执行 CPU 的设备更换，则 MAC 地址以及客户端 ID 会更改。

图 4-7　设置以太网地址

"用户自定义的客户端 ID"使用此选项，可以在 STEP 7 的组态中指定客户端 ID。此外，还可以选择在运行期间使用"CommConfig"指令修改客户端 ID。如果在此操作模式下执行 CPU 的设备更换，则会为新 CPU 分配已组态的客户端 ID。

图 4-8　客户端 ID 模式

如果激活"在设备中直接设定 IP 地址"，表示不在硬件组态中设置 IP 地址，而是使用函数"T_CONFIG"或者显示屏等方式分配 IP 地址。

在"PROFINET"中如果激活"在设备中直接设定 PROFINET 设备名称"选项，表示当 CPU 用于 PROFINET IO 通信时，不在硬件组态中组态设备名，而是以以下几种方式设定 CPU 的 PROFINET 设备名：

- 在线分配：通过 TIA 博途软件、PST 和 Proneta 等工具。
- 通过用户程序进行分配（T_CONFIG 用于 S7-1200/1500）。
- 通过 CPU 显示分配（S7-1500）。

- 通过上位 IO 控制器进行分配（仅适用于智能设备）。

"自动生成 PROFINET 设备名称"表示 TIA 博途软件根据接口的名称自动生成 PROFI-NET 设备名称。如果取消该选项，则可以由用户设定 PROFINET 设备名。

"转换后的名称"表示此 PROFINET 设备名称转换为符合 DNS 惯例的名称，用户不能修改，是下载到 PLC 里实际的设备名称。"设备编号"表示 PROFINET IO 设备的编号。故障时可以通过函数读出设备的编号。如果使用 IE/PB Link PN IO 连接 PROFIBUS DP 从站，从站地址也占用一个设备编号。IO 控制器的设备编号无法进行修改，默认为 0。

PROFINET 接口的操作模式如图 4-9 所示。

图 4-9　PROFINET 接口的操作模式

图 4-9 中的主要参数及选项的功能描述如下：

在"操作模式"中，可以将该接口设置为 PROFINET IO 的控制器或者 IO 设备。

"IO 控制器"选项不可修改，即一个 PROFINET 网络中的 CPU 即使被设置作为 IO 设备，也可以同时作为 IO 控制器使用。如果该 PLC 作为智能设备，则需要激活"IO 设备"模式，并在"已分配的 IO 控制器"选项中选择一个 IO 控制器。如果 IO 控制器不在该项目中则选择"未分配"。如果激活"PN 接口的参数由上位 IO 控制器进行分配"，则 IO 设备的设备名称由所连接的 IO 控制器分配，具体的通信参数以及接口区的配置参见通信章节。

激活"通过用户程序启用资产管理"后，IO 控制器可通过"RDREC"指令读取智能设备中由用户程序提供的按特定结构存储的资产管理记录，智能设备插槽的 I&M0 数据和用户自定义的模块设备信息可作为资产传递给控制器。

PROFINET 系统中只要有一个设备激活"可选 IO 设备"选项，IO 控制器启动时所有 IO 设备的初始状态为禁用，必须调用指令"ReconfigIOSystem"重新激活 IO 设备。通电或站故障/站恢复之后，希望缩短 IO 设备恢复周期性交换数据的时间，可以激活"优先启用"选项。

"设备编号"表示 PROFINET IO 设备的编号，用于诊断。在高级选项中可以对接口的特性进行设置，PROFINET 接口的高级选项如图 4-10 所示。

图 4-10　PROFINET 接口的高级选项

图 4-10 中的主要参数及选项的功能描述如下：

在默认情况下，一些关于 PROFINET 接口的通信事件，例如维护信息、同步丢失等，会进入 CPU 的诊断缓冲区，但不会调用诊断中断 OB82。如果激活"若发生通信错误，则调用用户程序"选项，出现上述事件时，CPU 将调用 OB82。

如果不通过 PG 或存储介质替换旧设备，则需要激活"不带可更换介质时支持设备更换"选项。新设备可以通过预先定义的拓扑信息和正确的相邻关系由 IO 控制器直接分配设备名。

"允许覆盖所有已分配 IO 设备名称"是指当使用拓扑信息分配设备名称时，不再需要将设备进行"重置为出厂设置"操作（S7-1500 CPU 需要固件版本 V1.5 或更高版本）而是强制分配设备名称，也就是说，即使原设备带有设备名称也可以分配新的设备名称。

"限制馈入网络中的数据"功能可以限制标准以太网数据的带宽和峰值，以确保 PRO-FINET IO 实时数据的通信。如果配置了 PROFINET IO 的通信，该选项自动使能。

"使用 IEC V2.2 LLDP 模式"，LLDP 表示"链路层发现协议"，是 IEEE-802.1AB 标准中定义的一种独立于制造商的协议。以太网设备使用 LLDP，按固定间隔向相邻设备发送关于自身的信息，相邻设备则保存此信息。所有联网的 PROFINET 设备接口必须设置为同一种模式（IEC V2.3 或 IEC V2.2）。当组态同一个项目中 PROFINET 子网的设备时，TIA 博途软件自动设置正确的模式，用户无需考虑设置问题。如果是在不同项目下组态（如使用 GSD 组态智能设备），则可能需要手动设置。

"保持连接监视"选项默认为 30s，表示该服务用于面向连接的协议，例如 TCP 或 ISO _on_TCP，周期性（30s）地发送 Keep-alive 报文检测通信伙伴的连接状态和可达性，并用于故障检测。如果需要 PLC 对网络故障更快的响应，可以减小 Keep-alive 数值，甚至可以设置为 0。

PN 接口支持 MRP 即介质冗余协议，可以通过 MRP 来实现环网的连接，设置界面如图 4-11 所示。

图 4-11 中的主要参数及选项的功能描述如下：

"介质冗余"，如果使用环网，在"介质冗余角色"中选择"管理器"或"客户端"。环网管理器发送检测报文用于检测网络连接状态，而客户端只是转发检测报文。在环网端口选项中选择使用哪两个端口连接 MRP 环网，由于 CPU 1516 X1 接口仅有两个 RJ45 端口，所以无需选择"环形端口"。当网络出现故障，希望调用诊断中断 OB82，则激活"诊断中断"选项。

图 4-11　介质冗余选项

"实时设定"选项界面如图 4-12 所示。

图 4-12　实时设定选项

图 4-12 中的主要参数及选项的功能描述如下：

"IO 通信"中设置 PROFINET 发送时钟的基数，默认为 1ms，最大为 4ms，最小为 125μs。该时间表示 IO 控制器和 IO 设备交换数据的最小时间间隔。

"同步"下的"同步域"是指域内的 PROFINET 设备按照同一时基进行时钟同步，准确地说，一台设备为同步主站（时钟发生器），所有其它设备为同步从站。在"同步功能"选项可以设置此接口是"未同步""同步主站"或"同步从站"。当组态 IRT 通信时，所有的站点都在一个同步域内。

"带宽"表示 TIA 博途软件根据 IO 设备的数量和 I/O 字节，自动计算"为循环 IO 数据计算得出的带宽"大小。最大带宽一般为"发送时钟"的一半。

PROFINET 端口参数的设置如图 4-13 所示。

图 4-13　PROFINET 接口的端口参数界面 1

图 4-13 中的主要参数及选项的功能描述如下：

"常规"用户可以在"名称""注释"等空白处作一些提示性的标注。

"本地端口"下显示本地端口，"介质"的类型默认为"铜"，铜缆无电缆名称。

"伙伴端口"：可以在"伙伴端口"下拉列表中选择需要连接的伙伴端口，如果在拓扑视图中已经组态了网络拓扑，则在"伙伴端口"处会显示连接的伙伴端口、"介质"类型以及"电缆长度"或"信号延时"等信息。其中对于"电缆长度"或"信号延时"两个参数，仅适用于 PROFINET IRT 通信。选择"电缆长度"，则 TIA 博途软件根据指定的电缆长度自动计算信号延迟时间；选择"信号延时"，则人为地指定信号延迟时间。

如果激活了"备用伙伴"选项，则可以在拓扑视图中将 PROFINET 接口中的一个端口连接至不同的设备，同一时刻只有一个设备真正地连接到端口上。使用系统函数"D_ACT_DP"来启用 / 禁用设备，这样就可以实现"在操作期间替换 IO 设备（"替换伙伴"）功能"。

　　下面举例说明替换伙伴功能。首先激活 CPU PN 接口的备用伙伴功能，然后在拓扑视图中，将 CPU 的 X1 P2 端口分别拖拽至三个设备的 X1 P2 端口，这样组态好拓扑并下载至CPU 中，此时三个分布式 IO 设备均处于禁用状态，如图 4-14 所示。

图 4-14　激活和组态备用伙伴功能并在线

　　用户根据实际连接的设备，调用系统函数 "D_ACT_DP" 来确定需要激活的设备，本例中实际连接的设备是 IO device_2（硬件标识符是 266），激活实际连接的分布式 I/O 设备如图 4-15 所示。功能块执行后，IO device_2 被激活，用户程序就可以正常访问 IO device_2 的数据了。

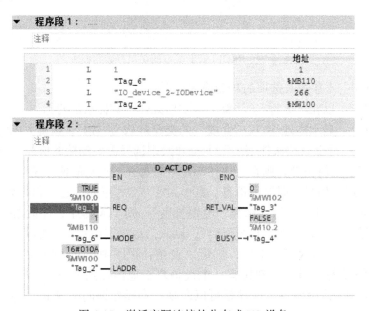

图 4-15　激活实际连接的分布式 I/O 设备

注意：这种分布式 I/O 设备的激活和禁用是基于拓扑结构的，所以可以使用基于拓扑的功能，例如无需存储介质更换设备。当实际连接的设备发生了改变而需要激活另外一个分布式 I/O 设备时，必须先将已经激活的分布式 I/O 设备禁用。某些交换机也可以组态备用伙伴功能。CPU 断电上电后，原先激活的分布式 I/O 设备将再次处于禁用状态。

图 4-16　PROFINET 接口的端口参数界面 2

图 4-16 中的主要参数及选项的功能描述如下：

"激活"启用该端口以使用，表示该端口可以使用，否则禁止使用该端口。

"连接"下"传输速率 / 双工"选项中可以选择"自动"或"TP 100Mbit/s"两种。默认情况为"自动"，表示该 PLC 与连接伙伴自动协商传输速率和双工模式。选择该模式时，"启用自动协商"选项自动激活且不能取消。同时可以激活"监视"，表示监视端口的连接状态，一旦出现故障，则向 CPU 报警。

如果选择"TP 100Mbit/s"，会自动激活"监视"功能。此时默认激活"启用自动协商"模式，这意味着可以自动识别以太网电缆是平线还是交叉线；如果禁止该模式，应注意选择正确的以太网电缆形式。

"界限"表示传输某种以太网报文的边界限制。

"可访问节点检测结束"表示不转发用于检测可访问节点的 DCP 报文。这也就意味无法在项目树的"可访问设备"中显示此端口之后的设备。

"拓扑识别结束"表示不转发用于检测拓扑的 LLDP 报文。

"同步域断点"表示不转发那些用来同步域内设备的同步帧。

Web 服务器访问的设置如图 4-17 所示。

激活"启用通过该接口的 IP 地址访问 Web 服务器"选项，通过该接口可以访问集成在 CPU 中的 Web 服务器。

图 4-17　Web 服务器访问的设置

4.2.3　DP 接口 [X3]

不同于 S7-300/400，CPU 集成的 DP 接口只能做主站，并且该接口不能被设置为 MPI 接口（S7-1500 不再支持 MPI 协议）。

单击 "DP 接口 [X3]" 下的 "常规" 选项，可见 DP 接口的常规信息。用户可以在 "名称" "作者" "注释" 等空白处做一些提示性的标注。不同于 "标识与维护" 数据，这些信息不能通过程序块读出。单击 "PROFIBUS 地址" 选项，可设置 DP 接口的地址、传输率等参数。在 "操作模式" 界面中设置 DP 接口的主从模式，默认选择为主站并且不能更改，表示该 CPU 集成接口只能作为 PROFIBUS-DP 通信的主站。

在 "时间同步" 界面设置 PROFIBUS 网络的时间同步功能。如果作为时间从站，将接收其它时间主站的时间来同步自己的时间；如果作为时间主站，则用自己的时间来同步其它从站的时间。可以根据需要设置时间同步的间隔。

在 "同步 / 冻结" 界面可以设置最多 8 个同步和冻结组。将从站分配到不同的组中，通过调用指令 DPSYC_FR 实现同步和冻结功能，使能同步功能时，组中的从站同时接收到主站信息；使能冻结功能时，主站将同时接收到组中从站某一时刻的信息。

4.2.4　启动

单击 "启动" 标签进入 CPU 启动参数化界面，所有设置的参数与 CPU 的启动特性有关，如图 4-18 所示。

图 4-18　S7-1500 CPU 启动界面

图 4-18 中主要参数及选项的功能描述如下：

"上电后启动"，选择上电后 CPU 的启动特性，S7-1500 CPU 只支持暖启动方式。

默认选项为 "暖启动 - 断开电源之前的操作模式"，选择此模式，CPU 上电后会进入断电之前的运行模式。例如当 CPU 运行时，通过 TIA 博途软件的"在线工具"将其停止，那么断电再上电之后，CPU 仍然是 STOP 状态。

"未启动（仍处于 STOP 模式）"，选择此模式，CPU 上电后处于 STOP 模式。

"暖启动 -RUN"，选择此模式，CPU 上电后进入暖启动和运行模式。如果 CPU 的模式开关为"STOP"，则 CPU 不会执行启动模式，也不会进入运行模式。

"比较预设与实际组态"该选项决定当硬件配置信息与实际硬件不匹配时，CPU 是否可以启动。

"仅兼容时启动 CPU"表示如果实际模块与组态模块一致或者实际的模块兼容硬件组态的模板，那么 CPU 可以启动。兼容是指安装的模板要匹配组态模板的输入 / 输出数量，且必须匹配其电气和功能属性。兼容模块必须完全能够替换已组态的模块，功能可以更多，但是不能更少。比如组态的模块为 DI 16 × 24VDC HF（6ES7 521-1BH00-0AB0），实际模板为 DI 32 × 24VDC HF（6ES7 521-1BL00-0AB0），则实际模块兼容组态模块，CPU 可以启动。

"即便不兼容仍然启动 CPU"表示实际模块与组态的模块不一致，但是仍然可以启动 CPU，比如组态的是 DI 模板，实际的是 AI 模板。此时 CPU 可以运行，但是带有诊断信息提示。

"组态时间"在 CPU 启动过程中，将检查集中式 I/O 模块和分布式 I/O 站点中的模块在所组态的时间段内是否准备就绪，如果没有准备就绪，则 CPU 的启动特性取决于将"比较预设与实际组态"中的硬件兼容性的设置。

4.2.5　循环

单击"循环"选项进入循环界面，在该界面中设置与 CPU 循环扫描相关的参数，如图 4-19 所示。

图 4-19　S7-1500 CPU 的周期界面

图 4-19 中主要参数及选项的功能描述如下：

"最大循环时间"表示设定程序循环扫描的监控时间。如果超过了这个时间，在没有下载 OB80 的情况下，CPU 会进入停机状态。通信处理、连续调用中断（故障）、CPU 程序故障等都会增加 CPU 的扫描时间。在 S7-1500 CPU 中，可以在 OB80 中处理超时错误，此时扫描监视时间会变为原来的 2 倍，如果此后扫描时间再次超过了此限制，CPU 仍然会进入停机状态。

"最小循环时间"，在有些应用中需要设定 CPU 最小的扫描时间。如果实际扫描时间小于设定的最小时间，CPU 将等待，直到达到最小扫描时间后才进行下一个扫描周期。

4.2.6 通信负载

　　CPU 间的通信以及调试时程序的下载等操作将影响 CPU 的扫描时间。假定 CPU 始终有足够的通信任务要处理,"通信产生的循环负载"参数可以限制通信任务在一个循环扫描周期中所占的比例,以确保 CPU 的扫描周期中通信负载小于设定的比例。该参数也意味着 CPU 处理通信时所花费的资源比例关系。例如没有通信负载时 CPU OB1 的扫描周期是 100ms,如果通信负载达到 50%,那么 CPU 的扫描周期将变为 200ms。为了保证 CPU 的扫描周期可以限制通信负载,最小可以设置为 15%,那么通信就会比较慢。通信的优先级是 15,如果需要一个确定的循环周期处理程序(PID 需要确定的循环周期),例如可以创建一个 100ms 的循环中断,必须将该循环中断的优先级设置大于 15。S7-300/400 的循环中断不能设置优先级,所以在使用时扫描周期经常会抖动,这个问题在 S7-1500 中得到了改进。"通信产生的循环负载"设置的是一个阈值,实时值可以通过指令 RT_INFO 读出。

> **注意:** 使用 TO 的方式进行定位,会大大占用 CPU 的通信负载,如果设置的 IRT 更新时间非常小将会造成 CPU 循环时间的超时。

4.2.7 系统和时钟存储器

　　在"系统和时钟存储器"标签栏中,可以将系统和时钟信号赋值到标志位区(M)的变量中,如图 4-20 所示。

图 4-20　系统和时钟存储器设置界面

　　如果激活"启用系统存储器字节"选项,则将系统存储器赋值到一个标志位存储区的字节中。其中第 0 位为首次扫描位，只有在 CPU 启动后的第一个程序循环中值为 1，否则为 0；第 1 位表示诊断状态发生更改，即当诊断事件到来或者离开时，此位为 1，且只持续一个周期；第 2 位始终为 1；第 3 位始终为 0。第 4~7 位是保留位。

如果激活"启用时钟存储器字节"选项，CPU 将 8 个固定频率的方波时钟信号赋值到一个标志位存储区的字节中，字节中每一位对应的频率和周期见表 4-1。

表 4-1　时钟存储器

时钟存储器的位	7	6	5	4	3	2	1	0
频率 /Hz	0.5	0.62	1	1.25	2	2.5	5	10
周期 /s	2	1.6	1	0.8	0.5	0.4	0.2	0.1

示例中"时钟存储器字节的地址"为 0，表示时钟信号存储于 MB0 中，M0.0 即为周期 100ms 的方波信号，用户也可以自己定义存储器的地址。在许多通信程序中，发送块需要脉冲触发，这时就可以非常方便地根据发送周期的要求，选择 CPU 集成的时钟存储器位作为脉冲触发信号。

4.2.8　SIMATIC 存储卡

在"SIMATIC Memory Card"标签栏中，可以设置存储卡寿命的阈值，如图 4-21 所示。

图 4-21　设置 SIMATIC 存储卡 SMC 的阈值

SIMATIC 存储卡的使用寿命主要取决于以下因素：
1）SIMATIC 存储卡的容量；
2）删除或写操作的次数；
3）写入 SIMATIC 存储卡的数据量；
4）环境温度。

例如 256MBSMC 删除或写操作的最小次数是 200000 次，如果每次写 1024 个字节，寿命计算公式为 256×1024×1024 字节 ×200000 次数 /[100（生成内部元数据的影响 100 倍）×1024 字节（每次写的字节数量）]= 524288000 次超过阈值后，CPU 将触发诊断中断并生成诊断缓冲区条目。

4.2.9　系统诊断

系统诊断就是记录、评估和报告自动化系统内的故障信息，比如模块故障、插拔模块、传感器断路等。用户不需要编写程序即可在 PLC 的显示屏、Web 浏览器或者 HMI 中查看这些故障信息。对于 S7-1500 CPU，系统诊断功能自动激活（无法禁用）。

在 TIA 博途软件 V15 版本，原来在"系统诊断"标签栏中的"报警设置"迁移到项目树→公共数据→系统诊断设置，在"类别"中选择需要激活的报警类别及是否需要确认。默认情况下所有的报警类别都被选中，不需要确认。

选择"将网络故障报告为维护而非故障"选项后，基于网络的故障信息将作为维护信息进行报告或者显示，例如没有按照拓扑配置连接网线时，在 PLC 的显示屏、Web 浏览器或者 HMI 中以维护信息显示。

4.2.10　PLC 报警

PLC 中系统诊断和过程诊断的文本信息，在 HMI 下载时已经复制到 HMI 中，文本信息由 HMI 进行管理。出现报警触发事件时 CPU 只需要向 HMI 设备发送基本信息（如报警 ID、报警类型和相关值，可以参考诊断章节），HMI 弹出报警文本。如果在 PLC 中修改报警文本，必须重新下载 HMI 项目，V2.0 版本以上的 CPU 可以在 PLC 报警中使能"CPU 中的中央报警管理"选项，这样在 PLC 中修改报警文本后，无须重新下载 HMI 项目。修改 CPU 中的报警文本，不会影响已传送给 HMI 设备的报警文本，只有当发生新的触发事件时，才会显示更新后的报警文本。

4.2.11　Web 服务器

单击"Web 服务器"标签进入组态 Web 服务器界面，在该界面中可以设置相关 Web 服务器的功能，如图 4-22 所示。

图 4-22　S7-1500 CPU 的 Web 服务器界面

Web 服务器参数化界面主要参数及选项的功能描述如下：

"常规"表示选中"启用模块上的 Web 服务器"，即激活 S7-1500 CPU 的 Web 服务器功能。默认状态下，打开 IE 浏览器并输入 CPU 接口的 IP 地址，例如 http：//192.168.0.1，即可以浏览 CPU Web 服务器中的内容。可以通过 CPU 集成的接口（可能一个 CPU 有多个接口可以访问）、CM 或者 CP 访问 CPU 的 Web 服务器，但不管用哪种方式都必须激活相应接口中的"启用通过该接口的 IP 地址访问 Web 服务器"，如图 4-17 所示。

如果选择"仅允许通过 HTTPS 访问"的方式，即通过数据加密的方式浏览网页，则在 IE 浏览器中需要输入 https：//192.168.0.1 才能浏览网页。

"自动更新"表示激活"启用自动更新"功能，并设置相应的时间间隔（取值范围 1 ～

999s），Web 服务器会根据设定的时间间隔自动更新网页的内容。如果设置较短的更新时间将会增大 CPU 的通信负载。

　　"用户管理"表示用户管理界面用于管理访问网页用户的列表，可以根据需要增加和删除用户，定义"访问级别"并设置密码。于是在使用浏览器登录 Web 服务器时，应输入相应的用户名和密码才能获得相应的权限。Web 服务器的用户管理设置界面如图 4-23 所示。

图 4-23　Web 服务器的用户管理设置界面

　　如果使能 HTTPS 安全通信，则需要在"Security"栏配置 CPU Web 服务器的证书，可以在"全局安全设置"中进行设置，也可以在本地进行设置如图 4-24 所示，Web 服务器证书系统自动生成，单击"服务器证书"栏中的▢，创建一个新的证书。

图 4-24　Web 服务器的安全设置

> **注意：** 使用 HTTPS 连接时，CPU 自动发送证书到浏览器中，需要将 PLC 证书导入浏览器的受信认证书管理器中。

"监控表"表示可以组态变量监控表或者"强制表"到 Web 服务器中。单击"监控表"标签进入配置界面，如图 4-25 所示。单击"名称"栏中的 图标，在弹出的对话框中，选择需要在 Web 服务器中显示的"监控表"或者"强制表"，并设置访问方式为读取或读 / 写。这样拥有相关权限的用户在登录 Web 服务器之后，就可以在浏览器中查看或修改"监控表"或者"强制表"中的变量值了。如果在"监控表"或者"强制表"中的变量没有变量名称，那么其值不能通过 Web 服务器进行访问。

图 4-25　添加"监控表"或"强制表"

单击"Web 服务器"的"用户自定义页面"标签，在进入的相应界面中可以为 Web 服务器添加自定义的网页，如图 4-26 所示。

图 4-26　S7-1500 CPU 自定义 Web 页面

创建 Web 服务器自定义网页的步骤如下：首先在网页编辑器（第三方软件，例如 Cute page）中创建与工艺流程相关的 HTML 网页；然后指定自定义网页的路径到"HTML 目录"中，并设置"默认的 HTML 页面"，即指定起始页面；定义"应用程序名称"，也就是在网页中看到的自定义网页的名字；最后操作"生成块"生成具有"Web DB 号"（默认起始 DB 为 DB333，可更改）的 DB，用于在程序中调用。入口页面选项可以选择登录 Web 服务器时的初始页面。

在"接口概览"标签中，显示 PLC 站点中所有可以访问 Web 服务器的设备和以太网接口，还可选择激活哪些接口用于 Web 服务器的访问。

4.2.12　显示

单击"显示"标签，进入 S7-1500 PLC 的显示屏参数化界面，在该界面中可以设置 CPU 显示屏的相关参数，如图 4-27 所示。

图 4-27　S7-1500 CPU 显示屏常规设置

显示屏参数化界面主要参数及选项的功能描述如下：

"常规"表示当进入待机模式时，显示屏保持黑屏，并在按下任意按键时立刻重新激活。"待机模式的时间"表示显示屏进入待机模式所需的无任何操作的持续时间。

当进入"节能模式"时，显示屏将以低亮度显示信息。按下任意显示屏按键时，"节能模式"立即结束。"节能模式的时间"表示显示屏进入节能模式所需的无任何操作的持续时间。

"显示的默认语言"表示显示屏默认的菜单语言。设置之后下载至 CPU 中立即生效，也可以在显示屏中更改显示屏的显示语言。

"自动更新"表示更新显示屏的时间间隔。默认设置为 5 秒。

"密码"表示如果使能"启用写访问"选项，则可以修改显示屏的参数；使能"启用屏保"选项，则可以使用密码保护显示内容，同时需要配置自动注销时间。

"监控表"，单击"监控表"选项，在右侧的表格中选择需要显示的"监控表"或者"强制表"。

在"监控表"中，可添加项目中的"监控表"和"强制表"，并设置访问方式是"只读"或"读/写"。下载后可以在显示屏中的"诊断"→"监视表"菜单下显示或者修改"监控表"、"强制表"中的变量。显示屏只支持符号寻址的方式，所以"监控表"或者"强制表"中绝对寻址的变量不能显示。

"用户自定义徽标"表示单击"用户自定义徽标"标签，可以将用户自定义的图片传送至显示屏中显示。图片支持的格式有"Bitmap""JPEG""GIF"和"PNG"等。不同型号的 S7-1500 CPU 对应大小不同的显示屏，所以相应的分辨率也不同，且不能修改。如果图片的尺寸超出指定的尺寸，激活"修改徽标"选项则可以缩放图像尺寸以适合显示屏的分辨率，但是不保持原始图像的宽、高比。在显示屏的主界面中，按下"ESC"按键就会显示用户自定义的徽标。

4.2.13 支持多语言

在"支持多语言"界面中，可以为显示屏和 Web 服务器的用户界面语言分配项目语言，如图 4-28 所示。项目语言用于显示项目文本信息，例如报警消息。所需的项目语言必须在项目树下的"语言 & 资源"→"项目语言"标签中激活，并且只能为 CPU 指定最多三种不同的项目语言；用户界面语言用于菜单的显示，可以选择多种语言。以图 4-28 的配置为例，右面为显示语言，左面为项目语言。示例中选择项目语言为英文，对应显示器 /Web 的英文显示；选择项目语言为中文，对应显示器 /Web 的中文显示，其它为中文设置。那么在显示器、HMI、Web 上切换英文则显示英文文本和菜单，切换中文则显示中文文本和菜单，切换其它语言都会显示中文文本和菜单。

图 4-28 用户界面语言设置页面

4.2.14 时间

单击"时间"标签进入时间参数化界面，如图 4-29 所示。在 S7-1500 PLC 中，系统时间为 UTC 时间，本地时间则由 UTC 时间、时区和标准时间 / 夏令时共同决定。在"时区"选项中选择时区和地区后，TIA 博途软件便根据此地区夏令时实施的实际情况自动激活或禁用夏令时，方便用户设置本地时间。用户也可以手动激活或禁用夏令时，以及设置夏令时的开始和结束时间等参数。于是当 OEM 设备出口到其它国家或地区时，可以快速匹配当地时间。

"时间同步"：NTP 模式表示该 PLC 可以通过以太网从 NTP 服务器上获取时间以同步自己的时钟，最多可以使用 4 个 NTP 服务器与系统时间进行同步。时间同步方式可以为"在设备上设置 NTP 服务器（如 PLC 程序，显示屏）"，通过"T_CONFIG"指令或 CPU 显示屏设置 NTP 服务器地址；"在项目中设置 NTP 服务器"，直接在项目中组态 NTP 服务器地址；"远程设置 NTP 服务器（如 DHCP）"，由 DHCP 服务器提供 NTP 服务器的地址。

图 4-29　SIMATIC S7-1500 CPU 时间设置

"更新间隔"定义 PLC 每次请求时钟同步的时间间隔，时间间隔的取值范围在 10 秒到一天之间。

4.2.15　防护与安全

在"防护与安全"标签中，可以设置与 CPU 相关的防护以及与通信相关的安全措施，主要包括"保护机密的 PLC 组态数据""访问级别""连接机制""证书管理器"和"安全事件"等参数设置。

"保护机密的 PLC 组态数据"，可以通过密码为安全通信相关的私钥和证书进行加密，例如 OPC UA 证书，如图 4-30 所示。

图 4-30　保护 PLC 组态数据

具有密码保护的机密组态数据的项目和密钥信息放在不同的存储区域，项目位于装载存储区，通过密码生成的密钥信息位于 CPU 的存储区，项目和密钥像两个匹配的拼图一样相互关联，项目与下载的密钥信息绑定，下载的密钥信息与分配的密码绑定，如图 4-31 所示。

① 具有密码保护的机密组态数据的项目（此处：在装载存储器中，即存储卡中）

② 使用受保护机密组态数据的密钥信息（通过密码生成）（此处：在 CPU 的存储区中）

图 4-31　项目和密钥信息

密码和密钥信息均未保存在项目中，为了将密钥信息传送到 CPU，在下载硬件配置时必须重新输入一次密码以生成密钥信息，如图 4-32 所示。

图 4-32　重新输入密码

项目和密钥信息必须匹配，否则 PLC 将无法启动。如果需要重新下载包含新密码的项目，需要在 CPU 在线与诊断的"复位为出厂设置"界面，激活"删除保护机密 PLC 组态数据的密码""格式化存储卡"选项，执行"复位 PLC"，PLC 复位成功后，重新下载新的项目。如果存储卡上的项目不需要更改，仅需要更改密码，此时可在"指定保护 PLC 组态数据的密码"界面，先单击"删除"按钮并清除旧密码，再单击"设置"按钮并输入新密码即可。

"访问级别"表示 SIMATIC S7-1500 提供 4 层访问级别（一个无保护和三个密码保护级别），不同的访问级别代表不同的访问权限。通过设置 3 级不同的访问密码，分别提供给不同权限的用户，实现对 CPU 最大限度的保护。SIMATIC S7-1500 的 4 级访问权限示意图如图 4-33 所示。

4 层访问级别设置界面如图 4-34 所示。

CPU 提供的 4 个访问级别和 3 个密码保护级别，分别对应着 HMI 访问、编程器对程序读、和程序写的访问权限的不同组合，4 个访问级别如下：

"完全访问权限（无任何保护）"：选择该访问级别可以进行 HMI 访问、程序读和程序写的操作并且不需要密码。

图 4-33　SIMATIC S7-1500 的 4 级访问权限示意图

图 4-34　4 层访问级别设置界面

"读访问权限"：对 HMI 访问和程序"读取"操作没有限制。选择"读访问权限"后，需要在第一层级（完全访问权限）设置密码，密码对应"写入"操作。

"HMI 访问权限"：对 HMI 访问操作没有限制。该访问级别需要至少在第一层（完全访问权限）设置密码，同时可以在第二层（读访问权限）设置密码，密码分别对应"写、读"操作。

"不能访问（完全保护）"：限制 HMI 访问、程序"读、写"操作。该访问级别需要至少在第一层（完全访问权限）设置密码，同时也可以在第二层（读访问权限）和第三层（HMI 访问权限）设置密码，密码分别对应"写、读、HMI"操作。

不同的密码对应不同的访问级别，输入最高访问级别的密码可以对所有下级进行访问，例如在 HMI 操作面板的连接中，输入任意一级保护密码即可连接到 PLC。

> **注意：**
>
> 1）选择不同的访问级别时，在级别栏的下方将出现不同的提示性操作信息，可以根据提示进行操作。
>
> 2）SIMATIC 支持与 SIMATIC S7-1500 进行加密通信的 HMI 有：带有 SIMATIC S7-1500 驱动的屏，WinCC Advanced RT 和 WinCC Professional RT，经典 WinCC V7.3 及后续版本等。如果在 PLC 中对上述的 HMI 访问设置了密码，那么在组态 SIMATIC S7-1500 与 HMI 的连接时，需要在 HMI 的连接属性中输入预置的 HMI 访问权限密码，实现对 S7-1500 的访问。

"连接机制"：考虑到数据安全问题，如果远程伙伴通过 S7 连接的 PUT/GET 通信方式访问 SIMATIC S7-1500 CPU，则需要在"连接机制"中激活"允许来自远程对象的 PUT/GET 通信访问"选项。例如一个 CPU 通过 S7 单边通信，调用功能块 PUT/GET 来访问另外一个 SIMATIC S7-1500 CPU，应在被访问的 S7-1500 PLC 侧激活此选项。当访问级别设置为"不能访问（完全保护）"的情况下，此选项不可用。

固件 V2.9 及以上版本的 CPU 在 TIA 博途 V17 软件及更高版本软件支持"仅支持 PG/PC 和 HMI 安全通信"选项，并默认激活此选项，如图 4-35 所示。CPU 基于 TLS(Transport Layer Security，传输层安全）机制，使用更高的安全标准与 PG/PC 和 HMI 通信，但通信性能可能会下降，此时不允许与版本低于 V17 的 TIA 博途软件和 TIA 博途 WinCC 系统进行通信。禁用该选项则为兼容模式，既支持传统的 PG/PC 通信方式也支持 PG/PC 安全通信，通信时连接伙伴自动将各自的连接机制设置为所支持的最高安全连接方式，在 V17 及以上版本的 TIA 博途软件中若要使用传统的 PG/PC 通信方式，可在"在线"菜单中勾选"仅使用传统的 PG/PC 通信"选项。

图 4-35　连接机制

"证书管理器"：自 TIA 博途 V18 软件 以及 SIMATIC S7-1500 CPU 固件版本 V3.0 起，在"组态证书管理器"界面可激活"运行时使用证书管理器提供的证书"，即通过 OPC UAGDS 机制（全局发现服务器）管理 OPC UA 服务器和 Web 服务器的证书，当证书到期

后，无需再手动重新组态 CPU 生成新证书，可在 CPU 运行时推送证书和信任列表。激活
"启用证书过期时的系统诊断事件"，可以设置证书剩余有效期的百分比阈值，低于阈值时
CPU 生成诊断事件，如图 4-36 所示。激活 "使用由 TIA Portal 组态并下载的证书" 后，可
以在 TIA 博途软件中手动下载 CPU 的证书。

图 4-36　证书管理器界面

　　管理器分为本地证书管理器和全局证书管理器，本地证书管理器只能管理本地 PLC
站点的证书，使用本地证书管理器时一些功能受限；全局证书管理器管理整个项目中所
有 CPU 的证书，功能不受限，所以建议使用全局证书管理器，证书管理器参数化界面如
图 4-37 所示。

图 4-37　证书管理器参数化界面

　　单击 "使用证书管理器的全局安全设置" 选项，使能全局证书管理器，并且在项目树
的 "全局安全设置" 中使能项目管理后才可以单击空格的 "＜新增＞" 字样添加设备证书，
这样添加的证书可以在全局证书管理器中查看到，在后续的章节中将介绍证书的创建以及
全局证书管理器的参数设置，这里不再赘述。
　　"安全事件"：当发生某些 "安全事件" 时，CPU 会将这些事件储存在诊断缓冲区中，
这些安全事件包括切换到在线状态时使用了正确或者错误的密码、更改保护等级（访问保
护）后并下载至 CPU、创建 CPU 的备份等。可以设置 "在出现大量消息时汇总安全事件"
选项，以防止相同的安全事件频繁地进入诊断缓冲区，如图 4-38 所示，CPU 的诊断缓冲区
只接收一种事件类型的前三个事件，然后会忽略此类型的所有后续事件。在设置的 "间隔
长度" 时间结束时，CPU 生成组报警作为此时间间隔内所有其它安全事件的摘要。

图 4-38　安全事件设置界面

4.2.16　OPC UA

OPC UA 通信的参数设置参考通信章节中的 OPC UA 通信方式。

4.2.17　系统电源

TIA 博途软件自动计算每一个模块在背板总线的功率损耗。在"系统电源"界面中，可以查看背板总线功率损耗的详细情况，如图 4-39 所示。如果 CPU 连接了 DC 24V 电源，那么 CPU 本身可以为背板总线供电，这时应选择"连接电源电压 L+"；如果 CPU 没有连接 DC 24V 电源，则 CPU 不能为背板总线供电，同时本身也会消耗电源，此时应选择"未连接电源电压 L+"，背板总线电源由 PS 提供。参数设置必须与实际的安装匹配，每个 CPU 可提供的功率大小是有限的，如果"汇总"的电源为正值，表示功率有剩余；如果为负值，表示需要增加 PS 模块来提供更多的功率。

图 4-39　S7-1500 CPU 系统电源设置界面

4.2.18　高级组态

1. 主机名和域名

CPU 可组态主机名和域参数实现基于名称的 DNS 通信，激活"启用主机和域"后，可以通过三种方式设置 CPU 的主机名和域名："远程设置主机名（如 .DHCP）"，此时至少有一个 PN 接口的 DHCP 服务器功能需要激活，通过 DHCP 服务器获取主机名或域名、"在项目中设置主机名""直接在设备上设置主机名（如 .PLC 程序，显示屏）"，如图 4-40 所示。

图 4-40　设置主机名和域名

2. DNS 组态

PLC IP 地址融入全厂的 IT 管理，PLC 的 IP 地址可能会因为管理的需要进行修改，IP 地址的修改会影响 PLC 间的通信。

SIMATIC S7-1500 CPU 可以通过 DNS 服务器查询通信伙伴的 IP 地址，如果配置了可用的 DNS 服务器，SIMATIC S7-1500 可以组态对方的主机名作为通信伙伴，这样即使对方的 IP 地址在生产过程中有变更，SIMATIC S7-1500 CPU 通过 DNS 服务器也很快可以得知，不需要修改 SIMATIC S7-1500 CPU 的程序，不需要停机，动态地在运行过程中快速重新恢复通信，不影响生产。

SIMATIC S7-1500 CPU 通过主机名通信可以用于 PLC 与 PLC 通信，也可以用于 PLC 与 PC 等通信，适用于开放式以太网通信、OPC UA、发送电子邮件等通信。如果 SIMATIC S7-1500 CPU 作为 UA 客户端，而需要连接的 OPC UA 服务器的证书中，Suject Alternative Name（备用名称）填入的是 DNS 主机名称而不是 IP 地址，这种情形下要实现 OPC UA 安全通信，对于 SIMATIC S7-1500 CPU 而言必须要配备有可用的 DNS 服务器。

DNS 通信示意图如图 4-41 所示，在 DNS 组态栏中需要为 CPU 指定 DNS 服务器的 IP 地址，最多为 4 个。

图 4-41　DNS 通信示意图

> **注意**：使用 DNS 通信只支持基于 TCP 的通信方式，并且只有集成 CPU 的 PN 接口支持。

3. IP 转发

IP 转发是一种在两个已连接 IP 子网之间转发 IP 数据包的设备功能。如果启用"为此 PLC 的接口启用 IPv4 转发"功能，则 CPU 在接收到目标地址与自身 IP 地址不匹配的 IP 数据包时，可以转发数据包到本地连接的另一个 IP 子网或已组态的路由器。CPU 转发 IP 数据包的路径由基于 CPU 以太网接口及路由器 IP 创建的 IP 路由表决定，具体配置请参考通信章节 IP 路由功能的介绍。

> **注意**：实现 IP 转发功能，CPU 至少应具有两个以太网接口。若 CPU 本身只具有一个以太网接口，可由固件版本 V2.2 及更高版本的 CP 1543-1 提供另一个以太网接口。在这种情况下，必须在 CPU 中为 CP 启用"通过通信模块访问 PLC"（Access to PLC via communication module）功能。

4. SNMP

CPU 通过 SNMP（Simple Network Management Protocol，简单网络管理协议）（基于 UDP 的简单网络管理协议）可作为 SNMP 服务器，接收和响应 SNMP 客户端的请求，实现网络拓扑的监视和诊断，例如：在线 - 离线拓扑比较。在 TIA 博途 V18 软件中，固件版本 V3.0 CPU 出于网络安全考虑，SNMP 功能默认不激活，在"SNMP 组态"界面中可激活 SNMP 功能，设置"只读团体字符串（community string）"和"读 / 写团体字符串"，如图 4-42 所示。固件版本低于 V3.0 的 CPU 没有 SNMP 的组态界面，SNMP 默认情况下已激活，只能通过用户程序中的写数据记录取消 SNMP 功能。设备的属性信息保存在 MIB（管理信息库）文件中，客户端需要具有相应权限才能访问，团体字符串是一个类似密码的字符串，用于验证 SNMP 请求，在"团体字符串"正确时，发送请求的信息，在此字符串不正确时，丢弃该请求。为了提高访问的安全性，请更改默认团体字符串，团体字符串作为纯文本传输，SNMP 只读操作（GET）的默认团体字符串是"public"，SNMP 读写操作（SET）的默认团体字符串是"private"。

图 4-42　SNMP 组态

> **注意**：如果取消激活设备的 SNMP 功能，则无法使用各种网络拓扑诊断选项。

5. 通过 CP 1543-1 通信模块访问 PLC

固件版本 V2.8 及以上版本的 CPU 可通过虚拟接口 W1 连接 CP 的通信接口，通过虚拟接口 W1 可实现基于 IP 的通信应用例如 OPC UA 客户端和服务器，虚拟接口的连接方式如图 4-43 所示。

在通过通信模块访问 PLC 设置界面中，将虚拟接口 W1 分配给通信模块，然后组态虚拟接口的 IP 地址和 PROFINET 参数，虚拟接口的 IP 子网不能使用与 CPU 本地接口相同的 IP 子网，配置完成后，虚拟接口的 IP 地址将显示在 OPC UA 服务器的地址列表中，可以通过虚拟接口 W1 访问 OPC UA 服务器。

6. 组态控制

可以使用组态控制功能更改运行中的硬件配置信息，为用户产品的设计提供了更多的灵活性。使用组态控制功能时必须在配置

图 4-43　虚拟接口的连接方式

中激活"允许通过用户程序重新组态设备"选项，具体操作和说明参考组态控制章节。

7. 等时同步模式

在 CPU V2.6 版本之前的等时同步特指的是 PROFINET IRT/PROFIBUS DP 的等时同步，即输入模块的输入时间、输出模块的输出时间以及程序的循环时间同步，适用对时间敏感的应用，在 CPU V2.6 及以上版本增加了可以使中央机架上的模块通过背板总线实现等时同步操作，数据流如图 4-44 所示。

图 4-44　背板总线等时同步数据流

Tv：时间间隔；

Ti：模块输入到 CPU 的时间；

To：CPU 输出到模块的时间；

T_DC：数据循环时间（发送时钟）。

① 读入数据到输入模块；

② 等时同步读入、输入数据；

③ 数据从背板总线传送到 CPU；

④ 启动等时同步诊断 OB（例如 OB61）；

⑤ 输出数据传送到模块；

⑥ 等时同步输出数据。

系统将多个输入模块在同一时刻读取的现场过程信号发送给 CPU，为了保证数据在同一时刻被读取，需要选择支持等时同步的模块，并且去使能转换时间（不能手动设置），这样所有的时间都是确定的。背板总线将输入数据传输到 CPU，在组态的时间间隔 Tv 后调用等时同步中断 OB（例如 OB61）。用户需要在等时同步中断 OB 中编写程序定义过程响应。在时间 To 内，数据会通过背板总线传输到 I/O 模块，在 I/O 模块中进行处理，例如转换为模拟值等，To 到期后，数据会在同一时刻输出到过程。

单击"等时同步模式"标签进入参数设置界面，如图 4-45 所示。

图 4-45　中央机架的等时同步模式参数化界面

使能"等时同步模式"选项后，在"详细信息概览"中可以选择哪些模块可用于等时同步应用；"Ti/To 值（模块输入、输出时间）"选择"自动最小化"后，系统自动计算模块的 Ti/To 时间，如果选择"手动"方式进行设置，设置的时间值不能小于最小时间值，例如最小的发送时钟为 1ms，如果模块的 Ti/To 值大于发送时钟，系统自动进行标识（红色标记）；如果在"发送时钟的源"选项中选择"本地发送时钟"，则只能同步中央机架上的模块，如果选择使用 PROFINET 接口 [X1] 的发送时钟，则可以使连接在 PROFINET 接口 [X1] 上 IO 设备的模块与中央机架的模块进行同步操作。

等时同步图形界面下能够以图形化的表示方式显示"等时同步模式"下设置的 Ti/To 值。

4.2.19　连接资源

单击"连接资源"标签进入通信属性界面。如图 4-46 所示，在该界面中可以查看不同通信方式占用站资源以及控制系统中 CPU、CP 或 CM 的模块资源等相关信息：

1）CPU/CP/CM 可用的最大连接资源数。

2）通过组态方式的通信连接资源数，编程方式的连接不能显示。

3）仍可用的连接数。

S7-1500 PLC 系统中可用连接资源的最大数量取决于 CPU，例如一个带有 CPU 1516 的 PLC 站点最大的连接资源数量为 256 个，但是如果只使用 CPU 的集成接口，那么最多只能提供 128 个连接资源。如果需要使用更多的连接资源，则需要添加通信模块或通信处理器进行扩展。如果所有模块能提供的连接资源总和达到了 CPU 所规定的限值，则在"站资源"的"动态"栏处显示一个 ▌警告标识。"站资源"中预留了 10 个资源用于 PG/HMI/Web 服务器通信，预留的通信资源不能被修改和占用，并且会被优先使用。

图 4-46 示例中，组态了 HMI 通信、S7 通信、开放式用户通信和其它（本例中是 OPC UA）通信，总计占用了站点 23（4+19）个资源，剩余 233（6+227）个资源可用。其中通过 CPU 集成接口组态了 3 个 HMI 连接（占用 6 个连接资源）、1 个 S7 连接（占用 1 个连接资源）、2 个开放式用户通信连接（占用 2 个连接资源）和 1 个 OPC 通信连接（占用 3 个连接资源），共计占用了 CPU 的 12 个连接资源，剩余 116 个资源可用；通过 CP 1543-1 组态了 1 个 HMI 连接（占用 2 个连接资源）、1 个 S7 连接（占用 1 个连接资源）和 5 个开放式用户通信连接（占用 5 个连接资源），共计占用 CP 1543-1 的 8 个连接资源，剩余 110 个资源可用；通过 CP 1542-5 组态了 1 个 HMI 连接（占用 2 个连接资源）和 1 个 S7 连接（占用 1 个连接资源），共计占用 CP 1542-5 的 3 个连接资源，剩余 13 个资源可用。使用的连接总数不能超过站点提供的最大数，即不超过 256 个。

图 4-46　SIMATIC S7-1500 CPU 连接资源离线视图

在 SIMATIC S7-1500 站点中，建立 HMI 连接时，所需的资源数目见表 4-2。

表 4-2　HMI 连接所需最大连接资源数

HMI 设备	每个 HMI 连接所需的 CPU 的最大连接资源数
SIMATIC 精简面板	1
SIMATIC 精智面板	2
TIA Portal WinCC Runtime Advanced	2
TIA Portal WinCC Runtime Professional	3

注意： 如果不使用系统诊断和消息组态，那么每个 HMI 连接仅需要 CPU 的一个连接资源。

本例中使用精智面板建立与 CPU 的 HMI 通信，因此每个 HMI 连接占用 2 个连接资源。与 OPC UA 服务器的通信连接在"其它通信"中显示，并且一个通信连接会占用多个连接资源，例如本例中只组态了一个 OPC UA 服务器连接，但是占用了 3 个连接资源。

在 TIA 博途软件的"网络视图"中，选择一个在线连接的 CPU，并在巡视窗口中选择"诊断"→"连接信息"选项卡，则会显示该 PLC 站点中已分配和未分配连接资源的在线信息，如图 4-47 所示。

		站资源					模块资源 CPU 1516-3 PN/D...		模块资源 CP 1543-1 (R0/S2)		模块资源 CP 1542-5 (R0/S3)	
		预留		动态		!						
最大资源数:		10	10	246	246	128	128	118	118	16	16	
	最大	已组态	已用	已组态	已用	已组态	已用	已组态	已用	已组态	已用	
PG 通信:	4	·	2	·	0	·	2	·	0	·	0	
HMI 通信:	4	4	3	6	0	6	3	2	0	2	0	
S7 通信:	0	·	0	3	3	1	1	1	1	·		
开放式用户通信:	·	·	0	7	8	3	3	5	5	0	0	
Web 通信:	2	·	2	2	8	·	4	·	·	·		
其它通信:	·	·	0	3	3	3	3	0	0	0	0	
使用的总资源:	·	4	7	19	16	12	16	8	6	3	1	
可用资源:	·	6	·	227	230	116	112	110	112	13	15	

图 4-47 在线查看连接资源

"连接资源"表格的在线视图中，不仅包含离线视图中所预留和组态的连接资源，还包含站点中 CPU、通信处理器（CP）及通信模块（CM）中当前已使用的连接资源。在线视图中显示 PLC 站点所有已使用的连接资源，包括通过自动、编程方式或组态方式建立的连接。在"其它通信"中，将显示与第三方设备以及通过数据记录路由进行通信时所使用的连接资源。S7 路由连接资源是额外提供的，在这里不会显示。该表格中连接资源的使用情况会自动进行更新。

PG/Web 通信属于自动连接，本例中共有 1 个 PG 和 1 个 Web 连接，分别占用了 2 个和 4 个通信资源，其中每个 Web 通信占用的连接资源数不确定，由浏览器类型或者网页信息的多少决定。本例中共组态了 5 个 HMI 连接，其中集成接口连了 3 个，CP 1543-1 和 CP 1542-5 各连了一个。只启动了集成接口连接的 3 个 HMI，并且没有启用 HMI 的系统诊断和消息，所以组态的 10 个资源中，只使用了其中的 3 个，并且优先使用了预留的资源。S7 通信是组态的通信，共组态了 3 个连接，每个连接占用 1 个资源，一旦 CPU 启动即占用。开放式的用户通信中，组态了 7 个连接，每个连接占用 1 个资源，一旦 CPU 启动即占用。本例中使用编程的方式建立了一个开放式用户通信连接，该连接占用的连接资源为 1 个，所以开放式用户通信共占用了 8 个连接资源。OPC UA 通信归为"其它通信"，建立连接后使用了组态的 3 个连接。

4.2.20 地址总览

单击"地址总览"标签，进入 CPU 地址总览界面，如图 4-48 所示。

CPU 地址总览可以显示已经配置的所有模块类型（是输入还是输出）、起始地址、结束地址、模块简介、所属的过程映像分区（如有配置）、归属总线系统（DP、PN）、机架、插槽等信息，给用户提供了一个详细的地址总览。

图 4-48　SIMATIC S7-1500 CPU 地址总览界面

4.2.21　运行系统许可证

检查 CPU 配置的运行许可证是否与购买的许可证匹配，如果不匹配则说明软件未授权。在"运行系统许可证"标签栏中，应检查 4 个运行系统的许可证，分别为 OPC UA、ProDiag、Engergy Suite 和 MAC（Modular Application Creator，生成 TIA 博途软件可执行的软件模块）。

"OPC UA"：如果使用 CPU 的 OPC UA 服务器功能应购买相应的许可证，许可证类型与 CPU 类型相匹配，见表 4-3。

表 4-3　OPC UA 许可证对照表

PLC 类型	CPU 1510 SP 到 CPU 1513（F）	CPU 1514 SP 到 CPU 1516（F）	CPU 1517 / CPU 1518（F）
所需授权	small	medium	large

本例中使用 CPU 1516，应该选择 OPC UA medium 许可证，也可以选择 large 类型，但不能选择 small 类型，若选择 small 则编译通不过。项目完成后移交最终用户，最终用户得到购买的纸制版许可证，与 CPU 中配置的许可证比较，如果匹配说明许可证有效。

"ProDiag"是一个用于过程诊断的可选软件，对应于位信号的诊断和监控，安装 TIA 博途软件时自动集成，运行许可证设置界面如图 4-49 所示。

图 4-49　ProDiag 运行许可证设置界面

如果在项目中使用该诊断功能，系统自动计算使用的监控数量，前 25 个监控数量是免费的，超过的数量需要购买，许可证数量与监控数量的关系见表 4-4。

表 4-4　ProDiag 许可证数量与监控数量的关系

使用中的监控数量	≤ 25	≤ 250	≤ 500	≤ 750	≤ 1000	>1000
所需的许可证数量	不需要	1	2	3	4	5

项目完成后移交最终用户，最终用户得到购买的纸制版许可证，与 CPU 中配置的许可证比较，如果匹配说明许可证有效。

"Engergy Suite"：Engergy Suite 是一个用于能源管理的可选软件，可以自动生成能源对象监控的程序。如果在项目中使用该能源监控功能，系统自动计算已组态的能源对象的数量。运行许可证类型有两种，一种是 5 个能源对象，另一种是 10 个能源对象，可以组合使用。

Engergy Suite 需要安装授权，否则不能编译程序，同时还需要纸制版许可证。

"MAC"（Modular Application Creator）是一个用于自动生成 TIA 博途软件项目的可选软件，通过安装的设备模块生成 TIA 机器项目，在复杂机器配置中可以明显地减轻工作量，例如：多传送带、多轴运动控制的应用。

使用 MAC V2.0 时，需要许可证，"Basic"许可证对应不含工艺对象的设备模块，"Advanced"许可证对应含工艺对象的设备模块。使用 MAC 17.2 时所有设备模块免费提供，不需要许可证。使用 MAC 18 时只有一些特定的设备模块需要许可证，例如：Converting Toolbox、MultiCarrierSystem，其它设备模块及用户自定义的设备模块不需要许可证。

项目完成后移交最终用户，最终用户得到购买的纸制版许可证，与 CPU 中配置的许可证比较，如果匹配说明许可证有效。

4.3　SIMATIC S7-1500 I/O 参数

在 TIA 博途软件的设备视图中组态 I/O 模块时，可以对模块进行参数配置，包括常规信息，输入 / 输出通道的诊断组态信息，以及 IO 地址的分配等。在组态模块时，提供了一个"通道模板"选项，对于模块各个通道具有相同组态的情况，用户可以预先设置好此"通道模板"，然后在各个通道的实际组态选择与"通道模板"一致，这样用户就无需逐个组态每个通道，极大地减小了工作量。当然，用户也可以不使用"通道模板"的设置，手动对某个通道单独进行设置。下面以数字量和模拟量模块为例介绍模块参数的配置。

4.3.1　数字量输入模块的参数配置

以高性能（HF）输入模块为例，模块具有中断和诊断功能，使用这些功能时必须先进行配置。首先对"通道模板"进行设置，在 TIA 博途软件的设备视图下单击模板，然后在属性视图中的"模块参数"下选择"通道模板"标签，如图 4-50 所示。

"通道模板"：无论是否激活"无电源电压 L+"和"断路"诊断功能，故障信息均可以通过系统函数 RDREC 读出。"无电源电压 L+"表示模块的电源电压 L+ 缺失或不足。"断路"检测的原理是模板每一个通道带有恒流源，每一个通道需要检测到足够大的静态电流，否则认为线路断路。为了保证在传感器断开的情况下，仍然有此静态电流，需要在传感器上并连一个 $25 \sim 45 \mathrm{k}\Omega$，功率为 0.25W 的电阻，如图 4-51 所示。

图 4-50　DI 模块的通道模板设置

图 4-51　传感器电阻电路

　　如果激活上述的诊断功能,在 CPU 出现监控故障类型时将报警信息自动地发送到 HMI、显示器和 Web 服务器,由于是通道间的诊断,维护人员可以快速地定位故障源。除此之外,在"输入延迟"处可以选择输入通道的延时时间,输入延时越长,信号越不容易受到干扰,但是会影响信号的采集速度。

　　在"DI"标签中,选择 DI 组态选项,如图 4-52 所示。

图 4-52　数字量输入模块 DI 组态设置页面

　　"DI 组态"："子模块的组态"（模块必须插在 PROFINET 分布式站点上才可以配置）功能可以将模块分为 2 个 8 路数字量输入的子模块（模块种类不同，能够分成的子模块数量也不相同），可以用于实现基于子模块的共享设备功能，例如将模块中的一个子模块分配给一个 IO 控制器（CPU）完全访问，而将另外一个子模块分配给另外一个 IO 控制器（CPU）完全访问。一个模块的输入信号可以最多分给 4 个 CPU 使用。

　　"值状态（质量信息）"可用于用户程序中便利地诊断一个通道信号的有效性。当激活"值状态"选项时，模块会占用额外的输入地址空间，这些额外的地址空间用来表示 I/O 通道的诊断信息，通常这些模块带有处理器，将模块通道的质量信息通过过程映像输入地址区（I 区）的一个位信号传送给 CPU。如果值为 1，表示有效，值为 0 表示无效或通道故障。以 DI 16 HF 模块为例，开始地址为 0，输入地址与值状态地址见表 4-5。

表 4-5　输入地址与值状态地址

地址定义	开始地址	位信号							
输入地址	IB0	7	6	5	4	3	2	1	0
	IB1	7	6	5	4	3	2	1	0
值状态地址	IB2	7	6	5	4	3	2	1	0
	IB3	7	6	5	4	3	2	1	0

　　通过 IB2 八个位的值判断 IB0 八个输入信号的有效性（IB3 对应 IB1）。例如，IB0.0 输入值为 "0"，但是 IB2.0 也是 "0"，表示 IB0.0 通道发生故障（图 4-50 中任何一个故障），此时用户就可以通过查询值状态来判断输入信号（输入值 "0"）是否有效，有可能是 "0"，也有可能是 "1"。

　　使能值状态与否，与故障信息自动上传到 HMI、显示器和 Web 服务器无关，值状态的优点在于出现上述故障以后，在程序中可以非常方便地进行响应处理。

　　注意：对于高性能（HF）模块，每个通道对应一位值状态位；对于 BA 模块，不提供诊断功能，所以值状态选项无效。

　　"Shared Device 的模块副本（MSI）"表示模块内部的共享输入功能。一个模块将所有通道的输入值最多复制三个副本，于是该模块可以由最多 4 个 IO 控制器（CPU）对其进行访问，每个 IO 控制器都具有对相同通道的读访问权限。

　　注意：MSI 功能与子模块的组态功能只能在 ET 200MP 等分布式 I/O 上使用（ET 200SP 相应模块也具有此功能），且两个功能不能同时在一个模块上使用。可将子模块功能分配给多少个 IO 控制器，取决于 ET 200MP 接口模块的种类。如果使用了 MSI 功能，则值状态功能会自动激活并且不能取消（即使是 BA 模板，此时也具有值状态），此时值状态还用来指示第一个子模块（基本子模块）是否就绪。

　　可以使用高性能（HF）DI 模块的通道 0 和通道 1 实现简单的高速计数功能，具体内容请参看工艺模块相关章节。

　　单击"输入"选项，可以设置各个通道的功能和参数，如图 4-53 所示。

图 4-53　设置通道的功能和参数

"参数设置"：如果选择"来自模板"，则"诊断"选项和"输入参数"选项的设置采取预先设置的"通道模板"设置。如果选择"手动"，则用户可以单独设置此通道的"诊断"和"输入延时"参数。

通道的硬件中断设置如图 4-54 所示。

图 4-54　通道的硬件中断设置

"硬件中断"：当激活通道 0 或者 1 的高速计数功能时，可以组态"发生 DQ 比较事件"，具体内容参看工艺模块相关章节。

选择触发硬件中断的信号源，如通过上升沿或下降沿触发硬件中断。如果激活选项"启用上升沿检测"或"启用下降沿检测"，则可以输入事件名称。系统根据此名称创建数据类型为 Event_HwInt 的系统常量（可以在"系统常数"标签中查看），这样如果多个硬件中断调用同一个中断组织块，可以通过中断组织块临时变量"LADDR"的值与触发中断事件的系统常量值相比较，如果相同，即可判断该中断为某一通道的上升沿或下降沿所触发。

在"硬件中断"处添加中断组织块，那么当此中断事件到来时，系统将调用所组态的中断组织块一次。

在"优先级"处设置中断组织块的优先级，取值范围为 2～24。

"组态概览"：组态概览可以查看所有通道的"诊断"和"输入参数"信息，同时也可以对通道参数进行设置。如果多个通道的参数与诊断设置不唯一，可以方便地使用组态概览进行设置。DI 模块的诊断概览如图 4-55 所示。

图 4-55　DI 模块的诊断概览

"I/O 地址"：在机架上插入数字量 I/O 模块时，系统自动为每个模块分配逻辑地址，删除或添加模块不会导致逻辑地址冲突。在有些应用中，用户预先编写程序，然后在现场进行硬件配置，这可能需要调整 I/O 模块的逻辑地址以匹配控制程序。如果需要更改模块的逻辑地址，可以单击该模块，在 TIA 博途软件的属性视图中，选择"I/O 地址"标签，如图 4-56 所示。

图 4-56　数字量输入模块的地址

在"起始地址"框中输入新的起始地址，系统根据模块的 I/O 数量自动计算结束地址。如果修改的模块地址与其它模块地址相冲突，系统自动提示地址冲突信息，修改不能被确认。

SIMATIC S7-1500 所有的 I/O 模块的地址均在过程映像区内，默认情况下过程映像区的更新是"自动更新"，即在扫描用户程序之前更新过程输入映像区，扫描用户程序结束后更新过程输出映像区。

用户也可以在地址分配过程中定义过程映像分区，例如定义模块的 I/O 地址在 PIP1（Process Image Partition1，过程映像分区 1）中。同时可将过程映像分区关联到一个组织块，或者选择"---（无）"，即不关联到任何组织块。当关联到一个组织块时，启动该 OB 之前，系统将自动更新所分配的输入过程映像分区。在该 OB 结束时，系统将所分配的过程映像分区输出写到模块。同一个过程映像分区只能关联到一个组织块，同样一个组织块只能更新一个过程映像分区。如果过程映像分区没有连接到任何组织块，那么可以在用户程序中调用"UPDAT_PI"和"UPDAT_PO"更新过程映像分区。

4.3.2　数字量输出模块的参数配置

有些数字量输出模块（高性能和标准）带有诊断功能，可以进行参数化，以输出模块 DQ 8×24VDC/2A HF（6ES7 522-1BF00-0AB0）为例介绍输出模块的参数化。与数字量输入模块相同，参数化输出模块时，也可以先设置"通道模板"，然后使用"通道模板"的设置来参数化输出模块的各个通道。通道模板的参数化界面如图 4-57 所示。

图 4-57　输出模块通道模板参数化界面

"诊断"：诊断包括"无电源电压 L+""断路"（16 点 HF 模块具有此功能）、"接地短路"和"维护开关操作循环"。如果激活上述的诊断功能，在 CPU 出现监控故障类型时将报警信息自动发送到 HMI、显示器和 Web 服务器上，便于维护人员快速定位故障源。"维护开关操作循环"可以用于对连接的负载进行预测性维护，例如连接电磁阀，在"开关操作循环限值"中写入电磁阀开关的寿命限值，当接近限值时触发报警，提示维护人员更换电磁阀，减少编程量而增加设备的可用性，限值可以通过程序修改。

"输出参数"设置"对 CPU STOP 模式的响应"参数，选择在 CPU 进入停止模式时，模块的输出响应：

"关断"：I/O 设备转到安全状态，输出 =0。

"保持上一个值"：模块输出保持上次有效值。

"输出替换值 1"：模块输出使用替换值 1。

> 注意：当使用"输出替换值"时，要保证这种情况下设备始终处于安全状态。

"开关操作循环限值"用于设置输出的切换次数。

在"模块参数"标签中选择"DQ 组态"，如图 4-58 所示。

"DQ 组态"：对于 DQ 输出模板，"子模块的组态"（16 点 HF 输出模块具有此功能）和"值状态（质量信息）"功能与输入模块类似，这里不再赘述。

"共享设备的模块副本（MSO）"表示通过内部共享输出功能，输出模块可以将其输出数据最多提供给 4 个 IO 控制器。一个 IO 控制器具有写访问权限，其它 IO 控制器具有对相同通道的读访问权限。

图 4-58   数字量输出 DQ 配置界面

> **注意**：MSO 功能与子模块的组态功能只能在 ET 200MP 等分布式 I/O 上使用（ET 200SP 相应模块也支持此功能），且两个功能不能同时在一个模块上使用。可将子模块分配给多少个 IO 控制器，取决于 ET 200MP 接口模块的种类。如果使用了 MSO 功能，则值状态功能会自动激活并且不能取消（即使是 BA 模板，此时也具有值状态），此时值状态还用于指示第一个子模块（基本子模块）对应的 IO 控制器（这个控制器具有写权限）是否处于 STOP 模式，第一个子模块（基本子模块）是否就绪，值是否正确（例如电源电压缺失导致的值不正确）。

"Pulse Width Modulation" 脉宽调制功能适用于模块的第 0、4 通道。脉冲时间周期 2 ~ 100ms（10 ~ 500Hz）。通过设置输出接口调整脉冲宽度，详细信息参考模块手册。

"输出 0-7" 的配置可以参考 DI 模块的配置。

4.3.3   模拟量输入模块的参数配置

通常一个模拟量输入模块可以连接多种传感器，需要不同的接线方式以匹配不同类型的传感器。同样，在硬件配置中也必须进行参数化并与实际连接的信号类型相匹配。以模拟量输入模块 AI 8 × U/I/RTD/TC ST（6ES7 531-7KF00-0AB0）为例介绍模块的参数化。

可以组态 "通道模板"，使用 "通道模板" 为各个通道分配参数，当然也可以手动单独组态各个通道。这里以手动组态单个通道为例，介绍 AI 模块相关参数的组态过程。选择 "输入" 标签栏进入参数化界面，如图 4-59 所示。

在模拟量输入通道参数化界面中，主要参数及选项的功能描述如下：

"诊断"：测量类型不同，所支持的诊断类型也不相同。如果激活 "诊断" 中的选项，则出现监控的故障类型时，例如断路、共模等错误，CPU 将报警信息自动发送到 HMI、显示器和 Web 服务器上，便于维护人员快速定位故障源。

"无电源电压 L+"：表示启用对电源电压 L+ 缺失或不足的诊断。

"上溢"：表示在测量值超出上限时触发诊断。上溢值可以参考模拟量模块手册。

"下溢"：表示在测量值超出下限时触发诊断。下溢值可以参考模拟量模块手册。

"共模"：表示如果超过有效的共模电压，则触发诊断。

"基准结"：当通道测量类型为热电偶时此参数可选，表示启用了温度补偿通道的诊断，比如断路。

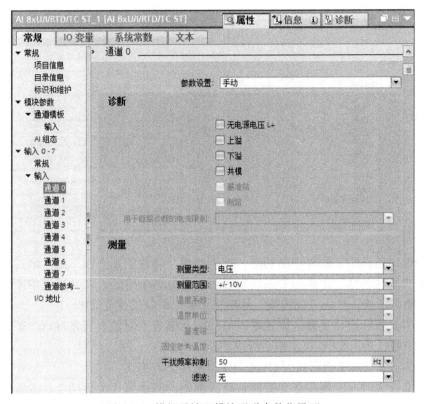

图 4-59　模拟量输入模块通道参数化界面

"断路"：可以检测测量线路是否断路，比如测量类型为 4～20mA 电流（2 线制变送器）时，可以激活此选项并设置"用于断路诊断的电流限制"为"3.6mA"，那么意味着当电流值小于 3.6mA 时，触发断路诊断中断。

"测量"下的"测量类型"：选择连接传感器的信号类型，如电压、电流、电阻等。

"测量范围"：选择测量范围，如在"测量类型"中选择了"电压"，测量范围可选择 +/-10V、1～5V 等信号。

"温度系数"：测量类型为热敏电阻时有效，表示当温度上升 1℃时，特定材料的电阻响应变化程度。

"温度单位"：测量类型为热敏电阻或者热电偶时有效，可以通过此参数指定温度测量的单位。

"基准结"：测量类型为热电偶时此参数有效，在这里选择热电偶的温度补偿方式。

"固定参考温度"：当基准结选择固定参考温度时此参数有效，组态固定的基准结温度并存储在模块中。

"干扰频率抑制"：在模拟量输入模块上，可以抑制由交流电频率产生的干扰。对于此参数，用户定义其系统的电源频率。频率越小，积分时间越长。

"滤波"：可通过滤波功能对各个测量值进行滤波。滤波功能是将模块的多个周期的采样值取平均值作为采样的结果。

模拟量输入模块的"硬件中断"设置如图 4-60 所示。

图 4-60　模拟量输入模块的"硬件中断"设置

可以为每个通道组态硬件中断功能，选择激活"硬件中断上限"或"硬件中断下限"。系统会根据"事件名称"生成一个系统常量用于区分各个中断，在"硬件中断"中添加需要触发的中断组块，并在"优先级"处填写中断组织块的优先级。

在参数"上限"或"下限"设置输入信号的上限或下限值，当超过这个范围时，会产生一个硬件中断，并由 CPU 调用中断组织块。

"AI 组态"可以参考前面关于 DI 和 DQ 相关部分的描述。

V1.1 及以上版本 HF 模块还支持测量范围调整、测量值标定等功能，大大节省过程值转换编程时间，以 AI 8 × U/I HF V1.1 为例介绍该功能，假设需要测量的物理量是压力，范围是 4 ~ 10bar，对应的电压值为 2 ~ 8V。

在模块的属性中，选择"AI 组态"标签栏进入参数化界面，如图 4-61 所示，使能"缩放测量值"选项后"值状态"选项自动选择，同时输入地址区变大（开始地址为 100）即一个模拟量通道占用 4 个字节空间（直接读出 real 类型过程值）。

图 4-61　模拟量输入模块 AI 组态界面

在通道 0 参数界面中选择测量的类型，例如电压，测量范围为 ± 10V，然后按需求设置缩放测量范围，如图 4-62 所示。

图 4-62　设置模拟量输入缩放范围

选择物理量为压力，测量单位为 bar，设置额定范围为 4.0 ~ 10.0bar，对应的电压值设置为 2000 ~ 8000mV，设置完成后物理量的值可以直接从 ID 100 中读出而不需要程序转换。

4.3.4　模拟量输出模块的参数配置

模拟量输出模块只能连接电压输入型或电流输入型负载，参数化比较简单，以 AQ 4×U/I ST（6ES7 532-5HD00-0AB0）为例加以说明。

可以首先组态"通道模板"，使用"通道模板"为各个通道分配参数，也可以手动单独组态各个通道。这里以手动组态单个通道为例，介绍 AQ 模块相关参数的组态过程。选择"输出"标签栏进入参数化界面，如图 4-63 所示。

图 4-63　模拟量输出模块参数化界面

在模拟量输出模块参数化界面中，主要参数及选项的功能描述如下：

"诊断"：选择激活诊断的类型，如果出现相应的故障，CPU 将报警信息自动发送到 HMI、显示器和 Web 服务器上，便于维护人员快速定位故障源。

"无电源电压 L+"：启用对电源电压 L+ 缺失或不足的诊断。

"断路"：输出类型为电流时有效。如果连接执行器的线路断路，则激活诊断。

"接地短路"：输出类型为电压时有效。如果到 Mana（模拟量通道测量基准点）的输出短路，则激活诊断。

"上溢"：如果输出值超出上限，则激活该诊断。

"下溢"：如果输出值低于下限，则激活该诊断。

"输出类型"：选择输出类型，例如选择电压输出或电流输出。

"输出范围"：选择输出范围，例如"输出类型"选择为"电压"后，可以选择 +/-10V、0 ~ 10V 等输出范围。

"对 CPU STOP 模式的响应"："关断"表示模块不输出；"保持上一值"表示模块输出保持上次有效值；"替换值"表示模块输出使用替代值，在"替代值"选项中设置替代值。

"AQ 组态"可以参考前面关于 DI 和 DQ 相关部分的描述。

第 5 章

数据类型与地址区

5.1 SIMATIC S7-1500 PLC 的数据类型

用户程序中所有的数据必须通过数据类型来识别，SIMATIC S7-1500 的数据类型主要分为五类：

> 基本数据类型；
> PLC 数据类型；
> 参数类型；
> 系统数据类型；
> 硬件数据类型。

5.1.1 基本数据类型

SIMATIC S7-300/400 中基本数据类型与复杂数据类型的区别主要在于处理的方式，基本数据类型长度不超过 32 位，可以使用基本指令进行处理（累加器最大可以处理 32 位数据）；复杂数据类型超过 32，指令不能完整处理复杂数据类型的变量，需要进行拆分处理，例如 DT、STRING、ARRAY、STRUCT 等数据类型。在 SIMATIC S7-1500 中使用符号名称进行编程，指令功能强大，超过 64 位的变量也可以处理，从而淡化了复杂数据类型。书中将二者合并为基本数据类型。

每一个基本数据类型数据都具备关键字、数据长度、取值范围和常数表达格式等属性。以字符型数据为例，该类型的关键字是 Char，数据长度 8bit，取值范围是 ASCII 字符集，常数表达格式为两个单引号包含的字符，如 'A'。基本数据类型中二进制数的关键字的长度、取值范围和常数表示方法，见表 5-1。

表 5-1 SIMATIC S7-1500 的基本数据类型（二进制数）

数据类型及关键字	长度	取值范围	常数表示方法举例
BOOL（位）	1bit	True 或 False	TRUE
BYTE（字节）	8bit	二进制表达： 2#0 —2#1111_1111	2#0000_1111
		十六进制表达： B#16#0 —B#16#FF	B#16#10
WORD（字）	16bit	二进制表达： 2#0 —2#1111_1111_1111_1111	2#0001
		十六进制表达： W#16#0 — W#16#FFFF	W#16#10
		十进制序列表达： B#（0，0）—B（255，255）	B#（10，20）

（续）

数据类型及关键字	长度	取值范围	常数表示方法举例
WORD（字）	16bit	BCD（二进制编码的十进制数）表达： C#0 — C#999	C#998
DWORD （双字）	32bit	二进制表达： 2#0 — 2#1111_1111_1111_1111 　　　　1111_1111_1111_1111	2#1000_0001 0001_1000 1011_1011 0111_1111
		十六进制表达： DW#16#0 — DW#16#FFFF_FFFF	DW#16#10
		十进制序列表达： B#（0, 0, 0, 0）— B#（255, 255, 255, 255）	B#（1, 10, 10, 20）
LWORD （长字）	64bit	二进制表达： 2#0 — 2#1111_1111_1111_1111_1111_1111_1111_ 1111_1111_1111_1111_1111_1111_1111_1111_1111	2#0000_0000_0000_0000_0001_ 0111_1100_0010_0101_1110_1010_ 0101_1011_1101_0001_1011
		十六进制表达： LW#16#0 — LW#16#FFFF_FFFF_FFFF_FFFF	LW#16#0000_0000_5F52_DE8B
		十进制序列表达： B#（0, 0, 0, 0, 0, 0, 0, 0）— B#（255, 255, 255, 255, 255, 255, 255, 255）	B#（127, 200, 127, 200, 127, 200, 127, 200）

下面以 WORD 为例介绍二进制数的表示方法：

WORD（字）：一个 WORD 包含 16 个位。以二进制编码表示一个数值时，将 16 个位分为 4 组，每组 4 个位，组合表示数值中的一个数字。例如以十六进制表示数值 W#1234 的方法如图 5-1 所示。使用十六进制表示 WORD 数值时没有符号位。

图 5-1　WORD 数据类型的十六进制表示方法

以 BCD 码表示 +123 方法如图 5-2 所示。BCD 码通常表示时间格式数值，与十六进制表示方法相比较，BCD 码带有符号位，数值中不能含有 A、B、C、D、E、F 等十六进制数字。

图 5-2　WORD 数据类型的 BCD 码表示方法

BCD 码最高的 4 个 bit 为 16#0000 表示是正数，而 16#1001 则表示该数为负数。图 5-2 中，bit12 为负数。图中 BCD 码表改为 16#1001 时，数值是 −123。

LDWORD、DWORD 与 WORD 虽然变量长度不同，但表示方法类似。

基本数据类型整数的关键字、长度、取值范围和常数表示方法见表 5-2。

表 5-2　SIMATIC S7-1500 的基本数据类型（整数）

数据类型及关键字	长度	取值范围	常数表示方法举例
SINT（短整数）	8bit	有符号整数 −128~127	+44，SINT#-43
INT（整数）	16bit	有符号整数 −32768~32767	12
DINT（双整数）	32bit	有符号整数 -L#2147483648~ L#2147483647	L#12
LINT（长整数）	64bit	有符号整数 −9223372036854775808~+9223372036854775807	+154325790816159，LINT#+154325790816159
USINT（无符号短整数）	8bit	无符号整数 0~255	78 USINT#78
UINT（无符号整数）	16bit	无符号整数 0~65535	65295，UINT#65295
UDINT（无符号双整数）	32bit	无符号整数 0~4294967295	4042322160，UDINT#4042322160
ULINT（无符号长整数）	64bit	无符号整数 0~18446744073709551615	154325790816159，ULINT#154325790816159

下面以 INT 为例介绍整数的表示方法：

INT（整型）：一个 INT 类型的数包含 16 个位，在存储器中占用一个字的空间。第 0 位至第 14 位表示数值的大小。第 15 位为符号位，表示数值的正负。以二进制编码表示一个数值时，除符号位以外将每一位的数值进行加权和计算即可表示一个整型数，例如以整型方式表示 +34 的位图排列如图 5-3 所示。

图 5-3　INT 数据类型的正整数表示方法

一个负数的位表示方法则是在正数的基础上将所有位信号取反后加 1，如 −34 的表示方法如图 5-4 所示。

图 5-4　INT 数据类型的负整数表示方法

LINT、DINT、INT 与 SINT 虽然变量长度不同，但表示方法类似，即最高位为符号位；而 ULINT、UDINT、UINT 和 USINT 均为无符号整型变量，所以无符号位。

基本数据类型浮点数的关键字、长度、取值范围和常数表示方法见表 5-3。

表 5-3　SIMATIC S7-1500 的基本数据类型（浮点数）

数据类型及关键字	长度	取值范围	常数表示方法举例
REAL（浮点数）	32bit	−3.402823E+38　—　−1.175495E-38，0，+1.175495E-38　— +3.402823E+38	1.0e-5；REAL#1.0e-5 1.0；REAL#1.0
LREAL（长浮点数）	64bit	−1.7976931348623158e+308　——2.2250738585072014e-308 0，0 +2.2250738585072014e-308　——+1.7976931348623158e+308	1.0e-5；LREAL#1.0e-5 1.0；LREAL#1.0

REAL（浮点数）：一个 REAL 类型的数占用 4 个字节的空间。SIMATIC S7-1500 中的 REAL 数据类型符合 IEEE 754 标准的浮点数标准，一个 REAL 数值包括符号位 S、指数 e 和尾数 m，分别占用的位数如图 5-5 所示。

图 5-5　REAL 数据类型的表示方法

指数 e 和尾数 m 的取值参考见表 5-4。

表 5-4　指数 e 和尾数 m 的权值

浮点数的组成部分	位号	权值	浮点数的组成部分	位号	权值
符号位 S	31		尾数 m	22	2^{-1}
指数 e	30	2^{7}	…	…	…
…	…	…	尾数 m	1	2^{-22}
指数 e	24	2^{1}	尾数 m	0	2^{-23}
指数 e	23	2^{0}			

REAL 数据类型的值等于（+/−）$1.m \times 2^{(e-bias)}$，其中

e: $1 \leqslant e \leqslant 254$

bias: bias = 127

S=0 值为正，S=1 值为负。

例如浮点值 12.25 的表示方法为

符号位 S = 0

指数 e = $2^{7} + 2^{1}$=128 +2 = 130

尾数 m = $2^{-1}+2^{-5}$= 0.5 + 0.03125 = 0.53125

浮点数值 =（1 + 0.53125）$\times 2^{(130-127)}$ = 1.53125 × 8 = 12.25

如果相差大于等于 10^{7} 的两个 REAL 浮点数进行运算，可能导致不正确的结果，例如 100000000.0 + 1.0 = 100000000.0，因为值 1.0 在前者中无法表示（最小数值分辨率）。为了增加浮点运算的准确性，在程序中应避免相差大于 10^{7} 的两个浮点值进行加减运算。

LREAL（长浮点数）：一个 LREAL 类型的数占用 8 个字节的空间。SIMATIC S7-1500 中的 LREAL 数据类型符合 IEEE 754 标准的浮点数标准，一个 LREAL 数值包括符号位 S、

指数 e 和尾数 m，分别占用的位数如图 5-6 所示。

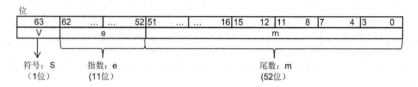

图 5-6　LREAL 数据类型的表示方法

基本数据类型定时器的关键字、长度、取值范围和常数表示方法见表 5-5。

表 5-5　SIMATIC S7-1500 的基本数据类型（定时器）

数据类型及关键字	长度	取值范围	常数表示方法举例
S5 TIME（SIMATIC 时间）	16bit	S5T#0h_0m_0s_10ms — S5T#2h_46m_30s_0ms	S5T#10s
TIME（IEC 时间）	32bit	IEC 时间格式（带符号），分辨率为 1ms： -T#24d_20h_31m_23s_648ms — T#24d_20h_31m_23s_648ms	T#0d_1h_1m_0s_0ms
LTIME（IEC 时间）	64bit	信息包括天（d）、小时（h）、分钟（m）、秒（s）、毫秒（ms）、微秒（μs）和纳秒（ns） LT#-106751d23h47m16s854ms775us808ns - LT#+106751d23h47m16s854ms775us807ns	LT#11350d20h25m14s830ms652us315ns, LTIME#11350d20h25m14s830ms652us315ns

S5 TIME（SIMATIC 时间）：S5 定时器使用 S5 TIME 的数据类型，格式为 S5T#Xh_Xm_Xs_Xms，其中 h 表示小时；m 表示分钟；s 表示秒；ms 表示毫秒。时间数据以 BCD 码的格式存储于 16 个位中，例如时基为 1s（时间最小分辨率为 1s），时间值为 127s 的表示方法如图 5-7 所示。

图 5-7　S5 TIME 数据类型的表示方法

时基为时间的最小分辨率，时基的几种方式见表 5-6。

表 5-6　S5 TIME 数据格式的时基

时基类型	二进制编码值	时基类型	二进制编码值
10ms	00	1s	10
100ms	01	10s	11

同样一个定时器，BCD 码的时间值最大为 999，通过选择不同的时基可以改变定时器的定时长度，10ms 时基的最大定时长度为 9990ms，100ms 时基的最大定时长度为 99900ms，1s 时基的最大定时长度为 999s，10s 时基的最大定时长度为 9990s，所以定时器最大的定时长度为 9990s（2h_46m_30s），但是最小分辨率将变为 10s。在编写用户程序时

可以直接装载设定的时间值，CPU 根据时间值大小自动选择时基值。例如在程序中设定时间值为 S5T#2M_30S，即 150s，它大于 100ms 时基最大的定时长度（99900ms）而小于 1s 时基最大的定时长度（999s），时基自动选择为 1s；如果选择时间值为一个变量，则需要对时基值进行赋值，例如使用不支持 SIMATIC S5 TIME 数据格式的第三方 HMI 监控软件设定时间值时，需要设定时基值（西门子 WinCC 软件中支持 SIMATIC S5 TIME 数据格式，不需要选择）。

"TIME（IEC 时间）和 LTIME（IEC 时间）"：TIME（IEC 时间）采用 IEC 标准的时间格式，占用 4 个字节，格式为 T#Xd_Xh_X m _Xs_Xms，操作数内容以毫秒为单位。在规定的取值范围内，TIME（IEC 时间）类型数据可以与 DINT 类型的数据相互转换（T#0ms 对应 L#0），DINT 数据每增加 1，时间值增加 1ms。

LTIME（IEC 时间）时间数据类型长度为 8 个字节，格式为 LT#Xd_Xh_X m _Xs_Xms_X μs _X ns，操作数内容以纳秒为单位，LINT 数据每增加 1，时间值增加 1ns。其中 d 表示为天，h 表示小时，m 表示分钟，s 表示秒，ms 表示毫秒，μs 表示微秒，ns 表示纳秒。

与 SIMATIC S5 TIME 相比，IEC 定时器更精确，定时时间更长，没有个数的限制。从编程快速迭代的角度来说，SIMATIC S5 TIME 适合于 SIMATIC S7-300/400 指针的迭代操作，而 IEC 定时器更适合于 SIMATIC S7-1500 使用数组的方式进行迭代操作，如图 5-8 所示。建议在 SIMATIC S7-1500 中使用 IEC 定时器。

图 5-8　IEC 定时器数组使用方式

基本数据类型日期和时间的关键字、长度、取值范围和常数表示方法举例见表 5-7。

DATE（IEC 日期）：采用 IEC 标准的日期格式，占用 2 个字节，例如 2006 年 8 月 12 日的表示格式为 D#2006-08-12，按年 - 月 - 日排序。在规定的取值范围内，DATE（IEC 日期）类型数据可以与 INT 类型的数据相互转换（D#1990-01-01 对应 0），INT 数据每增加 1，日期值增加 1 天。

TIME_OF_DAY（时间）：占用 4 个字节，例如 10 小时 11 分 58 秒 312 毫秒的表示格式为：TOD#10：11：58.312，按时：分：秒 . 毫秒排序。在规定的取值范围内，Time_OF_DAY

（时间）类型数据可以与 DINT 类型的数据相互转换（TOD#00：00：00.000 对应 0），DINT 数据每增加 1，时间值增加 1ms。

表 5-7　SIMATIC S7-1500 的基本数据类型（日期和时间）

数据类型及关键字	长度	取值范围	常数表示方法举例
DATE（IEC 日期）	16bit	IEC 日期格式，分辨率 1 天： D#1990-1-1 ~ D#2168-12-31	DATE#1996-3-15
TOD （TIME_OF_DAY）	32bit	24h 时间格式，分辨率为 1ms TOD#0：0：0.0 ~ TOD#23：59：59.999	TIME_OF_ DAY#1：10：3.3
DT （DATE_AND_TIME）	8byte	年 - 月 - 日 - 小时：分钟：秒：毫秒 DT#1990-01-01-00：00：00.000 ~ DT#2089-12-31-23：59：59.999	DT#2008-10-25-8：12：34.567, DATE_AND_TIME#2008-10-25-08：12：34.567
LTOD （LTIME_OF_DAY）	8byte	时间（小时：分钟：秒：纳秒） LTOD#00：00：00.000000000 ~ LTOD#23：59：59.999999999	LTOD#10：20：30.400_365_215, LTIME_OF_DAY#10：20：30.400_365_215
LDT	8byte	存储自 1970 年 1 月 1 日 0：0 以来的日期和时间信息（单位为纳秒） LDT#1970-01-01-0：0：0.000000000 ~ LDT#2263-04-11~23：47：15.854775808	LDT#2008-10-25-8：12：34.567
DTL	12byte	日期和时间（年 - 月 - 日 - 小时：分钟：秒：纳秒） DTL#1970-01-01-00：00：00.0 ~ DTL#2262-04-11-23：47：16.854775807	DTL#2008-12-16-20：30：20.250

DATE_AND_TIME（时钟）：数据类型用于表示时钟信号，数据长度为 8 个字节（64 位），分别以 BCD 码的格式表示相应的时间值。如时钟信号为 1993 年 12 月 25 日 8 点 12 分 34 秒 567 毫秒存储于 8 个字节中，每个字节代表的含义见表 5-8。

表 5-8　DATE_AND_TIME 数据类型中每个字节的含义

字节	含义及取值范围	示例（BCD 码）
0	年（1990~2089）	BCD#93
1	月（1~12）	BCD#12
2	日（1~31）	BCD#25
3	时（00~23）	BCD#8
4	分（00~59）	BCD#12
5	秒（00~59）	BCD#34
6	毫秒中前 2 个有效数字（0~99）	BCD#56
7（高 4 位）	毫秒中第 3 个有效数字（0~9）	BCD#7
7（低 4 位）	星期：（1~7） 1=星期日 2=星期一 3=星期二 4=星期三 5=星期四 6=星期五 7=星期六	BCD#5

通过函数块可以将 DATE_AND_TIME 时间类型的数据与基本数据类型的数据相转换，

例如通过调用函数 T_COMBINE，将 DATE 类型的值和 TOD / LTOD 类型（在函数中指定输入参数类型）的值相结合，得到 DT / DTL / LDT 类型（在函数中指定输出参数类型）的值；通过调用函数 T_CONV，可实现 WORD、INT、TIME、DT 等类型的值之间的互相转换。

DTL：操作数长度为 12 个字节，以预定义结构存储日期和时间信息，DTL 数据类型中每个字节的含义见表 5-9。例如 2013 年 12 月 16 日 20 点 34 分 20 秒 250 纳秒的表示格式为 DTL#2013-12-16-20：34：20.250。

表 5-9　DTL 数据类型中每个字节的含义

字节数	含义及取值范围	数据类型
0	年（1970~2262）	UINT
1		
2	月（1~12）	USINT
3	日（1~31）	USINT
4	星期：1（星期日）~7（星期六）	USINT
5	小时（0~23）	USINT
6	分钟（0~59）	USINT
7	秒（0~59）	USINT
8	纳秒（0~999999999）	UDINT
9		
10		
11		

基本数据类型字符的关键字、长度、取值范围和常数表示方法见表 5-10。

表 5-10　SIMATIC S7-1500 的基本数据类型（字符）

数据类型及关键字	长度	取值范围	常数表示方法举例
CHAR（字符）	8bit	ASCII 字符集 'A'、'b' 等	'A'
WCHAR	16bit	Unicode 字符	'你'

CHAR 的操作数长度为 1 个字节，格式为 ASCII 字符。字符 A 表示的示例为：CHAR#'A'。

WCHAR（宽字符）的操作数长度为 2 个字节，该数据类型以 Unicode 格式存储，可存储所有 Unicode 格式的字符，包括汉字、阿拉伯字母等所有以 Unicode 为编码方式的字符。汉字"你"以 WCHAR 表示的示例为 WCHAR#'你'。

基本数据类型字符串的关键字、长度、取值范围和常数表示方法见表 5-11。

表 5-11　SIMATIC S7-1500 的基本数据类型（字符串）

数据类型及关键字	长度	取值范围	常数表示方法举例
STRING（字符串）	n + 2 Byte	ASCII 字符串，包括特殊字符，0~254 个字符。n 指定字符串的长度	'Name'
WSTRING	n + 2 Byte	Unicode 字符串 n 指定字符串的长度	'欢迎使用 S7-1500'

STRING（字符串）最大长度为 256 个字节，前两个字节存储字符串长度信息，所以

最多包含 254 个字符，其常数表达形式为由两个单引号包括的字符串，例如'SIMATIC S7'。STRING 字符串第一个字节表示字符串中定义的最大字符长度，第二个字节表示当前字符串中有效字符的个数，从第三个字节开始为字符串中第一个有效字符（数据类型为 "CHAR"）。例如定义为最大 4 个字符的字符串 STRING[4] 中只包含两个字符'AB'，实际占用 6 个字节，字节排列如图 5-9 所示。

字节 0	字节 1	字节 2	字节 3	字节 4	字节 5
4	2	'A'	'B'		

图 5-9　STRING 字符串数据类型数据排列

WSTRING（宽字符串）：如果不指定长度，在默认情况下最大长度为 256 个字，可声明最多 16382 个字符的长度（WSTRING[16382]），前两个字存储字符串长度信息，其常数表达形式为由两个单引号包括的字符串，例如：WSTRING#'你好，中国'。WSTRING 宽字符串第一个字表示字符串中定义的最大字符长度，第二个字表示当前字符串中有效字符的个数，从第三个字开始为宽字符串中第一个有效字符（数据类型为 "WCHAR"）。例如定义 4 个字符的字符串 WSTRING[4] 中只包含两个字符'AB'，实际占用 6 个字，字节排列如图 5-10 所示（空字符未列出）。

图 5-10　WSTRING 宽字符串数据类型数据排列

ARRAY（数组）：ARRAY 数据类型表示一个由固定数目的同一种数据类型的元素组成的数据结构。数组的维数最大可以到 6 维。数组中的元素可以是基本数据类型或者复杂数据类型（ARRAY 类型除外，即数组类型不可以嵌套）。例如：ARRAY[1..3，1..5，1..6] of INT，定义了一个元素为整数，大小为 3×5×6 的三维数组。可以使用索引访问数组中的数据，数组中每一维的索引取值范围是 −32768~32767（16 位上下限范围），但是索引的下限必须小于上限。索引值按偶数占用 CPU 存储区空间，例如一个数据类型为字节的数组 ARRAY[1..21]，数组中只有 21 个字节，实际占用 CPU 22 个字节。定义一个数组时，需要声明数组的元素类型、维数和每一维的索引范围，可以用符号名加上索引来引用数组中的某一个元素，例如 a[1，2，3]。

ARRAY 数组的索引可以是常数也可以是变量。在 SIMATIC S7-1500 中，所有语言均可支持 ARRAY 数组的间接寻址。在 LAD 中实现变量索引寻址的示例如图 5-11 所示。

图 5-11　在 LAD 中实现 ARRAY 数组的变量索引寻址

STRUCT（结构体）是由不同数据类型组成的复杂型数据，通常用来定义一组相关的数据。例如在优化的数据块 DB1 中定义电机的一组数据，如图 5-12 所示。

图 5-12　结构体变量的定义

如果引用整个结构体变量，可以直接填写符号地址，例如"Drive.motor"，如果引用结构体变量中的一个单元例如"Command_Setpoint"，也可以使用符号名访问，如："Drive. motor. Command_Setpoint"。

5.1.2　PLC 数据类型

PLC 数据类型与 STRUCT 数据类型的定义类似，可以由不同的数据类型组成，不同的是，PLC 数据类型是一个由用户自定义的数据类型模板，它作为一个整体的变量模板可以在 DB、函数块（FB）、函数（FC）中多次使用，并且还具有版本管理的功能。

在 SIMATIC S7-1500 中 PLC 数据类型变量是一个特殊类型的变量，SIMATIC S7-1500 PLC 可以通过"EQ_Type"等指令识别并对 PLC 数据类型进行判断，例如不同订单的传送等，所以在 SIMATIC S7-1500 中建议使用 PLC 数据类型。

在项目树 CPU 下，双击"PLC 数据类型"可新建一个用户数据类型。例如在用户数据类型中定义一个名称为 Motor 的数据结构，如图 5-13 所示。

图 5-13　PLC 数据类型的定义

在 DB 或函数块（FB）、函数（FC）的形参中添加多个使用该 PLC 数据类型的变量，它们分别对应不同的电机，如图 5-14 所示。

图 5-14　PLC 数据类型的使用

5.1.3　参数类型

参数数据类型是专用于 FC（函数）或者 FB（函数块）的接口参数的数据类型，它包括以下几种接口参数的数据类型。

1）Timer，Counter（定时器和计数器类型）：在 FC、FB 中直接使用的定时器和计数器不能保证程序块的通用性。如果将定时器和计数器定义为形参，那么在程序中不同的地方调用程序块时，就可以给这些形参赋予不同的定时器或计数器，于是就保证了程序块的可重复使用性。参数类型的表示方法与基本数据类型中的定时器（T）和计数器（C）相同。

2）BLOCK_FB、BLOCK_FC、DB_ANY：将定义的程序块作为输入输出接口，参数的声明决定程序块的类型，如 FB（函数块）、FC（函数）、DB 等。如果将块类型作为形参，赋实参时必须为相应的程序块如 FC101（也可以使用符号地址）。

3）指针。

➢ Pointer（6 字节指针类型）。

➢ Any（10 字节指针类型）。

➢ Variant。

➢ 引用（References）。

Pointer 和 Any 在 SIMATIC S7-300/400 PLC 间接寻址中用于数据的批量处理，SIMATIC S7-1500 使用符号名称寻址，没有绝对地址，所以 Pointer 和 Any 逐渐被 ARRAY 数组编程方式替代。Variant 则赋予了新的功能，适合数字化与智能化的编程方式，例如订单的处理等，使用引用（References）使这种编程方式更简单。

作为参数类型，指针只用于程序块参数的传递，例如函数、函数块（与高级语言的类相似）的开发者需要使用这些数据类型，如果只作为使用者调用这些程序块则可以不需要详细了解。指针的详细操作参考指针数据类型的使用章节。

5.1.4　系统数据类型

系统数据类型（SDT）有预定义的结构并由系统提供。系统数据类型的结构由固定数目的可具有各种数据类型的元素构成。系统数据类型的结构不能更改。

系统数据类型只能用于特定指令。表 5-12 给出了可用的系统数据类型及其用途。

表 5-12　SIMATIC S7-1500 系统数据一览表

系统数据类型	长度（字节）	用途
IEC_TIMER	16	定时值为 TIME 数据类型的定时器结构 例如，此数据类型可用于"TP""TOF""TON""TONR""RT"和"PT"指令
IEC_LTIMER	32	定时值为 LTIME 数据类型的定时器结构 例如，此数据类型可用于"TP""TOF""TON""TONR""RT"和"PT"指令
IEC_SCOUNTER	3	计数值为 SINT 数据类型的计数器结构 例如，此数据类型用于"CTU""CTD"和"CTUD"指令
IEC_USCOUNTER	3	计数值为 USINT 数据类型的计数器结构 例如，此数据类型用于"CTU""CTD"和"CTUD"指令
IEC_COUNTER	6	计数值为 INT 数据类型的计数器结构 例如，此数据类型用于"CTU""CTD"和"CTUD"指令
IEC_UCOUNTER	6	计数值为 UINT 类型的计数器结构 例如，此数据类型用于"CTU""CTD"和"CTUD"指令
IEC_DCOUNTER	12	计数值为 DINT 类型的计数器结构 例如，此数据类型用于"CTU""CTD"和"CTUD"指令
IEC_UDCOUNTER	12	计数值为 UDINT 类型的计数器结构 例如，此数据类型用于"CTU""CTD"和"CTUD"指令
IEC_LCOUNTER	24	计数值为 LDINT 类型的计数器结构 例如，此数据类型用于"CTU""CTD"和"CTUD"指令
IEC_ULCOUNTER	24	计数值为 LUINT 类型的计数器结构 例如，此数据类型用于"CTU""CTD"和"CTUD"指令
ERROR_STRUCT	28	编程错误信息或 I/O 访问错误信息的结构 例如，此数据类型用于"GET_ERROR"指令
CREF	8	数据类型 ERROR_STRUCT 的组成，在其中保存有关块地址的信息
NREF	8	数据类型 ERROR_STRUCT 的组成，在其中保存有关操作数的信息
VREF	12	用于存储 VARIANT 指针 例如，此数据类型可用于 S7-1200 Motion Control 的指令
STARTINFO	12	指定保存启动信息的数据结构 例如，此数据类型用于"RD_SINFO"指令
SSL_HEADER	4	指定在读取系统状态列表期间保存有关数据记录信息的数据结构 例如，此数据类型用于"RDSYSST"指令
CONDITIONS	52	用户自定义的数据结构，定义数据接收的开始和结束条件 例如，此数据类型用于"RCV_CFG"指令
TADDR_Param	8	存储 UDP 通信连接的数据结构 例如，此数据类型用于"TUSEND"和"TURSV"指令
TCON_Param	64	存储通过工业以太网（PROFINET）实现开放用户通信连接的数据结构 例如，此数据类型用于"TSEND"和"TRSV"指令
HSC_Period	12	使用扩展的高速计数器，指定时间段测量的数据结构 此数据类型用于"CTRL_HSC_EXT"指令

5.1.5　硬件数据类型

　　硬件数据类型由 CPU 提供，可用硬件数据类型的数目取决于具体使用的 CPU。硬件数据类型通常都是常量，用于硬件的标识，常量的值取决于模块的硬件配置。硬件数据类型也常用于诊断。表 5-13 给出了可用的硬件数据类型及其用途。

表 5-13　SIMATIC S7-1500 硬件数据类型

数据类型	基本的数据类型	用途
REMOTE	ANY	用于指定远程 CPU 的地址 例如，用于 "PUT" 和 "GET" 指令
GEOADDR	HW_IOSYSTEM	实际地址信息
HW_ANY	WORD	任何硬件组件（如模块）的标识
HW_DEVICE	HW_ANY	DP 从站 /PROFINET IO 设备的标识
HW_DPMASTER	HW_INTERFACE	DP 主站的标识
HW_DPSLAVE	HW_DEVICE	DP 从站的标识
HW_IO	HW_ANY	CPU 或接口的标识号 该编号在 CPU 或硬件配置接口的属性中自动分配和存储
HW_IOSYSTEM	HW_ANY	PN/IO 系统或 DP 主站系统的标识
HW_SUBMODULE	HW_IO	硬件组件的标识
HW_MODULE	HW_IO	模块标识
HW_INTERFACE	HW_SUBMODULE	接口组件的标识
HW_IEPORT	HW_SUBMODULE	端口的标识（PN/IO）
HW_HSC	HW_SUBMODULE	高速计数器的标识 例如，用于 "CTRL_HSCD" 指令
HW_PWM	HW_SUBMODULE	脉冲宽度调制标识 例如，用于 "CTRL_PWMD" 指令
HW_PTO	HW_SUBMODULE	脉冲编码器标识 该数据类型用于运动控制
AOM_AID	DWORD	只能与系统函数块一起使用
AOM_IDENT	DWORD	AS 运行系统中对象的标识
EVENT_ANY	AOM_IDENT	用于标识任意事件
EVENT_ATT	EVENT_ANY	用于指定动态分配给 OB 的事件 例如，用于 "ATTACH" 件和 "DETACH" 件指令
EVENT_HWINT	EVENT_ANY	用于指定硬件中断事件
OB_ANY	INT	用于指定任意组织块
OB_DELAY	OB_ANY	用于指定发生延时中断时调用的组织块 例如，此数据类型用于 "SRT_DINT" 用和 "CAN_DINT" 用指令
OB_TOD	OB_ANY	指定时间中断 OB 的数量 例如，此数据类型用于 "SET_TINT" 用、"CAN_TINT" 用、"ACT_TINT" 和 "QRY_TINT" 用指令
OB_CYCLIC	OB_ANY	用于指定发生看门狗中断时调用的组织块
OB_ATT	OB_ANY	用于指定动态分配给事件的组织块 例如，此数据类型用于 "ATTACH" 类和 "DETACH" 类指令
OB_PCYCLE	OB_ANY	用于指定分配给 "循环程序" 事件类别事件的组织块
OB_HWINT	OB_ANY	用于指定发生硬件中断时调用的组织块
OB_DIAG	OB_ANY	用于指定发生诊断中断时调用的组织块
OB_TIMEERROR	OB_ANY	用于指定发生时间错误时调用的组织块
OB_STARTUP	OB_ANY	用于指定发生启动事件时调用的组织块
PORT	HW_SUBMODULE	用于指定通信端口 该数据类型用于点对点通信

（续）

数据类型	基本的数据类型	用途
RTM	UINT	用于指定运行小时计数器值 例如，此数据类型用于 "RTM" 指令
PIP	UINT	用于创建和连接 "同步循环" OB 此数据类型用于 SFC 26、27、126 和 127
CONN_ANY	WORD	用于指定任意连接
CONN_PRG	CONN_ANY	用于指定通过 UDP 进行开放式通信的连接
CONN_OUC	CONN_ANY	用于指定通过工业以太网（PROFINET）进行开放式通信的连接
CONN_R_ID	DWORD	S7 通信块上 R_ID 参数的数据类型
DB_ANY	UINT	任意 DB 的标识（数量） 数据类型 "DB_ANY" 识在 "Temp" 区域中的长度为 0
DB_WWW	DB_ANY	通过 Web 应用生成的 DB（即 "WWWb" 指令） 数据类型 "DB_WWW"）在 "Temp" 区域中的长度为 0
DB_DYN	DB_ANY	用户程序生成的 DB 编号

所有 "HW" 开头的硬件数据类型可以用于设备故障诊断，例如借助 "DeviceStates" 指令可以获取设备运行状态，借助 "Get_IM_Data" 指令可获取设备订货号、序列号等信息。

5.2　SIMATIC S7-1500 PLC 的地址区

5.2.1　CPU 的地址区的划分及寻址方法

SIMATIC S7-1500 CPU 的存储器划分为不同的地址区，在程序中通过指令可以直接访问存储于地址区的数据。地址区包括过程映像输入区（I）、过程映像输出区（Q）、标志位存储区（M）、计数器（C）、定时器（T）、数据块（DB）、本地数据区（L）等。

由于 TIA 博途软件不允许无符号名称的变量出现，所以即使用户没有为变量定义符号名称，TIA 博途软件也会自动为其分配名称，默认从 "Tag_1" 开始分配。SIMATIC S7-1500 CPU 地址区域内的变量均可以进行符号寻址。地址区可访问的单位及表示方法见表 5-14。

表 5-14　SIMATIC S7-1500 CPU 地址区

地址区域	可以访问的地址单位	S7 符号及表示方法（IEC）
过程映像输入区	输入（位）	I
	输入（字节）	IB
	输入（字）	IW
	输入（双字）	ID
过程映像输出区	输出（位）	Q
	输出（字节）	QB
	输出（字）	QW
	输出（双字）	QD

（续）

地址区域	可以访问的地址单位	S7 符号及表示方法（IEC）
标志位存储区	存储器（位）	M
	存储器（字节）	MB
	存储器（字）	MW
	存储器（双字）	MD
定时器	定时器（T）	T
计数器	计数器（C）	C
数据块	数据块，用"OPN DB"打开	DB
	数据位	DBX
	数据字节	DBB
	数据字	DBW
	数据双字	DBD
	数据块，用"OPN DI"打开	DI
	数据位	DIX
	数据字节	DIB
	数据字	DIW
	数据双字	DID
本地数据区	局部数据位	L
	局部数据字节	LB
	局部数据字	LW
	局部数据双字	LD

注意： 如果使用 8 个字节的长整型、长浮点进行运算，必须在 PLC 变量表中进行声明，仅使用符号寻址。

1）过程映像输入区（I）位于 CPU 的系统存储区。在循环执行用户程序之前，CPU 首先扫描输入模块的信息，并将这些信息记录到过程映像输入区中，与输入模块的逻辑地址相匹配。使用过程映像输入区的好处是在一个程序执行周期中保持数据的一致性。

使用地址标识符"I"（不分大小写）访问过程映像输入区。如果在程序中访问输入模块中一个输入点，在程序中的表示方法如图 5-15 所示。

图 5-15　输入模块地址表示方法

一个字节包含 8 个位，所以位地址的取值范围为 0~7。1 个输入点即为 1 个位信号。如果 1 个 32 点的输入模块设定的逻辑地址为 8，那么第 1 个点的表示方法为 I8.0；第 10 个点的表示方法为 I9.1；第 32 个点的表示方法为 I11.7。按字节访问地址表示方法为 IB8、

IB9、IB10、IB11（B 为字节 BYTE 的首字母）；按字访问表示方法为 IW8、IW10（W 为字 WORD 的首字母）；按双字访问表示方法为 ID8（D 为双字 DOUBLE WORD 的首字母）。在 SIMATIC S7-1500 PLC 中所有的输入信号均在过程映像输入区内。

2）过程映像输出区（Q）：过程映像输出区位于 CPU 的系统存储区。在循环执行用户程序中，CPU 将程序中逻辑运算后输出的值存放在过程映像输出区。在一个程序执行周期结束后更新过程映像输出区，并将所有输出值发送到输出模块，以保证输出模块输出的一致性。在 SIMATIC S7-1500 PLC 中所有的输出信号均在过程映像区输出内。

使用地址标识符"Q"（不分大小写）访问过程映像输出区，在程序中表示方法与输入信号类似。输入模块与输出模块分别属于两个不同的地址区，所以模块逻辑地址可以相同，如 IB100 和 QB100。

3）直接访问 I/O 地址：如果将模块插入到站点中，其逻辑地址将位于 SIMATIC S7-1500 CPU 的过程映像区中（默认设置）。在过程映像区更新期间，CPU 会自动地处理模块和过程映像区之间的数据交换。如果希望程序直接访问进入过程映像区之前的数据（不经过过程映像区），则在 I/O 地址或符号名称后附加后缀"：P"，这种方式也称为立即读或立即写。

4）标志位存储区（M）：标志位存储区位于 CPU 的系统存储器，地址标识符为"M"。对 SIMATIC S7-1500 而言，所有型号的 CPU 标志位存储区都是 16384 个字节。在程序中访问标志位存储区的表示方法与访问输入输出映像区的表示方法类似，同样 M 区的变量也可通过符号名进行访问。M 区中掉电保持的数据区大小可以在"PLC 变量"→"保持性存储器"的设置方法，如图 5-16 所示。

图 5-16　保持性存储器的设置方法

5）S5 定时器（T）：定时器存储区位于 CPU 的系统存储器，地址标识符为"T"。对 SIMATIC S7-1500 而言，所有型号 CPU 的 S5 定时器的数量都是 2048 个。定时器的表示方法为 T X，T 表示定时器标识符，X 表示定时器编号，S5 定时器也可通过符号寻址。存储区中掉电保持的定时器个数可以在 CPU 中（如通过变量表）设置。

SIMATIC S7-1500 既可以使用 S5 定时器（T），也可以使用 IEC 定时器。推荐使用

IEC 定时器，这样程序编写更灵活，且 IEC 定时器的数量仅受 CPU 程序资源的限制，一般来说，IEC 定时器的数量远大于 S5 定时器的数量。

6）S5 计数器（C）：计数器存储区位于 CPU 的系统存储器，地址标识符为"C"。在 SIMATIC S7-1500 中，所有型号 CPU 的 S5 计数器的数量都是 2048 个。计数器的表示方法为 C X，C 表示计数器的标识符，X 表示计数器编号，S5 计数器也可通过符号寻址。存储区中掉电保持的计数器个数可以在 CPU 中（如通过变量表）设置。

SIMATIC S7-1500 既可以使用 S5 计数器（C），也可以使用 IEC 计数器。推荐使用 IEC 计数器，这样程序编写更灵活，且 IEC 计数器的数量仅受 CPU 程序资源的限制，一般来说，IEC 计数器的数量远大于 S5 计数器的数量。

> **注意**：如果程序中使用的 M 区、定时器、计数器地址超出了 CPU 规定地址区范围，编译项目时将报错。

7）数据块（DB）：CPU 的工作存储器有两种，一种是代码存储器，主要是 FC、FB，包含指令和逻辑、数据的处理；另一种就是数据存储器即数据块，数据块存储中间运算的结果，也作为 PLC\PLC\HMI 之间通信的数据区。每一个 CPU 的数据存储器的大小与 CPU 类型有关。

共享数据块地址标识符为"DB"，函数块（FB）的实例化数据块地址标识符为"IDB"。数据的访问分为两种，一种为优化的 DB，另一种为标准 DB。优化的 DB 只能符号寻址，标准的 DB 既可以符号寻址也可以绝对地址寻址。

8）ARRAY DB：ARRAY DB 是一种特殊类型的全局 DB，仅包含一个 ARRAY 数组类型。ARRAY 的元素可以是 PLC 数据类型或其它任何数据类型。这种 DB 不能包含除 ARRAY 之外的其它元素。可以使用"ReadFromArrayDB"指令从 ARRAY DB 中读取数据并写入目标区域中。

由于 ARRAY DB 类型为"优化块访问"属性且不能更改，所以 ARRAY DB 不支持标准访问。

9）本地数据区（L）：本地数据区位于 CPU 的系统数据区，地址标识符为"L"。本地数据区用于存储 FC（函数）、FB（函数块）的临时变量以及 OB 中的开始信息和临时变量。在程序中访问本地数据区的表示方法与访问输入输出映像区的表示方法类似。

10）Slice 访问（片段访问）：Slice 访问可以方便、快捷地访问数据类型为 Byte、Word、Dword 和 Lword 变量中的 bit、Byte、Word 以及 DWord，Slice 访问的优势是访问简单灵活，直观高效，无需对访问的目标地址单独定义。

Slice 访问支持 I/Q/DB/M 等数据区，尤其适用于优化的 DB。由于优化的 DB 内变量没有偏移地址，所以无法通过绝对地址直接访问一个变量内部的数据，例如变量中的一个位信号或字节等信号，这时就可以通过 Slice 访问方式来实现，如图 5-17 所示。DB 内变量"My_DW_Variable"是一个 DWord 类型的变量，如需访问该变量的第 2 个字，则访问格式为 My_DW_Variable.W1；"My_W_Variable"是一个 Word 数据类型的变量，访问该变量的第 1 个 bit 的访问格式为 My_W_Variable.X0。

11）AT 访问：AT 访问也称之为 AT 变量覆盖，是指通过在程序块的接口数据区附加声明来覆盖所声明的变量。其优势在于无需指令即可根据需要实现变量的自由拆分，拆分后的变量可在程序中使用。可以选择对不同数据类型的已声明变量进行 AT 访问，具体使用方法如图 5-18 所示。

图 5-17　Slice 访问方式示例图

DemoAT			
名称		数据类型	注释
▼ Input			
■ AnyPointer		Any	输入 Any 指针
▼ AtAnyPointer	AT "AnyPointer"	Struct	AT 以结构体覆盖 AnyPointer
■ Fixed 10H		Byte	Any 指针第 1 个字节：固定值 16#10H
■ Type		Byte	Any 指针第 2 个字节：数据类型
■ Length		Int	Any 指针第 3~4 字节：整数，长度
■ DB		Int	Any 指针第 5~6 字节：整数，DB 块号，如果不是则为 0
■ Pointer		DWord	Any 指针第 7~10 字节：32 位指针

图 5-18　AT 访问的具体使用方法

首先将 FB 程序块"DemoAT"的访问属性修改为标准的块访问，之后在该块内定义一个类型为 Any 指针的输入变量"AnyPointer"。在变量"AnyPointer"下新建一行，在该行数据类型中输入"AT"，然后定义一个名为"AtAnyPointer"的结构体。根据 Any 指针的数据结构，创建一个结构体变量对变量"AnyPointer"进行拆分。该结构体首个变量为"Fixed 10H"，类型为 Byte，对应 Any 指针中第 1 个字节，固定值 16#10；第 2 个变量为"Type"，类型也为 Byte，对应 Any 指针中的数据类型；第 3 个变量"Length"为 Int 类型，对应 Any 指针的长度，第 4 个变量"DB"为 Int 类型，对应 Any 指针的 DB 块编号，最后一个 Dword 类型的变量是"Pointer"，对应 Any 指针的 32 位交叉区域指针。这样，在该程序块内部，可通过直接访问结构体变量"AtAnyPointer"内的各个变量，实现对 Any 指针的解析，而无需再次编程对输入变量"AnyPointer"的内容进行提取。

注意：
1）以下变量支持 AT 访问；
2）标准访问的 FC 或 FB 的接口数据区中的变量；
3）优化访问 FB 的接口数据区中保持性设置为"在 IDB 中设置"的变量。

5.2.2　建议使用的地址区

上述所有地址区都可以在 SIMATIC S7-1500 中使用，主要考虑到的是 SIMATIC S7-300/400 程序移植和编程习惯的问题，对于新编写的程序建议使用如下地址区和访问方式：

1）使用 IEC 定时器替代 S5 定时器：因为 S5 定时器是全局的，在函数中使用后必须通过形参分配一个定时器号，而 IEC 定时器可以通过程序块（系统块）的调用生成，在函数、函数块的开发中比较方便。

2）使用 IEC 计数器替代 S5 计数器：与 S5 定时器的原因相同。

3）使用优化 DB 替代 M 区：CPU 底层不支持绝对地址寻址，使用绝对地址寻址方式是基于移植的考虑，会降低 CPU 的性能，优化 DB 只支持符号寻址方式，数据排列便于 CPU 的快速访问。

4）将 I 区复制到数据块后进行操作：可以在编程时分层级访问，例如 A 车间 .B 设备 .C 传感器，此外 DB 具有自动感知功能，例如键入 A 车间然后再键入 "."后，A 车间所有的属性将自动列出，编程人员可以方便地选择所需要的属性。

5）通过数据块传导到 Q 区：与 I 区的原因相同。

5.2.3　全局变量与局部变量

1. 全局变量

全局变量可以在该 CPU 内被所有的程序块使用，例如在 OB（组织块）、FC（函数）、FB（函数块）中使用。全局变量如果在某一个程序块中赋值后，可以在其它的程序中读出，没有使用限制。

全局变量包括：I、Q、M、定时器（T）、计数器（C）、数据块（DB）等数据区。

2. 局部变量

局部变量只能在该变量所属的程序块（OB、FC、FB）范围内使用，不能被其它程序块使用。

局部变量包括：本地数据区（L）中的变量。

5.2.4　全局常量与局部常量

1. 全局常量

全局常量是在 PLC 变量表中定义，之后在整个 PLC 项目中都可以使用的常量。全局常量在项目树的 "PLC 变量"表的 "用户常量"标签页中声明，如图 5-19 所示。

图 5-19　在 "PLC 变量"中定义一个用户常量

定义完成后，在该 CPU 的整个程序中均可直接使用全局用户常量 "Pi"，它的值即为

"3.1415927"。如果在"用户常量"标签页下更改用户常量的数值，则在程序中引用了该常量的地方会自动对应新的值。

2. 局部常量

与全局常量相比，局部常量仅在定义该局部常量的块中有效。

局部常量是在 OB、FC、FB 的接口数据区"Constant"下声明的常量，如图 5-20 所示。

图 5-20　在 FC 的接口数据区"Constant"下定义一个常量

定义完成后，在该 FC 程序块中可直接使用局部常量"K"，其值即为"56.78"。

第 6 章 SIMATIC S7-1500 PLC 的 编程指令

SIMATIC S7-1500 PLC 支持 LAD（Ladder Logic Programming Language，梯形图）、STL（Statement List Programming Language，语句表）、FBD（Function Block Diagram Programming Language，功能块图）、SCL（Structured Control Language，结构化控制语言）和图表化的 GRAPH（顺序控制编程语言）等五种编程语言。不同的编程语言可以为具有不同知识背景的编程人员提供多种选择。

1）LAD：梯形图和继电器原理图类似，采用诸如触点和线圈等元素符号表示要执行的指令。这种编程语言适合于对继电器控制电路比较熟悉的技术人员。各个厂商的 PLC 都具有梯形图语言。LAD 的特点是易于学习，编程指令可以直接从指令集窗口中拖放到程序中使用。

2）STL：语句表的指令丰富，它采用文本编程的方式，编写的程序量很简洁，适合熟悉汇编语言的人员使用。与经典 STEP 7 相比，TIA 博途的 STL 指令集具有指令助记符功能，调用指令时不需要事先了解或从在线帮助中查询，但是使用 STL 语言相对具有一定的难度。严格地说，SIMATIC S7-1500 CPU 的底层并不完全具备 STL 语言中使用到的运行环境（如类似 SIMATIC S7-300/400 中的状态字），但是为了兼容 SIMATIC S7-300/400 的程序以及程序移植的原因，S7-1500 CPU 的系统上运行了一个兼容 STL 代码的虚拟环境。从这个角度看，STL 可能会慢慢地被淘汰，另外 STL 只能处理 32 位变量，其它编程语言可以处理 64 位变量。

3）FBD：功能块图使用不同的功能"盒"相互搭接成一段程序，逻辑采用"与""或""非"进行判断。与梯形图相似，编程指令也可以直接从指令集窗口中拖放出来使用，大部分程序可以与梯形图程序相互转换。

4）SCL：结构化控制语言是一种类似于 PASCAL 的高级编程语言，除 PLC 典型的元素（例如：输入 / 输出，定时器，符号表等）之外还具有以下高级语言特性：循环、选择、分支、数组、高级函数等。SCL 非常适合于复杂的运算功能、数学函数、数据管理和过程优化等，是今后主要的、重要的编程语言。对于一些刚从学校毕业的新编程人员来说，由于在学校时已具有良好的高级语言基础，因此相比于学习其它编程语言，SCL 反而更容易上手。

5）GRAPH：是一种图表化的语言，非常适合顺序控制程序，添加了诸如顺控器、步骤、动作、转换条件、互锁和监控等编程元素。

任何一种编程语言都有相应的指令集，指令集包含最基本的编程元素，用户可以通过指令集使用基本指令编写函数和函数块，五种编程语言指令集的对比如图 6-1 所示。

> **注意：**
> 1）与经典 STEP 7 相比，TIA 博途中 SCL、LAD/FBD 与 STL 编译器是独立的，这四种编程语言的效率是相同的。除了 LAD、FBD 以外，各语言编写的程序间不能相互转化。

2）如果是刚开始学习编程的人员，不建议使用 STL 编程。

3）建议使用 SCL 和 LAD 编程语言，如果创建程序块中使用 LAD 语言，则可在不同的程序段中插入 SCL 编程语言。

考虑到应用的通用性，本书将着重介绍 LAD 编程语言的指令集。

图 6-1　LAD、STL、FBD、SCL、GRAPH 指令集对比

6.1　指令的处理

6.1.1　LAD 指令的处理

LAD 程序的逻辑处理以从左到右传递"能流"的方式进行。如图 6-2 所示，位信号"开关 1"首先和"开关 2"相"与"，之后，将"与"的结果再和位信号"开关 3"相"或"；最后，相"或"后的逻辑执行结果传递到输出线圈"输出"。图中位信号"开关 1"和"开关 2"信号为 1，处于导通状态，所以将"能流"传递给"输出"，触发该线圈的输出。

图 6-2 LAD 逻辑处理"能流"方向

LAD 程序中的逻辑运算、比较等指令也可以由位信号触发。在这些指令中，左边输入端为"EN"使能信号。如果使能信号为"1"，指令执行，如果条件满足则触发输出信号"ENO"。如图 6-3 所示，位信号 M0.4 为"1"时，触发"CMP<=I"比较指令的执行。由于变量 MW2 大于 MW4，所以 ENO 为零，没有将"能流"传递到输出线圈 M0.5。

图 6-3 LAD 运算处理能量流向

6.1.2 立即读与立即写

立即读 / 立即写可以直接对输入 / 输出地址进行读写，而不是访问这些输入 / 输出对应的过程映像区的地址。立即读 / 立即写需要在输入 / 输出地址后面添加后缀":P"，如图 6-4 所示。

图 6-4 立即读 / 立即写编程示例

立即读 / 立即写与程序的执行同步：如果 I/O 模块安装在中央机架上，当程序执行到立即读 / 立即写指令时，将直接扫描输入 / 输出地址的当前状态；如果 I/O 模块安装在分布式从站上，当程序执行到立即读 / 立即指令时，将只扫描其主站中对应的输入 / 输出地址的当前状态。

6.2　基本指令

6.2.1　位逻辑运算指令

位逻辑指令是处理数字量输入 / 输出以及其它数据区布尔型变量的相关指令，包括标准触点指令、取反指令和沿检测指令等。SIMATIC S7-1500 CPU 支持的位逻辑运算指令见表 6-1。

表 6-1　SIMATIC S7-1500 位逻辑运算指令

名称	LAD	说明
触点指令	---| |---	常开触点
	---|/|---	常闭触点
	---|NOT|---	信号流反向
	---| P |---	扫描操作数信号的上升沿
	---|N|---	扫描操作数信号的下降沿
	P_TRIG	扫描 ROL 信号的上升沿
	N_TRIG	扫描 ROL 信号的下降沿
	R_TRIG	扫描信号的上升沿，并带有实例化数据块
	F_TRIG	扫描信号的下降沿，并带有实例化数据块
线圈指令	--- ( ) --	结果输出 / 赋值
	--- (/) --	线圈取反
	--- (R) --	复位
	--- (S) --	置位
	SET_BF	将一个区域的位信号置位
	RESET_BF	将一个区域的位信号复位
	RS	复位置位触发器
	SR	置位复位触发器
	--- (P) --	上升沿检测并置位线圈一个周期
	--- (N) --	下降沿检测并置位线圈一个周期

1. 触点指令

1）标准触点指令：触点表示 I、Q、M、DB 或 L 数据区中一个位信号的状态。触点可以是输入信号或程序处理的中间点。在 LAD 中，常开触点指令为 "-\| \|-"，常闭触点为 "-\|/\|-"。当常开触点闭合时，值为 1；当常闭触点闭合时，值为 0。

2）取反指令：取反指令（-\|NOT\|-、NOT）改变能流输入的状态，将逻辑运算结果的当前值由 0 变 1，或由 1 变 0。

3）沿检测指令：沿信号在程序中比较常见，如电机的起动、停止、故障等信号的捕

捉都是通过沿信号实现的。上升沿检测指令检测每一次 0 到 1 的正跳变，让能流接通一个
扫描周期；下降沿检测指令检测每一次 1 到 0 的负跳变，让能流接通一个扫描周期。

2. 线圈指令

1）线圈输出指令：线圈指令对一个位信号进行赋值，地址可以选择 Q、M、DB、L
数据区。当触发条件满足时，线圈被赋值 1；当条件不满足时，线圈被赋值 0。在程序处
理中每个线圈可以带有若干个触点，线圈的值决定这些常开触点、常闭触点的状态。在
LAD 中线圈输出指令为 "-- ( )"，通常放在一个编程网络的最右边。

2）置位 / 复位指令：当触发条件满足时，置位指令将一个线圈置 1；当触发条件不再
满足（RLO=0）时，线圈值保持不变，只有触发复位指令时才能将线圈值复位为 0。LAD
编程指令中 RS、SR 触发器带有触发优先级，当置位、复位信号同时为 1 时，将触发优先
级高的动作，如 RS 触发器，S（置位在后）优先级高。

6.2.2　定时器指令

SIMATIC S7-1500 CPU 可以使用 IEC 定时器和 SIMATIC 定时器，指令见表 6-2。

表 6-2　SIMATIC S7-1500 定时器指令

名称	类型	LAD	说明
定时器指令	SIMATIC 定时器	S_PULSE	脉冲 S5 定时器（带有参数）
		S_PEXT	扩展脉冲 S5 定时器（带有参数）
		S_ODT	接通延时 S5 定时器（带有参数）
		S_ODTS	保持型接通延时 S5 定时器（带有参数）
		S_OFFDT	断电延时 S5 定时器（带有参数）
		---（SP）	脉冲定时器输出
		---（SE）	扩展脉冲定时器输出
		---（SD）	接通延时定时器输出
		---（SS）	保持型接通延时定时器输出
		---（SF）	断开延时定时器输出
	IEC 定时器	TP	生成脉冲（带有参数）
		TON	延时接通（带有参数）
		TOF	关断延时（带有参数）
		TONR	记录一个位信号为 1 的累计时间（带有参数）
		---（TP）	启动脉冲定时器
		---（TON）	启动接通延时定时器
		---（TOF）	启动关断延时定时器
		---（TONR）	记录一个位信号为 1 的累计时间
		---（RT）	复位定时器
		---（PT）	加载定时时间

IEC 定时器占用 CPU 的工作存储器资源，数量与工作存储器大小有关；而 SIMATIC
定时器是 CPU 的特定资源，数量固定，例如 CPU 1513 的 SIMATIC 定时器的个数为 2048。
相比而言，IEC 定时器可设定的时间要远远大于 SIMATIC 定时器可设定的时间。在 SI-

MATIC 定时器中，带有线圈的定时器相对于带有参数的定时器为简化类型指令，例如 ---（SP）与 S_PULSE，在 S_PULSE 指令中带有复位以及当前时间值等参数，而 ---（SP）指令的参数比较简单。在 IEC 定时器中，带有线圈的定时器和带有参数的定时器的参数类似，区别在于前者带有实例化数据块，而后者需要定义一个 IEC_TIMER 的数据类型。

6.2.3　计数器指令

SIMATIC S7-1500 CPU 可以使用 IEC 计数器和 SIMATIC 计数器，指令见表 6-3。

表 6-3　SIMATIC S7-1500 计数器指令

名称		LAD	说明
计数器指令	SIMATIC 计数器	---（CD）	减计数器线圈
		---（CU）	加计数器线圈
		---（SC）	预置计数器值
		S_CD	减计数器
		S_CU	加计数器
		S_CUD	加 - 减计数器
	IEC 计数器	CTU	加计数函数
		CTD	减计数函数
		CTUD	加 - 减计数函数

IEC 计数器占用 CPU 的工作存储器资源，数量与工作存储器大小有关；而 SIMATIC 计数器是 CPU 的特定资源，数量固定，例如 CPU 1513 的 SIMATIC 计数器的个数为 2048。相比而言，IEC 计数器可设定的计数范围要远远大于 SIMATIC 计数器可设定的计数范围。

使用 LAD 编程，计数器指令分为两种：1）加减计数器线圈如 -（CD）、-（CU），使用计数器线圈时必须与预置计数器值指令 -（SC）、计数器复位指令结合使用；2）加减计数器中包含计数器复位、预置等功能。使用 STL 编程，计数器指令只有加计数器 CU 和减计数器 CD 两个指令。S、R 指令为位操作指令，可以对计数器进行预置初值和复位操作。

6.2.4　比较器指令

SIMATIC S7-1500 CPU 可以使用的比较器指令见表 6-4。

表 6-4　SIMATIC S7-1500 比较器指令

名称	LAD	说明
值比较指令	CMP==	等于
	CMP >=	大于等于
	CMP<=	小于等于
	CMP>	大于
	CMP<	小于
	CMP<>	不等于
	IN_RANGE	值在范围内
	OUT_RANGE	值超出范围
	--| OK |--	检查是否为有效的浮点数
	--| NOT_OK |--	检查是否为无效的浮点数

（续）

名称	LAD	说明
变量类型检查	EQ_Type	比较两个变量数据类型是否相等
	NE_Type	比较两个变量数据类型是否不相等
	EQ_ElemType	比较数组元素与一个变量的数据类型是否相等
	NE_ElemType	比较数组元素与一个变量的数据类型是否不相等
	IS_NULL	如果指向 NULL 或 ANY 指针则 ROL 为 1
	NOT_NULL	如果没有指向 NULL 或 ANY 指针而是一个对象则 ROL 为 1
	IS_ARRAY	检查是否为数组变量
	EQ_TypeOfDB	某数据类型与被间接寻址的 DB 的类型相比较是否相同
	NE_TypeOfDB	某数据类型与被间接寻址的 DB 的类型相比较是否不同

6.2.5 数学函数指令

在数学函数指令中包含了整数运算指令、浮点数运算指令及三角函数等指令。LAD 指令中整数可以是 8、16、32 或 64 位变量，浮点数可以是 32 或 64 位变量。SIMATIC S7-1500 数学函数指令见表 6-5。

表 6-5 SIMATIC S7-1500 数学函数指令

名称	LAD	说明	名称	LAD	说明
数学指令	CALCULATE	计算	数学指令	SQR	浮点数平方
	ADD	加法		SQRT	浮点数平方根
	SUB	减法		LN	浮点数自然对数运算
	MUL	乘法		EXP	浮点数指数运算
	DIV	除法		SIN	浮点数正弦运算
	MOD	整数取余数		COS	浮点数余弦运算
	NEG	取反		TAN	浮点数正切运算
	INC	变量值递增		ASIN	浮点数反正弦运算
	DEC	变量值递减		ACOS	浮点数反余弦运算
	ABS	绝对值运算		ATAN	浮点数反正切运算
	MIN	获取最小值函数		FRAC	浮点数提取小数运算
	MAX	获取最大值函数		EXPT	浮点数取幂运算
	LIMIT	设置限值函数			

在 S7-1500 中增加了由用户设定计算公式的"计算"指令。该指令非常适合复杂的变量函数运算，且运算中无需考虑中间变量。CALCULATE 指令应用示例如图 6-5 所示。

图 6-5　CALCULATE 指令应用示例

6.2.6　移动操作指令

移动操作指令用于将输入端（源区域）的值复制到输出端（目的区域）指定的地址中。与 SIMATIC S7-300/400 相比，SIMATIC S7-1500 的移动操作指令更加丰富，见表 6-6。

表 6-6　SIMATIC S7-1500 移动操作指令

名称	LAD	说明
移动操作指令	MOVE	将输入变量的值传送给输出变量
	Serialize	可以将 PLC 数据类型（UDT）转换为顺序表示，而不会丢失部分结构。例如将设备以及设备的属性（不同数据类型）按顺序堆栈到一个数据块中
	Deserialize	与 Serialize 功能相反
	MOV_BLK	将一段存储区（源区域）的数据移动到另一段存储区（目标区域）中，这里只定义源区域和目标区域的首地址，然后定义复制的个数
	MOV_BLK_VARIANT	与 MOV_BLK 相比，定义源区域和目标区域的首地址可以变化
	UMOV_BLK	与 MOV_BLK 相比，此移动操作不会被操作系统的其它任务打断
	?=	尝试给一个引用变量赋值
	FILL_BLK	块填充，将一个变量复制到其它数组中
	UFILL_BLK	与 FILL_BLK 相比，此移动操作不会被操作系统的其它任务打断
	SCATTER	将位序列解析为多个位。如，将一个 Word 类型的变量按顺序解析为 16 个 bit 类型的变量，每个 bit 类型的变量对应原 Word 类型变量的一个位
	SCATTER_BLK	将位序列数组解析为多个位
	GATHER	将多个 bit 类型的变量合并为一个位序列变量。与 SCATTER 功能相反
	GATHER_BLK	将多个 bit 类型的变量合并为一个位序列变量数组。与 SCATTER_BLK 功能相反
	SWAP	交换一个 WORD、DWORD 或 LWORD 变量字节的次序
数组 DB	ReadFromArrayDB	通过 INDEX 的指示读出数据块数组中的一个元素
	WriteToArrayDB	通过 INDEX 的指示将变量写到数据块数组中的一个元素
	ReadFromArrayDBL	通过 INDEX 的指示读出数据块数组中的一个元素，与指令 ReadFromArrayDB 相比，该指令是读取数据块在装载存储器中的值
	WriteToArrayDBL	通过 INDEX 的指示将变量写到数据块数组中的一个元素。与指令相比 WriteToArrayDB，该指令是修改数据块在装载存储器中的值
变量类型操作	VariantGet	读出 VARIANT 变量值，可以是 PLC 数据类型，但是不可以对数组进行操作
	VariantPut	写入 VARIANT 变量值，可以是 PLC 数据类型，但是不可以对数组进行操作
	CountofElements	读出数组变量元素的个数
符号移动	ResolveSymbols	将输入 WString 类型的数组中，多个变量符号名称字符串分别解析为相应的变量并引用输出到 ResolvedSymbols 类型的数组中
	MoveResolvedSymbolsToBuffer	将 ResolvedSymbols 类型的数组所引用的多个变量读入到缓冲区中
	MoveResolvedSymbolsFromBuffer	将缓冲区中的数据写入到 ResolvedSymbols 类型的数组所引用的多个变量里

（续）

名称	LAD	说明
Array[*]	LOWER_BOUND	求 Array 数组的下边界
	UPPER_BOUND	求 Array 数组的上边界
原有指令	FieldRead	指定一个数组的首元素，读出数组中通过指定索引的元素并传送至输出
	FieldWrite	指定一个数组的首元素，将值写入到数组中指定索引的元素中
	BLKMOV	将一段存储区（源区域）的数据移动到另一段存储区（目标区域）中
	UBLKMOV	将一段存储区（源区域）的数据移动到另一段存储区（目标区域），此复制操作不会被操作系统的其它任务打断
	FILL	将源区域的数据移动到目标区域，直到目标区域写满为止

6.2.7　转换指令

如果在一个指令中包含多个操作数，必须确保这些数据类型是兼容的。如果操作数不是同一数据类型则必须进行转换，转换方式有两种：

1. 隐式转换

如果操作数的数据类型是兼容的，由系统按照统一的规则自动执行隐式转换。可以根据设定严格或较宽松的条件进行兼容性检测，例如块属性中默认的设置为执行 IEC 检测，于是自动转换的数据类型相对要少。

编程语言 LAD、FBD、SCL 和 GRAPH 支持隐式转换。

2. 显式转换

如果操作数的数据类型不兼容或者由编程人员设定转换规则时，则可以进行显式转换（不是所有的数据类型都支持显式转换），SIMATIC S7-1500 转换指令见表 6-7。

表 6-7　SIMATIC S7-1500 转换指令

名称	LAD	说明
转换指令	CONVERT	可以选择不同的数据类型进行转换
	ROUND	以四舍五入的方式对浮点值取整，输出可以是 32 或 64 位整数和浮点数
	TRUNC	舍去小数取整，输出可以是 32 或 64 位整数和浮点数
	CEIL	浮点数向上取整，输出可以是 32 或 64 位整数和浮点数
	FLOOR	浮点数向下取整，输出可以是 32 或 64 位整数和浮点数
	SCALE_X	按公式 OUT = [VALUE * (MAX − MIN)] + MIN 进行缩放，并进行格式转换
	NORM_X	按公式 OUT = (VALUE − MIN)/(MAX − MIN) 进行标准化，并进行格式转换
原有指令	SCALE	将整数转换为介于上下限物理量间的浮点数
	UNSCALE	将介于上下限间的物理量转换为整数

6.2.8　程序控制操作指令

程序控制操作指令包括数据块操作指令、跳转指令，块操作指令以及运行时控制指令，见表 6-8。

表 6-8 SIMATIC S7-1500 程序控制操作指令

名称	LAD	说明
跳转指令	JMP_LIST	跳转到标签（多路多支跳转）
	---（JMP）	跳转
	---（JMPN）	若非则跳转
	LABEL	标号
	SWITCH	比较条件满足进行跳转
	---（RET）	返回
运行时控制函数	ENDIS_PW	限制和启用密码合法性
	RE_TRIGR	重新启动循环周期
	STP	退出程序
	GET_ERROR	获取当前块执行的故障信息
	GET_ERR_ID	获取当前块执行的故障标识
	INIT_RD	初始化保持数据区
	WAIT	设置等待时间
	RUNTIME	测量程序运行时间

1）跳转指令：可以通过跳转指令及程序跳转识别标签（Label），控制程序的跳转以满足控制需求。

2）运行时控制函数：与运行时控制相关的函数及函数块，例如停止 CPU、测量整个程序、单个块或命令序列的运行时间等。

6.2.9 字逻辑运算指令

LAD 字逻辑指令可以对 BYTE（字节）、WORD（字）、DWORD（双字）或 LWORD（长字）逐位进行"与""或""异或"逻辑运算操作，字逻辑指令还包含编码解码等操作。S7-1500 字逻辑运算指令见表 6-9。

表 6-9 SIMATIC S7-1500 字逻辑运算指令

名称	LAD	说明
SIMATIC S7-1500 字逻辑运算指令	AND	"与"运算
	OR	"或"运算
	XOR	"异或"运算
	INVERT	求反码
	DECO	解码
	NECO	编码
	SEL	选择指令将根据开关（输入 G）的情况，选择输入 IN0 和 IN1 中的一个，并将其内容移动到输出 OUT
	MUX	多路复用
	DEMUX	多路分用

"与"操作可以判断两个变量在相同的位数上有多少位为 1，通常用于变量的过滤，例如一个字变量与常数 W#16#00FF 相"与"，则可以将字变量中的高字节过滤为 0；"或"操作可以判断两个变量中为 1 位的个数；"异或"操作可以判断两个变量有多少位不相同。

6.2.10　移位和循环移位指令

LAD 移位指令可以将输入参数 IN 中的内容向左或向右逐位移动；循环指令可以将输入参数 IN 中的全部内容循环地逐位左移或右移，空出的位用输入 IN 移出位的信号状态填充。LAD 指令可以对 8、16、32 以及 64 位的字或整数进行操作，SIMATIC S7-1500 移位和循环移位指令见表 6-10。

表 6-10　SIMATIC S7-1500 移位和循环移位指令

名称	LAD	说明
移位和循环移位指令	ROL	循环左移
	ROR	循环右移
	SHL	左移
	SHR	右移

字移位指令移位的范围为 0 ~ 15，双字移位指令移位的范围为 0 ~ 31，长字移位指令移位的范围为 0 ~ 63。对于字、双字和长字移位指令，移出的位信号丢失，移空的位使用 0 补足。例如将一个字左移 6 位，移位前后位排列次序如图 6-6 所示。

图 6-6　左移 6 位示意图

带有符号位的整数移位范围为 0 ~ 15，双整数移位范围为 0 ~ 31，长整数移位指令移位的范围为 0 ~ 63。移位方向只能向右移，移出的位信号丢失，移空的位使用符号位补足。如整数为负值，符号位为 1；整数为正值，符号位为 0。例如将一个整数右移 4 位，移位前后位排列次序如图 6-7 所示。

图 6-7　整数右移 4 位示意图

6.2.11　原有指令

原有指令（SIMATIC S7-300/400 指令）主要用于指令的继承和程序移植的目的，见表 6-11。

表 6-11　SIMATIC S7-1500 支持的原有指令

名称	LAD	说明
原有指令	DRUM	执行顺控程序
	DCAT	离散控制定时器报警
	MCAT	电机控制定时器报警
	IMC	比较输入位与掩码位
	SMC	比较扫描矩阵
	LEAD_LAG	提前和滞后算法
	SEG	创建 7 段显示的位模式
	BCDCPL	求十进制补码
	BITSUM	统计置位位数量

6.3　扩展指令

扩展指令与系统功能有关，例如 CPU 的时钟信息、诊断、报警以及中断等。

6.3.1　日期与时间指令

用于时间的比较和时间格式的转换以及设定 CPU 的运行时钟等功能。S7-1500 日期与时间指令见表 6-12。

表 6-12　SIMATIC S7-1500 日期与时间指令

名称	LAD	说明	名称	LAD	说明
日期与时间指令	T_COMP	比较时间变量	日期与时间指令	RD_SYS_T	读取系统时间
	T_CONV	转换时间并提取		WR_LOC_T	设置本地时间
	T_ADD	时间加运算		RD_LOC_T	读取本地时间
	T_SUB	时间相减		TIME_TCK	读取系统时间（时间计数器）
	T_DIFF	时差		SET_TIME-ZONE	设置时区
	T_COMBINE	组合时间		SNC_RTCB	同步时钟从站
	WR_SYS_T	设置系统时间		RTM	运行时间定时器

6.3.2　字符串与字符指令

与字符和字符串相关的函数及函数块，包括字符格式转换，字符串的合并、比较、查询等相关操作，见表 6-13。

表 6-13　SIMATIC S7-1500 字符串与字符指令

名称	LAD	说明	名称	LAD	说明
字符及字符串指令	S_MOVE	移动复制字符串	字符及字符串指令	CONCAT	组合字符串
	S_COMP	比较字符串		LEFT	读取字符串中的左侧字符
	S_CONV	转换字符串		RIGHT	读取字符串中的右侧字符
	STRG_VAL	将字符串转化为数字		MID	读取字符串中的中间字符
	VAL_STRG	数字转换为字符串		DELETE	删除字符串中的字符
	Strg_TO_Chars	按指定长度及位置从字符串读出字符		INSERT	在字符串中插入字符
	Chars_TO_Strg	将字符数组写入字符串指定位置		REPLACE	替换字符串中的字符
	MAX_LEN	求字符串变量所允许的最大长度		FIND	查找字符串中的字符
	JOIN	将多个字符串联接，输出到字符数组变量中	运行信息指令	GetSymbolName	读出块接口参数输入变量的符号名称
	SPLIT	将特定格式的字符数组分割为多个字符串		GetSymbolPath	读出块接口参数输入变量的路径名称
	ATH	将 ASCII 字符串转换为十六进制值		GetInstanceName	在函数块中调用并读出实例化数据块的名称
	HTA	将十六进制值转换为 ASCII 字符串		GetInstancePath	在函数块中读出块实例化数据块完整调用层级的路径
	LEN	获取字符串的长度		GetBlockName	读出调用该指令的块名称

6.3.3　过程映像指令

使用更新过程映像输入指令，可以更新指定的输入过程映像分区；使用更新过程映像输出指令，可以更新指定的输出过程映像分区，将信号状态传送到输出模块。与 DP 循环或 PN 循环关联的用户程序可使用同步过程映像输入 / 输出指令，实现等时模式。SIMATIC S7-1500 过程映像指令见表 6-14。

表 6-14　SIMATIC S7-1500 过程映像指令

名称	LAD	说明	名称	LAD	说明
过程映像指令	UPDAT_PI	更新过程映像输入	过程映像指令	SYNC_PI	同步过程映像输入
	UPDAT_PO	更新过程映像输出		SYNC_PO	同步过程映像输出

6.3.4　分布式 I/O 指令

对 SIMATIC S7-1500 分布式 I/O 进行相关操作的指令，例如读写分布式 I/O（PROFIBUS 或 PROFINET）的数据记录、刷新过程映像、启用 / 禁止从站以及重新组态 I/O 系统等，见表 6-15。

表 6-15　SIMATIC S7-1500 分布式 I/O 指令

名称	LAD	说明
分布式 I/O 指令	RDREC	读取数据记录
	WRREC	写入数据记录
	GETIO	一致性地读出一个 DP 标准从站 /PROFINET IO 设备的所有输入
	SETIO	一致性地将数据传送到寻址的 DP 标准从站 /PROFINET IO 设备
	GETIO_PART	一致性读取 IO 模块输入的相关部分
	SETIO_PART	一致性地将数据写入 IO 模块的输出中
	RALRM	接收中断
	D_ACT_DP	启用 / 禁用 DP 从站
	ReconfigIOSystem	重新组态 IO 系统
	RD_REC	从 I/O 中读取数据记录
	WR_REC	向 I/O 写入数据记录
	DPRD_DAT	读取 DP 标准从站 /PROFINET IO 设备的一致性数据
	DPWR_DAT	将一致性数据写入 DP 标准从站 /PROFINET IO 设备
	RCVREC	智能设备从上级控制器接收数据记录
	PRVREC	智能设备可以接收来自上级控制器的请求，以提供数据记录。智能设备通过指令 "PRVREC" 在用户程序中提供数据记录
	DPSYC_FR	同步 DP 从站 / 冻结输入
	DPNRM_DG	读取 DP 从站的诊断数据
	DPTOPOL	获取 DP 主站系统的拓扑结构
	ASi_CTRL	控制 ASi 主站

6.3.5　PROFIenergy 指令

PROFIenergy 指令用于控制分布式 I/O 站点或模块的电源，在生产中断和意外中断期间启用集中协同的方法关闭设备以达到节省电能的目的，SIMATIC S7-1500 PROFIenergy 指令见表 6-16。

表 6-16　SIMATIC S7-1500 PROFIenergy 指令

名称	LAD	说明
PROFIenergy 指令	PE_START_END	启用或禁用 PROFINET 设备待机
	PE_CMD	发送 PROFIenergy 命令
	PE_DS3_Write_ET200S	用于控制 ET200S 上电源模块的开关状态
	PE_WOL	将启停命令 "Start_Pause" 和 "End_Pause" 发送到支持 Wake On LAN 的设备上
	PE_I_DEV	接收 PROFIenergy 命令，并传送到用户程序处理
	PE_Error_RSP	生成错误的响应信息
	PE_Start_RSP	生成 "START_PAUSE" 命令的响应信息
	PE_End_RSP	生成 "END_PAUSE" 命令的响应信息
	PE_List_Modes_RSP	生成 "LIST_OF_ENERGY_SAVING_MODES" 命令的响应信息
	PE_Get_Mode_RSP	生成 "GET_MODE" 命令的响应信息
	PE_PEM_Status_RSP	生成 "PEM_STATUS" 命令的响应信息
	PE_Identify_RSP	生成 "PE_IDENTIFY" 命令的响应信息
	PE_Measurement_List_RSP	生成 "GET_MEASUREMENT_LIST" 命令的响应信息
	PE_Measurement_Value_RSP	生成 "GET_MEASUREMENT_VALUES" 命令的响应信息

6.3.6 模块参数化分配指令

有的智能模块具有一个只读、只写或可读可写的系统数据区域，通过程序可向该区域传送或读取数据记录。数据存储的数据记录编号从 0 到 240，但并不是每个模块都包含所有数据记录。对于同时具有可读可写的系统数据区域的模块而言，两个区域是分开的，只是它们的逻辑结构相同，SIMATIC S7-1500 模块参数化分配指令见表 6-17。

表 6-17 SIMATIC S7-1500 模块参数化分配指令

名称	LAD	说明	名称	LAD	说明
模块参数化分配指令	RD_DPAR	读取模块数据记录	模块参数化分配指令	RD_DPARM	从组态系统数据中读取数据记录
	RD_DPARA	异步读取模块数据记录		WR_DPARM	传送数据记录

6.3.7 中断指令

与中断相关的指令，通过这些指令可以控制包括时间中断、延时中断、错误事件中断的启动和禁止条件等，SIMATIC S7-1500 中断指令见表 6-18。

表 6-18 SIMATIC S7-1500 中断指令

名称	LAD	说明	名称	LAD	说明
中断指令	ATTACH	将中断事件与 OB 块进行关联	中断指令	CAN_DINT	取消延时中断
	DETACH	将中断事件与 OB 块断开		QRY_DINT	查询延时中断的状态
	SET_CINT	设置循环中断参数		MSK_FLT	屏蔽同步错误事件
	QRY_CINT	查询循环中断参数		DMSK_FLT	取消屏蔽同步错误事件
	SET_TINT	设置时间中断（使用系统时间）		READ_ERR	读取事件错误状态寄存器
	SET_TINTL	设置时间中断（可以使用本地时间）		DIS_IRT	禁用中断事件
	CAN_TINT	取消时间中断		EN_IRT	启用中断事件
	ACT_TINT	启用时间中断		DIS_AIRT	延时执行较高优先级的中断和异步错误事件
	QRY_TINT	查询时间中断状态		EN_AIRT	启用较高优先级的中断和异步错误事件的执行
	SRT_DINT	启动延时中断			

6.3.8 报警指令

报警指令用于向人机界面发送各种报警信息或将用户自定义事件写入诊断缓冲区。报警信息中可以加载附加值。报警信息的时间标签便于故障信息的排查，它可以是 PLC 的系统时钟，也可以是其它时钟源。与 SIMATIC S7-300/400 的报警指令相比，SIMATIC S7-1500 的报警指令功能强大，配置更加简单。SIMATIC S7-1500 报警指令见表 6-19。

表 6-19　SIMATIC S7-1500 报警指令

名称	LAD	说明	名称	LAD	说明
报警指令	Program_Alarm	生成具有附加值的程序报警	报警指令	Get_Alarm	读取未决警报
	Get_AlarmState	查询程序报警的状态		Act_Alarm	确认报警
	Gen_UsrMsg	生成在诊断缓冲区中输入的报警		Get_AlarmResources	确定可用报警实例的数量

6.3.9　诊断指令

诊断指令包含与诊断相关的指令，例如读取 PROFINET IO 与 PROFIBUS DP 站点信息、设备的名称以及 OB 块的启动信息等，SIMATIC S7-1500 诊断指令见表 6-20。

表 6-20　SIMATIC S7-1500 诊断指令

名称	LAD	说明	名称	LAD	说明
诊断指令	RD_SINFO	读取当前 OB 启动信息	诊断指令	GetSMCinfo	读取存储卡的信息
	RT_INFO	读取运行系统统计，例如通信负载等		GetClockStatus	读取 CPU 内部时钟信息
	LED	读取特定模块 LED 的状态		DeviceStates	读取 DP/PN 网络站点信息
	Get_IM_Data	读取标识及维护数据		ModuleStates	读取 DP/PN 网络站点模块的状态信息
	Get_Name	读取 PROFINET IO 设备的名称		GEN_DIAG	其它制造商硬件组件生成的诊断信息
	GetStationInfo	读取 PROFINET IO 设备的信息		GET_DIAG	读取硬件对象的诊断信息
	GetChecksum	读取一个组对象的校验和			

6.3.10　配方和数据记录指令

配方指令可以将数据块中的配方以 CSV 的格式存储于 CPU 的存储卡中，同样也可以导入 CSV 文件到 CPU 的数据块中。数据记录（日志）指令可以将过程值以 CSV 的格式存储于 CPU 的存储卡（SMC）中。指令见表 6-21。

表 6-21　SIMATIC S7-1500 配方和数据记录指令

名称	LAD	说明
配方指令	RecipeExport	将数据块中的配方数据导出，并以 CSV 格式文件存储于 CPU 的存储卡中
	RecipeImport	将 CPU 存储卡上的 CSV 格式文件导入到数据块中成为配方数据
数据日志指令	DataLogCreate	创建数据日志
	DataLogOpen	打开数据日志
	DataLogClear	清空数据日志
	DataLogWrite	写数据日志
	DataLogClose	关闭数据日志
	DataLogDelete	删除数据日志
	DataLogNewFile	新文件中的数据日志

6.3.11　数据块控制指令

可以在装载存储区或工作存储区内创建或删除数据块，并能够对装载存储区内的数据块进行读写操作，指令见表 6-22。

表 6-22　SIMATIC S7-1500 数据块控制指令

名称	LAD	说明
数据块控制指令	CREAT_DB	创建数据块
	READ_DBL	从装载存储器的数据块中读取数据
	WRIT_DBL	将数据写入到装载存储器的数据块中
	ATTR_DB	获取数据块属性
	DELETE_DB	删除数据块

6.3.12　寻址指令

通过寻址指令可以确定模块的地址和槽号等信息，SIMATIC S7-1500 寻址指令见表 6-23。

表 6-23　SIMATIC S7-1500 寻址指令

名称	LAD	说明
寻址指令	GEO2LOG	根据插槽确定硬件标识符
	LOG2GEO	根据硬件标识符确定插槽
	LOG2MOD	根据 STEP 7 V5.5 SPx 地址确定硬件标识符
	IO2MOD	根据 IO 地址确定硬件标识符
	RD_ADDR	根据硬件标识符确定 IO 地址
原有指令	GEO_LOG	通过槽位查询硬件 ID
	LOG_GEO	通过硬件标识符查询槽位，可以是 PROFINET 站点的设备
	RD_LGADR	通过硬件标识符查询 IO 地址
	GADR_LGC	通过插槽和用户数据地址区域中的偏移量查询硬件标识符
	LGC_GADR	通过硬件标识符查询槽位

6.3.13　文件处理指令

通过文件处理指令可以读取、写入和删除文件中的内容，SIMATIC S7-1500 文件处理指令见表 6-24。

6.3.14　冗余系统指令

通过寻址指令可以控制 R/H 系统或获取一些信息，SIMATIC S7-1500 冗余系统指令见表 6-25。

表 6-24　SIMATIC S7-1500 文件处理指令

名称	LAD	说明
文件处理指令	FileReadC	从存储卡里读取用户文件并写入 CPU 指定的位置
	FileWriteC	将数据写入存储卡中指定的文件里
	FileDelete	删除存储卡指定的文件

表 6-25　SIMATIC S7-1500 冗余系统指令

名称	LAD	说明
冗余系统指令	RH_CTRL	控制、查询 R/H 冗余系统状态
	RH_GetPrimaryID	获取当前主 CPU 的 ID

6.3.15　故障安全扩展指令

通过故障安全扩展指令可以确定模块的地址和槽号等信息，SIMATIC S7-1500 故障安全扩展指令见表 6-26。

表 6-26　SIMATIC S7-1500 故障安全扩展指令

名称	LAD	说明
故障安全扩展指令	ACK_FCT_WARN	使用 "ACK_FCT_WARN" 指令来确认诊断缓冲区中的消息，该消息是警告 F 周期时间超时。F 周期时间是两次 F-OB 调用之间所允许的最长时间

6.4　工艺指令

工艺指令包括对工艺模块操作指令、PID 控制指令以及运动控制指令。

6.4.1　高速计数、测量和凸轮指令

高速计数、测量和凸轮指令用于控制相应的工艺模块进行高速计数、测量或进行凸轮控制，高速计数、测量和凸轮指令见表 6-27。

表 6-27　高速计数、测量和凸轮指令

名称	LAD/STL	说明
高速计数、测量和凸轮指令	High_Speed_Counter	用于工艺模块和紧凑型 CPU 高速计数器的控制
	SSI_Absolute_Encoder	控制工艺模块 TM PosInput 的定位输入和测量功能
	DQ4_CAM	用于 DQ 4x24VDC/2A HS 模块，读取编码器输入并进行凸轮控制

6.4.2　PID 控制指令

PID 控制指令用于闭环过程调节控制。PID 控制指令见表 6-28。

表 6-28　PID 控制指令

名称		说明
PID 控制指令	Compact PID 指令	
	PID_Compact	集成整定功能的通用 PID 控制器
	PID_3Step	集成阀门调节功能的 PID 控制器
	PID_Temp	温度 PID 控制器
	PID 基本函数	
	CONT_C	连续控制器
	CONT_S	用于带积分功能执行器的步进控制器
	PULSEGEN	用于带比例功能执行器的脉冲发生器
	T CONT_CP	带有脉冲发生器的连续温度控制器
	T CONT_S	用于带积分功能执行器的温度控制器
	PID 辅助函数	
	Polyline	最多 50 个点的折线插补
	SplitRange	PID 控制器的输出值范围的拆分
	RampFunction	斜坡函数
	RampSoak	能按时间配置组合输出多个斜坡的函数
	Filter_PT1	实现具有一阶滞后的低通滤波器或过程仿真
	Filter_PT2	实现具有二阶滞后的低通滤波器或过程仿真
	Filter_DT1	实现具有一阶滞后的高通滤波器或微分器

6.4.3　运动控制指令

运动控制指令（不含 T-CPU 指令）见表 6-29。

表 6-29　运动控制指令

名称	控制指令	说明	名称	控制指令	说明
运动控制指令	MC_Power	启用 / 禁用工艺对象	运动控制指令	MC_SaveAbsolute-EncoderData	保存绝对值编码器的调整以便更换备件
	MC_Reset	确认报警，重新启动工艺对象		测量输入，输出凸轮，凸轮轨迹	
	MC_Home	回原点		MC_MeasuringInput	启动一次测量
	MC_Halt	停止轴		MC_MeasuringInputCyclic	启动循环测量
	MC_MoveJog	在点动模式下移动轴			
	MC_MoveVelocity	以预定义速度移动轴		MC_AbortMeasuringInput	取消激活的测量任务
	MC_MoveRelative	轴的相对定位			
	MC_MoveAbsolute	轴的绝对定位		MC_OutputCam	激活 / 停用输出凸轮
	MC_MoveSuperimposed	轴的叠加定位		MC_CamTrack	激活 / 停用凸轮轨迹
	MC_HaltSuperimposed	暂停轴的叠加定位		同步运动	
	MC_GearIn	启动齿轮同步		MC_GearIn	启动传动装置
	MC_Stop	停止轴，并阻止新的运动任务		力矩数据	
				MC_TorqueAdditive	指定附加力矩
	MC_SetAxisSTW	控制工艺对象控制字 1 和字 2 的 bit 位		MC_TorqueRange	设定力矩的上下限
	MC_WriteParameter	运行时更改工艺对象的选定参数		MC_TorqueLimiting	激活 / 停用分配力 / 扭矩限值和固定停止检测的参数

6.4.4　SINAMICS 运动控制指令

如果在连接 SINAMICS 驱动器中使用了基本定位器功能模块，则可以使用 SINAMICS "BasicPosControl" 指令。"BasicPosControl" 用于通过 SINAMICS S/G/V 基本定位器技术循环控制 SINAMICS 驱动器。SINAMICS 运动控制指令见表 6-30。

表 6-30　SINAMICS 运动控制指令

名称	控制指令	说明
SINAMICS 运动控制指令	BasicPosControl	基本定位控制

6.4.5　基于时间的 I/O 模块控制指令

基于时间的 I/O 模块控制指令见表 6-31。

表 6-31　基于时间的 I/O 模块控制指令

名称	控制指令	说明
基于时间的 I/O 模块控制指令	TIO_SYNC	同步 TIO 模块
	TIO_IOLink_IN	读取带时间戳的过程输入信号
	TIO_DI	读取数字量输入中的沿和关联时间戳
	TIO_DQ	触发由时间控制的输出

6.5　通信指令

通信指令根据通信的类型进行分类：

1）S7 通信：用于 S7 连接的通信，包括 PUT/GET、BSEND/BRCV 和 USEND/URCV 三对通信指令。

2）开放式用户通信：用于实现开放式以太网通信的指令，通过这些指令能够实现面向连接的 TCP 及 ISO、ISO on TCP 协议通信和非面向连接的 UDP 通信。在 SIMATIC S7-1500 的开放式用户通信中主要使用 TSEND_C/TREV_C 指令。在"开放式用户通信"文件夹"其它"子文件夹中列出的通信指令与 SIMATIC S7-300/400 的通信指令使用相同，主要用于程序的移植和继承。

3）Web 服务器用户通过自定义的 Web 界面可将数据传送给 PLC，同时也能在 Web 浏览器中显示 CPU 的各种数据。在用户程序中调用 WWW 指令可以同步用户程序和 Web 服务器以及进行初始化操作。

4）其它：用于 MODBUS TCP 通信。

5）通信处理器：主要用于串行通信和 FTP 的指令，例如点对点通信、USS 通信等。

SIMATIC S7-1500 通信指令见表 6-32。

表 6-32　SIMATIC S7-1500 通信指令

名称	LAD/STL	说明	名称	LAD/STL	说明
S7 通信	GET	从远程 CPU 读取数据	开放式用户通信	TURCV	通过 UDP 接收数据
	PUT	向远程 CPU 写入数据		T_RESET	复位连接
	USEND	无协调的数据发送		T_DIAG	检查连接状态
	URCV	无协调的数据接收		T_CONFIG	更改 IP 组态参数
	BSEND	发送分段数据	OPC UA 客户端	OPC UA 客户端紧凑指令	
	BRCV	接收分段数据		OPC_UA_ReadList_C	建立连接并读取变量
开放式用户通信	TSEND_C	通过以太网发送数据		OPC_UA_WriteList_C	建立连接并写入变量
	TRCV_C	通过以太网接收数据		OPC_UA_Method-Call_C	建立连接并调用服务器方法
	TMAIL_C	发送电子邮件		建立会话	
	CommConfig	读取并修改通信参数		OPC_UA_Connect	创建连接
	TCONSettings	读取或设置通信连接参数		OPC_UA_Namespace-GetIndexList	读取命名空间索引
	TCON	建立通信连接		OPC_UA_NodeGetH-andleList	获取用于读写访问的句柄
	TDISCON	终止通信连接		OPC_UA_Method-GetHandleList	获取用于方法调用的句柄
	TSEND	通过现有的通信连接发送数据		OPC_UA_Translate-PathList	读取节点参数
	TRCV	通过通信连接接收数据		数据访问（DA）	
	TUSEND	通过 UDP 发送数据		OPC_UA_ReadList	读取变量

（续）

名称	LAD/STL	说明	名称	LAD/STL	说明
	数据访问（DA）		PTP 通信	Get_Features	获取扩展功能
OPC UA 客户端	OPC_UA_Write-List	写变量		Set_Features	设置扩展功能
	OPC_UA_Meth-odCall	调用方法	USS 通信	USS_Port_Scan	通过 USS 网络进行通信
	清除会话			USS_Drive_Control	与驱动器进行数据交换
	OPC_UA_No-deReleaseHandleL-ist	释放用于读写访问的句柄		USS_Read_Param	从驱动器读取参数值
				USS_Write_Param	更改驱动器参数值
	OPC_UA_Meth-odReleaseHandleL-ist	释放方法调用句柄		USS_Port_Scan_31	通过 USS 网络进行通信，支持 31 个从站
	OPC_UA_Dis-connect	关闭连接		USS_Drive_Con-trol_31	与驱动器进行数据交换，支持 31 个从站
	诊断			USS_Read_Param_31	从驱动器读取参数值，支持 31 个从站
	OPC_UA_Con-nectionGetStatus	读取连接状态		USS_Write_Param_31	更改驱动器参数值，支持 31 个从站
OPC UA 服务器	OPC_UA_Serv-er-MethodPre	准备进行服务器方法调用	MOD-BUS RTU	MODBUS_Comm_Load	对 MODBUS 的通信模块进行配置
	OPC_UA_Serv-erMethodPost	服务器方法调用的后处理		MODBUS_Master	MODBUS 主站通信指令
Web Server	WWW	同步用户定义的 Web 页		MODBUS_Slave	MODBUS 从站通信指令
MODBUS TCP	MB_CLIENT	MODBUS TCP 客户端指令	ET200S 串行模块	S_RCV	接收数据
				S_SEND	发送数据
	MB_SERVER	MODBUS TCP 服务器指令		S_VSTAT	从 RS232C 接口读取伴随信号
	MB_RED_CLI-ENT	冗余的 MODBUS TCP 客户端		S_VSET	在 RS232C 接口处写入伴随信号
	MB_RED_SER-VER	冗余的 MODBUS TCP 服务器		S_XON	通过 XON/XOFF 设置数据流控制
通信处理器 PTP 通信	PORT_Config	组态 PtP 通信端口参数		S_RTS	通过 RTS/CTS 设置数据流控制
	Send_Config	组态 PtP 发送参数		S_V24	通过自动操作 RS232C 伴随信号，设置数据流的控制参数
	Receive_Config	组态 PtP 接收参数			
	P3964_Config	组态 3964（R）协议参数		S_MODB	ET200S 1SI 的 Mod-bus 从站指令
	Send_P2P	发送数据		S_USST	将数据发送至 USS 从站
	Receive_P2P	接收数据			
	Receive_Reset	清除接收缓冲区		S_USSR	从 USS 从站接收数据
	Signal_Get	读取 RS232 信号状态		S_USSI	初始化 USS
	Signal_Set	设置 RS232 信号	SIMATIC NET CP	FTP_CMD	建立 FTP 连接，并从 FTP 服务器传送文件或将文件传送到 FTP 服务器

注：中间一列为"通信处理器"（纵向）。

与 SIMATIC S7-300/400 相比，SIMATIC S7-1500 的指令集丰富又灵活，可以处理的数据类型种类更多。用户在拥有强大编程功能的同时，也可能由于有些指令不容易理解或不容易掌握而造成困惑，为此西门子公司将指令使用的示例做成一个库文件供用户参考，库文件下载网址如下：

https：//support.industry.siemens.com/cs/cn/en/view/109476781

第7章 程 序 块

SIMATIC S7-1500 系列 PLC 的 CPU 中除了能够运行用户程序外还执行操作系统。操作系统包含在每个 CPU 中，处理底层系统级任务，并提供了一套用户程序的调用机制。用户程序由用户编写，工作在操作系统这个平台上，完成用户自己特定的自动化任务。

操作系统用于执行和组织所有与用户控制任务无关的 CPU 功能和运行顺序，例如操作系统任务包括下列各项：

> 处理暖启动；
> 更新输入输出过程映像区；
> 调用用户程序；
> 检测各种中断事件并调用中断组织块；
> 检测并处理错误；
> 管理存储区；
> 与编程设备和其它设备通信。

用户程序是为了完成特定的自动化任务，由用户自己编写并下载到 CPU 的数据和代码。用户程序任务包括：

> 暖启动的初始化工作；
> 进行数据处理，I/O 数据交换和工艺相关的控制；
> 与用户应用相关的通信；
> 对中断的响应；
> 对异常和错误的处理。

7.1 用户程序中的程序块

用户程序中包含不同的程序块，各程序块实现不同的功能。SIMATIC S7-1500 CPU 支持的程序块类型与 SIMATIC S7-300/400 一致，而允许每种类型程序块的数量及每个程序块最大的容量等技术参数与 CPU 的类型有关。程序块的类型及功能描述见表 7-1。

表 7-1　程序块类型及功能描述

程序块	功能简要描述
组织块（OB）	组织块（OB）决定用户程序的结构
函数块（FB）	FB 块允许用户编写函数，每个实例使用 DI 作为单独的"存储区"
函数（FC）	FC 可以作为子程序使用，也可以作为经常调用的函数使用
实例化数据块（DI）	实例化 DB 块与 FB 调用相关，可以在调用时自动生成。DI 存储 FB 块中的数据，即作为它们的"存储区"
共享数据块（DB）	共享数据块也称为全局数据块，用于存储用户数据，与实例化 DB 块相比，其数据格式由用户定义

7.1.1 组织块与程序结构

组织块（OB）构成操作系统与用户程序之间的接口。组织块由操作系统（OS）调用。CPU 通过组织块以循环或者事件驱动的方式控制用户程序的执行。此外，CPU 的启动及故障处理都调用不同的组织块，在这些组织块中编写用户程序可以判断 CPU 及外部设备的状态。

PLC CPU 的操作系统循环执行，操作系统循环调用主程序，即"程序循环"OB，普通的用户程序在"程序循环"OB 中执行。SIMATIC S7-1500 支持的"程序循环"OB 的数量最多可达 100 个。操作系统与主程序的关系如图 7-1 所示。

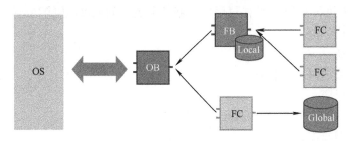

图 7-1 操作系统与主程序的关系

一个 OB 的调用和执行可以中断另一个正在执行的 OB。是否允许一个 OB 中断另一个 OB，取决于它们的优先级，即高优先级的 OB 可以中断低优先级的 OB。例如，"程序循环"OB 的优先级最低，为"1"，它可以被高优先级的 OB 中断。当中断事件出现时，调用与该事件相关的 OB，则当前执行的程序在当前指令执行完成后（两个指令边界处）被中断，并立即执行相应中断程序，中断程序执行完成后跳回到中断处继续执行其后的程序。不同的中断事件由操作系统触发不同的 OB 块，中断程序编写在相应的 OB 块中。这样一旦出现中断事件，就执行一次相应中断 OB 块程序，如图 7-2 所示。

图 7-2 中断 OB 块程序的执行

线性化编程是将所有的程序指令写在主程序中以实现一个自动化控制任务。这样的编程方式不利于程序的查看、修改和调试，无论程序简单与否都不建议进行线性编程。结构化编程方式则是将复杂自动化任务分割成与工艺功能相对应的或可重复使用的更小的子任务。相比于线性化编程，结构化编程更易于对复杂任务进行处理和管理。子任务在用户程序中以块表示，即每个相对独立的控制任务既可以对应结构化程序中的一个程序段或程序块（FC 或者 FB），也可以分别写在不同的"程序循环"OB 中。两种编程方式及程序结构的对比如图 7-3 所示。

图 7-3　编程方式及程序化结构的对比

结构化的程序是由不同的程序块构成的，具有下列优点：

➢ 通过结构化更容易进行大规模程序编程；
➢ 各个程序段都可以实现标准化，通过更改参数可被其它项目反复使用；
➢ 更改程序变得更容易；
➢ 可分别测试程序段，简化程序排错过程；
➢ 控制任务分开，简化了调试。

除了结构化的编程方式外，还建议使用面向对象的编程方式，这种编程的方式将在后续的章节中详细介绍。

7.1.2　用户程序的分层调用

用户编写的函数或函数块必须在 OB 块中被调用才能执行。在一个程序块中可以使用指令调用其它程序块，被调用的程序块执行完成后返回原程序中断处继续运行。程序块的调用过程如图 7-4 所示。

图 7-4　程序块的调用

OB、FB 和 FC 可以调用其它程序块，被调用的程序块可以是 FB 和 FC，SIMATIC S7 PLC 中 OB 不能被用户程序直接调用。S7-300/400 FB/FC 不支持递归调用，但在 SIMATIC S7-1500 PLC 中 FB/FC 可以进行递归调用。S7-1500 每个优先级 OB 中可以调用的嵌套最大深度为 24 层。

举例来说，在自动化控制任务中，可以将工厂级控制任务划分为几个车间级控制任务，将车间级控制任务再划分为对几组生产线的控制任务，再对生产线的控制任务划分为对几个电机的控制，这样从上到下将控制任务分层划分。同样也可以将控制程序根据控制任务分层划分，每一层控制程序作为上一层控制程序的子程序，同时调用下一层的子程序，形成程序块的嵌套调用。用户程序的分层调用就是将整个程序按照控制工艺划分为小的子程序，按次序分层嵌套调用。例如将一个控制任务划分为 3 个独立的子任务，在每个子任务下划分小的控制任务，用户程序的分层调用如图 7-5 所示。

图 7-5　用户程序的分层调用

3 个独立的子程序分别为 FB10、FB2 和 FC3，在 FB2 中又嵌套调用 FB1，这样通过程序块或子程序的嵌套调用实现对控制任务的分层管理。用户程序执行次序为：OB1 开始→ FB10 + 实例化 DB7 → FC1 → FB2 + 实例化 DB2 → FB1 + 实例化 DB1 → FC3 → OB1 结束。用户程序的分层调用是结构化编程方式的延伸。

7.2　优化与非优化访问

在程序块 OB、FB、FC、DB 的属性中都可以选择优化和非优化的块访问。如果在程序块的属性中选择非优化的块访问，那么在程序块中创建的变量（包含临时变量、输入、输出接口、静态变量）都可以进行绝对地址的访问，变量间带有偏移地址，例如所有 SIMATIC S7-300/400 的程序块属性都是非优化的块访问；如果在程序块的属性中选择优化的块访问，那么在程序块中创建的变量都不能进行绝对地址的访问，必须以符号名称进行访问，变量没有偏移地址，SIMATIC S7-1500 中程序块既可以设置为优化也可以设置为非优化的块访问地址区对比，如图 7-6 所示。

图 7-6 优化与非优化块访问地址区对比

OB、FB、FC 可以是优化或者非优化的块（或称标准访问的块）访问，DB 共享数据块也可以是优化或者非优化的块访问，那么就会有一个疑问，优化的 FB 或者 FC 中是否可以使用非优化的 DB 数据，反之非优化的 FB 或者 FC 中是否可以使用优化的 DB 数据，答案是肯定可以的，但是有什么区别呢？做了一个小测试，将 16#12345678 分别复制到一个非优化数据块 DB1 中的一个双字中（开始地址为 0）和一个优化数据块中的一个双字中，通过"Slice"方式得到优化数据块双字的四个字节，字节排序方式见表 7-2。

表 7-2 非优化与优化数据块字节排序

非优化数据块地址	DB1.DBB0	DB1.DBB1	DB1.DBB2	DB1.DBB3
优化数据块地址	第四个字节	第三个字节	第二个字节	第一个字节
值	12	34	56	78

可以看出非优化数据采用的是大端模式存储数据，而优化的数据采用小端模式存储数据，从而得到 SIMATIC S7-300/400 CPU 操作系统采用大端模式存储数据，而 SIMATIC S7-1500 CPU 操作系统采用小端模式存储数据。如果在 SIMATIC S7-1500 CPU 的优化程序块中处理非优化数据，则需要先将字节的顺序颠倒，然后再进行运算，所以在优化程序块中处理非优化数据将增加 CPU 的运行时间，数据处理如图 7-7 所示。

图 7-7 优化程序块处理非优化数据

对于位操作，非优化的位变量存储于 Bit 位，访问先访问字节，再取位；而优化数据采用一个位变量占用一个字节的存储方式，读写访问以字节为单位，加快了访问速度，所以会减少 CPU 的负荷。同理 M 地址区也是非优化数据，所以不推荐使用。

综上所述，在 SIMATIC S7-1500 中使用优化的数据进行运算将有益于提高 CPU 的性能。

7.3　组织块（OB）

组织块由操作系统调用，同时执行编写在组织块中的用户程序，组织块最基本的功能就是调用用户程序。组织块可以控制下列操作：

> ➢ 自动化系统的启动特性；
> ➢ 循环程序处理；
> ➢ 中断响应的程序执行；
> ➢ 错误处理。

不同类型的组织块完成不同的系统功能。不同类型的 SIMATIC S7-1500 CPU 支持的组织块数量不同，具体请查看各 CPU 的技术数据。一个组织块可以编写最大的程序容量也与 PLC 的型号有关，例如 SIMATIC CPU 1511 支持的组织块最大为 150KB，而 SIMATIC CPU 1516 支持的组织块最大为 1MB。

7.3.1　组织块的启动信息

组织块可以设置为优化和非优化两种方式，默认情况下为优化的。组织块启动后，操作系统在组织块的接口区提供了启动信息，可以在用户程序中进行评估。以 OB82 为例，非优化存储时系统自动生成了 20 个字节的临时变量，而对于优化的存储方式，系统提供了 4 个输入变量供用户使用（具体变量个数与组织块类型有关）。

当发生诊断事件时，系统调用诊断中断 OB82，并将启动信息写入 OB82 的临时变量（非优化存储）或者输入参数中（优化的存储），这些变量信息可以供用户直接使用。比如当出现模块的诊断事件时，用户可以在临时变量（非优化存储）中读取对应模块的硬件标识符以及部分诊断信息。如果用户需要得到详细的诊断信息，可以调用函数块 "RALRM" 来接收报警，得到报警通道号、报警类型等详细信息。

为了减少 OB 块的响应时间，优化的 OB 块只有很少的启动信息，因为有些启动信息很少使用。如果需要，可以使用函数 "RD_SINFO" 将当前执行的组织块中的启动信息读出。例如，在优化的 OB82 组织块中，需要读取非优化组织块对应的前 12 个字节信息，可以先在 DB 块中建立两个变量 "Start_UP_SI_classic" 与 "TOP_SI_classic"，用于存储 OB 块的启动信息，这两个变量的数据类型均为 "SI_classic"（对应于非优化组织块的启动信息），如图 7-8 所示，这里需要注意变量的数据类型。

在 OB82 中调用函数 "RD_SINFO"，并将上述两个变量添加到输出参数中，如图 7-9 所示。

图 7-8　声明启动信息变量

图 7-9 调用 RD_SINFO 函数

当发生诊断事件时，系统调用 OB82 就可以读出非优化存储时对应的启动信息，即函数输出参数 "TOP_SI" 和 "Start_UP_SI"（上一次启动 OB，例如 OB100 中的启动信息）。例如，输入模块发生断线诊断事件时，读取的信息如图 7-10 所示。

DB_OB82Diag					
	名称	数据类型	启动值	监视值	保持性
▼	Static				
■ ▼	TOP_SI_classic	SI_classic			☐
■	EV_CLASS	Byte	16#0	16#39	☐
■	EV_NUM	Byte	16#0	16#42	☐
■	PRIORITY	Byte	16#0	16#05	☐
■	NUM	Byte	16#0	16#52	☐
■	TYP2_3	Byte	16#0	16#00	☐
■	TYP1	Byte	16#0	16#00	☐
■	ZI1	Word	16#0	16#0105	☐
■	ZI2_3	DWord	16#0	16#0D33_0000	☐
■ ▼	Start_UP_SI_classic	SI_classic			☐
■	EV_CLASS	Byte	16#0	16#13	☐
■	EV_NUM	Byte	16#0	16#81	☐
■	PRIORITY	Byte	16#0	16#01	☐
■	NUM	Byte	16#0	16#64	☐
■	TYP2_3	Byte	16#0	16#00	☐
■	TYP1	Byte	16#0	16#00	☐
■	ZI1	Word	16#0	16#4304	☐
■	ZI2_3	DWord	16#0	16#0004_0004	☐

图 7-10 通过函数 RD_SINFO 读出的非优化 OB 块的启动信息

读出的启动信息与非优化 OB82 基本上是相同的，例如 "EV_CLASS" 为 "16#39"，代表事件到来，"ZI1" 表示发生诊断事件的硬件的硬件标识符，"ZI2_3" 值为 "16#0D33_0000"，表示详细诊断信息，解读时需考虑其为大端存储，即低地址的 4 位是 "16#D"，即 "2#1101"，表示模块故障、外部故障、通道错误。其它位的诊断信息参考在线帮助。

> **注意：** 启动信息不能指出调用诊断事件的具体原因，比如事件 "断线"。如果需要此类更为详细的诊断信息，可以在诊断 OB 块中调用接收中断函数 "RALRM"。

7.3.2 组织块的类型与优先级

SIMATIC S7-1500 CPU 支持的优先级从 1（最低）到 26（最高），每个 OB 有其对应的优先级。OB 可由事件触发，所以也可以说事件具有与 OB 相对应的优先级。对于 SIMATIC S7-1500 CPU，如果发生 OB 启动事件，则可能引起以下反应：

1）如果事件源已分配一个 OB，则事件将触发该 OB 的执行并更新分配的过程映像分区（可组态）。这意味着事件是按照优先级进行排列的（因为 OB 具有优先级）。

2）如果事件源并没有分配任何 OB（有一种可能是用户并没有添加相应 OB），则将执行默认的系统响应（在 S7-300/400 中 CPU 将停机）。

表 7-3 概述了 OB 启动事件，包括 OB 优先级的值、OB 编号、默认的系统响应和 OB 个数。优先级数字越小表示优先级越低，例如程序循环组织块的优先级为 "1"，表示其优先级最低，能够被其它组织块中断。

表 7-3　OB 块的类型及优先级

类型	优先级（默认）	OB 编号	默认的系统响应	可能的 OB 数目
程序循环	1	1，≥ 123	忽略	0 至 100
时间中断	2 到 24（2）	10 至 17，≥ 123	不适用	0 至 20
延时中断	2 到 24（3）	20 至 23，≥ 123	不适用	0 至 20
循环中断	2 到 24（8 至 17）	30 至 38，≥ 123	不适用	0 至 20
硬件中断	2 到 26（16）	40 至 47，≥ 123	忽略	0 至 50
状态中断	2 到 24（4）	55	忽略	0 或 1
更新中断	2 到 24（4）	56	忽略	0 或 1
制造商或配置文件特定的中断	2 到 24（4）	57	忽略	0 或 1
等时同步模式中断	16 到 26（21）	61 至 64，≥ 123	忽略	0 至 20（一个同步接口对应一个）
时间错误	22	80	忽略	0 或 1
超出循环监视时间一次			STOP	
诊断中断	2 到 26（5）	82	忽略	0 或 1
模块拔出 / 插入中断	2 到 26（6）	83	忽略	0 或 1
机架错误	2 到 26（6）	86	忽略	0 或 1
MC 伺服中断	17 到 26（26）	91	不适用	0 或 1
MC 插补器中断	16 到 25（24）	92	不适用	0 或 1
MC 预伺服	相当于 MC 伺服	67	不适用	0 或 1
MC 后伺服	相当于 MC 伺服	95	不适用	0 或 1
MC 预插补器	对应于 MC 插补器	68	不适用	0 或 1
MC-LookAhead	14 到 16（15）	97	不适用	0 或 1
MC 转换	17 到 25（25）	98	不适用	—
启动	1	100，≥ 123	忽略	0 至 100
编程错误（仅限全局错误处理）	2 到 26（7）	121	STOP	0 或 1
I/O 访问错误	2 到 26（7）	122	忽略	0 或 1
I/O 冗余错误（H CPU）	2 到 26（6）	70	忽略	0 或 1
CPU 冗余错误（R/H）	2 到 26（26）	72	忽略	0 或 1

注意： 由表 7-3 可以看出，当发生循环超时和编程错误事件时，如果程序中没有添加相应的组织块，SIMATIC S7-1500 CPU 将进入停机模式；而对于其它事件，即使 SIMATIC S7-1500 CPU 中没有添加相应的组织块，CPU 也不会停机，这与 S7-300/400 是有区别的。

1）程序循环组织块（Program cycle）：操作系统每个周期调用"程序循环"组织块一次，从而循环执行用户的程序。在 SIMATIC S7-1500 CPU 中，可以使用多个"程序循环"组织块（OB 编号大于等于 123），并且按照序号由小到大的顺序依次执行。所有的"程序循环"组织块执行完成后，操作系统再次重新调用"程序循环"组织块。在各个"程序循环"组织块中调用 FB、FC 等用户程序使之循环执行。"程序循环"组织块的优先级为 1 且不能修改，这意味着优先级是最低的，可以被其它 OB 块中断。"程序循环"组织块的执行如图 7-11 所示。

图 7-11　SIMATIC S7-1500 多个程序循环组织块

2）时间中断组织块（Time of day）：时间中断组织块用于在时间可控的应用中定期运行一部分用户程序，可以实现在某个预设时间到达时只运行一次，或者在设定的触发日期到达时，按每分、每小时、每周、每月、每月底等周期运行。当 CPU 的日期值大于设定的日期值时触发相应的 OB 按设定的模式执行。可以在用户程序中通过调用 SET_TINT 指令设定时间中断组织块的参数，调用 ACT_TINT 指令激活时间中断组织块投入运行；可以使用 CAN_TINT 取消时间中断，还可以使用 QRY_TINT 查询时间中断的状态。指令 SET_TINTL 用于在用户程序中设置时间中断组织块的开始日期和时间，而不是在硬件组态中进行设置。与在 OB 块属性中的设置相比，通过用户程序在 CPU 运行时修改设定的参数更加灵活。两种方式可以任意选择，也可以同时对一个 OB 块进行参数设置。

3）时间延迟中断组织块（Time delay interrupt）：时间延时中断 OB 在经过一段可组态的延时时间后启动。操作系统会在调用指令 SRT_DINT 后开始计算延时时间，延时时间到达后触发执行响应的 OB。OB 块号及延迟时间在 SRT_DINT 参数中设定，延迟时间为 1 ~ 60000ms，延迟精度为 1ms，这也是不使用定时器作为延时条件的原因。可以使用 CAN_DINT 指令取消已经启动的延时中断，使用 QRY_DINT 查询延时中断状态。

4）循环中断组织块（Cyclic interrupt）：循环中断组织块按设定的时间间隔循环执行，循环中断的间隔时间通过时间基数和相位偏移量来指定。在 OB 块属性中，每一个 OB 块的时间间隔可以由用户设置。如果使用了多个循环中断 OB，当这些循环中断 OB 的时间基数有公倍数时，可以使用相位偏移量来防止同时启动。不同类型的 SIMATIC S7-1500 CPU 所支持的最短时间间隔不同，例如 CPU 1516 支持最短 250μs 的时间间隔，而 CPU 1518 支持最短 100μs 的时间间隔。

在循环中断组织块中的用户程序将按照固定的间隔时间执行一次。OB 块中的用户程序执行时间必须小于设定的时间间隔。如果间隔时间较短，会造成循环中断 OB 块没有完成程序扫描而再次被调用，从而造成 CPU 时间错误故障，触发 OB80 报错。如果程序中没有创建 OB80，则 CPU 进入停机模式。通过调用 DIS_IRT，DIS_AIRT，EN_IRT 指令可以禁用、延迟、使能循环中断的调用。调用 SET_CINT 可以修改循环中断的周期时间及相位偏移，而 QRY_CINT 可以查询循环中断的参数。

循环中断组织块通常处理需要固定扫描周期的用户程序，例如 PID 函数块需要在循环中断中调用，以保证采样时间的恒定。

5）硬件中断组织块（Hardware interrupt）：硬件中断也称过程中断，用来响应由具有硬件中断能力的设备（例如数字量输入、输出模块等）产生的硬件中断事件。例如，可使用具有硬件中断的数字量输入模块触发中断响应，然后为每一个中断响应分配相应的中断 OB 块，多个中断响应可以触发一个相同的硬件中断 OB。SIMATIC S7-1500 CPU 支持多达 50 个硬件中断组织块，可以为最多 50 个不同的中断事件分配独立的硬件中断组织块，方便用户对每个中断事件独立编程。

如果配置的中断事件出现，则中断当前主程序，执行中断 OB 块中的用户程序一次，然后跳回被中断处继续运行主程序。中断程序的执行不受主程序扫描和过程映像区更新时间的影响，适合需要快速响应的应用。

如果输入模块中的一个通道触发硬件中断，操作系统将识别该模块的槽号和通道号，并触发相应的 OB 块，执行中断 OB 块之后发送与通道相关的确认。在识别和确认过程中，如果该通道存在再次的中断事件，操作系统将不予响应；如果该模块的其它通道存在中断事件，则在当前正在执行的中断确认之后响应这个新的中断事件；如果是由不同的模块触发的中断，中断请求首先被记录，中断 OB 块在空闲（没有其它模块的中断请求）时被触发。通过调用 DIS_IRT，DIS_AIRT，EN_IRT 指令可以禁用、延迟、使能硬件中断的调用。

6）PROFIBUS-DP/PROFINET IO 中断组织块（Status、Update、Profile）：CPU 响应 PROFIBUS-DP 从站 /PROFINET IO 设备触发的中断信息。

7）等时同步中断组织块（Synchronous Cycle）：用于处理 PROFIBUS-DP 或 PROFINET IO 的等时同步用户程序。在等时模式下，从各个从站 / 设备采集输入信号，到输出逻辑结果，需要以下过程：从站 / 设备输入信号采样循环（信号转换）、从站 / 设备背板总线循环（转换的信号从模块传递到接口模块）、总线循环（信号从分布式 I/O 传递到 CPU）、程序执行循环（信号的程序处理，即等时同步中断组织块）、总线循环（信号从 PLC 传递到分布式 I/O）、从站 / 设备背板总线循环（信号从站接口模块传递到输出模块）及模块输出循环（信号转换）等七个循环。同步时钟将同步以上七个循环，优化数据的传递，并保证各个分布式 I/O 数据处理的同步性。

8）时间错误组织块（Time error interrupt）：用于处理时间故障。当在一个循环内程序执行第一次超出设置的最大循环时间时，CPU 将自动调用 OB80。如果程序中没有创建 OB80，CPU 将进入停止模式，如果程序中已经创建了 OB80，但是在同一次循环内程序执行超出设置的最大循环时间两倍，CPU 也将进入停机模式。调用 RE_TRIGR 可重启 CPU 的程序循环监控时间，调用要慎重要设计好调用位置，不恰当的 RE_TRIGR 调用可能使 CPU 的程序循环时间监控失效。

9）诊断中断组织块（Diagnostic error interrupt）。

S7-1500 操作系统在下列情况下调用诊断中断组织块：

➤ 激活诊断功能的模块检测到其诊断状态发生变化（事件到来或事件离开）；

➤ 发生电源错误触发事件；

➤ 操作系统检测到存储错误以及硬件中断丢失等事件。

10）拔出 / 插入中断组织块（Pull or plug of modules）：如果移除或者插入已组态的分布式 I/O 模块或子模块时，SIMATIC S7-1500 CPU 操作系统将调用拔出 / 插入中断组织块。

注意：目前 SIMATIC S7-1500 机架不支持热插拔，所以拔出或插入中央机架模块
将导致 CPU 进入 STOP 模式。

11）机架错误组织块（Rack or station failure）。

SIMATIC S7-1500 CPU 操作系统在下列情况下调用机架错误 OB：

➤ 检测到 PROFIBUS-DP 系统或 PROFINET IO 系统发生站点故障等事件（事件到达
或离去）；

➤ 检测到 PROFINET 智能设备的部分子模块发生故障；

12）编程错误组织块（Programming error）：如果 SIMATIC S7-1500 CPU 在处理用户
程序指令时发生编程错误，则有两种方式进行处理。

➤ 全局处理：调用编程错误组织块；

➤ 本地处理：直接在用户程序块中调用指令"GET_ERROR"或者"GET_ERR_ID"
进行处理。

如果没有采取以上任何一种错误处理方式，则 CPU 会停机。例如将数据 123 写入变量
A.B[i] 中。

如果索引"i"超出范围，SIMATIC S7-1500 CPU 操作系统将调用编程错误 OB121，
并将编程错误诊断信息写入诊断缓冲区，这就是全局处理。

如果在程序块发生编程错误的语句后调
用函数"GET_ERR_ID"或"GET_ERR"，则
CPU 不会再调用 OB121（这种情况下即使
CPU 中没有 OB121 也不会停机），也不会将错
误写入诊断缓冲区。用户可以在程序块的输出
参数"ID"中获取错误信息，如图 7-12 所示。

查看"GET_ERR_ID"的在线帮助可知故
障 ID"16#2523"对应的错误信息为"写入错

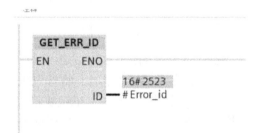

图 7-12　对于编程错误进行本地处理

误：操作数超出有效范围"。使用本地处理程序错误的好处是能够快速定位用户程序中出
现的编程错误，也可以使程序块独立于其它故障处理程序块，存放于全局库中。如果想要
得到更详细的错误信息，比如出错程序块的类型、程序块编号等，可通过调用函数"GET_
ERR"实现。

13）I/O 访问错误组织块（IO access error）：如果在执行用户程序指令期间直接访问 I/
O 数据出错，也可以进行全局处理或者本地处理。

➤ 全局处理：

所谓全局处理即调用 I/O 访问错误组织块（OB122）。

➤ 本地处理：

在用户程序块中调用指令"GET_ERROR"或者"GET_ERR_ID"进行处理。比如在
程序中访问了并不存在的外设"IW100：P"，可以进行本地处理，如图 7-13 所示。

查看"GET_ERR_ID"的在线帮助可知故障 ID"16#2942"对应的错误信息是"读取
错误：Input"。如果不作全局错误处理和本地错误处理的话，CPU 会将故障信息写入到诊
断缓冲区中。

14）启动组织块（Startup）：操作系统从"停止"切换到"运行"模式时，将调用启动 OB。如果有多个启动 OB，则按照 OB 编号依次调用，从最小编号的 OB 开始执行，用户可以在启动 OB 中编写初始化程序。程序中也可以不创建任何启动 OB。SIMATIC S7-1500 CPU 只支持暖启动。

15）MC 运动控制组织块（MC-Interpolator、MC-Servo、MC-PreServo、MC-PostServo、MC-PreInterpolator）：在添加相关的"S7-1500 运动控制"工艺对象之后，系统自动将 OB91/OB92 分配到 MC 伺服中断和 MC 插补器中断。MC-PreServo 通常执行编码器处理或者其它需要快速处理的用户程序。MC-PostServo 通常进行输出的速度和控制字的自定义处理，例如液压阀的非线性处理或者执行其它需要快速处理的用户程序。MC-PreInterpolator 用于实现运动控制命令的等时同步处理，在其中可以使用测量输入、输出凸轮和凸轮轨迹等运动控制命令进行 IPO 同步处理。

图 7-13　对于 I/O 访问错误进行本地处理

7.3.3　CPU 的过载特性

SIMATIC S7-1500 CPU 的组织块所支持的优先级从 1（最低）到 26（最高），这意味着同时发出多个 OB 请求时，将首先执行优先级最高的 OB 块。如果 OB 有相同的优先级，则当触发事件同时到来时，组织块将按事件出现的顺序（进入系统的顺序）触发。部分组织块的优先级是可以修改的，具体见表 7-3。

如果到来事件的优先级低于正在处理的 OB 块优先级，则 CPU 不会中断当前正在执行的 OB 块。如果此时相同的低优先级事件多次发生，那么 CPU 会对这些相同事件进行排队。当执行完高优先级 OB 块后，CPU 执行队列中低优先级事件对应的 OB 块。

当来自同一事件源的事件发生速度大于 CPU 的处理速度时，会发生过载。如果要控制临时过载，可以限制未处理事件的数量（队列中相同事件的数量）。当达到 OB 块属性设置中的未处理事件的数目时，则丢弃随后的事件。可以在某些 OB 块（比如循环中断组织块、时间中断组织块）的"待进入队列的事件"参数中设置这个事件队列的数目。如果设置此参数值为 1，则仅临时存储一个事件。在这个 OB 块的下一次调用中，可在其优化的启动信息中的"event_count"输入参数中获取已丢失事件的数目，然后对过载情况作出适当的响应。例如，循环中断组织块 OB30 的周期为 10ms，优先级设置为 16，"待进入队列的事件"设置为 1。硬件中断组织块 OB40 的优先级为 17，用户程序执行时间为 30ms。那么当硬件中断发生时，OB30 只进入队列一次（本该执行三次，但实际上会丢失两次），当 OB40 执行完毕后，不会执行丢失的那两次 OB30。

如果 CPU 丢失了 OB 启动事件，那么之后的行为特性将取决于 OB 块的属性参数"报告事件溢出到诊断缓冲区"，如果选中了该复选框，CPU 将把此次过载情况写入诊断缓冲区。

OB 块的属性参数 "启用时间错误" 用于指定在达到类似事件的指定过载级别时是否调用时间错误 OB80。如果调用 (选中复选框),则需使用参数 "时间错误的事件阈值" 指定调用 OB80 时队列中类似事件的数量。取值范围为:1 ≤ "时间错误的事件阈值" ≤ 待排队的事件数。示例中,此参数设置为 1,则排队队列数目为 1 时,就会调用 OB80。事件队列在 OB 块的属性中设置,如图 7-14 所示。

图 7-14   组织块的事件队列设置

7.3.4 组织块的本地数据区堆栈(L 堆栈)

SIMATIC S7-1500 CPU 为每个优先级分配了 64KB 的临时变量,包括下列数据:
➤ 程序块中的临时变量;
➤ 组织块的开始信息(非优化存储的组织块与操作系统的接口区);
➤ FC、FB 的参数接口。

如果在一个程序块中使用了临时变量,它将占用调用它的组织块的 L 堆栈,程序块嵌套调用越深,占用 L 堆栈空间越大。例如在 OB1 中调用 FC1,在 FC1 中调用 FC10、FC11,在 FC11 中又调用 FC12、FC13,占用 L 堆栈大小的计算方式见表 7-4。

表 7-4   组织块的 L 堆栈

优先级	L 堆栈中的字节数
OB1(带有 20 个字节的开始信息和 10 个字节临时变量)的调用	30
调用 FC1(带有 30 个字节的临时变量)	60
30 个字节(OB1)+ 30 个字节(FC1)	—
调用 FC10(带有 20 个字节的临时变量) 60 个字节（OB1 + FC1）+ 20 个字节 FC10	80
调用 FC11(带有 20 个字节的临时变量) 60 个字节（OB1 + FC1）+ 20 个字节 FC11	80
调用 FC12(带有 30 个字节的临时变量) 80 个字节（OB1 + FC1+ FC11）+ 30 个字节 FC12	110
调用 FC13(带有 40 个字节的临时变量) 80 个字节（OB1 + FC1 + FC11）+ 40 个字节 FC13	120

注意：如果使用的临时变量超过 L 堆栈规定的限制，又没有进行编程错误处理，则 SIMATIC S7-1500 CPU 将停机报错。

在创建组织块时（非优化的存储方式），系统自动在接口区声明了一些不能被修改的临时变量，用于记录组织块的启动信息。如果用户需要自定义临时变量，必须在这些启动信息之后创建。临时变量仅在其所属的块执行时可用，当该块执行完毕后，这些临时变量（L 堆栈）可能由于其它块的执行而被覆盖，所以在非优化块访问的程序块中需要对临时变量进行初始化，而在优化块访问的程序块中系统会自动地对临时变量进行初始化，不需要用户再编写初始化程序。

7.3.5　组织块的接口区

在组织块的接口区中，除了自动生成的变量之外，用户还可以自行定义临时变量及本地常量，所支持的数据类型见表 7-5。

表 7-5　组织块（OB）接口区的数据类型

声明的数据类型	基本数据类型	ARRAY STRUCT STRING/ WSTRING DT	参数类型	VOID	DB_ANY	POINTER	ANY	VARIANT
Temp	√	√	–	–	√	–	√[2]	–
Constant	√	√[1]	–	–	–	–	–	–

注：√表示可以。

　　– 表示限制。

① 不允许使用数据类型为 ARRAY 或 STRUCT 的常量。

② ANY 只能用于标准访问方式的 "Temp" 区域中。

7.4　函数（FC）

函数（FC）是不带 "存储器" 的代码块。由于没有可以存储块参数值的存储数据区，因此调用函数时，必须给所有形参分配实参。

用户在函数中编写程序，在其它代码块中调用该函数时将执行此程序。函数（FC）有两个作用：

1）作为子程序使用。将相互独立的控制设备分成不同的 FC 编写，统一由 OB 块调用，这样就实现了对整个程序进行结构化划分，便于程序调试及修改，使整个程序的条理性和易读性增强。

2）可以在程序的不同位置多次调用同一个函数。函数中通常带有形参，通过多次调用，并对形参赋值不同的实参，可实现对功能类似的设备统一编程和控制。S7-1500 系列 PLC 可创建的 FC 编号范围为 1 ~ 65535。一个函数最大程序容量与具体的 PLC 类型有关，可参考 CPU 技术数据。

7.4.1 函数的接口区

每个函数都带有形参接口区，参数类型分为输入参数、输出参数、输入 / 输出参数和返回值。本地数据包括临时数据及本地常量。每种形参类型和本地数据均可以定义多个变量，其中每个块的临时变量最多为 16KB。函数形参接口区如图 7-15 所示。

图 7-15 函数形参接口区

Input：输入参数，函数调用时将用户程序数据传递到函数中。实参可以为常数。

Output：输出参数，函数调用时将函数执行结果传递到用户程序中，实参不能为常数。

InOut：输入 / 输出参数，调用时由函数读取其值后进行运算，执行后将结果返回，实参不能为常数。

Temp：用于存储临时中间结果的变量，只能用于函数内部作为中间变量（本地数据区 L）。临时变量在函数调用时生效，函数执行完成后临时变量区被释放，所以临时变量不能存储中间数据。

Constant：声明常量符号名后，程序中可以使用符号代替常量，这使得程序具有可读性且易于维护。符号常量由名称、数据类型和常量值三个元素组成。局部常量仅在块内适用。

> **注意**：临时变量在调用函数时由系统自动分配，退出函数时系统自动释放，所以数据不能保持。因此评价上升沿 / 下降沿信号时如果使用临时变量区存储上一个周期的位状态，将会导致错误。如果是非优化的函数，临时变量的初始值为随机数；如果是优化存储的函数，临时变量中的基本数据类型的变量会初始化为"0"，例如 BOOL 型变量初始化为"False"，INT 型变量初始化为"0"。

函数（FC）接口区允许的数据类型见表 7-6。

表 7-6   函数（FC）接口区允许的数据类型

声明的数据类型	基本数据类型	ARRAY STRUCT STRING/ WSTRING DT	参数类型	VOID	DB_ANY	POINTER	ANY	VARIANT
Input	√	√①	√	–	√	√	√	√
Output	√	√①	–	–	√	√	√	√
InOut	√	√①	–	–	√	√	√	√
Temp	√	√	–	–	√	–	√③	√
Return	√	√	–	√	√	√	√④	–
Constant	√	√②	–	–	–	–	–	–

注：√表示允许。

–表示限制。

① 不能在这些区域中声明 STRING 和 WSTRING 的长度。此处的 STRING 标准长度始终为 254，WSTRING 标准长度为 16832，并且只能在具有优化访问权限的块中声明 WSTRING。

② 不允许使用数据类型为 ARRAY 或 STRUCT 的常量。

③ ANY 只能用于标准访问方式的"Temp"区域中。

④ 在 SCL 语言中，ANY 不允许作为返回值。

7.4.2   无形参函数（子程序功能）

在函数的接口数据区中可以不定义形参变量，即调用程序与函数之间没有数据交换，只是运行函数中的程序，这样的函数可作为子程序调用。使用子程序可将整个控制程序进行结构化划分，清晰明了，便于设备的调试及维护。例如控制三个相互独立的控制设备，可将程序分别编写在三个子程序中，然后在主程序中分别调用各个子程序，实现对设备的控制。无形参函数（FC）的调用如图 7-16 所示。

图 7-16   无形参函数（FC）的调用

> **注意：**子程序中也可以带有形参，是否带有形参应根据实际应用而定。

7.4.3 带有形参的函数

在应用中常常遇到对许多功能相似的设备进行编程，例如控制 3 组电机，每个电机的运行参数相同，如果分别对每一个电机编程，除输入输出地址不同外，每个电机控制程序基本相同，重复编程的工作量比较大。使用函数可以将一个电机的控制程序作为模板，在程序中多次调用该函数，并赋值不同的参数，即可实现对多个电机的控制。例如在函数 FC13 中定义的形参如图 7-17 所示，然后就可以在 FC13 中编写程序，用于控制 3 组电机。

注意： 函数的形参只能用符号名寻址，不能用绝对地址。

图 7-17 FC 形参的使用

Run 为启动命令（通常使用脉冲信号），如果没有故障（Fault = 0）和停止信号（Stop = 0），则电机运行（Run_Cmd = 1）并将本地常量的数值输出到速度设定值（Speed_Set）上。在 OB1 中调用函数 FC13 时，形参自动显示。对形参赋值实参，实参将通过函数的接口区传递到函数程序中，FC 形参的赋值如图 7-18 所示。

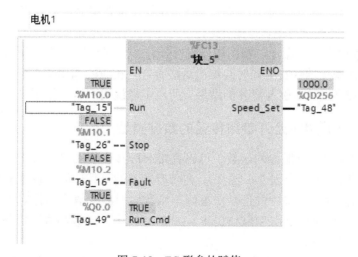

图 7-18 FC 形参的赋值

通过对函数 FC13 的 3 次调用及赋值不同的输入输出实参，实现了对 3 个电机的控制，减少了重复编程的工作量。

注意：在编写函数的输出参数时应避免没有直接输出。可以在函数程序开始的部分将所有输出参数初始化，定义输出参数的默认值。例如在上例函数中，首先将"Speed_Set"赋值为"0.0"。在优化的函数中，S7-1500 会自动将基本数据类型的输出初始化为"0"。

如果函数在程序中被调用后，它的接口参数被修改（增加或减少形参、修改其数据类型），那么打开调用程序后，会出现时间标签冲突的提示，被调用函数变成红色，如图 7-19 所示。

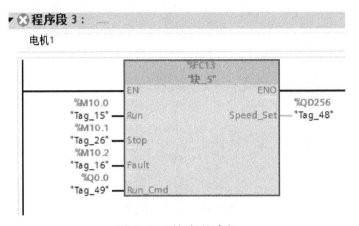

图 7-19 时间标签冲突

对于 SIMATIC S7-1500 CPU，程序下载必须是"一致性下载"。如果接口参数被修改，仅仅编译函数本身并下载是不允许的。下载之前需要编译整个程序，并在调用程序中修改实参。可以选中程序块文件夹，单击 按钮来实现程序块的编译，或者在程序块文件夹上右键单击，在弹出的菜单中选择"编译"→"软件（重新编译所有块）"。通过整体编译可以检查函数是否存在时间标签冲突等问题。

函数的输入用作只读操作，输出用作只写操作。如果对输入进行写入操作或对输出进行读取操作，TIA 博途软件在编译时会给出语法警告，相应的调用指令会标注警告颜色（橘黄色）。这种编程方式可能引起意外的结果，所以不建议用户这样使用。

7.4.4 函数嵌套调用时允许参数传递的数据类型

在主程序中调用带有形参的函数，可以直接对形参赋值实参，对于函数来说使用形参的数据类型没有限制（符合表 7-6 要求）。在带有形参的函数或函数块中嵌套调用带有形参的函数时，可以使用调用块中的形参对被调用函数的形参赋值，但是对于调用函数的形参数据类型有限制。下面介绍在 SIMATIC S7-1500 CPU 中，函数和函数块分别调用函数时所允许参数传递的数据类型。

1）函数调用函数时参数的传递：函数调用函数或称函数间嵌套调用时，可以使用调用函数的形参作为实参对被调用函数的形参进行赋值，例如带有形参的函数 FC10 调用带有形参的函数 FC12，函数调用函数时参数的传递如图 7-20 所示。

函数间调用时允许参数传递的数据类型见表 7-7。

图 7-20　函数调用函数时参数的传递

表 7-7　函数调用函数时允许参数传递的数据类型

实参（调用块）→形参（被调用块）	基本数据类型	ARRAY、STRUCT、STRING、WSTRING、DT	ANY、POINTER	VARIANT	参数类型（TIMER、COUNTER、BLOCK_XX）	DB_Any
Input → Input	√	√	√	√	√	√
Output → Output	√	√	−	√	−	−
InOut → Input	√	√	√	√	−	−
InOut → Output	√	√	−	√	−	−
InOut → InOut	√	√	√	√	−	−

　　2）函数块调用函数时参数的传递（见图 7-21）：函数块（FB）嵌套调用函数（FC）时，使用函数块（FB）的形参作为实参对函数（FC）的形参进行赋值，例如带有形参的函数块 FB10 调用带有形参的函数 FC12。

图 7-21　函数块调用函数时参数的传递

函数块调用函数时允许参数传递的数据类型见表 7-8。

表 7-8　函数块调用函数时允许参数传递的数据类型

实参（调用块）→形参（被调用块）	基本数据类型	ARRAY、STRUCT、STRING、WSTRING、DT	ANY、POINTER	VARIANT	参数类型（TIMER、COUNTER、BLOCK_XX）	DB_Any
Input → Input	√	√	√	√	√	√
Output → Output	√	√	–	√	–	–
InOut → Input	√	√	–	√	–	–
InOut → Output	√	√	–	√	–	–
In/Out → In/Out	√	√	√	√	–	–

函数嵌套调用时必须遵守表 7-7 或表 7-8 的规则，这就是为什么有些函数在主程序中调用时可以直接对它的形参赋值实参，而在其它函数中嵌套调用时不能赋值的原因。

7.5　函数块（FB）

与函数（FC）相比，调用函数块（FB）时必须为之分配实例化数据块。FB 的输入参数、输出参数、输入 / 输出参数以及静态变量存储在实例化数据块中，在执行完函数块之后，这些值依然有效。一个数据块既可以作为一个函数块的实例化数据块，也可以作为多个函数块的实例化数据块（多重实例化数据块）。函数块也可以使用临时变量，临时变量并不存储在实例化数据块中。

函数块的调用都需要一个实例化数据块，在其中包含函数块中所声明的形参和静态变量。例如调用 S7-1500 指令中提供的 PID 函数块时，TIA 博途软件为每个控制回路分配一个实例化数据块，在实例化数据块中存储控制回路所有的参数。SIMATIC S7-1500 PLC 中一个函数块的最大程序容量与 CPU 类型有关，例如 CPU 1516 为 1MB。其它类型 CPU 可参考相关技术数据。

7.5.1　函数块的接口区

与函数（FC）相同，函数块（FB）也带有形参接口区。参数类型除输入参数、输出参数、输入 / 输出参数、临时数据区、本地常量外，还带有存储中间变量的静态数据区，函数块形参接口区如图 7-22 所示。

Input：输入参数，函数块调用时将用户程序数据传递到函数块内。实参可以为常数。

Output：输出参数，函数块调用时将函数块的执行结果传递到调用者，实参不能为常数。

InOut：输入 / 输出参数，函数块调用时由函数块读取其值后进行运算，执行后将结果返回，实参不能为常数。

Static：静态变量，不参与参数传递，用于存储中间过程值。

Temp：用于函数内部临时存储中间结果的临时变量，不占用实例化数据块空间。临时变量在函数块调用时生效，函数执行完成后，临时变量区被释放。

Constant：声明常量的符号名后，在程序中可以使用符号代替常量，这使得程序可读性增强，且易于维护。符号常量由名称、数据类型和常量值三个元素组成。局部常量仅在块内适用。

图 7-22　函数块形参接口区

函数块（FB）接口区允许的数据类型见表 7-9。

表 7-9　函数块（FB）接口区允许的数据类型

声明的数据类型	基本数据类型	ARRAY STRUCT STRING/ WSTRING DT	参数类型	VOID	DB_ANY	POINTER	ANY	VARIANT
Input	√	√	√	–	√	√	√	√
Output	√	√	–	–	√	–	–	–
In/Out	√	√①	–	–	√	√	√	√
Static	√	√	–	–	√	–	–	–
Temp	√	√	–	–	–	–	√③	√
Constant	√	√②	–	–	–	–	–	–

注：√表示允许。

　　–表示限制。

① 不能在这些区域中声明 STRING 和 WSTRING 的长度。此处的 STRING 标准长度始终为 254，WSTRING 标准长度为 16832，并且只能在具有优化访问权限的块中声明 WSTRING。

② 不允许使用数据类型为 ARRAY 或 STRUCT 的常量。

③ ANY 只能用于标准访问方式的"Temp"区域中。

7.5.2　函数块与实例化数据块

调用函数块（FB）时，必须为每个控制对象分配一个单独的实例化数据块或单独的多重实例以存储数据。对于不同的控制对象实例化数据块不能相同，否则输入、输出信号冲突。函数块（FB）与实例化数据块的关系如图 7-23 所示。

图 7-23 函数块与实例化数据块的关系

在图 7-23 中 DB16、DB17 中分别存储函数块 FB4 的接口数据区（TEMP 临时变量区除外），输入数据流向为赋值的实参→实例化数据块→函数块接口输入数据区；输出数据流向为函数块接口输出数据区→实例化数据块→赋值的实参。所以调用函数块时，可以不对形参赋值，而直接对实例化数据块赋值或直接从实例化数据块读出函数块的输出数值。

每次调用函数块（FB）时需要为之分配一个实例化数据块，这将影响数据块（DB）的使用资源。如果将多个 FB 作为主 FB 的形参（静态变量）进行调用，那么在 OB 中调用主 FB 时就会生成一个总的实例化数据块，这个实例化数据块称为多重实例化数据块。多重实例化数据块存储所有相关 FB 的接口数据区。每个 FB 在创建时默认具有多重实例化数据块能力，并且不能取消。例如在 FB1 中调用 FB4 时将弹出调用选项界面，可以选择"多重实例""接口参数中的名称"用户可以修改，如图 7-24 所示。

图 7-24 函数块多重背景数据块选项

以相同的方式再次调用 FB4，这样在主函数块 FB1 的静态变量中将自动出现两个数据类型为 "面积计算"（FB4 的符号名）的变量，如图 7-25 所示。

图 7-25　生成函数块的多重实例化数据

在 OB1 中调用 FB1，生成多重实例化数据块，如图 7-26 所示。例如 DB18 同时作为 FB1 和两个 FB4 的实例化数据块。

图 7-26　生成多重实例化数据块

注意：

1）与函数 FC 不同，函数块（FB）带有存储区 – 实例化数据块，输出参数在没有初始化的情况下，会输出实例化数据块的初始值。

2）函数块的输入一般用作只读，输出一般用作只写。如果对输入进行写入操作，或对输出进行读取操作，TIA 博途软件在编译时会给出语法警告。相应的调用指令会标注警告颜色（橘黄色），不建议用户这样使用。

7.5.3　函数块嵌套调用时允许参数传递的数据类型

与函数类似，如果主程序调用函数块，对函数块的形参可以直接赋值实参，函数块使用形参的数据类型没有限制（符合表 7-9 要求）。但是，如果带有形参的函数或函数块嵌套调用带有形参的函数块时，使用调用函数或调用函数块的形参作为实参，赋值给被调用函数块的形参时是有限制的。

1. 函数调用函数块时参数的传递

函数嵌套调用函数块时，可以使用调用函数的形参作为实参，赋值给被调用函数块的形参，例如带有形参的函数 FC10 调用带有形参的函数块 FB12，函数调用函数块参数的传递如图 7-27 所示。

图 7-27　函数调用函数块参数的传递

函数调用函数块允许参数传递的数据类型见表 7-10。

表 7-10　函数调用函数块允许参数传递的数据类型

实参（调用块）→形参（被调用块）	基本数据类型	ARRAY、STRUCT、STRING、WSTRING、DT	ANY、POINTER	VARIANT	参数类型（TIMER、COUNTER、BLOCK_XX）	DB_Any
Input → Input	√	√	√	√	√	√
Output → Output	√	√	–	√	–	–
InOut → Input	√	√	√	√	–	–
InOut → Output	√	√	–	√	–	–
In/Out → In/Out	√	√	√	√	–	–

注：√表示允许。
　　–表示限制。

2. 函数块间调用参数的传递

函数块嵌套调用函数块时，可以使用调用函数块的形参作为实参，对被调用函数块的形参进行赋值，例如带有形参的函数块 FB10 调用带有形参的函数块 FB12，函数块间调用的参数传递如图 7-28 所示。

图 7-28　函数块间调用的参数传递

函数块嵌套调用允许参数传递的数据类型见表 7-11。

表 7-11　函数块嵌套调用允许参数传递的数据类型

实参（调用块）→形参（被调用块）	基本数据类型	ARRAY、STRUCT、STRING、WSTRING、DT	ANY、POINTER	VARIANT	参数类型（TIMER、COUN-TER、BLOCK_XX）	DB_Any
Input → Input	√	√	√	√	√	√
Output → Output	√	√	−	√	−	−
InOut → Input	√	√	√	√	−	−
InOut → Output	√	√	−	√	−	−
In/Out → In/Out	√	√	√	√	−	−

注：√表示允许。

　　 −表示限制。

7.6　数据块（DB）

数据块用于存储用户数据及程序的中间变量。新建数据块时，默认状态下是优化的存储方式，且数据块中存储变量的属性是非保持的。数据块占用 CPU 的装载存储区和工作存储区，与标志存储区（M）相比，使用功能相类似，都是全局变量。不同的是，M 数据区的大小在 CPU 技术规范中已经定义，且不可扩展，而数据块存储区由用户定义，所有 DB 加起来最大不能超过数据工作存储区或装载存储区（只存储于装载存储区）。在 SIMATIC

S7-1500 PLC 中，非优化的数据块最大数据空间为 64KB。如果是优化的数据块，其最大数据空间与 CPU 类型有关，例如 CPU 1516 最大可达 5MB。CPU 中可创建数据块的数量与 CPU 的类型相关，可参考 CPU 的技术数据。如果按功能划分，数据块（DB）可以作为全局数据块、实例化数据块和基于用户数据类型（用户定义数据类型，系统数据类型或数组类型）的数据块。下面分别介绍这三种类型的数据块。

7.6.1 全局数据块（Global DB）

全局数据块用于存储程序数据，因此数据块包含用户程序使用的变量数据。一个程序中可以创建多个数据块。全局数据块必须事先定义才可以在程序中使用。要创建一个新的全局数据块，需要在 TIA 博途软件界面下单击"程序块"→"添加新块"，选择"数据块"并选择数据块类型为"全局 DB"（默认），创建全局 DB 如图 7-29 所示。

图 7-29　创建全局 DB

创建数据块后，在全局数据块的属性中可以切换存储方式，如图 7-30 所示。非优化的存储方式与 SIMATIC S7-300/400 兼容，可以使用绝对地址的方式访问该数据块；优化的存储方式只能以符号的方式访问该数据块。

如果选择"仅存储在装载内存中"选项，DB 下载后只存储于 CPU 的装载存储区（SIMATIC MC 卡）中。如果程序需要访问 DB 的数据，需要调用指令 READ_DBL 将装载存储区的数据复制到工作存储区中，或者调用指令 WRIT_DBL 将数据写入到装载存储器中。如果在 DB 的"属性"中勾选"在设备中写保护数据块"，可以将 DB 以只读方式存储。使能"数据块从 OPC UA 可访问"选项，该数据块数据可以被 OPC UA 客户端访问。使能"数据块可通过 Web 服务器访问"选项，该数据块可以被 Web 服务器访问。

图 7-30　切换全局数据块的存储方式

　　打开数据块后就可以定义新的变量，并编辑变量的数据类型、启动值及保持性等属性。数据块默认是非保持的。对于非优化的数据块，整个数据块统一设置保持性属性；对于优化的数据块，可以单独设置每个变量的保持性属性，但对于数组、结构、PLC 数据类型等，不能单独设置其中某个元素的保持性属性。在优化的数据块中设置变量的保持性属性如图 7-31 所示。

图 7-31　定义全局 DB 块

7.6.2　实例化数据块

　　实例化 DB 与 FB 相关联。在创建实例化 DB 时，必须指定它所属的 FB，而且该 FB 必须已经存在，如图 7-32 所示。

　　在调用一个 FB 时，既可以为之分配一个已经创建的实例化 DB，也可以直接定义一个新的 DB，该 DB 将自动生成并作为实例化数据块。实例化 DB 与全局 DB 相比，只存储 FB 接口参数及 Static 变量数据区（临时变量除外）相关的数据。实例数据块格式随接口及 Static 变量数据区的变化而变化。实例数据块中不能脱离 FB 单独编辑变量，其访问方式（优化或非优化）、保持性、默认值均由函数块中的设置决定。

　　实例化 DB 与全局 DB 都是全局变量，所以访问方式相同。

图 7-32　创建实例化 DB

7.6.3　系统数据类型作为全局数据块的模板

对于有些固定格式的数据块，有可能包含很多的数据，不便于用户自己创建，如用于开放式用户通信的参数 DB。TIA 博途软件提供了一个含有固定数据格式的模板，用户使用这个模板可创建具有该格式的数据块，比如可以使用"TCON_Param"系统数据类型创建与之对应的 DB。

创建基于数据类型的数据块时，必须指定它所属的数据类型，如图 7-33 所示。

图 7-33　创建基于数据类型的数据块

与实例化 DB 相同，基于系统数据类型的 DB 只存储与数据类型 DB 相关的数据，不能插入用户自定义的变量。可以使用相同的系统数据类型生成多个数据块。以 IEC 定时器举例，可以首先创建"IEC_TIMER"系统数据类型的数据块。当在程序中使用 IEC 定时器时，可以使用预先创建的"IEC_TIMER"数据类型的数据块作为其背景数据块。

7.6.4　通过 PLC 数据类型创建 DB

PLC 数据类型是一个用户自定义数据类型模板，可以由不同的数据类型组成，提供一个固定格式的数据结构，便于用户使用。由 PLC 数据类型生成的变量在程序中作为一个整体变量使用。

1. 创建 PLC 数据类型

在"PLC 数据类型"文件夹中，单击"添加新数据类型"后，会创建和打开一个 PLC 数据类型的声明表。选择该 PLC 数据类型，并在快捷菜单中选择"重命名"命令，可以重新命名该 PLC 数据类型。然后在声明表中声明变量及数据类型，完成 PLC 数据类型的创建。比如创建一个名称为"PLC_DT_1"的 PLC 数据类型，在这个数据类型中包含 3 个变量，如图 7-34 所示。

图 7-34　创建"PLC_DT_1"的 PLC 数据类型

2. 创建固定数据结构的 DB

单击"添加新块"命令，选择数据块，并在类型的下拉列表中选择所创建的 PLC 数据类型"PLC_DT_1"，如图 7-35 所示。

然后单击"确定"，生成与"PLC_DT_1"相同数据结构的 DB。

也可以将 PLC 数据类型作为一个整体的变量在数据块中多次使用。首先创建一个全局 DB，然后在这个 DB 中输入变量名，并在数据类型中的下拉列表中选择已创建好的 PLC 数据类型，例如"PLC_DT_1"。根据需要可以多次生成同一数据结构的变量。

对 PLC 数据类型的任何更改都会造成使用这个数据类型的数据块不一致。出现不一致的变量被标记为红色，如图 7-36 所示。要解决不一致的问题，必须更新数据块。

更新数据块有三种方式：

1）出现不一致变量时，鼠标右键单击该变量，在弹出的菜单中选择"更新界面"即可。

2）可以单击数据块工具栏中的"更新接口"按钮 进行更新。

3）对整个程序块文件夹进行编译，数据块自动更新。

7.6.5　数组 DB

数组 DB 是一种特殊类型的全局数据块，它仅包含一个任意数据类型的数组。例如可以是基本数据类型，也可以是 PLC 数据类型（UDT）的数组，但这种数据块不能包含除数组之外的其它元素。创建数组 DB 时需要输入数组的数据类型和数组的上边界，下边界为 0 不能修改。创建完数组 DB 后，可以在其属性中随时更改数组的上边界，但是无法更改数据类型。数组 DB 始终启用"优化块访问"（Optimized block access）属性，不能进行标准访问，并且为非保持性属性，不能修改为保持性属性。数组 DB 的声明如图 7-37 所示。

图 7-35　创建固定格式的数据块

图 7-36　不一致的数据块

图 7-37 声明数组类型 DB

> **注意**：一旦声明好数组 DB 之后，其数组元素的数据类型不能修改，但是用户可以选择 PLC 数据类型作为数组的数据类型。如果需要修改数组 DB 的元素数据类型，可以先修改 PLC 数据类型里面的元素数据类型，再更新数组 DB，这样的话就可以间接地实现对数组 DB 元素数据类型的修改。

可以使用函数"ReadFromArrayDB"和"WriteToArrayDB"等对数组 DB 进行类似间接寻址的访问。对于数组 DB 元素的访问，要加关键字"THIS"，如 SCL 赋值语句，对数组 DB "MyArrayDBOfLReal"索引为 10 的元素进行赋值：

"MyArrayDBOfLReal"."THIS"[10] : = LReal#123.456789

也可以和其他数组一样，对数组 DB 索引使用变量，实现对数组的变址访问。

7.7 块调用时的参数传递

在标准化编程中，程序需要高度模块化，目标是形成并维护一套高度可复用的程序函数库。理解程序块的参数传递原理，对于提高程序代码的健壮性，以及提高程序代码的性能很重要。

对于程序块的输入参数是程序块被调用时，实际参数传递到形式参数，然后在程序块内可读；对于程序块的输出参数是程序块代码执行完成之后，输出到形式参数，最后传递到所赋予的实际参数；而对于输入输出的参数，同时具备输入参数和输出参数的特性，传递过程是两者的结合。

程序块的参数传递方式有两种，一种是副本传递，另一种是引用传递（也称为指针传递）。

　　参数的副本传递工作原理是对于输入参数、程序块被调用时，先将实际参数的值复制到形式参数存储区，然后执行程序块内程序代码，程序代码访问的形式参数是访问的这个形式参数存储区，如图 7-38 所示。输出参数传递过程与输入参数相反。

图 7-38　函数参数的传递方式

　　对于引用传递参数，与副本传递参数不同。引用传递参数，在函数里代码访问形式参数，实际寻址到的是实际参数的物理地址，参数传递过程中，实际参数不会被复制到形式参数存储区，因此也可以称之为指针寻址。但是这个参数引用传递与指针参数传递不一样，这个参数引用传递不需要任何额外的程序代码处理指针，一切由系统完成。更为便利的是，在参数定义完成后，复杂数据类型所有的子元素变量符号名在参数区可见，程序代码可以直接访问子元素。参数引用传递类型是安全的，特别适用于 SIMATIC S7-1500 所推荐的符号寻址的编程方式。FC、FB 参数引用传递的原理是一致的。

　　如图 7-39 所示的示例：RefPassParam（FB3）有一个形式参数 ioVar 是引用传递参数，在 CallRefPassParam（OB123）中被调用，ioVar 赋予实际参数 ActualParam（DB8，typeUdt 的一个实例 DB）。在 FB3 的参数区可以看到 ioVar 的各个子元素，但在实例化 DB RefPass-Param_DB（DB9）中，只有符号名 ioVar 而没有子元素，这里 ioVar 只是一个引用。那么在 FB3 里面访问的参数结构变量 ioVar 的子元素 v4，实际上是直接访问到了实际参数 DB8 的变量 v4，函数被调用过程中，实际参数 DB8 没有被复制到 FB3 的实例化数据块 DB9 中。

图 7-39　参数引用传递示例

　　FC、FB 参数副本和引用传递，在不同的区域定义略有不同，见表 7-12。基本类型的形式参数是副本传递；FB 的结构化类型数据，输入、输出参数是副本传递；其它都是引用传递。结构化类型通常包括 Struct，PLC 数据类型（UDT），Array，String/WString，DTL，系统 PLC 数据类型等。

表 7-12　参数副本传递与引用传递

函数类型	形参	基本数据类型	结构化数据类型	参数实例	工艺对象
FC	Input	副本	引用	—	引用
	Output	副本	引用	—	引用
	InOut	副本	引用	引用	引用
FB	Input	副本	副本	—	引用
	Output	副本	副本	—	引用
	InOut	副本	引用	引用	引用

　　注意：表 7-12 仅适用于程序块和实际参数均为优化访问块。当两者之一为标准访问的设置，所有的参数传递方式将改为副本传递，这会导致代码性能急剧下降，指令执行时间将大幅增加，增加的具体时间值因 CPU 型号不同而不同。

　　对于结构化数据类型的参数，在程序块内需要频繁地读写访问的，比如需要反复遍历，无论是引用传递还是副本传递，建议将实际参数数据内容复制到程序块内的临时变量区，代码访问临时变量代替访问形式参数。访问临时变量速度要比访问全局 DB，FB 的实例化 DB 的参数、静态（Static）变量更快。

7.8　FC、FB 选择的探讨

　　上面简单地介绍了 FC 和 FB 的功能，两者的本质区别就是调用 FB 时需要分配实例化 DB，除此之外 FB 的内部还带有 Static 变量。如果有多个功能相同的电机需要编程，是使用 FC 编写还是 FB 编写呢？从编程的角度来说无论 FC 还是 FB 都可以完成控制任务，但是既然编程软件设计出 FC 和 FB，一定会有不同的应用环境。

　　如果从高级语言（例如 C#）的角度来看，问题就变得比较简单，FB 可以简单地看作"类"，FC 被看作"方法"，"类"中可以包含"方法"，FB 的 Static 变量可以被看作"类"的属性参数。类的继承可以看作为 FB 调用 FB（PLC 目前没有该功能），"类"的实例化可以看作为生成实例数据块，"类"的一个实例可以看作 FB 的一个实例数据块，而且每一个实例化数据块的名称可以修改（对象名称）。如果将电机看作一个对象，使用 FB 编程就比较方便，更有利于后期标准化的建设。FB 中调用 FC，FC 实现的应该是控制对象的一些辅助功能，例如数据的转换、计算等功能；FC 调用 FB，FC 实现的应该是程序的划分、控制对象预处理等非标准化的功能。什么可以被看作一个对象？对象在哪一个层级（单元、设备、控制）？更详细的内容还需要编程人员对控制设备结合工艺的要求进行拆分，便于后期功能的持续迭代和完善，也利于程序块的重复使用和大项目的拼装。

第8章 声明 PLC 变量

SIMATIC S7-1500 CPU 基于符号名寻址，所以每一个变量一定会有一个 CPU 范围内唯一的符号名称（局部变量除外）。符号名称需要在 PLC 变量表中进行定义和关联。在项目树中，项目的每个 CPU 都有"PLC 变量"文件夹。包含有下列内容：

1）所有变量表：PLC 全部的变量、用户常量和 CPU 系统常量。该表不能删除或移动。

2）默认变量表：项目的每个 CPU 均有一个默认变量表。该表不能删除、重命名或移动。默认变量表包含 PLC 变量、用户常量和系统常量。可以在默认变量表中声明所有的PLC 变量。

3）用户自定义变量表：可以按照层级定义多个变量表，对变量进行分组管理。用户自定义的变量表可以重命名、整理合并为组或删除。用户自定义变量表包含 PLC 变量和用户常量。

8.1 PLC 变量表的结构

每个 PLC 变量表包含"变量"选项卡和用户常量选项卡。"默认变量表"和"所有变量表"还包括"系统常量"选项卡。PLC 变量选项卡结构如图 8-1 所示。

图 8-1 PLC 变量选项卡结构

PLC 变量表中各列的含义见表 8-1。

表 8-1 PLC 变量表中各列的含义

列	说明
	通过单击符号并将变量拖动到程序中作为操作数
名称	变量在 CPU 范围内的唯一名称
数据类型	变量的数据类型

（续）

列	说明
地址	地址
保持性	显示变量是否具有保持性，即使在关断电源后，保持性变量的值也将保留不变
从 HMI/OPC UA 可访问	指示在运行过程中，HMI/OPC UA 是否可访问该变量
从 HMI/OPC UA 可写	指示在运行过程中，是否可从 HMI/OPC UA 写入变量
在 HMI 工程组态中可见	默认情况下，在选择 HMI 的操作数时变量是否显示
监控	指示是否已为该变量的过程诊断创建有监视（ProDiag）
监视值	CPU 中的当前数据值。只有建立了在线连接并选择"监视所有"按钮时，才会显示该列
变量表	显示包含有变量声明的变量表。该列仅存在于"所有变量"表中
注释	用于说明变量的注释信息

在"用户常量"中，可以定义整个 CPU 范围内有效的常量符号。系统所需的常量将显示在"系统常量"选项卡中。例如，系统常量可以是用于标识模块的硬件 ID。

8.2　声明 PLC 变量的几种方式

在 PLC 变量表中只能声明 I、Q、M、T、C 数据区数据，DB 的名称在创建时声明，DB 的变量也是在创建变量时声明，所以 DB 的变量不在 PLC 变量表中声明。声明 PLC 变量有几种方式：

1）在 PLC 变量表中进入符号名称，然后选择变量类型、地址区和一些附加选项（注释、HMI、OPC UA 读写访问权限）就可以完成符号名称与绝对地址变量的关联。

2）在 I/O 的配置过程中也可以为变量分配符号名称，例如单击输入模块，在"属性"→"I/O 变量"中可以分配符号名称，如图 8-2 所示。

图 8-2　在 I/O 模块的属性中分配符号名称

3）在程序的编写中也可以声明，例如先在程序中定义符号名称，因为没有关联变量，所以会以红色标记，但是可以保存。需要关联变量时单击该符号名称，右键选择"定义变量"，弹出的界面如图 8-3 所示。选择地址、存放的 PLC 变量表和注释完成变量定义。

图 8-3　在程序中定义符号名称

4）通过办公软件 Excel 编辑符号名称。在 PLC 变量表中单击"导出"按钮，如图 8-4 所示。

图 8-4　符号表的导出 / 导入

在导出的 Excel 中编辑符号名称，变量表在 Excel 中的格式如图 8-5 所示。编辑完成后再导入 PLC 变量表中，如果地址或者符号名称冲突，冲突行将变为黄色。

Name	Path	Data Type	Logical Address	Comment	Hmi Visible	Hmi Acces	Hmi Write
MOTO1	车间\设备A\变量表_1	Bool	%M0.0		True	True	True
MOTO2	车间\设备A\变量表_1	S5Time	%MW0		True	True	True
MOTO3	车间\设备A\变量表_1	Bool	%M0.2		True	True	True
输入1	车间\设备A\变量表_1	Bool	%I0.0		True	True	True
输入4	车间\设备A\变量表_1	Bool	%I0.3		True	True	True

图 8-5　PLC 变量表在 Excel 中的格式

8.3　声明 PLC 变量的类型

声明的 PLC 变量可以是位、字节、双字和 64 位长整型、长浮点、长字的数据类型，见表 8-2。

表 8-2　声明 PLC 变量的数据类型

操作数区域	说明	数据类型	格式	地址区域
				SIMATIC S7-1500
I	输入位	BOOL	I x.y	0.0 ~ 32767.7
I	输入（64 位）	LWORD、LINT、ULINT、LTIME、LTOD、LDT、LREAL、PLC 数据类型	I x.0	0.0 ~ 32760.0
IB	输入字节	BYTE、CHAR、SINT、USINTPLC 数据类型	IB x	0 ~ 32767
IW	输入字	WORD、INT、UINT、DATE、WCHAR、S5TIME、PLC 数据类型	IW	0 ~ 32766
ID	输入双字	DWORD、DINT、UDINT、REAL、TIME、TOD、PLC 数据类型	ID x	0 ~ 32764
Q	输出位	BOOL	Q x.y	0.0 ~ 32767.7
Q	输出（64 位）	LWORD、LINT、ULINT、LTIME、LTOD、LDT、LREAL、PLC 数据类型	Q x.0	0.0 ~ 32760.0
QB	输出字节	BYTE、CHAR、SINT、USINT、PLC 数据类型	QB x	0 ~ 32767
QW	输出字	WORD、INT、UINT、DATE、WCHAR、S5TIME、PLC 数据类型	QW x	0 ~ 32766
QD	输出双字	DWORD、DINT、UDINT、REAL、TIME、TOD、PLC 数据类型	QD x	0 ~ 32764
M	存储器位	BOOL	M x.y	0.0 ~ 16383.7
M	位存储器（64 位）	LREAL	M x.0	0.0 ~ 16376.0
M	位存储器（64 位）	LWORD、LINT、ULINT、LTIME、LTOD、LDT	M x.0	0.0 ~ 16376.0
MB	存储器字节	BYTE、CHAR、SINT、USINT	MB x	0 ~ 16383
MW	存储器字	WORD、INT、UINT、DATE、WCHAR、S5TIME	MW x	0 ~ 16382
MD	存储器双字	DWORD、DINT、UDINT、REAL、TIME、TOD	MD x	0 ~ 16380
T	时间函数	定时器	T n	0 ~ 2047
C	计数器函数	计数器	Z n C n	0 ~ 2047

　　除此之外，声明的 PLC 变量类型还支持 PLC 数据类型，这样对于函数、函数块的开发非常方便，例如编写变频器的控制函数或者函数块，函数的开发者需要知道调用函数的工程师使用哪一种报文（变频器与 PLC 通信），然后对报文进行分析。开发者可以使用 Variant 数据类型作为声明的形参，然后判断是哪一种报文，调用者需要使用 PLC 数据类型进行赋值，如图 8-6 所示。详细的使用方法可参考指针数据类型的应用。

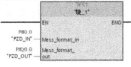

图 8-6　声明 PLC 数据类型变量

第9章 指针数据类型的使用

指针数据类型主要包括 Pointer（6 字节指针类型）、Any（10 字节指针类型）、Variant、引用（References）。

指针数据类型用于程序块参数的传递，在介绍指针数据类型的使用前，首先定位工程师的角色，是函数 / 函数块（控制对象）的使用者还是开发者？因为两者的编程思路是不同的，使用者考虑的是整个工艺的控制，开发者考虑的是一个对象的编程，如果是开发者则必须了解这些数据类型的使用。指针数据类型就是应用于函数、函数块的开发而设计的，因为开发者不知道使用者赋值的地址区、长度、数据类型等参数，需要对这些数据类型进行判断和分析。

控制对象的开发是一个企业程序标准化和控制技术持续迭代的需求，需要将程序中部分对象控制的程序段提炼出来进行功能的改编和扩展，以达到模块化和重复使用的目的。

9.1 Pointer 数据类型指针

Pointer 数据类型指针用于向被调用的函数（FC）及函数块（FB）传递复杂数据类型（如 ARRAY、STRUCT 及 DT 等）的实参，在被调用的函数（FC）及函数块（FB）内部可以间接地访问实参的存储器。由于是直接地址寻址，在此介绍基于 SIMATIC S7-300/400 程序的参考、移植和继承的目的。Pointer 指针占用 48 位地址空间，数据格式如图 9-1 所示。

图 9-1　Pointer 指针格式

Pointer 指针前 16 位的数值表示数据块（DB）或 DI 的块号，如果指针没有指向一个 DB，则数值为 0，Pointer 指针可以指向的数据区见表 9-1。

表 9-1　Pointer 指针数据区表示的地址区

16 进制代码	数据区	简单描述
B#16#81	I	过程映象输入区
B#16#82	Q	过程映象输出区
B#16#83	M	标志位

（续）

16 进制代码	数据区	简单描述
B#16#84	DB	数据块
B#16#85	DI	实例化数据块
B#16#86	L	区域数据区
B#16#87	V	上一级赋值的区域数据

调用 FB、FC 时，对 Pointer 指针数据类型的形参进行赋值时可以选择指针显示方式为直接赋值，例如：

```
P# DB2.DBX12.0          // 指向 DB2.DBX12.0。
P#M12.1                 // 指向 M12.1。
```

也可以选择使用地址声明或符号名（不使用符号 P#）的方式进行赋值，例如：

```
DB2.DBX12.0             // 指向 DB2.DBX12.0。
M12.1                   // 指向 M12.1。
```

在被调用的 FC、FB 中需要对 Pointer 指针数据类型形参拆分以便读出实参的地址，下面以示例的方式介绍 Pointer 指针的使用，例如编写一个计算功能的函数 FC3，在输入参数"In_Data"输入首地址，在输入参数"NO"输入变量（浮点数类型，以首地址开始，地址连续即每隔 4 个字节为一个浮点数变量）的个数，在输出参数"OUT_VAL"输出几个变量的平均值。OB1 中调用函数 FC3 的程序如下：

```
CALL   FC    3          // 调用函数 3。
In_Data：=P#M 100.0     // 输入的首地址。
    NO     :=4          // 变量的个数。
    OUT_VAL：=MD20       // 计算结果。
```

完成的计算功能相当于 MD20：=（MD100+MD104+MD108+MD112）/4。在函数 FC3 的接口参数中定义输入、输出变量及临时变量见表 9-2。

表 9-2 FC3 接口参数

数据接口	名称	数据类型	地址
IN	In_Data	Pointer	—
IN	NO	INT	—
OUT	OUT_VAL	REAL	—
TEMP	BLOCK_NO	INT	0.0
TEMP	NO_TEMP	INT	2.0
TEMP	ADD_TEMP	REAL	4.0

FC3 中的示例程序如下：

```
L   0// 初始化临时变量 #ADD_TEMP。
T   #ADD_TEMP
L   P##In_Data  // 指向存储地址指针 P#M100.0 的首地址，并装载到地址
// 寄存器 AR1 中。
LAR1
L   0// 判断 OB1 中赋值的地址指针是否为数据块（参考 //Pointer 的数据格式）。
```

```
L   W  [AR1, P#0.0]
      ==I
      JC  M1
      T   #BLOCK_NO
      OPN DB [#BLOCK_NO]  // 如果是 DB 块, 打开指定的 DB 块。
  M1 :
L   D  [AR1, P#2.0] // 找出需要计算数据区的开始地址, Pointer 数据中,
// 后 4 个字节包含内部交叉指针, 将 P#M100.0 装载
                               // 到 AR1 中。
LAR1
   L   0
   L   #NO                      // 如果输入变量个数为 0, 结束 FC3 的执行。如果
// 不等于 0, 则作为循环执行的次数 ( NO_TEMP )。
==I
   JC  END
NO :
T   #NO_TEMP     / 循环执行加运算, 本例中循环执行的次数为 4。
   L   D  [AR1, P#0.0] // 装载 MD100 到累加器 1 中。
   L   #ADD_TEMP // 与临时变量 #ADD_TEMP 相加后将计算结果再存储
// 于 #ADD_TEMP 中。
+R
   T   #ADD_TEMP
   +AR1 P#4.0 // 地址寄存器加 4, 下一次与 MD104 相加。
   L   #NO_TEMP              //LOOP 指令固定格式。
   LOOP  NO                  // 跳回 "NO" 循环执行, 执行完定义在变量
                            //#NO_TEMP 的次数后自动跳出循环程序。
   L   #ADD_TEMP             // 求平均值, 装载运算结果到累加器 1 中。
   L   #NO
DTR          // 将变量转变为浮点便于运算。
   /R
   T   #OUT_VAL      // 输出运算结果。
END :  NOP   0
```

> **注意:** 在 OB1 中调用 FC3 时, 也可以对 "In_Data" 参数赋值 Pointer 指针类型变量, 通过改变 Pointer 指针组成部分的值而动态改变赋值的地址区。

上面的示例是对 48 位 Pointer 指针的拆分, 然后进行判断, 因为函数的开发者不知道使用者赋值的地址区, 所以必须进行判断。Pointer 指针的难点在于指针的拆分, 在 SIMATIC S7-1500 中可以直接使用 AT 寻址方式在 FC 的接口中进行拆分, 如图 9-2 所示。

图 9-2　使用 AT 寻址拆分 Pointer 数据类型指针

L 0 // 判断 OB1 中赋值的地址指针是否为数据块（参考 Pointer 的数据格式）。
L #Data_input.BLOCK_NO

==I

JC　M1

L　#Data_input.BLOCK_NO

T　#BLOCK_NO

OPN DB [#BLOCK_NO]　　　// 如果是 DB 块，打开指定的 DB 块。

　　M1 :

　　L #Data_input.Input_Adress// 找出需要计算数据区的开始地址

LAR1　　　　　　　　　　// 将 P #M100.0 装载到 AR1 中。

　　　　L　0

L　#NO　　　　　　　　// 如果输入变量个数为 0，结束 FC3 的执行。如
　　　　　　　　　　　　果不等于 0 作为循环执行的次数（NO_TEMP）。

　　　　==I

JC　END

NO :　T　#NO_TEMP　　　　// 如果不为 0，作为循环执行的次数。循环执行加
运 // 算，本例中循环执行的次数为 4。

LD[AR1 , P#0.0]　　　// 装载 MD100 到累加器 1 中。

L　#ADD_TEMP　　　　　//与临时变量 #ADD_TEMP 相加后将计算结果再
储存于 #ADD_TEMP 中。

　　　+R

　　T #ADD_TEMP

+AR1 P#4.0　　　　　　// 地址寄存器加 4，下一次与 MD104 相加。

L　#NO_TEMP　　　　　//LOOP 指令固定格式。

LOOP NO　　　　　　　// 跳回"NO"循环执行，执行完定义在变量
#NO_TEMP 的次数后自动跳出循环程序。

L #ADD_TEMP　　　　　// 求平均值，装载运算结果到累加器 1 中。

　　　L　#NO

DTR　　　　　　　　　// 将变量转变为浮点便于运算。

```
              /R
   T   #OUT_VAL                    // 输出运算结果。
       END : NOP 0
```

9.2　Any 数据类型指针

Any 数据类型指针与 Pointer 指针的区别在于带有数据的长度信息。这里的介绍基于 SIMATIC S7-300/400 程序的参考、移植和继承的目的。Any 数据类型指针由数据类型、数据长度、DB 块号、存储器数据开始地址组成，占用 80 位地址空间，数据格式如图 9-3 所示。

图 9-3　Any 指针格式

Any 指针使用的数据类型见表 9-3。

表 9-3　Any 指针使用的数据类型

数据类型代码			数据类型代码		
十六进制代码	数据类型	简单描述	十六进制代码	数据类型	简单描述
B#16#00	NIL	空	B#16#0B	TIME	IEC 时间
B#16#01	BOOL	位	B#16#0C	S5TIME	SIMATIC 时间
B#16#02	BYTE	8 位字节	B#16#0E	DATE_AND_TIME（DT）	时钟
B#16#03	CHAR	8 位字符	B#16#13	STRING	字符串
B#16#04	WORD	16 位字	B#16#17	BLOCK_FB	FB 号
B#16#05	INT	16 位整形	B#16#18	BLOCK_FC	FC 号
B#16#06	DWORD	32 位双字	B#16#19	BLOCK_DB	DB 号
B#16#07	DINT	32 位双整形	B#16#1A	BLOCK_SDB	SDB 号
B#16#08	REAL	32 位浮点	B#16#1C	COUNTER	计数器
B#16#09	DATE	IEC 日期	B#16#1D	TIMER	定时器
B#16#0A	TIME_OF_DAY（TOD）	24 小时时间			

与 Pointer 指针相比，Any 类型指针可以表示一段数据区域，例如 P#DB1.DBX0.0 BYTE 10，表示指向 DB1.DBB0 ~ DB1.DBB9。调用 FB、FC 时，对 Any 指针数据类型的形参进行赋值时可以选择指针显示方式直接赋值，例如：

```
   P# DB2.DBX12.0 WORD 22   // 指向从 DB2.DBX12.0 开始 22 个字。
```

```
P#M12.1 BOOL 10                    // 指向从 M12.1 开始 10 个位信号。
```
也可以选择使用地址声明或符号名（不使用符号 P#）的方式进行赋值，例如：
```
DB2.DBW12                          // 指向 DB2.DBW12 一个字，数据长度为 1。
M12.1                              // 指向 M12.1 一个位信号，数据长度为 1。
```

使用地址声明或符号名只能指向一个变量。下面以示例的方式介绍 Any 指针的使用，实现与 Pointer 指针示例相同的功能。编写一个计算功能的函数 FC13，输入参数 "In_Data" 为一个数组区，如果数据区变量为浮点数，输出所有元素的平均值 "OUT_VAL"，如果数据区变量为其它数据类型，不执行计算功能。OB1 中调用函数 FC13 的程序如下：

```
CALL  FC13                         // 调用函数 13。
In_Data:=P#DB1.DBX0.0 REAL 8       // 输入数据区从 DB1.DBD0 开始的
//8 个浮点值。
OUT_VAL:=MD20                       // 计算结果。
```

完成的计算功能相当于 MD20:=（DB1.DBD0+...+DB1.DBD28）/8。在函数 FC13 的接口参数中定义输入、输出变量及临时变量见表 9-4。

表 9-4　FC13 接口参数

数据接口	名称	数据类型	地址
IN	In_Data	ANY	—
OUT	OUT_VAL	REAL	—
TEMP	DATA_LEN	INT	0.0
TEMP	BLOCK_NO	INT	2.0
TEMP	ADD_TEMP	REAL	4.0
TEMP	DATA_NO	INT	8.0

FC13 中的示例程序如下：
```
L   0           // 初始化临时变量 #ADD_TEMP。
  T   #ADD_TEMP
  L   P##In_Date     // 指向存储地址指针 In_Date 首地址，并装载到
LAR1 // 地址寄存器 AR1 中。
  L   B [AR1, P#1.0]   // 如果数据类型不是 REAL，跳转到 END。
  L   B#16#8
<>R
  JC  END

  L   0
  L   W [AR1, P#4.0]   // 判断 OB1 中赋值的地址指针是否为数据块（参考
//ANY 的数据格式）。
  ==I
  JC  M1
  T   #BLOCK_NO
  OPN DB [#BLOCK_NO]// 如果是 DB 块，打开指定的 DB 块。
```

```
    M1: L  W [AR1, P#2.0]    // 判断 Any 指针中数据长度，本例中为 REAL 变量的
// 个数。
    T  #DATA_LEN
    L  D[AR1, P#6.0]  // 找出需要计算数据区的开始地址，本例中为
                       // DB1.DBX0.0。
    LAR1
    L  #DATA_LEN
NO : T  #DATA_NO      // 循环执行加运算，本例中循环执行的次数为 8。
    L  D[AR1, P#0.0] // 装载 DB1.DBD0 到累加器 1 中。
    L  #ADD_TEMP        // 与临时变量 #ADD_TEMP 相加后将计算结果再存储
                       // 到 #ADD_TEMP 中。
    +R
    T  #ADD_TEMP
    +AR1 P#4.0          // 地址寄存器加 4，地址偏移量。
    L  #DATA_NO        //LOOP 指令固定格式。
LOOP NO        // 跳回 "NO" 循环执行，执行完定义在变量
//#NO_TEMP 的次数后自动跳出循环程序。
    L  #ADD_TEMP       // 求平均值，装载运算结果到累加器 1 中。
    L  #DATA_LEN
    DTR              // 将变量转变为浮点值。
    /R
    T  #OUT_VAL      // 输出运算结果。
END :  NOP  0
```

在 SIMATIC S7-1500 中可以参考 Pointer 的介绍，在 FC 接口的声明中直接使用 AT 寻址方式拆分 Any 指针，这里不再赘述。

> **注意**：在 OB1 中调用 FC13 时，也可以对 "In_Data" 参数赋值 Any 指针类型变量，通过改变 Any 指针组成部分的值而动态改变赋值的地址区。

9.3　Variant 数据类型指针

Variant 类型指针有如下特点：

1）可以指向不同数据类型变量的指针。Variant 指针可以是基本数据类型（例如，INT 或 REAL）的对象，也可以是 STRING、DTL、STRUCT 、PLC 数据类型等元素构成的 ARRAY。

2）Variant 指针可以识别 PLC 数据类型，并指向各个结构元素。

3）Variant 数据类型的操作数不占用实例化数据块或工作存储器中的空间。Variant 类型的变量不是一个对象，而是对另一个对象的引用，因此不能在数据块或函数块的块接口静态部分中声明，只能在输入参数、输入输出参数或临时变量区中声明。

4）调用含有 Variant 类型参数的块时，可以将这些参数连接到任何数据类型的变量。块调用时，除了传递变量的指针外，还会传递变量的类型信息。块中的代码随后可以根据运行期间传递的变量类型来执行。

Pointer 和 Any 指针是对数据类型相对简单的绝对地址寻址，如果数据类型是一个 PLC 数据类型（UDT）或者结构体，使用 Pointer 和 Any 指针处理变量则不方便。下面介绍几种 Variant 使用方式。

9.3.1　Variant 与 PLC 数据类型

在第 8 章 PLC 变量声明章节中介绍了变频器的报文格式可以使用 PLC 数据类型进行定义，然后在变量表中与输入地址 I 和输出地址 Q 进行关联。假设两种报文格式的通信，分别是 PZD8/8（8 个字输入 / 输出）和 PZD10/10（10 个字输入 / 输出），函数和函数块的开发者使用 Variant 作为输入形参，然后进行判断。好处是可以不用考虑使用者需要赋值的是哪一个格式的报文（如果是数组可以使用可变数组，如果是结构体则可能变得麻烦）。

首先创建 4 个 PLC 数据类型，PZD8_IN、PZD8_OUT、PZD10_IN 和 PZD10_OUT，分别对应 PZD8/8 和 PZD10/10 的报文格式。然后创建一个 FB，定义接口参数和 temp 变量如图 9-4 所示。

图 9-4　定义接口参数和 temp 变量

FB PZD 程序的处理如图 9-5 所示。

程序中对参数"mess format_in"的格式进行判断，如果是"PZD8_IN"，则将参数"mess format_in"的数据读出并复制到临时变量"temp_PZD8_IN"，然后用户程序对变量"temp_PZD8_IN"（变频器 PZD 8 输入的格式）的数据进行处理；如果数据类型是"PZD10_IN"，则复制到临时变量"temp_PZD10_IN 进行数据处理；如果数据类型是"PZD8_OUT"，则对临时变量"temp_PZD8_OUT 进行数据处理，然后写回到参数"mess format_out"作为输出。如果数据类型是"PZD10_OUT"，则对临时变量"temp_PZD10_OUT 进行数据处理，然后写回到参数"mess format_out"作为输出。

注意：上面的示例程序只是介绍 Variant 与 PLC 数据类型的使用方法，不代表实际的应用。

PLC 数据类型有时会存储在数据块中，需要转换为 Variant 参数以后才可以进行判断，例如一个应用要处理 3 个不同的物料，物料信息由 MES 发送到 PLC，在 PLC 中需要判断物料的类型，然后分别处理。

```
 1 ⊟REGION PZD输入处理
 2 ⊟    CASE TypeOf(#"mess format_in") OF
 3         "PZD8_IN":
 4
 5 ⊟            VariantGet(SRC := #"mess format_in",
 6                         DST => #temp_PZD8_IN);
 7             // 用户程序
 8         "PZD10_IN":
 9 ⊟            VariantGet(SRC := #"mess format_in",
10                         DST => #temp_PZD10_IN);
11             // 用户程序
12     END_CASE;
13 END_REGION
14
15 ⊟REGION PZD输出处理
16 ⊟  CASE TypeOf(#"mess format_out") OF
17       "PZD8_OUT":
18           // 用户程序
19
20 ⊟          VariantPut(SRC := #temp_PZD8_OUT,
21                       DST := #"mess format_out");
22
23
24       "PZD10_OUT":
25           // 用户程序
26 ⊟          VariantPut(SRC := #temp_PZD10_OUT,
27                       DST := #"mess format_out");
28
29 END_CASE;
30 END_REGION
```

图 9-5　FB PZD 程序的处理

建立 3 个 PLC 数据类型 Material_A、Material_B 和 Material_C 代表 3 个物料类型，然后以这 3 个数据类型定义 3 个数据块 DB_ Material_A、DB_ Material_B 和 DB_ Material_C。创建一个 FC 块，接口声明和程序代码如图 9-6 所示。

图 9-6　接口声明和程序代码

　　程序中将 DB_ANY 类型转换为 Variant 类型，然后判断输入的 PLC 数据类型的格式，分别执行处理物料 A、B 和 C 的程序。

　　程序块在主程序中调用，DB_ANY 数据类型的赋值如图 9-7 所示。

图 9-7　DB_ANY 数据类型的赋值

　　DB_ANY 可以使用变量进行赋值，例如"Tag_2"，"Tag_2"在变量表中定义的数据类型为 DB_ANY，"Tag_2"值与数据块的号相对应，例如值为 3，表示输入的数据块为 DB3。

> **注意：** 调用 DB_ANY_TO_VARIANT 可能会得到输出错误代码 #8155，例如：声明了一个 PLC 数据类型（UDT1）并创建了一个数据类型为"UDT1"的数据块（例如 DB2）。变量表中创建一个数据类型为 DB_ANY 的变量（例如 Tag_2）。随后，在主程序中调用了指令 DB_ANY_TO_VARIANT"并在 IN 参数中赋值变量 Tag_2。执行时，指令"DB_ANY_TO_VARIANT"返回错误代码 16#8155。
>
> 通过以下步骤消除该错误代码：
>
> 1）创建函数（FC5）并在 InOut 接口中声明数据类型为 Variant 的变量。
>
> 2）创建另一函数（FC6），在 FC6 中的 Temp 中创建数据类型为"UDT1"的变量（例如 Tag_1），然后调用 FC5，为 FC5 的 InOut 接口赋值变量 Tag_1。
>
> 3）编译函数块（FC5 和 FC6）并下载到 CPU 中。在用户程序中无需调用这些块（FC5 和 FC6）。

9.3.2　Variant 与数组 DB

　　在数据块章节中已经介绍了数组 DB，数组 DB 与在全局 DB 中建立一个数组有什么区别呢？通常在全局数据块中可以有一个或者多个数组，可能还有其它的变量，可以直观地进行访问，但是在某些情况下，需要使用不同的长度处理数组，数组 DB 特别适合这样的场合。例如有一个应用，将接收到的物料信息（包括物料号、名称、数量、单位）存放到一个数据块中（堆栈操作），物料处理完了后需要读出物理信息（出栈操作），如果存放满了，将覆盖最先进入的信息。函数、函数块的开发者面临的难题是不知道使用者赋值具体物料信息的格式和存储的个数（数据块的大小），这时使用 Variant 和数组 DB 将使开发过程变得非常容易，下面介绍物料堆栈实现的过程。

　　首先创建一个 PLC 数据类型"Mess_queue"，Mess_queue 格式如图 9-8 所示。

　　然后，创建一个函数，例如 FC_Enqueue 函数的接口声明如图 9-9 所示。

　　编写 FC_Enqueue 的代码如图 9-10 所示。

　　使用者需要创建物料的 PLC 数据类型和数组 DB，并定义数组的长度，创建物料的数组 DB 如图 9-11 所示。

图 9-8 Mess_queue 格式

图 9-9 FC_Enqueue 函数的接口声明

```
IF #Queue.Used < #Queue.Size THEN   //队列未满, 可以一直写
    #Error := WriteToArrayDB(db := #Queue.DB, index := #Queue.Writepos, value := #Material);
    IF #Error = 0 THEN
        #Queue.Used := #Queue.Used + 1;
        #Queue.Writepos := #Queue.Writepos + 1;
        IF #Queue.Writepos >= #Queue.Size THEN //条件满足, 写位置清零
            #Queue.Writepos := 0;
        END_IF;
    END_IF;
ELSE
    #Error := 4711; // 队列满了
END_IF;
```

图 9-10 FC_Enqueue 的代码

图 9-11 创建物料的数组 DB

然后创建一个 PLC 数据类型（Mess_queue）的 DB，名称为"Material_DB"，并在启动 OB 中初始化，初始化 Material_DB 如图 9-12 所示。

```
1  "Material_DB".DB := "materialBuffer";
2  "Material_DB".Size := 1000;
3  "Material_DB".Used := 0;
4  "Material_DB".Readpos := 0;
5  "Material_DB".Writepos := 0;
```

图 9-12　初始化 Material_DB

在主程序中，调用 FC_Enqueue 并赋值如图 9-13 所示。

图 9-13　调用 FC_Enqueue 并赋值

在这个示例中，函数的开发者使用 Variant 指针替代了未知的物料信息，使用 DB_ANY 替代了未知的数据块，而数组 DB 的使用在这里起到了至关重要的作用。

9.3.3　Variant 与数组

Variant 还可以指向一个数组，得到数组的类型、元素的类型和长度信息，主要用于数据格式的比较。下面以示例方式介绍 Variant 与数组的使用。与介绍的 Any 指针的应用相同，给定一个数组，如果数组元素的数据类型为浮点，求这个数组所有元素的平均值。首先创建一个 FC，例如名称为 AVERAGE，函数 AVERAGE 的接口声明如图 9-14 所示。

名称	数据类型	默认值	注释
▼ Input			
vaule	Variant		数组输入
▼ Output			
value_out	Real		平均值
▶ InOut			
▼ Temp			
No	UDInt		数组元素的个数
i	Int		用于循环
temp_valueadd	Real		累加的结果
temp_value	Real		存储数组其中一个元素
error	Int		

图 9-14　函数 AVERAGE 的接口声明

函数 AVERAGE 的代码如图 9-15 所示。

```
IF IS_ARRAY(#vaule) AND TypeOfElements(#vaule) = Real THEN
    #No := CountOfElements(#vaule);

    FOR #i := 0 TO UDINT_TO_INT(#No) - 1 DO
        #error := MOVE_BLK_VARIANT(SRC := #vaule, COUNT := 1,
                                    SRC_INDEX := #i, DEST_INDEX := 0, DEST => #temp_value);

        #temp_valueadd := #temp_value + #temp_valueadd;
    END_FOR;
    #value_out := #temp_valueadd / UDINT_TO_REAL(#No);
END_IF;
```

图 9-15　函数 AVERAGE 的代码

代码说明：

通过形参 "vaule" 判断赋值的实参数据类型是否为数组，数组元素的数据类型是否为浮点数，如果满足上述要求，使用指令 "Count of Elements" 得到数组的个数。数组的个数用于循环累加的次数。使用指令 "MOVE_BLK_VARIANT" 循环将数组一个元素的值存储到临时变量 "temp_value"，然后进行累加运算，将累加的结果存储到临时变量 "temp_valueadd" 中，最后输出平均值到输出参数 "value_out" 中。

> **注意**：上面的示例只是用于演示 Variant 数组指令的使用方法，示例代码中可能没有考虑到所有的因素和适用环境。

函数的输入也可以直接使用一个数组替代 Variant，由于函数的开发者不知道使用者赋值数组的维数和元素的个数，可以使用可变数组 Array[*] of Real 解决这个问题。还是上述的应用需求，重新创建一个 FC，例如名称为 average1，函数 average1 的接口声明如图 9-16 所示。

average1				
	名称	数据类型	默认值	注释
▼	Input			
■ ▼	Vaule	Array[*] of Real		数组输入
■	Vaule[*]	Real		数组输入
▼	Output			
■	Vaule_out	Real		平均值
▶	InOut			
▼	Temp			
■	LOWER_VAULE	DInt		
■	UPPER_VAULE	DInt		
■	No	DInt		数组元素的个数
■	i	Int		用于循环
■	temp_valueadd	Real		累加的结果

图 9-16　函数 average1 的接口声明

函数 average1 的代码如图 9-17 所示。

代码说明：

通过形参 "vaule" 引入输入数组，使用指令 "LOWER_BOUND" 和 "UPPER_BOUND" 得到数组索引的上下限，从而得到数组的个数，数组的个数用于循环累加的次数。将累加的结果存储于临时变量 "temp_valueadd" 中，最后输出平均值到输出参数 "value_out" 中。

```
1   #LOWER_VAULE := LOWER_BOUND(ARR := #Vaule, DIM := 1);
2   #UPPER_VAULE := UPPER_BOUND(ARR := #Vaule, DIM := 1);
3   #No := #UPPER_VAULE - #LOWER_VAULE+1;
4   FOR #i := #LOWER_VAULE TO #UPPER_VAULE DO
5       #temp_valueadd := #temp_valueadd + #Vaule[#LOWER_VAULE];
6       #LOWER_VAULE:= #LOWER_VAULE+1 ;
7   END_FOR;
8   #Vaule_out := #temp_valueadd / DINT_TO_REAL(#No);
```

图 9-17　函数 average1 的代码

注意：上面的示例只是用于演示 Variant 数组指令的使用方法，示例代码中可能没有考虑到所有的因素和适用环境。

9.4　引用（References）

引用是一种变量，不含任何值却指向其它变量的存储位置，引用示例如图 9-18 所示。通过引用，可在块外进行变量传递。因此，可直接修改变量的值，而无需创建变量副本。

图 9-18　引用示例

9.4.1　引用声明

使用引用必须事先声明，也就是创建一个引用变量。引用可在优化访问的函数或函数块的接口中声明。并且地址区必须是临时变量区，例如：

➢ FC：Input、Output、Temp、Return；

➢ FB：Temp；

➢ OB：Temp。

要进行引用声明，可使用关键字"REF_TO"指定被引用变量所需的数据类型。引用声明如图 9-19 所示。

块_1			
名称	数据类型	默认值	注释
▶ Input			
▶ Output			
▶ InOut			
▼ Temp			
My refint	REF_TO Int		
My refbyte	REF_TO Byte		
My refword	REF_TO Word		
My refreal	REF_TO Real		
My refmotor	REF_TO "Motor"		PLC数据类型
My refarray	REF_TO Array[0..9] of Dint		

图 9-19　引用声明

引用与被引用的数据类型必须相同，应用的数据类型如下：

➢ 位字符串（BYTE 、WORD、DWORD、LWORD），不支持 BOOL 引用；
➢ 整数；
➢ 浮点数；
➢ 字符串，不支持针对字符串的长度声明；
➢ IEC 定时器。

支持 IEC_TIMER 和 IEC_LTIMER 引用。不支持派生数据类型引用，例如 TON。

➢ IEC 计数器。

支 持 IEC_COUNTER/IEC_UCOUNTER、IEC_SCOUNTER/IEC_USCOUNTER、IEC_ DCOUNTER/IEC_UDCOUNTER 引用。不支持派生数据类型引用，例如 CTU。

➢ PLC 数据类型（UDT）；
➢ 系统数据类型（SDT）；
➢ 已声明的数据类型的 ARRAY。

不支持 ARRAY[*] 引用。不支持没有声明的数据类型的 ARRAY，例如 ARRAY of REF_TO< 数据类型 >。

9.4.2　引用与解引用

引用声明只是创建了一个变量和引用的数据类型，没有指向有效的存储器，系统使用值 NULL 对其进行初始化，如果在编程中使用将导致编程错误，所以必须为引用分配实际地址。引用只能指向优化的全局 DB 或 FB 静态变量中的数据。

使用关键字 "REF（）"，可将声明的引用指向变量，如图 9-20 所示，使用 LAD 和 SCL 两种编程语言将声明的引用（见图 9-19）指向变量。

图 9-20　引用指向变量

引用指向变量只是指向变量的实际地址或者物理地址，要读取或写入一个被引用变量的值，则可使用插入符号 "^"，这种访问方式又称为 "解引用"。解引用的示例如图 9-21 所示，程序块运行一次，"c" 的值为 15，此时 "a" 的值为 10，在第二条语句中，将 "My refint" 指向变量 "a"（引用），在第三条语句中解引用变量 "My refint" 并赋值 20，这样

20 赋值给引用变量"My refint"，引用变量"My refint"指向变量"a"的地址，实际上是将 20 传递到变量"a"，这时"c"就变为 25 了，第四、五条语句作用相同。如果程序再次执行一次，第一条语句中"c"的值将变为 25。

图 9-21　解引用示例

引用指向的是变量地址，而解引用得到变量的值，在应用中容易混乱出错，例如语句：

#ref_int1 ：= #ref_int2 ；

这条语句是将 #ref_int2 引用的变量地址赋值给 #ref_int1，如果 #ref_int2 没有分配地址，相当于将 NULL 赋值给 NULL，程序将报错。引用也可以应用到函数、函数块间的数据传递。例如 FC1（Block_1）中使用接口声明计算 A+B=C，在 OB 中调用 FC1 并赋值，使用引用作为接口声明如图 9-22 所示。

图 9-22　使用引用作为接口声明

调用 FC1 时为接口声明 A 和 B 指向了实际地址，但是 C 的赋值方向相反，可以在 FC1 直接为引用 C 分配变量，或者不使用引用，引用作为接口声明时传递的方向如图 9-23 所示。

图 9-23　引用作为接口声明时传递的方向

9.4.3 引用与 Variant

引用声明时，使用关键字 "REF_TO" 指定被引用变量所需的数据类型必须是确定的，如果数据类型是 Variant，则不能使用上面介绍的引用方式，可以使用赋值尝试 "?="，将 Variant 数据类型的变量分配给一个引用。由于引用是后期开发的指令，与 Variant 数据类型的结合使用使开发更加灵活和简单。

Variant 可以读出输入变量的数据类型，然后通过 VariantGet 指令复制到一个类型相同的副本中进行判断。使用赋值尝试 "?="，将 Variant 数据类型的变量分配给一个引用将使这样的应用变得更加简单，Variant 变量分配给引用（SCL）如图 9-24 所示。

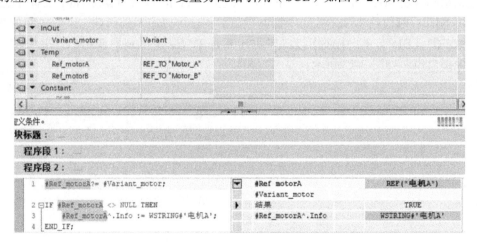

图 9-24　Variant 变量分配给引用（SCL）

引用声明一个变量 "Ref_motorA"，指定的数据类型为 "REF_TO "Motor_A""，通过赋值尝试 "?=" 而不是关键字 "REF（）"，将 Variant 变量分配给 "Ref_motorA"，如果分配成功，则变量"Ref_motorA"不等于"NULL"，否则等于"NULL"。然后将"电机 A"赋值给变量"#Ref_motorA^.Info"。

赋值尝试"?="的方式也支持 LAD 编程语言，Variant 变量分配给引用（LAD），如图 9-25 所示，使用 LAD 编程语言调用赋值尝试指令"?="，如果分配成功，ENO 等于 1，否则等于 0。

图 9-25　Variant 变量分配给引用（LAD）

上述的应用如果使用先前的方法：首先需要使用指令"type of"判断数据类型，然后使用 VariantGet 指令将数据复制到一个副本中，修改以后再使用 VariantPut 指令写回，使用赋值尝试"?="和引用的方式，使函数和函数块的开发变得更加方便。

第 10 章 SIMATIC S7-1500 PLC 的通信功能

10.1 网络概述

基于工艺、实时性以及安全的原因，一个中大型自动化项目通常由若干个控制相对独立的 PLC 站组成。PLC 站之间往往需要传递一些联锁信号，同时 HMI 系统也需要通过网络控制 PLC 站的运行并采集过程信号进行归档，这些都需要通过 PLC 的通信功能实现。通信功能在整个控制系统中尤为重要。

西门子工业通信网络统称为 SIMATIC NET，它提供了各种开放的、应用于不同通信要求及安装环境的通信系统。SIMATIC NET 主要定义下列内容：

➢ 网络传输介质；

➢ 通信协议和服务；

➢ PLC 及 PC 联网所需的通信处理器。

为了满足通信数据量及通信实时性的要求，SIMATIC NET 提供了不同的通信网络，如图 10-1 所示。

图 10-1　SIMATIC NET 不同的网络结构

从上到下分别为工业以太网、PROFIBUS/MPI、EIB，AS-I 和串行通信，对应的通信数据量由大到小。

1. 工业以太网（Industrial Ethernet）

依据 IEEE 802.3 标准建立的单元级和管理级的控制网络，传输数据量大，数据终端传输速率为 10/100/1000 Mbit/s。

2. PROFIBUS

PROFIBUS（PROcessFIeldBUS）作为国际现场总线国际标准 IEC61158 的组成部分（TYPE Ⅲ），具有标准化的设计和开放的结构，以令牌方式进行主－主或主－从通信。PROFIBUS 传输中等数据量，在通信协议中只有 PROFIBUS-DP（主－从通信）具有实时性。

3. EIB

EIB（European Installation Bus）应用于楼宇自动化，可以采集亮度进行百叶窗控制、温度测量及门控等操作。通过 DP/EIB 网关，可以将数据传送到 PLC 或 HMI 中，目前应用比较少。

4. AS-Interface

AS-I（Actuator-Sensor Interface）网络通过 AS-I 总线电缆连接最底层的执行器及传感器，将信号传输至控制器。AS-I 通信数据量小，适合位信号的传输。每个从站通常最多带有 8 个位信号，主站轮询 31 个从站的时间固定为 5ms，适合实时性的通信控制。AS-I 使用针刺技术的连接方式，站点安装不但方便而且地点可任意调节，目前存在一定的应用。

5. 串行通信

与带有串行通信接口（RS422/485 和 RS232C）的设备进行通信，通信报文透明，通信双方可以定义报文格式。使用串行通信安全性低，通常需要用户对通信数据作校验。

从目前网络发展看，现场层级的通信逐渐被工业以太网 /PROFINET 替代，传输速率由 100Mbit/s 向 1000 Mbit/s 转变，既保证通信的数据量又保证数据的实时性。最底层的网络可能还会保留，例如 AS-I 和西门子的 IO-LINK 通信方式，主要考虑的是布线的方便性。

10.2　网络及通信服务的转变

10.2.1　从 PROFIBUS 到 PROFINET 的转变

PROFIBUS 基于 RS485 网络，现场安装方便，通信速率可以根据 PROFIBUS 电缆长度灵活调整，通信方式简单。第三方厂商支持的 PROFIBUS 设备种类较多，在以往的使用中深受广大工程师和现场维护人员的青睐。

随着工业的快速发展，控制工艺对工业通信的实时性和数据量又有了更高的要求，同时也需要将日常的办公通信协议应用到工业现场中，这样 PROFIBUS 越来越不能满足目前的需求。着眼于未来，西门子公司在 2004 年就已经推出 PROFINET，到目前为止已经大规模地应用在各个行业中。

基于工业以太网的 PROFINET 完全满足现场实时性的要求。通过 PROFINET 可以实现通信网络的一网到底，即从上到下都可以使用同一种网络，如图 10-2 所示。

图 10-2　PROFINET 一网到底

PROFINET 便于网络的安装、调试和维护（一网到底不等于从上到下在一个网络上，有条件的情况下建议控制网络与监控网络使用不同的子网，从而控制网络风险）。每一个 S7-1500 CPU 都集成了 PROFINET 接口，此外，考虑项目集成的便易性，在大型 PLC CPU 1516/CPU 1517/CPU 1518 也集成了 PROFIBUS 接口，但是只能作为主站。

1. PROFINET 对比 PROFIBUS 的优点

➤ 可靠性极高、抗干扰更好。

➤ 为了继承 PROFIBUS 的使用方式，在 TIA 博途软件配置上基本相同。

➤ 速度更快，实时性强，站点最短更新时间可以达到 125μs，并且各个站点的更新时间可以单独设置。

➤ 一个控制器可以连接多达 512 个站点（例如 S7-1518 CPU）。

➤ 控制器可以同时作为 IO 控制器（相当于 PROFIBUS 主站）和 IO 设备（相当于 PROFIBUS 从站）。

➤ 基于以太网，支持灵活的拓扑，如星形、树形、环形、混合型等。

➤ 可以使用无线网络进行通信。

➤ 集成 Web 功能，可以查看网络拓扑的诊断信息。

➤ 诊断方便。

➤ 通信数据量大。

➤ 不需要终端电阻。

2. PROFINET 对比 PROFIBUS 的弱点及应对方法

1）两个相邻站点不能超过 100m，超过 100m，则需要在两站点间加上一个交换机作为中继器。如果距离较长，可以使用光纤。

2）总线型连接中间站点是交换机，所以不能掉电，否则后面的网络不能通信，使用环网可以解决这个问题。

3）对于原有项目，如不想改动 PROFIBUS 网络，可以使用 IE/PB link 网关进行不同网络间的转换。

3. 两种网络抗干扰性的探讨

1）两种网络都使用屏蔽双绞线，一般来说，在物理层上抗干扰性应该是相同的，除非是屏蔽层更密。

2）PROFINET 使用 RJ45 以太网接口，与外部信号隔离，抗共模干扰强，因此 PROFINET 很少有烧接口的问题，但是一定注意不要超过最大的隔离电压。从 EMC 角度考虑，在安装时应该避免电位差，否则会影响屏蔽效果，不能保证通信质量。

3）在现场，许多 PROFIBUS 站点掉站的问题往往不是干扰的问题，而是接线和安装的问题，或是使用非标的接头和电缆，以及在后期的技改中没有按照规范接线，看似简单的问题，如果在安装和接线时不注意细节就可能造成故障频出。例如网段的最大长度有限制，最小长度也有限制（一米原则，西门子接头可以达到更小），网络中间站点虽然带有编程接口，还应考虑通信速率与编程电缆的长度（短截线的要求）以及当时网络通信的质量，对安装的要求比较高。

4）PROFINET 的安装和拓扑与以太网相同，安装技术已经非常成熟，并且没有 PROFIBUS 对网络拓扑和终端电阻的要求，于是在实际应用中可以避免上述的绝大部分问题。

5）现场的干扰大部分是平行布线造成电场和磁场的耦合干扰，能量积累到一定程度才释放，释放时间有一定的周期，PROFIBUS 主站与从站默认情况下，通信失败后可再次尝试一次，如果再次失败该站点掉站，如果干扰的周期覆盖两次通信时间，则通信失败；PROFINET 站点的更新时间和看门狗时间设置范围比较大，可以避开干扰周期，提高通信质量。

10.2.2　MPI 接口被淘汰

与 S7-300/400 不同，每一个 SIMATIC S7-1500 CPU 标配至少一个以太网接口（自带两口交换机），向上可以连接 HMI，向下可以连接分布式 I/O，横向可以进行 PLC 站点间的通信。同时，该以太网接口也可以用于编程与调试，不需要特殊的适配器。使用 PC 上的以太网接口可以进行通信，众多功能与优点远超 MPI，这也是 SIMATIC S7-1500 系统没有 MPI 接口的原因。

10.2.3　基于 PROFIBUS 通信服务的变化

PROFIBUS 标准的三种通信服务有 DP、PA 和 FMS。FMS 用于主站间数据通信，配置过程非常繁琐，很少使用；除此之外，基于 PROFIBUS 的 FDL 通信服务用于西门子 S7-300/400 主站间的通信，在 PN 接口推出后，FDL 因性价比低的原因而使用减少。基于以上考虑，S7-1500 系统中将不再使用 FMS、FDL 通信服务。

从发展的角度看，PROFIBUS 已经被 PROFINET 替代，有关 PROFIBUS 的详细使用将不再介绍。

10.3　工业以太网与 PROFINET

工业以太网应用于单元级、管理级的网络，通信数据量大、距离长。原有工业以太网的通信服务应用于主站间的大数据量通信，例如 PLC 之间、PLC 与 HMI、PC 之间的通信，通信的方式为对等的发送和接收，不能保证实时性。基于工业以太网的 PROFINET 是实时以太网，具有很好的实时性，主要应用于连接现场设备，通信为主从方式。简单地说，就是同一个网络里运行多种通信服务，有非实时通信，也有实时通信。

10.3.1　工业以太网通信介质

西门子工业以太网可以使用双绞线、光纤和无线进行数据通信。

1. IE FC TP

IE FC TP（Industry Fast Connection Twisted Pair，工业快速连接双绞线）配合西门子 FC TP RJ45 接头使用，连接如图 10-3 所示。

将双绞线按照 TP RJ45 接头标示的颜色插入连接孔中，可快捷、方便地将 DTE（数据终端设备）连接到工业以太网上。使用 FC 双绞线，从 DTE 到 DTE、DTE 到交换机、交换机之间最长通

图 10-3　FC TP 电缆与 TP RJ45 接头

信距离为 100m。主干网使用 IE FC 4X2 电缆可以达到 1000Mbit/s。也可以使用西门子 TP CORE 电缆，预装 RJ45 接头，但是非屏蔽线，预制的 TP 电缆最大长度为 10m。

2. ITP（Industry Twisted Pair）工业双绞线

ITP 电缆预装配 9/15 针 SUB D 接头，连接通信处理器 CP 的 ITP 接口。ITP 电缆适合恶劣的现场环境，最长可达 100m，不过它已经被 IE FC TP 连接电缆所替代。

3. 光纤

光纤适合于有电磁干扰、长距离的通信。西门子交换机间可以使用多模光纤、单模光纤。通信距离与交换机和接口有关。

4. 工业无线以太网

使用工业无线以太网交换机相互连接。通信距离、速度、通信标准、天线及现场条件有关。

10.3.2 工业以太网拓扑结构

使用西门子工业交换机可以组成总线型、树形、环形等网络拓扑结构。环形网络拓扑结构是总线型网络的一个特例，即将总线型的头尾两端连接便形成环形网络结构。环形网络可以使用双绞线，光纤构成。在环形网络中至少有一个交换机作为冗余管理器，例如西门子 SCALANCE X208 或 SCALANCE X204-2。环形网络中的每一个交换机必须能够通过冗余检测报文。由交换机组成的冗余环形网络参考图 10-4。如果环网使用支持 PROFINET IO 的冗余介质协议（MRP），则不需要额外的交换机，通常将 IO 控制器作为冗余管理器。

图 10-4 冗余环网

10.3.3 SIMATIC S7-1500 系统以太网接口

SIMATIC S7-1500 PLC：CPU 集成的以太网接口（X1、X2、X3，最多三个接口）、通信模块 CM 1542-1 和通信处理器 CP 1543-1、CP 1545-1。

编程器或上位机：CP 1612、CP 1613、CP 1616/CP 1604（支持 PROFINET IO，需要软件开发）、CP 1623、CP 1628、商用以太网卡。

10.3.4　SIMATIC S7-1500 PLC 以太网接口支持的通信服务

将 SIMATIC S7-1500 PLC 以太网接口支持的通信服务按实时通信和非实时通信进行划分，不同接口支持的通信服务见表 10-1（以 CPU 固件 V2.5 及以上版本为例）。

表 10-1　SIMATIC S7-1500 系统以太网接口支持的通信服务

接口类型	实时通信		非实时通信		
	PROFINET IO 控制器	I-Device	OUC 通信	S7 通信	Web 服务器
CPU 集成的接口 X1[①]	√	√	√	√	√
CPU 集成的接口 X2[①]	√（功能受限）	√	√	√	√
CPU 集成的接口 X3[①]	×	×	√	√	√
CM 1542-1	√	×	√	√	√
CP 1543-1	×	×	√	√	√
CP 1545-1	×	×	√	√	√

① CPU 1515/1516/1517 带有两个以太网接口，CPU 1518 带有三个以太网接口，第二、第三接口主要为了安全的目的进行网络的划分，避免管理层网络故障影响控制层网络。

SIMATIC S7-1500 PLC 之间非实时通信有两种：Open User Communication（OUC，开放式用户通信）通信服务和 S7 通信服务，实时通信只有 PROFINET IO。表 10-1 中 I-Device 是将 CPU 作为一个智能设备，也是实时通信。不同的通信服务适用不同的现场应用。

1. OUC 通信

OUC（开放式用户通信，与 S7-300/400 的 S5 兼容通信相同）服务适用于 SIMATIC S7-1500 /300/400 PLC 之间通信、S7 PLC 与 S5 PLC 间的通信，以及 PLC 与 PC 或与第三方设备进行通信。OUC 通信的特点是将待发数据发送到本地的发送缓存区作为发送成功标志。OUC 通信有下列通信连接：

1）ISO Transport——该通信连接支持第四层（ISO Transport）开放的数据通信，主要用于 SIMATIC S7-1500/300/400 与 SIMATIC S5 的工业以太网通信。ISO 通信使用 MAC 地址，不支持网络路由。一些新的通信处理器不再支持该通信服务，S7-1500 系统中只有 CP 1543-1 支持 ISO 通信方式。ISO 通信方式基于面向消息的数据传输，发送的长度可以是动态的，但是接收区必须大于发送区。最大通信字节数为 64KB。

2）ISO-on-TCP——由于 ISO 不支持以太网路由，因而西门子应用 RFC 1006 将 ISO 映射到 TCP 上，实现网络路由，与 ISO 通信方式相同，最大通信字节数为 64KB。

3）TCP/IP——支持 TCP/IP 开放的数据通信。用于连接 SIMATIC S7 和 PC 以及非西门子设备。PC 可以通过 VB、VC SOCKET 控件直接读写 PLC 数据。TCP/IP 采用面向数据流的数据传送，发送的长度最好是固定的，如果长度发生变化，在接收区需要判断数据流的开始和结束位置，比较繁琐，并且需要考虑发送和接收的时序问题（接收使用 AD-HOC 模式可以很好地适合这样的应用）。所以，在西门子 PLC 间进行通信时，不建议采用 TCP/IP 通信方式。最大通信字节数为 64KB。

4）UDP——该通信连接属于第四层协议，支持简单数据传输，数据无须确认，与 TCP/IP 通信相比，UDP 没有连接。最大通信字节数为 1472B。

不同接口支持 OUC 通信连接的类型见表 10-2。

表 10-2　S7-1500 系统以太网接口支持 OUC 通信连接的类型

接口类型	连接类型			
	ISO	ISO-on-TCP	TCP/IP	UDP
CPU 集成的接口 X1	×	√	√	√
CPU 集成的接口 X2	×	√	√	√
CPU 集成的接口 X3	×	√	√	√
CM 1542-1	×	√	√	√
CP 1543-1	√	√	√	√
CP 1545-1	×	√	√	√

2. S7 通信

特别适用于 SIMATIC S7-1500/1200/300/400PLC 与 HMI（PC）和编程器之间的通信，也适合 SIMATIC S7-1500/1200/300/400 PLC 之间通信。SIMATIC S7-1500 所有以太网接口都支持 S7 通信。S7 通信使用了 ISO/OSI 网络模型第七层通信协议，可以直接在用户程序中得到通信成功的确认信息。S7 通信的特点是将待发数据发送到通信方的数据接收缓存区作为基本发送成功标志，不同的通信函数通信成功标志略有区别。

SIMATIC S7-1500 PLC 的 S7 通信有三组通信函数，分别是 PUT/GET、USEND/URCV 和 BSEND/ BRCV，这些通信函数应用于不同的应用。

1）PUT/GET：可以用于单方编程，一个 PLC 作为服务器，另一个 PLC 作为客户端，客户端可以对服务器进行读写操作，在服务器侧不需要编写通信程序。

2）USEND/URCV：用于双方编程的通信方式，一方发送数据，另一接收数据。发送和接收为异步方式，发送方将数据发送到通信伙伴的接收缓存区后即认为发送成功，接收方可以在之后调用函数接收数据，目前应用比较少。

3）BSEND/BRCV：用于双方编程的通信方式，一方发送数据，另一方接收数据。发送和接收为同步方式，发送方将数据发送到通信伙伴的接收缓存区后，接收方需要调用接收函数，并将数据复制到已经组态的接收区，然后发送接收成功的信号到发送方，发送方接收到信号后才认为发送成功。简单地说，相当于发送邮件，发送方跟踪邮件的状态，得到接收方读了该邮件后才作为发送成功的条件。使用 BSEND/BRCV 可以进行大数据量通信，最大可达 64KB。

通信函数组 PUT/GET 和 USEND/URCV 带有 4 对数据接收区 RD_1 ~ RD_4 和发送区 SD_1 ~ SD_4，用于发送和接收使用不同的地址。其中通信函数组 PUT/GET 还带有参数 ADDR _1 ~ ADDR_4，用于指向通信方的地址区，这些通信区必须按序号一一对应并且长度必须匹配。通信函数组 BSEND/BRCV 只有 1 对数据通信接收区 RD_1 和发送区 SD_1。通信量的大小与使用通信函数和 CPU 的类型有关，通信函数与通信的数据量见表 10-3。

表 10-3　通信函数与通信的数据量

本方 CPU	对方 CPU	通信函数	参数 SD_iRD_iADDR_i（1 ≥ i ≥ 4）字节			
			1	2	3	4
SIMATIC S7-1500	SIMATIC S7-300（PN 接口）	PUT	212	—	—	—
		GET	222	—	—	—
		USEND/URCV	212	—	—	—
		BSEND/BRCV	65534	—	—	—
	SIMATIC S7-400	PUT	452	436	420	404
		GET	462	458	454	450
		USEND/URCV	452	448	444	440
		BSEND/BRCV	65534	—	—	—
	SIMATIC S7-1200	PUT	212	196	180	164
		GET	222	218	214	210
	SIMATIC S7-1500	PUT	932	916	900	884
		GET	942	938	934	930
		USEND/URCV	932	928	924	920
		BSEND/BRCV	65534（标准 DB）	—	—	—
			65535（优化 DB）	—	—	—

从表中可以看到，SIMATIC S7-1500 PLC 的通信能力大大提高。通信的数据量也与使用数据区的对数有关，以 SIMATIC S7-1500 通信函数 PUT 为例，如果使用 1 对通信区，最大通信量为 932 个字节；如果使用 2 对通信区，这 2 对通信区的数据总和最大为 916 个字节；如果使用 4 对通信区，最大通信量只有 884 个字节，这是因为在一包数据中添加了用于区别通信区的标识符而占用了通信数据。

3. PROFINET IO

PROFINET IO 主要用于模块化、分布式的控制，通过以太网直接连接现场设备（IO Device）。PROFINET IO 通信为全双工点到点方式。一个 IO 控制器（IO Controller）最多可以和 512 个 IO 设备进行点到点通信，按设定的更新时间双方对等发送数据。一个 IO 设备的被控对象只能被一个 IO 控制器控制。在共享 IO 设备模式下，一个 IO 站点上不同的 I/O 模块、甚至同一 I/O 模块中的输入通道都可以最多被 4 个 IO 控制器共享，但是输出通道只能被一个 IO 控制器控制，其它 IO 控制器可以共享信号状态信息。由于访问机制为点到点方式，SIMATIC S7-1500 PLC 集成的以太网接口既可以作为 IO 控制器连接现场 IO 设备，又可同时作为 IO 设备被上一级 IO 控制器控制（对于一个 IO 控制器而言只是多连接了一个站点），此站点称为智能设备（I-Device）。

PROFINET IO 与 PROFIBUS-DP 的通信方式相似，术语的比较见表 10-4。

表 10-4　PROFINET IO 与 PROFIBUS-DP 术语的比较

数量	PROFINET IO	PROFIBUS-DP	解释
1	IO system	DP master system	网络系统
2	IO 控制器	DP 主站	控制器与 DP 主站
3	IO supervisor	PG/PC 2 类主站	调试与诊断
4	工业以太网	PROFIBUS	网络结构
5	HMI	HMI	监控与操作
6	IO 设备	DP 从站	分布的现场元件分配到 IO 控制器或者 DP 主站

PROFINET IO 具有下列特点：

1）现场设备（IO Device）通过 GSD 文件的方式集成到 TIA 博途软件中，与 PROFI-BUS-DP 不同的是，PROFINET IO 的 GSD 文件以 XML 格式存在。

2）为了保护原有的投资，PROFINET IO 控制器可以通过 IE/PB LINK 连接 PROFI-BUS-DP 从站。

PROFINET IO 提供三种执行水平：

1）非实时数据传输（NRT）：用于项目的监控和非实时要求的数据传输，例如项目的诊断，典型通信时间大约 100ms。

2）实时通信（RT）：用于要求实时通信的过程数据，通过提高实时数据的优先级和优化数据堆栈（ISO/OSI 模型第一层和第二层），使用标准网络元件可以执行高性能的数据传输，典型通信时间为 0.5 ~ 10ms。

3）等时实时（IRT）：等时实时确保数据在相等的时间间隔进行传输，例如多轴同步应用。普通交换机不支持等时实时通信。等时实时典型通信时间为 0.25 ~ 1ms，每次传输的时间偏差小于 1μs。还可以在 IRT 的基础上实现 IO 设备与程序执行的同步，同时处理多个 IO 设备的数据。

支持 IRT 的交换机数据通道分为标准通道和 IRT 通道。标准通道用于 NRT 和 RT 的数据通信，IRT 通道专用于 IRT 的数据通信，网络上其它的通信不会影响 IRT 过程数据的通信。PROFINET IO 实时通信的 OSI/ISO 模型如图 10-5 所示。

图 10-5　PROFINET IO 实时通信的 OSI/ISO 模型

10.3.5　SIMATIC S7-1500 OUC 通信示例

OUC 有四种连接方式，分别为 ISO、ISO-on-TCP、TCP/IP 和 UDP。CPU 集成接口、CP 1543-1、CP 1545-1 和 CM 1542-1 都支持 OUC 的通信方式。与 SIMATIC S7-300/400 相比，无论使用哪一种接口和哪一种连接类型，建立连接的过程和调用的通信函数都相同，这样可以避免不必要的错误。TIA 博途软件提供了多种建立连接的方式，非常灵活，在下面的示例中仅给出最简单的一种方式。考虑到最常见的应用，示例将以在相同项目下和在不同项目下两种方式分别介绍通信配置的过程。

1. SIMATIC S7-1500 PLC 在相同项目下进行通信配置（ISO-on-TCP 连接）

1）创建新项目，例如 "OPEN IE 通信"，在项目树下单击 "添加新设备"，分别选择 CPU 1513-1 和 CPU 1516-3，创建两个 SIMATIC S7-1500 PLC 站点。

2）在设备视图中，单击其中一个 CPU 的以太网接口，在"属性"标签栏中设定以太网接口的 IP 地址并添加新子网。例如 CPU 1513-1 的以太网 IP 地址为 192.168.0.10，子网掩码为 255.255.255.0，子网为"PN/IE_1"如图 10-6 所示。

图 10-6　设定 CPU 以太网的 IP 地址

3）以相同的方式设置 CPU 1516-3 的 IP 地址和子网掩码。示例中设定的 IP 地址为 192.168.0.20，子网掩码为 255.255.255.0。

注意：CPU 以太网接口在默认状态下 IP 地址相同，可以通过 CPU 的显示面板修改 IP 地址，也可以通过在线联机和下载的方式修改 IP 地址。

4）打开主程序块，直接调用通信函数（"指令"→"通信"→"开放式用户通信"）。例如将通信函数"TSEND_C"拖放到 CPU 1513-1 的 OB1 中，如图 10-7 所示。

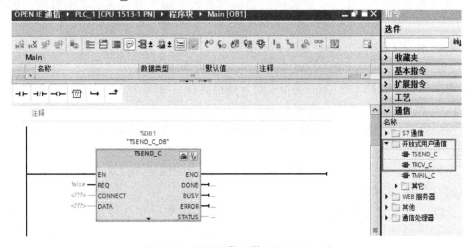

图 10-7　调用通信函数"TSEND_C"

5）单击主程序中的通信函数，选择"属性"→"组态"→"连接参数"，配置 TSEND_C 通信连接参数，如图 10-8 所示。

图 10-8　配置 TSEND_C 通信连接参数

首先选择通信伙伴，例如 PLC_2（CPU 1516-3），指定通信伙伴后，可以选择下方的通信接口，CPU 1516-3 的两个以太网接口都支持 OUC 的通信方式。示例中选择接口 X1，指定接口后，自动显示所使用以太网接口的 IP 地址。在组态模式中可以选择"使用组态的连接"或"使用程序块"。如果选择"使用组态的连接"模式，两个 PLC 的通信连接将固定地占用一个连接资源；如果选择"使用程序块"的模式，两个 PLC 的通信连接需要通过编程建立（在通信函数内部已经调用了建立通信连接的指令，并在用户接口中设置了一个使能信号位），这种连接可以释放，这样就可以分批次地实现与更多的设备通信。示例中选择"使用组态的连接"模式，因为 SIMATIC S7-1500 CPU 的通信资源非常多。组态模式指定后，可以选择连接类型，示例中选择"ISO-on-TCP"。在连接数据中选择"新建"后，两个 PLC 的通信连接就建立了。

6）在块参数栏中，可以配置通信的数据区参数、输入和输入 / 输出参数，如图 10-9 所示。

① 启动请求（REQ）：用于触发数据的发送，每一个上升沿发送一次。示例选择了 CPU 的时钟存储器位（在 CPU 的属性中定义），发送频率为 1Hz。

② 连接状态（CONT）：如果为 0，断开通信连接；如果为 1，建立连接并保持，默认设置为 0。此参数为隐藏参数，在通信函数中不显示。

③ 连接参数 CONNECT：由系统"TCON_IP_V4"类型创建的通信数据块，用于存储连接信息。

④ 起始地址：发送数据区的开始地址。示例中为 db4.dbx0.0，表示从 db4 的开始地址作为发送数据区的起始地址。

⑤ 长度：发送数据区的长度，示例中为 100 个字节。至此发送数据区定义完成，为 db4 的前 100 个字节。

> **注意**：这里使用的是非优化 DB，如果使用优化 DB，不需要在长度参数中指定，只需要在起始地址中使用符号名称方式定义即可，例如定义一个数组："数据块_1.send"。

⑥ 发送长度（LEN）：设定实际的发送长度，示例中为 60，表示将 100 个字节的发送数据区中前 60 个字节发送出去。这些参数可以是变量。如果在 DATA 参数中使用具有优化访问权限的发送区，LEN 参数值必须为 "0"。

⑦ 重新启动块（COM_RST）：用于重新启动连接，可以不赋值。

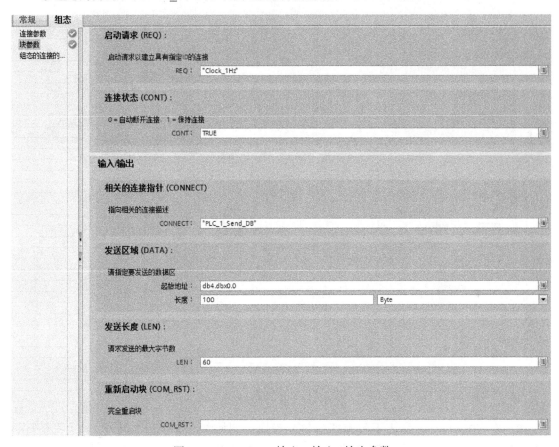

图 10-9　TSEND_C 输入、输入 / 输出参数

输出参数用于指示通信的状态如图 10-10 所示。

① 请求完成（DONE）：每次发送成功，产生一个上升沿。这里的发送成功是将数据发送到本地的发送缓存区，而不是通信伙伴已经接收到数据。

② 请求处理（BUSY）：为 1 时表示发送作业尚未完成，无法启动新发送作业。

③ 错误（ERROR）：错误位。

④ 错误信息（STATUS）：通信状态字。

块参数配置完成之后，图 10-7 中通信函数 TSEND_C 的参数自动赋值。

7）在"组态的连接的总览"中可以查看建立的连接，也可以删除没有使用的连接，如图 10-11 所示。至此一个站点的发送程序完成。

输出

请求完成 (DONE)：

指示请求是否已无错完成

DONE： "Tag_1"

请求处理 (BUSY)：

指示此时是否执行请求

BUSY： "Tag_2"

错误 (ERROR)：

指示处理请求期间是否出错

ERROR： "Tag_3"

错误信息 (STATUS)：

指示错误信息

STATUS： "Tag_4"

图 10-10 TSEND_C 输出参数

图 10-11 通信连接总览

8）在 CPU 1516-3 站点上编写通信接收程序。例如将通信函数 TRCV_C（"指令"→ "通信"→"开放式用户通信"）拖放到 CPU 1516-3 的 OB1 中。单击主程序中的通信函数， 选择"属性"→"组态"→"连接参数"配置连接属性，如图 10-12 所示。

首先选择通信伙伴，例如 PLC_1（CPU 1513），然后在"连接数据"中直接选择已经 建立的通信连接，例如"ISOonTCP_ 连接 _1"，连接参数配置完成。

9）在块参数栏中配置数据接收区和实际接收到的字节长度，如图 10-13 所示。这里需 要注意接收区域的长度必须大于等于发送区域（TCP 连接除外）。在参数 RCVD_LEN 中可 以读出实际接收数据的长度，其它参数与发送通信函数相同。

10）两个站配置完成之后，将程序分别下载到两个 CPU 中。单击任意一个通信函数上 的诊断图标，可以进入诊断 OUC 的连接状态界面，如图 10-14 所示。

图 10-12　配置 TRCV_C 通信参数

接收区域 (DATA):

指定要接收的数据区域

起始地址：　DB3.DBX0.0

长度：　100　　　　　　　　　　　　　　　　　　BYTE

接收到的字节数 (RCVD_LEN):

以字节为单位的已接收数据量

RCVD_LEN：　"Tag_6"

图 10-13　配置 TRCV_C 块参数

　　在"连接信息"栏中，单击"连接详细信息"可以查看连接的状态。连接状态与通信函数中的连接参数有关，如果连接未建立，应检查连接参数和网络物理连接。

　　11）在"扩展 OUC 诊断"项中可以查看数据收发信息，CPU 1513-1 发送的字节数如图 10-15 所示。

　　12）选择 CPU 1516-3 的连接，单击"在线"，同样可以查看到已接收的字节数。

　　13）通信任务至此结束。示例程序可以通过"机工电气"微信公众号，输入 24009 下载或联系工作人员索取：示例程序→以太网通信文件夹下的"OPEN IE 通信"项目。

图 10-14　诊断 OUC 的连接状态

图 10-15　CPU 1513-1 发送的字节数

注意:

1) 示例中只演示一对发送接收函数的调用。使用一个通信连接时,CPU 可以同时发送和接收数据。一个通信连接用于两个 CPU 之间的通信,如果一个 CPU 需要与多个 CPU 进行通信,就需要相应地建立多个通信连接。

2) 如果连接的类型是 TCP,在接收函数中使能 ADHOC 参数,可以适合接收通信伙伴发送可变长度数据的应用,如图 10-16 所示。

图 10-16　TCP 通信接收函数 ADHOC 参数

2. SIMATIC S7-1500 PLC 在不同项目下进行通信配置（ISO-on-TCP 连接）

一个项目可能由多个公司完成，出于对知识产权的考虑，程序不能互相复制，这样需要通信双方在不同项目下同时模拟对方建立通信连接。下例中，假设一个站点使用 CPU 1513-1，IP 地址为 192.168.0.10，另一个站点使用 CPU 1516-3，IP 地址为 192.168.0.20，配置的步骤如下：

1）创建新项目，例如 "OPEN IE 通信 _1513"。在项目树下单击 "添加新设备"，选择 CPU 1513-1。在设备视图中，单击 CPU 的以太网接口，在 "属性" 标签栏中设定以太网接口的 IP 地址为 192.168.0.10，子网掩码为 255.255.255.0，如图 10-6 所示。

2）打开主程序块，直接调用通信函数（"指令" → "通信" → "开放式用户通信"），例如将通信函数 TSEND_C 拖放到 CPU 1513-1 的 OB1 中，如图 10-7 所示。

3）单击主程序中的通信函数，选择 "属性" → "组态" → "连接参数"，配置 CPU 1513-1 连接参数，如图 10-17 所示。由于两个站点未在一个项目下，在通信 "伙伴" 处选择 "未指定"，然后指定通信伙伴的 IP 地址，例如 192.168.0.20。在组态模式中可以选择 "使用组态的连接" 或 "使用程序块"，示例中选择 "使用组态的连接" 的模式。指定组态模式后，再选择连接类型，示例中选择 "ISO-on-TCP"。在连接数据中选择 "新建"，完成两个 PLC 的通信连接。在地址详细信息中定义 TSAP（ASCII）。TSAP 使用字符（区分大小写）区别通信连接，例如两个 PLC 站点可以建立多个连接，每个连接用 TSAP 进行标识，一个 CPU 中的 TSAP 标识不能相同。示例中设定本地 TSAP 为 CPU 1513，伙伴 TSAP 为 CPU 1516。TIA 博途软件会自动将 TSAP 字符转换为数字表示形式的 TSAP ID。至此，连接参数配置完成。

注意：配置的通信伙伴是未指定的。在通信伙伴方也需要进行类似配置，通信双方的通信参数必须一致。

4）在块参数项中，定义通信的发送数据区为 DB1 中的前 100 个字节，实际发送前 60 个字节。参考 "SIMATIC S7-1500 PLC 在相同项目下进行通信配置" 中块参数的赋值，这里不再详细介绍。于是 CPU 1513 的发送任务就配置完成了。

图 10-17　配置 CPU 1513-1 连接参数

5）再次创建新项目，例如"OPEN IE 通信 _1516"，以相同的方式设置 CPU 1516-3 的 IP 地址为 192.168.0.20，子网掩码为 255.255.255.0。

6）在 CPU 1516-3 站点上编写通信接收程序。例如将通函数 TRCV_C（"指令"→ "通信"→"开放式用户通信"）拖放到 CPU 1516-3 的 OB1 中。单击主程序中的通信函数，选择"属性"→"组态"→"连接参数"，配置连接属性，如图 10-18 所示。

图 10-18　配置 CPU 1516-3 连接参数

　　这里的配置必须与在 CPU 1513 中的配置相匹配。在通信"伙伴"处选择"未指定"，指定通信伙伴 CPU 1513 的 IP 地址，例如 192.168.0.10。在组态模式中选择"使用组态的连接"，连接类型选择"ISO-on-TCP"，在连接数据中选择"新建"后，生成 PLC 通信的连接数据，该数据存储于数据块中。由于在 CPU 1513 的配置中选择了由通信伙伴主动建立连接，所以这里需要选择由 CPU 1516 主动建立连接（不能选错，否则通信连接不能建立）。在地址详细信息中定义 TSAP（ASCII）。示例中设定本地 TASP 为 CPU 1516，伙伴 TSAP 为 CPU 1513，这里的选择必须与 CPU 1513 中的配置相匹配。至此，连接参数配置完成。

　　7）在块参数项中，定义通信的接收数据区为 DB2 中的前 100 个字节，最大接收长度为 100 个字节。参考"SIMATIC S7-1500 PLC 在相同项目下进行通信配置"中块参数的赋值，这里不再详细介绍。至此 CPU 1516 的接收任务就配置完成了。

　　8）两个站配置完成之后，将组态数据和程序分别下载到对应的 CPU 中。单击任意一个通信函数（例如 CPU 1513 站点的通信函数 TSEND_C）上的诊断图标，可以进入诊断界面，如图 10-19 所示。可以看到，连接的通信伙伴为"未知"，连接已经建立。由于在不同的项目下进行通信，在"连接"列表中出现的 OUC 连接数只有一个。

图 10-19　诊断 CPU 1513-1 OUC 的连接状态

　　9）在"扩展 OUC 诊断"项中同样可以查看数据收发信息，CPU 1513-1 发送的字节数如图 10-20 所示。

　　10）同样在 CPU 1516-3 站点中也可以查看诊断详情。示例程序可以通过"机工电气"微信公众号，输入 24009 下载或联系工作人员索取：示例程序→以太网通信文件夹下的"OPEN IE 通信 _1513"和"OPEN IE 通信 _1516"项目。

图 10-20　CPU 1513-1 扩展 OUC 诊断详细

10.3.6　SIMATIC S7-1500 S7 通信

SIMATIC S7-1500 CPU 集成接口、CP 1543-1、CP 1545-1 和 CM 1542-1 以太网接口都支持 S7 通信连接。由于 S7 通信方式非常灵活，并且 SIMATIC S7-1500 CPU 的连接资源非常丰富，S7 通信是 PLC 间主要非实时的通信方式。与 SIMATIC S7-300/400 相比，无论使用哪一种接口，建立连接的过程和调用的通信函数都相同，使用起来很方便。由于在实际应用中 BSEND/BRCV、PUT/GET 方式比较常见，以下示例将基于这两种方式，分别介绍在相同项目下和在不同项目下通信配置的过程。

1. 使用 BSEND/BRCV 在相同项目下配置 SIMATIC S7-1500 PLC 间的通信

1）创建新项目，例如"S7 通信 _BSEND_RECV"。在项目树下单击"添加新设备"，分别选择 CPU 1513-1 和 CPU 1516-3，创建两个 S7-1500 PLC 站点。

2）在设备视图中，单击其中一个 CPU 的以太网接口，在"属性"标签栏中设定以太网接口的 IP 地址。例如 CPU 1513-1 的以太网 IP 地址为 192.168.0.10，子网掩码为 255.255.255.0。

3）以相同的方式设置 CPU 1516-3 的 IP 地址和子网掩码。示例中设定的 IP 地址为 192.168.0.20，子网掩码为 255.255.255.0 。

> **注意：**CPU 以太网接口在默认状态下 IP 地址相同，具有相同默认 IP 地址的 CPU 不能同时连接在一个子网上。通过 CPU 的显示面板可以修改 CPU 的 IP 地址，通过在线联机和下载的方式也可以修改 CPU 的 IP 地址。

4）进入网络视图，单击"连接"按钮，选择"S7 连接"类型。单击 CPU 1513 的以太网接口并保持，然后拖拽到 CPU 1516 的任意一个以太网接口，示例中为接口 X1，待出现连接符号后释放鼠标。这时就建立了一个 S7 连接并呈高亮显示，同时在连接表中出现两个连接（每个 CPU 有一个连接），如图 10-21 所示。

图 10-21　建立 S7 连接

5）单击连接表中的 S7 连接，可以查看连接的属性。在同一项目下，只需注意本地的连接 ID，因为编写通信程序时需要用连接 ID 作为标识符以区别不同的连接，如图 10-22 所示。

图 10-22　S7 连接的属性界面

6）连接建立后需要编写通信程序。打开主程序块，调用通信函数（"指令"→"通信"→"S7 通信"→"其它"），例如将通信函数 BSEND 和 BRCV 拖放到 CPU 1513-1 的 OB1 中，如图 10-23 所示。

图 10-23　在 CPU 1513-1 编写通信程序

通信函数 BSEND 的参数含义：

1）REQ：用于触发数据的发送，每一个上升沿发送一次。示例选择了 CPU 的时钟存储器位（在 CPU 的属性中定义），发送频率为 1Hz。

2）R：为 1 时停止通信任务。

3）ID：通信连接 ID，指定一个通信连接，包括通信双方的通信参数，如图 10-22 所示，需要注意图中"连接"列表里的 ID 是十六进制数。

4）R_ID：通信函数的标识符，发送与接收函数必须一致，示例中 CPU 1513 发送，CPU 1516 接收使用标识符为 1；CPU 1516 发送，CPU 1513 接收使用标识符为 2。

5）SD_1：发送区。

6）LEN：发送数据（字节）的长度。如果为 0，表示发送整个发送区的数据，示例中为 0。

7）DONE：每次发送数据并且对方已经接收，产生一个上升沿。

8）ERROR：错误状态位。

9）STATUS：通信状态字，如果 ERROR 为 1，可以查看通信状态信息。

通信函数 BRCV 的参数含义：

1）EN_R：为 1 时激活接收功能。

2）ID：通信连接 ID，与 BSEND 相同。

3）R_ID：标识符，发送与接收函数块标识必须一致。

4）RD_1：接收区。

5）LEN：接收数据（字节）的长度。

6）NDR：每次接收到新数据，产生一个上升沿。

7）ERROR：错误状态位。

8）STATUS：通信状态字。

示例程序中 S7-1513 PLC 发送 CPU 1513.Send 的数据到 CPU 1516，使用 CPU 1513.Recv 接收 CPU 1516 发送的数据。

9）以相同的方法编写 CPU 1516 的通信程序。编写完成后分别对应地下载到两个 CPU 中。进入网络视图，打开"连接"列表，单击"在线"按钮，选择"S7_连接_1"，可以查看 S7 的连接状态，如图 10-24 所示。

10）建立连接后，可打开变量监控表监控通信数据，这样 S7 连接通信任务就轻松地完成了。示例程序可以通过"机工电气"微信公众号，输入 24009 下载或联系工作人员索取：示例程序→以太网通信文件夹下的"S7 通信_BSEND_RECV"项目。

2. 使用 BSEND/BRCV 在不同项目下配置 SIMATIC S7-1500 PLC 间的通信

1）创建新项目，例如"S7 通信_BSEND_RECV_1513"。在项目树下单击"添加新设备"，选择 CPU 1513-1，并创建 S7-1500 PLC 站点。

2）在设备视图中，单击 CPU 的以太网接口，在"属性"标签栏中设定以太网接口的 IP 地址。例如 CPU 1513-1 的以太网 IP 地址为 192.168.0.10，子网掩码为 255.255.255.0，然后单击"添加新子网"按钮添加一个网络。

3）进入网络视图，单击"连接"按钮，选择"S7 连接"类型。然后单击 CPU 图标，鼠标右键选择"添加新连接"，弹出的对话框如图 10-25 所示。

图 10-24　诊断 S7 连接状态

图 10-25　创建未指定 S7 连接

4）单击"添加"按钮，创建一个 S7 连接并呈高亮显示。在 S7 连接属性的"常规"栏中设定通信伙伴的 IP 地址，示例中为 192.168.0.20，如图 10-26 所示。

5）在"本地 ID"栏中查看连接 ID，连接 ID 作为标识符以区别不同的连接，在编写通信程序时使用。

6）单击"地址详细信息"栏，如图 10-27 所示。首先指定通信伙伴 CPU 的"机架 / 插槽号"，S7-1500 CPU 机架号固定为"0"，插槽号固定为"1"。然后选择"连接资源"为

"10"及以后的数字。示例中选择"11"，配置完成后，自动生成的 TSAP 信息中包含"连接资源"。如果选择使用"SIMATIC-ACC"，则 TSAP 信息中包含本地 ID 信息。

图 10-26　设定 S7 连接通信伙伴 IP 地址

注意：同一个 CPU 建立多个连接时连接资源号不能相同。

如果通信伙伴的"连接资源"为 3，表示连接对方的单边资源，对方不能调用通信函数，只能单方编程（PUT/GET），例如 SIMATIC S7-300 不带 PN 接口的 CPU。

不在一个项目下的 TSAP 必须匹配，也就是连接资源号必须匹配。

图 10-27　设定 S7 连接的详细地址

7）连接建立后需要编写通信程序。在主程序调用通信函数（"指令"→"通信"→"S7 通信"→"其它"），例如将通信函数 BSEND 和 BRCV 拖放到 CPU 1513-1 CPU 的 OB1 中，如图 10-23 所示。

关于通信函数 BSEND/BRCV 的参数含义可以参考"使用 BSEND/BRCV 在相同项目下配置 SIMATIC S7-1500 PLC 间的通信"部分。示例程序中 CPU 1513 发送"数据块 _1.Send"的数据到 CPU 1516，使用"数据块 _1.Recv"接收 CPU 1516 发送的数据。至此 CPU 1513 中的通信任务完成。

1）以相同的方式配置另一个站点。创建新项目，例如"S7 通信 _BSEND_
RECV_1516"，在项目树下单击"添加新设备"，选择 CPU 1516-3，并创建 S7-1500 PLC 站
点。

2）在设备视图中，设置 CPU 1516 以太网接口 X1 的 IP 地址为 192.168.0.20，子网掩
码为 255.255.255.0，然后单击"添加新子网"按钮添加一个网络。

3）进入网络视图，单击"连接"按钮，选择"S7 连接"类型。单击 CPU 图标，鼠标
右键选择"添加新连接"，建立一个 S7 通信连接。

4）在 S7 连接属性的"常规"栏中设定通信伙伴的 IP 地址，这里需要设定通信伙伴
CPU 1513 的 IP 地址 192.168.0.10。

5）单击"地址详细信息"栏，如图 10-28 所示，这里的配置必须与 CPU 1513 中的配
置匹配。

图 10-28　设定 S7 连接的地址详细信息

6）单击"特殊连接属性"栏，如图 10-29 所示，由于在 CPU 1513 建立连接时默认设
置为主动建立连接，所以在这里必须取消这个选项。

图 10-29　设定 S7 通信连接的特殊属性

7）配置 CPU 1516 的 S7 通信连接后，需要编写通信程序，如图 10-23 所示。这里必
须与 CPU 1513 中设置的通信参数即"ID""R_ID""SD_1""RD_1"等参数匹配。

8）分别下载程序到两个站点后，在任意一个站点中的连接表中选择已经建立的 S7 连
接，单击"转至在线"，可以查看连接状态，如图 10-30 所示，两个站点的通信连接已经
建立。

9）连接建立后，打开变量监控表监控通信数据，至此 S7 连接通信任务完成。示
例程序可以通过"机工电气"微信公众号，输入 24009 下载或联系工作人员索取：示例
程序→以太网通信文件夹下的"S7 通信 _BSEND_RECV_1513"和"S7 通信 _BSEND_
RECV_1516"项目。

图 10-30　查看 S7 连接状态

注意：对于一个 S7 连接可以进行多对 BSEND/BRCV 及 PUT/GET 双向发送接收数据，使用不同的 R_ID 以区分不同的 BSEND/BRCV 及 PUT/GET 收发任务。多个 BSEND/BRCV 及 PUT/GET 之间不需要考虑触发时序，可以同时触发，操作系统将自动协调 S7 通信发送接收任务。

3. 使用 PUT/GET 在相同项目下配置 SIMATIC S7-1500 PLC 间的通信

1）创建新项目，例如 "S7 通信 _PUT_GET"。在项目树下单击 "添加新设备"，分别选择 CPU 1513-1 和 CPU 1516-3，创建两个 S7-1500 PLC 站点。示例中 CPU1516-3 作为数据的服务器被 CPU 1513-1 读写。

2）在设备视图中，单击其中一个 CPU 的以太网接口，在 "属性" 标签栏中设定以太网接口的 IP 地址。例如 CPU 1513-1 的以太网 IP 地址为 192.168.0.10，子网掩码为 255.255.255.0。

3）在 CPU 属性标签中选择 "保护" → "连接机制"，然后使能 "允许来自远程对象的 PUT/GET 通信访问"，如图 10-31 所示。

注意：出于对数据安全的考虑，在默认状态下此选项未被使能。仅需使能 S7 通信服务器侧的 CPU 即可，而客户端的 CPU 可以不勾选此项。

4）以相同的方式设置 CPU 1516-3 的 IP 地址和子网掩码，并使能允许远程访问功能。示例中设定的 IP 地址为 192.168.0.20，子网掩码为 255.255.255.0。

注意：CPU 以太网接口在默认状态下 IP 地址相同，具有相同默认 IP 地址的 CPU 不能同时连接在一个子网上。通过 CPU 的显示面板可以修改 CPU 的 IP 地址，通过在线联机和下载的方式也可以修改 CPU 的 IP 地址。

图 10-31　使能 PUT/GET 远程访问功能

5）在主程序直接调用通信函数（"指令"→"通信"→"S7 通信"），例如将通信函数 PUT 和 GET 拖放到 CPU 1513-1 的 OB1 中，如图 10-32 所示。

图 10-32　调用通信函数 PUT/GET

注意：可以单击通信函数图标中的下拉三角形显示 4 对通信区。

6）单击通信函数 PUT 的组态图标，选择连接参数标签，如图 10-33 所示。在通信伙伴中选择 CPU 1516 并确定通信接口，例如接口 X1，S7 通信连接自动建立（可以手动创建），示例中由 CPU 1513 主动建立连接。

图 10-33　配置 S7 连接参数

7）单击"块参数"标签配置通信函数的参数。输入、输入 / 输出参数如图 10-34 所示。

① 启动请求（REQ）：用于触发数据的通信，每一个上升沿触发一次。示例选择了 CPU 的时钟存储器位（在 CPU 的属性中定义），发送频率为 1Hz。

写入区域 ADDR_1：

② 起始地址：通信伙伴被写入数据区的开始地址，示例中为 DB2.DBX100.0。

③ 长度：被写入数据区的长度，示例中为 60 个字节。这样通信伙伴数据区定义完成，为 DB2.DBB100 ~ DB2.DBB159。

注意：对于 PUT/GET 通信所访问的数据区域必须使用非优化存储区，如非优化的 DB，M 存储器等。

发送区域（SD_1）：

④ 起始地址：发送数据区的开始地址，示例中为 db1.dbx0.0。

⑤ 长度：发送数据区的长度，示例中为 60 个字节。

这样通信双方的数据区定义完成，CPU 1513 将本地 DB1.DBB0 ~ DB1.DBB59 中的数据写入到 CPU 1516 的数据区 DB2.DBB100 ~ DB2.DBB159 中。

图 10-34　通信函数 PUT 的输入、输入 / 输出参数

PUT 的输出参数用于指示通信的状态，如图 10-35 所示。

⑥ 请求完成（DONE）：每次通信成功，产生一个上升沿。

⑦ 错误（ERROR）：错误状态位。

⑧ 错误信息（STATUS）：通信状态字。

8）单击通信函数 GET 的组态图标，选择"连接参数"标签。在通信伙伴中，选择 CPU 1516 并确定通信接口，例如接口 X1，使用组态 PUT 时建立的 S7 通信连接。

注意：一个 S7 通信连接可以同时进行 PUT、GET 通信任务。

9）单击"块参数"标签配置通信函数的参数。输入、输入 / 输出参数如图 10-36 所示。

图 10-35　通信函数 PUT 的输出参数

① 启动请求 REQ：用于触发数据的通信，每一个上升沿触发一次，示例选择了 CPU 的时钟存储器位（在 CPU 的属性中定义），发送频率为 1Hz。

读取区域 ADDR_1：

② 起始地址：需要读取通信伙伴数据区的开始地址，示例中为 DB2.DBX0.0。

③ 长度：读取数据区的长度，示例中为 60 个字节。这样通信伙伴数据区定义完成，为 DB2.DBB0 ～ DB2.DBB59。

注意：这里必须使用非优化 DB 块。

存储区域 RD_1：

④ 起始地址：接收读取通信伙伴数据区的开始地址，示例中为 DB1.DBX100.0。

⑤ 长度：接收数据区的长度，示例中为 60 个字节。这样通信双方的数据区定义完成，CPU 1513 将读取通信伙伴 DB2.DBB0 ～ DB2.DBB59 中的数据并存放到本地的数据区 DB1.DBB100 ～ DB1.DBB159 中。

启动请求 (REQ)：

启动请求以建立具有指定ID的连接

REQ：　"Clock_1Hz"

输入/输出

读取区域 (ADDR_1)

指定待读取伙伴 CPU 中的区域

起始地址：　DB2.DBX0.0

长度：　60　BYTE

存储区域 (RD_1)

指定本地CPU地址区用于接收读取数据

起始地址：　DB1.DBX100.0

长度：　60　BYTE

图 10-36　通信函数 GET 的输入、输入 / 输出参数

⑥ GET 的输出参数：

⑦ NDR：每次接收到新数据，产生一个上升沿。

⑧ ERROR：错误状态位。

⑨ STATUS：通信状态字。配置完成后，通信连接自动生成，通信函数自动赋值。

10）将配置和程序分别下载到两个 CPU 中，单击通信函数上的诊断图标，对通信连接进行诊断，连接的建立是通信的先决条件。如图 10-37 所示，通信连接已经建立。

图 10-37 诊断 S7 通信连接

11）连接建立后，打开变量监控表监控通信数据，至此 S7 连接通信任务完成。示例程序可以通过"机工电气"微信公众号，输入 24009 下载或联系工作人员索取：示例程序→以太网通信文件夹下的"S7 通信 _PUT_GET"项目。

> **注意**：示例中，通信双方可以使用同一个 S7 连接通过 PUT/GET 函数块对通信伙伴进行读写访问。

4. 使用 PUT/GET 在不同项目下配置 SIMATIC S7-1500 PLC 间的通信

1）创建一个新项目，例如"S7 通信 _PUT_GET_1513"。在项目树下，单击"添加新设备"，选择 CPU 1513-1。在设备视图中，单击 CPU 的以太网接口，在"属性"标签栏中设定以太网接口的 IP 地址为 192.168.0.10，子网掩码为 255.255.255.0。

2）打开主程序块，直接调用通信函数（"指令"→"通信"→"S7 通信"），例如将通函数 PUT 和 GET 拖放到 CPU 1513-1 的 OB1 中，参考图 10-32 的示例程序。

> **注意**：可以单击通信函数图标中的下拉三角形显示 4 对通信区。

3）单击通信函数 PUT 的组态图标，选择"连接参数"标签，如图 10-38 所示。在通信伙伴中选择"未知"，并设定 IP 地址，示例中设置通信伙伴的 IP 地址为 192.168.0.20。S7 通信连接自动建立，并由 CPU 1513 主动建立连接。

图 10-38　配置 S7 连接参数 - 未知通信伙伴

4）PUT "块参数" 标签中的配置可以参考 "使用 PUT/GET 在相同项目下配置 SIMATIC S7-1500 PLC 间的通信" 部分。示例中 CPU 1513 将本地 DB1.DBB0 ～ DB1.DBB59 中的数据写入到 CPU 1516 的数据 DB2.DBB100 ～ DB2.DBB159 中。

5）以相同的方式配置通信函数 GET，注意要选择配置 PUT 通信函数时创建的通信连接（这里也可以重新创建一个 S7 连接，是 PUT/GET 的连接分开，但是多占用一个连接资源）。示例中 CPU 1513 将读取通信伙伴 DB2.DBB0 ～ DB2.DBB59 中的数据，并存放到本地的数据区 DB1.DBB100 ～ DB2.DBB159。

6）配置完成后，通信连接自动生成，通信函数自动赋值。

7）S7 通信时必须指定通信伙伴 CPU 的插槽号。由于连接通信伙伴为 "未知"，所以必须在 S7 连接属性中设定伙伴 CPU 的插槽号。进入网络视图，选择创建的连接，在 "属性" → "地址详细信息" 栏中配置通信伙伴 CPU 的插槽号和连接资源，如图 10-39 所示。S7-1500 CPU 插槽号固定为 1（如果通信伙伴是 S7-300，插槽号固定为 2；如果通信伙伴是 S7-400，则需要根据硬件配置决定）。连接资源选择 3，表示通信伙伴在这个连接中只能作为数据服务器被读写。如果是 0x10 ～ 0xDF，则通信双方都可以在一个 S7 连接中进行 PUT/GET 操作，但是需要双方配置 TSAP。可以参考在不同项目下 BSEND/BRCV 的配置方式。

图 10-39　配置未知 S7 连接通信伙伴的详细地址

8）本地站点配置完成后，需要配置通信伙伴站点。创建一个新项目，例如"S7 通信_PUT_GET_1516"。在项目树下单击"添加新设备"，选择 CPU 1516-1。在设备视图中，单击 CPU 的以太网接口，在"属性"标签栏中设定以太网接口的 IP 地址为 192.168.0.20，子网掩码为 255.255.255.0。

9）在 CPU 属性标签中选择"保护"→"连接机制"，然后使能"允许来自远程对象的 PUT/GET 通信访问"，如图 10-31 所示。然后在程序中创建相应的通信区，例如 DB2，这样通信任务就完成了。

10）如果通信伙伴 CPU 1516 也需要调用 PUT/GET 访问 CPU 1513 的数据，则需要重新创建一个新的 S7 连接，与 CPU 1513 的配置过程相同。示例程序可以通过"机工电气"微信公众号，输入 24009 下载或联系工作人员索取：示例程序→以太网通信文件夹下的"S7 通信_PUT_GET_1513"和"S7 通信_PUT_GET_1516"项目。

10.3.7　SIMATIC S7-1500 S7 路由通信功能

S7 路由通信就是跨子网进行通信，例如连接在一个 S7-1500 CPU X1 接口的设备，可以与这个站点其它网络（如 PROFIBUS 或 X2 接口的以太网）上设备进行通信，此时该 CPU 就被当作为一个网关。S7 路由通信最早应用于编程上，编程器连接一个大的、复杂网络中的任意一个接口，就可以对整个网络上（MPI/PROFIBUS/Ethernet）的设备进行编程，上位监控软件 WinCC 及 SIMATIC NET OPC 服务器也可以通过 PC 站的形式具有 S7 路由功能，但是 SIMATIC S7-300/400 PLC 之间不支持跨子网的 S7 路由通信。

SIMATIC S7-1500 PLC 不但具有上述路由功能，还具有在不同 PLC 之间的 S7 路由通信功能，即一个子网络中的 S7-1500 PLC 可以通过网关与另外一个子网络中的 S7-1500 PLC 进行 S7 通信。下面以示例的方式介绍 PLC 之间 S7 路由通信的配置方法。

1）创建新项目，例如"S7 路由通信"，在项目树下单击"添加新设备"，选择两个 S7-1500 CPU、一个 S7-300 CPU 和一个 S7-400 CPU，并分别创建 A、B、C、D 4 个站点。

2）在设备视图中，分别为 4 个站点的网络接口配置子网络和通信地址。配置完成后，各站点的网络连接如图 10-40 所示。站 A 通过以太网网络 1 与站 C 连接，站 C 通过 PROFIBUS 网络与站 B 连接，站 B 通过以太网网络 2 与站 D 连接。站 A 与站 B 之间通过站 C 连接，那么站 C 就是站 A 与站 B 的网关。视图中站 A 与站 B 可以通信，站 C 与站 D 由于是 SIMATIC S7-300/400 PLC 而不能进行路由通信。

注意：S7 路由通信的站点必须在相同的项目中。

3）单击站 A 的 CPU 图标，鼠标右键选择"添加新连接"（必须先单击"连接"按钮才能使能添加新连接标签），弹出的对话框如图 10-41 所示。在连接的类型中选择"S7 连接"，通信伙伴选择站 B（CPU 1516），连接使用的通信接口自动显示。可以看到，本地为以太网接口 X1，通信伙伴为 PROFIBUS 接口 X3。

4）单击"添加"按钮，创建一个 S7 连接。如图 10-42 所示，可以看到路由连接的图标为箭头。在 S7 连接属性的"常规"栏中可以看到本地使用以太网接口，地址为 IP 地址，通信伙伴使用 PROFIBUS 接口，地址为 PROFIBUS 地址。

图 10-40　S7 路由通信网络拓扑

图 10-41　创建 S7 路由连接

图 10-42　S7 路由连接的属性

5）由于 S7 路由通信是 S7 通信方式的一种，其它参数设置与通信函数的调用（BSEND/BRCV、PUT/GET）可以参考 10.3.6 节 SIMATIC S7-1500 S7 通信。如果使用 PUT/GET 通信函数，也可以在函数的组态中直接选择通信的站点，系统将自动建立 S7 路由通信连接，配置更加简单。示例程序可以通过"机工电气"微信公众号，输入 24009 下载或联系工作人员索取：示例程序→以太网通信文件夹下的"S7 路由通信"项目。

10.3.8　SIMATIC S7-1500IP 转发功能

S7 路由有两个先决条件：第一，参与的设备必须是西门子设备，例如 SIMATIC S7-300/400/1500，或者是安装了西门子软件的 PC；第二，必须是在一个项目中，这样系统自动将 PLC 作为网关进行跨网络通信。这样的要求限制了第三方设备在整个网络的通信功能，在 S7-1500 CPU V2.8 及以上版本增加了 IP 转发功能。

IP 转发功能就是将 CPU 或者一个站点作为网关，所以 CPU 至少具有两个以太网接口或者 CPU 具有一个以太网接口，由固件版本 V2.2 及更高版本的 CP 1543-1 提供另一个以太网接口，IP 数据包在两个接口连接的子网中相互转发。IP 转发功能可以使各个站点不必在相同的项目中，也可以使一些应用不依赖 S7 的路由功能而进行跨 IP 子网的通信，例如 OPC UA 客户端和 Web 浏览器等，设备连接在主干网上，可以对分支网络上的站点进行诊断和数据采集。

下面以示例的方式介绍 SIMATIC S7-1500 CPU 的 IP 转发功能。PC1 和 PC2 的 IP 地址分别为 192.168.1.11 和 192.168.2.11，连接到两个 S7-1516 CPU X2 接口的子网上，两个 CPU 通过 X1 接口互联，网络拓扑示意图如图 10-43 所示。

图 10-43　IP 转发网络拓扑示意图

SIMATIC S7-1500 CPU 不使能 IP 转发功能，PC1 和 PC2 之间不能相互访问（使用 PING 命令可以检查通路），使能 CPU 的 IP 功能后，PC1 不但可以访问到 PLC_2，还可以与 PC2 进行通信，这样需要在 PC 和 PLC 侧进行相应的设置：

1）PC 侧的设置：以 PC1 为例，打开 PC1 的网络设置，选择相应的网卡，设置 IP 地址为 192.168.1.11，网关设置为 192.168.1.1，如图 10-44 所示。

2）PLC 侧的设置：以 PLC_1 为例，首先在 S7-1516 CPU 的属性中使能 IP 转发功能，如图 10-45 所示。

然后设置 CPU 的 X2 接口的 IP 地址为 192.168.1.1，X1 接口的 IP 地址为 192.168.0.1，路由器地址为 192.168.0.11，如图 10-46 所示。

图 10-44　IP 转发功能（设置 PC 的 IP 地址以及网关）

图 10-45　使能 CPU 的 IP 转发功能

图 10-46　设置 IP 地址和路由器地址

按照图 10-43 所示的地址标识，以相同的方法使能 PLC_2 的 IP 转发功能，然后设置 PLC_2 和 PC2 的 IP 地址、网关和路由器地址，设置完成后可以在 PC1 使用 "PING" 命令测试是否可达 PC2 的 IP 地址，如果可以 PING 通，说明 CPU 的 IP 转发功能工作，PC1 可以访问 PLC_2 站点，PC2 也可以访问 PLC_1 站点。

10.3.9　配置 PROFINET IO RT 设备

SIMATIC S7-1500 系列中所有 CPU 都集成 PROFINET 接口，可以连接带有 PROFINET IO 接口的远程 I/O 站点，例如 ET 200M、ET 200MP、ET 200S 和 ET 200SP 等设备。

下面介绍 PROFINET IO RT 的配置步骤:

1)添加新设备,例如 CPU 1513-1PN。然后进入网络视图,可以看到创建的 CPU 站点,在硬件目录窗口中单击打开"分布式 I/O",选择需要的站点并拖放到网络视图中。

2)如果编程器连接到实际的网络中,设备连接状态完好并处于上电状态中,可以检测并上传所连接的 IO 设备组态,步骤如下:

① 选择项目后,单击菜单"在线"→"硬件检测"→"网络中的 PROFINET 设备",在弹出的界面中选择 PC 使用的网卡,单击"开始搜索"按钮后开始检测网络上的 IO 设备,如图 10-47 所示。

图 10-47 检测 IO 设备

② 勾选需要添加的 IO 设备,单击"添加设备"按钮将设备上传到 PC 上。

注意: 只能检测 IO 设备,IO 控制器和 I DEVICE(智能 IO 设备)不能检测。检测并上传的 IO 设备保持默认状态。与手动配置相比,可以直接检测到 IO 设备的模块并上传。检测的 IO 组态,需要按实际应用调整各 IO 模块的参数。对于 ET 200SP,检测上传的组态不包含电位组信息,需要手动调整匹配。

3)单击 CPU 的以太网接口,保持按压状态并拖拽到 IO 设备的通信接口,出现连接标志后释放鼠标,这样就建立了连接,如图 10-48 所示。建立连接后,在 IO 设备的图标上带有 IO 控制器的标识,例如"PLC_1"。然后,在设备视图中为每个站点插入 I/O 模块(检测的 IO 设备不再需要配置 I/O 模块)。

4)由于 PROFINET IO 不支持 IP 路由,所以在添加 IO 设备时,其以太网接口的 IP 地址自动与 IO 控制器划分在相同的网段。单击以太网接口,在属性界面中可以修改 IP 地址,如图 10-49 所示。IP 地址只用于诊断和通信初始化,与实时通信无关。IO 设备没有拨码开关,PROFINET 设备名称是 IO 设备的唯一标识。默认情况下,设备名称由系统自动生成,但也可以手动定义一个便于识别的设备名称。设备名称需要在线分配给配置的设备。设备编号用于诊断应用，它相当于 PROFIBUS-DP 的站号。如果在 PROFINET 上使用 IE/PB Link 网关连接 PROFIBUS-DP 站点，系统也会为该网关分配一个唯一的设备编号，该网关连接的 PROFIBUS 从站的站地址也将作为 PROFINET 网络的设备编号。

图 10-48　连接 PROFINET IO 站点

图 10-49　配置 IO 设备的 IP 地址和设备名称

注意：路由器地址的设置是为了外部设备，例如 PC，对 PROFINET 网络中的设备进行诊断，如果选择"同步路由器设置与 IO 控制器"，则 IO 设备与 IO 控制器使用相同的路由器。如果选择"使用路由器"，则每一个 IO 设备都可以选择一个路由器，用于外部设备的诊断。

5）在 IO 控制器的以太网接口属性中，单击"高级选项"→"实时设定"→"IO 通信"标签，设定 PROFINET IO 网络最小发送时钟，示例中为 0.5ms，如图 10-50 所示。

图 10-50　在 IO 控制器中设置公共发送时钟

6) 以同样的方式配置 IO 设备的更新时间，如图 10-51 所示。使用手动方式可以自定义数据的刷新时间，示例中以 0.5ms 为基数，可以选择"刷新时间"为 2ms，这样 IO 控制器与 IO 设备按 2ms 的时间间隔相互发送数据。看门狗时间默认为更新时间的 3 倍，表示如果在 6ms 没有接收到数据，判断该站点丢失。看门狗时间可以根据需要进行设置，例如使用 MRP 介质冗余协议环网时，典型的网络重构时间为 200ms，需要将看门狗时间设置为大于 200ms。

图 10-51　配置 IO 设备的更新时间

注意： 与 PROFIBUS-DP 相比，每个 IO 设备都可以设置独立的更新时间。可设置的最小更新时间与 IO 控制器的端口带宽和每个 IO 设备的时间延迟（系统自动计算）有关。最小更新时间对应 IO 设备的某个最大个数，如果 IO 设备数量超过这个最大个数，将按以下规则定义各站点的更新时间：站点号为"最大数 - 超出个数 +1"的站点至站点号为"最大数 + 超出个数"的站点的更新时间将加倍；站点号小于等于"最大数 - 超出个数"的站点的更新时间仍为最小更新时间。例如 1ms 更新时间的最大站点数为 100 个，新加入一个站点后，第 100、101 个站点的更新时间为 2ms，前 99 个站点的更新时间为 1ms；如果再增加一个站点，第 99、100、101、102 个站点的更新时间为 2ms，前 98 个站点的更新时间为 1ms，依此类推。

配置完成后，需要为每一个 IO 设备在线分配设备名称。在网络视图中单击 PROFI-NET 网络，右键选择"分配设备名称"，弹出界面如图 10-52 所示。

图 10-52　为分配 IO 设备分配设备名称

选择在线接口，然后在"PROFINET 设备名称"栏中选择已经配置的站点，例如"et200sp_2"，在"网络中的可访问节点"窗口中选择实际的站点（通过 IO 设备接口模块的 MAC 地址识别实际的站点，也可以选择"闪烁 LED"，通过模块上的 LED 指示灯的闪烁识别）。单击"分配名称"按钮分配设备名称。可以在状态栏查看是否分配成功，如果之前下载了 CPU 的硬件配置，分配成功后，IO 控制器将自动为 IO 设备分配 IP 地址。

7）将配置信息下载到 CPU 后，通信建立。

10.3.10　无需存储介质更换 IO 设备

与 PROFIBUS-DP 从站相比，PROFINET IO 设备没有拨码开关，必须使用编程器在线分配设备名称。早先推出的 IO 设备中带有存储卡，可以存储所分配的设备名称。如果 IO 设备发生故障，只需将存储卡插入新换的 IO 设备中即可，达到快速更换 IO 设备的目的。目前的 IO 设备不带存储卡，在更换故障的设备时，就不能再使用存储卡传递设备名称了，为此，PROFINET 提供了另外一种快速更换 IO 设备的解决方法。

这种方法是由 IO 控制器为 IO 设备在线分配设备名称，为此 IO 控制器必须从网络拓扑（设备间的相邻关系）识别不同的 IO 设备。在下面的示例中，描述了 IO 控制器分配设备名称的原理，PROFINET IO 网络拓扑如图 10-53 所示。

图 10-53　PROFINET IO 网络拓扑

IO 控制器 SIMATIC S7-1500 CPU 使用端口 P2 连接 IO 设备 A 的端口 P1，IO 设备 A 使用端口 P2 连接到 IO 设备 B 的端口 P1 上，经过配置后，这些网络拓扑信息存储于 CPU 中。如果 IO 设备 B 发生故障，替换的 IO 设备需要复位到出厂设置值（如果全新则不需要），即该 IO 设备没有设备名。当替换的设备接入到 PROFINET IO 网络中，IO 控制器发送 DCP 报文识别此 IO 设备。由于该设备没有设备名，IO 控制器不能收到 DCP 识别的响应。然后 IO 控制器会发送 DCP 识别名（Port-002.IM151-3PN），IO 设备会响应 DCP 别名请求。最后 IO 控制器判断该替换设备信息是否正确，如果正确，便将设备名称通过 DCP 设置报文分配给替换的设备，这样通信重新建立。设备名称的自动分配过程如图 10-54 所示。

图 10-54　设备名称的自动分配过程

下面以示例的方式介绍配置过程：

1）参考 10.3.9 节 配置 PROFINET IO RT 设备。

2）单击 CPU 的以太网接口，在属性的接口选项中查看自动分配设备名称的功能（"不带可更换介质时支持设备更换"）是否使能，如图 10-55 所示。默认状态下，该功能已经使能。

3）进入拓扑视图，使用鼠标拖拽的方式连接端口，如图 10-56 所示。网络拓扑配置必须与实际的网络连接完全一致。

4）编译硬件配置并下载到 CPU 中，如果端口连接不匹配，则 IO 控制器与 IO 设备会报错。

图 10-55　使能自动分配设备名称功能

图 10-56　配置 PROFINET 网络拓扑

5）如果 IM151-3B 设备发生故障需要替换，首先需要保证替换设备处于出厂设置状态。新的设备都处于出厂设置状态，如果将曾经使用过的设备用作替换设备时，需要首先将它复位到出厂设置状态。为此需要连接该接口模块，在项目树中选择"在线访问"标签，然后选择正在使用的以太网卡，鼠标双击"更新可访问的设备"条目浏览网络上的设备，选择要替换的设备并进入"在线和诊断"界面，选择"重置为出厂设置"，单击"重置"按钮恢复出厂设置，如图 10-57 所示。

图 10-57　恢复设备出厂设置

6）将设备连接到 PROFINET IO 网络中，CPU 通过网络拓扑自动识别该设备并建立通信关系。网络拓扑的配置存储于 SMC 卡中，即使 CPU 故障被更换也不会影响该功能的实现。通过网络拓扑分配设备名称的方式使设备的维护变得简单方便。

10.3.11 允许覆盖 PROFINET 设备名称模式

固件版本 V1.5 及更高版本的 SIMATIC S7-1500 CPU 可以覆盖 IO 设备的 PROFINET 设备名称，在替换有故障的 IO 设备时无需将替换设备恢复到出厂设置。也就是说，即使替换设备带有不同的设备名称，也可以直接使用，而不需要先将其恢复工厂设置。这种方式使 IO 设备的更换变得更加简单，节省了现场维护的时间。要使用此功能，需要在 CPU 以太网接口属性中使能"允许覆盖所有已分配 IO 设备名称。"选项，如图 10-58 所示。

图 10-58 允许覆盖 PROFINET 设备名称模式

在一些特定的场合，更换 IO 设备时需要注意设备运行的安全性。如图 10-59 所示，设备 A、设备 B 为相同的设备类型，例如 ET200S，如果替换设备后，PROFINET 电缆连接错误，就会造成设备 A 和设备 B 的名称互换，站点上 I/O 地址将发生变化，可能会对人身和设备造成伤害。

图 10-59 PROFINET 接线错误需要注意的问题

10.3.12　按网段自动分配 IP 地址和设备名称

对于一些 OEM（原始设备制造商）设备的控制系统来说，可能用到许多 PROFINET IO 设备。当在不同的项目中部署这些 OEM 设备时，预先定义设备的 IP 地址可能会与生产现场 IP 地址的管理有冲突，所以必须在现场调整设备的 IP 地址，以适应现场的要求。另外，有的应用要求设备的 IP 地址频繁变化，这往往也不易实现。

使用 PROFINET 的"可多次使用的 IO 系统"功能可以实现上述控制要求。通过配置网络拓扑，将设备间的相邻关系存储于 CPU 中。在设备启动后，IO 控制器会根据网络拓扑信息逐一识别 PROFINET IO 设备，并建立通信。所以在项目中配置网络拓扑，在初始阶段也可以不需要逐一为每个设备分配名称。

使能"可多次使用的 IO 系统"功能后，IP 地址和设备名称按照一定的规则自动分配，规则如下：

1）IO 设备的设备名称为 <IO 设备的组态名称 >.< IO 控制器的名称 >。

2）IO 设备的 IP 地址为 IO 控制器的 IP 地址 + 设备编号（参考配置 IO 设备的 IP 地址和设备名称）。

目前，只有版本 V1.5 及以上的 SIMATIC S7-1500 CPU 支持此功能。下面介绍该功能实现的过程：

1）创建项目，配置一个固件版本 V1.5 或以上版本的 SIMATIC S7-1500 CPU 作为 IO 控制器，例如 CPU 1513-1PN。

2）配置所需的 IO 设备，并将这些 IO 设备分配给 IO 控制器。

3）在拓扑视图中组态设备之间的端口互连。

4）使能 10.3.11 节中的选项。

5）单击"PROFINET IO-System"，在"常规"栏中使能"多次使用 IO 系统"复选框，如图 10-60 所示。

图 10-60　使能"多次使用 IO 系统"

6）查看 IO 控制器的以太网属性，如图 10-61 所示。使能"多次使用 IO 系统"后，IO 控制器的 IP 地址自动设置为"在设备中直接设定 IP 地址"，同样 IO 控制器的设备名称也自动设置为"在设备中直接设定 PROFINET 设备名称"。

图 10-61　使能多次使用 IO 系统后 IO 控制器的以太网地址

7）设置两个 IO 设备的设备名称为"im151-3a"和"im151-3b",设备编号分别为 1 和 2。

8）将程序下载到 CPU,在 CPU 的显示屏上设置 IP 地址和设备名称,例如 192.168.0.110 和设备名称 ABC,之后查看 IO 设备的状态,如图 10-62 所示。

图 10-62　使能多次使用 IO 系统后 IO 设备的地址和名称

9）可以任意修改 IO 控制器的设备名称和 IP 地址,IO 设备的设备名称与 IP 地址自动随之更改,非常方便。

注意:网络上的 IP 地址不能冲突,否则 IO 设备不能通信。如果不是标准的 IO 设备,例如 HMI 设备,则不支持自动分配地址。在这种情况下,选择"在设备中直接设置 IP 地址"选项,然后在 HMI 上设置所需的 IP 地址。

10.3.13　网络拓扑功能与配置

上面的章节中已经介绍了实现自动分配设备名称和 IP 地址需要配置网络拓扑。除此之外，网络拓扑还具有诊断功能，可以诊断以太网端口的连接是否正确。配置网络拓扑也是 IRT 等时实时通信的先决条件，因为需要为 IO 控制器与 IO 设备指定报文传输的具体路径。

下面介绍配置网络拓扑的过程：

1）进入网络视图，使用鼠标拖拽功能配置端口的互联，配置必须与实际连接相符。

2）为了便于区分端口，使用鼠标指向选择的端口时会显示端口号；使用鼠标指向连接的网络，可以显示连接的端口，如图 10-63 所示。

图 10-63　显示连接的端口

3）程序下载后（网络拓扑也下载），转至在线后，可以查看连接的状态，如图 10-64 所示。如果连接正确，显示为绿色，如果连接错误则显示红色。

图 10-64　网络拓扑连接状态

4）连接错误时，可以展开拓扑视图，单击"比较离线 / 在线"按钮可以查看具体连接状态。如图 10-65 所示，软件配置中，IO 控制器的端口 2 连接 IM151-3A 的端口 1，而实际连接了 IM151-3B 的端口 2；IM151-3A 的端口 1 实际上没有连接任何设备；IM151-3B 的端口 2 配置上没有连接通信伙伴，但实际上连接了 IO 控制器的端口 2。

如果不想修改现场端口连接，而是按照现场连接修改软件中的配置，可以在"状态"不一致的栏中，将"动作"逐一修改为"采用"，或者鼠标右键选择"应用所有"选项，修改全部有差异的端口连接，然后单击"同步"按钮，这样就完成了以实际连接作为网络拓扑的配置。如果再次下载新的配置，将不再提示连接错误故障。

图 10-65 离线 / 在线拓扑比较

5）利用比较的功能还可以上传连接的网络拓扑。前提条件是编程器连接到实际的网络中，设备连接状态完好并处于上电状态中，步骤如下：

① 在"拓扑比较"栏中单击"比较离线 / 在线"标签，如图 10-66 所示。在弹出的界面中选择使用的网络，单击"确认"按钮后，开始检测网络拓扑。

图 10-66 使能网络拓扑的比较功能

② 检测完成之后，在"动作"栏中鼠标右键选择"应用"→"应用所有"，如图 10-67 所示。然后，单击同步按钮 进行同步。

③ 网络拓扑同步后，现场实际的网络拓扑将上传到 PC，再次保存编译即可。

图 10-67　应用现场网络拓扑

10.3.14　MRP 介质冗余

PROFINET-IO 与 PROFIBUS-DP 相比，无论通信性能、网络布线和抗干扰性都更胜一筹。PROFINET 设备之间通过交换机进行级联，例如 ET 200SP 或 ET 200MP 集成了两个端口的交换机，不需要终端电阻。但是这种连接方式也可能发生问题，例如中间某一个设备发生故障，它后面连接的设备就会与网络断开，为了解决这样的问题，可以利用 PROFI-NET IO MRP 协议实现介质冗余，将网络的头尾相连，形成环网拓扑结构，网络重构时间小于 200ms。

下面介绍 MRP 介质冗余的实现过程。

1）进入网络视图并单击网络，在网络属性的"域管理"标签栏中设定"MRP 域"。如图 10-68 所示，MRP 域中的两个 IO 设备是客户端；而 IO 控制器默认设置为管理员，用于发送报文检查网络的状态。

2）在网络拓扑视图中，配置环形拓扑网络结构，于是 MRP 介质冗余就设置完成了。

3）虽然 MRP 网络重构时间小于 200ms，但是大大高于 PROFINET IO 设备默认的监控时间（看门狗时间，默认为刷新时间的三倍）。所以，为避免网络重构期间 PROFINET网络诊断错误，必须相应地增加监控时间。单击 IO 设备以太网端口，在"属性"→"常规"→"高级选项"→"实时设定"→"IO 周期"界面中设定看门狗时间。如图 10-69 所示，刷新时间为 1ms，看门狗时间倍数为 201，时间为 201ms。完成设置后下载到 CPU 中，这样当网络中有一个站点出现问题，PROFINET IO 系统将立即进行网络重构，在此期间，其它站点不会报看门狗错误。

图 10-68 设定 MRP 域

图 10-69 设定 IO 设备刷新时间的看门狗时间

10.3.15 I-Device 智能设备的配置

I-Device 就是 CPU 作为一个 IO 设备使用。SIMATIC S7-1500 所有的 CPU 都可以作为 I-Device，并可同时作为 IO 控制器和 IO 设备。下面将分别介绍在相同项目和不同项目中配置的过程。

1. 在相同项目中配置 I-Device

1) 创建一个项目"I_Device_same"，插入一个 SIMATIC S7-1500 CPU 作为 IO 控制器，例如 CPU 1516-3 DP/PN 并设置以太网接口 X1 的 IP 地址。

2) 在项目中，再插入一个 SIMATIC S7-1500 CPU 作为 I-Device，例如 CPU 1513-1PN，并将 CPU 1513-1PN 作为 IO 控制器连接下一级的 IO 设备（参考 10.3.8 节）。

3) 单击 CPU 1513-1PN 的以太网接口，设置以太网接口的 IP 地址使之与 IO 控制器处在相同的网段，然后在"操作模式"标签中使能"IO 设备"选项，并将它分配给 IO 控制器，例如 CPU 1516-3 DP/PN 的接口_1，如图 10-70 所示。

图 10-70　设置 SIMATIC S7-1500 CPU 以太网接口的操作模式

4）指定 IO 控制器后，在"操作模式"标签下出现"智能设备通信"栏，单击该栏配置通信传输区。鼠标双击"新增"，增加一个传输区，并在其中定义通信双方的通信地址区：使用 Q 区作为数据发送区；使用 I 区作为数据接收区。单击箭头可以更改数据传输的方向。在如图 10-71 所示的示例中创建了两个传输区，通信长度都是 16 个字节。

图 10-71　在相同项目下配置 I-Device 通信接口区

5）将配置数据分别下载到两个 CPU 中，它们之间的 PROFINET IO 通信将自动建立。IO 控制器使用 QB100 ~ QB115 发送数据到 I-Device 的 IB100 ~ IB115 中；I-Device 使用 QB200 ~ QB215 发送数据到 IO 控制器的 IB200 ~ IB215 中。示例中，智能设备 CPU 1513-1PN 既作为上一级 IO 控制器的 IO 设备，同时又作为下一级 IO 设备的控制器，使用非常灵活和方便。示例程序可以通过"机工电气"微信公众号，输入 24009 下载或联系工作人员索取：示例程序→以太网通信文件夹下的"I_Device_same"项目。

> **注意**：智能设备通信传输区的个数与总的通信字节请参考 CPU 的技术参数。

2. 在不相同项目中配置 I-Device

1）创建一个项目"I_Device_S"，在项目中插入一个 S7-1500 CPU 作为 I-Device，例如 CPU 1513-1PN，并将 CPU 1513-1PN 作为 IO 控制器连接下一级的 IO 设备（参考 10.3.8 节）。

2）单击 CPU 1513-1PN 的以太网接口，在属性界面中的"操作模式"标签中使能"IO 设备"，在"已分配的 IO 控制器"选项中选择"未分配"，然后在传输区中定义通信双方的通信地址区。如图 10-72 所示创建了两个传输区："传输区 _1"使用 IB100 ~ IB115 作为数据接收区；"传输区 _2"使用 QB200 ~ QB215 作为数据发送区。通信长度都是 16 个字节。

图 10-72　在不同项目下配置 I-Device 通信接口区

3）在"智能设备通信"标签的最后部分可以查看到"导出站描述文件（GSD）"栏。单击"导出"按钮，弹出窗口如图 10-73 所示，然后单击弹出窗口中的"导出"按钮，生成一个 GSD 文件。文件中包含用于 IO 通信的配置信息。GSD 文件需要复制到配置 IO 控制器的 PC 上。

图 10-73　生成并导出 I-Device GSD 文件

4）再次创建一个项目"I_Device_M"，插入一个 S7-1500 CPU 作为 IO 控制器，例如 CPU 1516-3 PN/DP，设置以太网接口 X1 的 IP 地址，使之与 IO 设备处在相同的网段。

5）导入 GSD 文件。在菜单栏选择"选项"→"管理通用站描述文件（GSD）"，在"源路径"中选择需要导入的文件，选择"安装"按钮导入前面生成的 GSD 文件。

6）打开硬件目录，选择"其它现场设备"→"PROFINET IO"子目录，将安装的 I-Device 站点 I-Device_S 拖放到网络视图中，如图 10-74 所示。

7）使用鼠标的拖拽功能连接 IO 控制器与 IO 设备端口，然后在设备视图中配置 I-Device 的数据传输区，如图 10-75 所示，这里对应的是 IO 控制器的地址区。

图 10-74　插入 I-Device

图 10-75　在不同项目下配置 I-Device 通信接口区

8）由于 I-Device 的设备名称不能自动分配，所以配置的 IO 设备名称必须与 I-Device 项目（即项目 "I-Device_S"）中定义的设备名称相同，如图 10-76 所示。

9）将配置数据分别下载到对应的 CPU 中，它们之间的 PROFINET IO 通信将自动建立。IO 控制器使用 QB100 ~ QB115 发送数据到 I-Device 的 IB100 ~ IB115 中；I-Device 使用 QB200 ~ QB215 发送数据到 IO 控制器的 IB200 ~ IB215 中。示例程序可以通过 "机工电气" 微信公众号输入 24009 下载或联系工作人员索取：示例程序 → 以太网通信文件夹下的 "I-Device_S" 和 "I_Device_M" 项目以及 GSD 文件。

图 10-76　配置 I-Device 的名称

注意：如果 IO 控制器停机或者通信失败时，I-Device 的接收区将清零。

10.3.16　配置 PROFINET IO IRT 设备

IRT 与 RT 相比，确保每次数据更新的抖动小于 1μs，为了保证这样的通信性能，IRT 通信需要使用专用的交换机，目前所有 S7-1500 CPU 集成的 X1 接口和 ET200SP/MP（BA 除外）都支持 IRT 通信，支持 IRT 的交换机也同时支持 RT 和 NRT 通信，IRT 与 RT、NRT 的通信通道分开。下面以示例的方式介绍 S7-1500 IRT 的配置过程。IRT 与 RT 的配置过程和方式比较相似，示例中配置的过程比较简略，细节可以参考 RT 的配置过程。

1）在 TIA 博途软件中，添加新设备，例如 CPU 1513-1PN。然后进入网络视图，可以看到刚创建的 CPU 站点，在硬件目录窗口中单击打开"分布式 I/O"，选择需要的站点并拖放到网络视图中，在选择接口时可以在信息窗口查看是否支持 IRT，例如 IM 155-6 PN HS（订货号 6ES7 155-6AU00-0DN0），在信息描述中支持 RT/IRT。

2）鼠标单击 CPU 的以太网接口，保持按压状态并拖拽到 IO 设备的通信接口，出现连接标志后释放鼠标，于是就建立了连接，然后在设备视图中为每个站点插入 I/O 模块。

3）进入网络视图并单击网络，在网络属性的"同步域"标签栏中设定 IO 设备的同步域，如图 10-77 所示。将 IO 设备的 RT 等级设置为 IRT，同步角色为"同步从站"，IO 控制器 CPU 固定是"同步主站"。

图 10-77　配置 IO 设备的同步域

4）同步域配置完成后需要配置网络拓扑，由于 IRT 需要保证高的通信性能，通信的路径必须明确，所以配置网络拓扑是必要的，网络拓扑的配置参考 10.3.13 节网络拓扑功能与配置。

5）由于 MRP 环网的断开会造成网络的重构，重构时间是 IRT 通信不允许的，所以 IRT 不支持 MRP 环网，但是为了增强网络的可用性，IRT 网络可以使用 MRPD 组成环网。在添加 IO 设备时需要在"信息"栏中查看该设备是否支持 MRPD，如果不支持，不能配置环网（例如 IM 155-6 PN HS 支持 MRPD，而 IM 155-6 PN HF 目前仅支持 MRP）。MRPD 与 MRP 通信的原理发生变化，当使用 MRP 方式时，发送报文的路径是单方向的，如果链路故障，选择另一条冗余的路径；当使用 MRPD 方式时，发送报文的路径是双方向的，IO 设备的两个端口同时接收数据，然后选择有效的报文，即使一段网络故障，由于没有网络重构时间，抖动也是非常小的。IO 控制器"PLC_3"与 IO 设备"IO device_4"通信示意图如图 10-78 所示。为了保证配置的一致性，MRPD 与 MRD 的方法配置相同，参考 10.3.14 节 MRP 介质冗余。

图 10-78　MRPD 通信示意图

至此 PROFINET IRT 功能配置完成，IRT 通信保证 IO 控制器与 IO 设备通信间隔的抖动小于 1μs。由于通信是分时的，即在一个更新周期内 IO 控制器与多个 IO 设备进行点到点通信，这样 IO 设备间得到的数据就会有偏差，再加上 I/O 模块的更新时间、CPU 的扫描周期的影响，偏差就会放大。为了保证应用程序与 IO 设备上 I/O 模块的同步性能（例如一个控制器带有多个同步轴，需要控制器发送的指令同时到达、轴的位置反馈同时被控制器处理），就需要等时同步功能，等时同步功能可以实现 I/O 模块更新周期、PROFINET IO 通信周期、CPU 程序处理周期的同步，达到处理的实时性。等时同步的原理如图 10-79 所示，与中央机架模块的等时模式的区别是 PROFINET 替代了背板总线。

图 10-79　PROFINET 等时同步模式原理

图中的参数说明如下：

Ti：用于读入数据的时间；

To：用于将输出数据输出的时间；

T_DC：数据循环时间（发送时钟）。

等时同步功能以 IRT 为基础，并且 IO 控制器、IO 设备的接口模块、I/O 模块都必须支持等时同步功能（在硬件配置中，选择模块，在"信息"栏中可以查看，有的接口模块例如 IM 155-6 PN ST 支持 IRT，但是不支持等时同步模式）。下面以示例方式介绍 PROFI-NET IRT 等时同步的配置过程。

6）由于 IRT 等时同步是基于 IRT，所以 IRT 配置过程相同，这里不再赘述（参考前面 IRT 的配置过程）。

7）IRT 配置完成后，选择接口模块"属性"→"常规"→"PROFINET 接口 X1"→"等时同步模式"使能"等时同步模式"，同时使能其中一个模块的等时模式，如图 10-80 所示。

图 10-80　使能 IO 设备的等时同步模式

8）选择已经使能等时同步的模块，在其 I/O 地址栏中创建等时同步组织块（Synchronous Cycle），例如 OB61，如图 10-81 所示。

图 10-81　创建等时同步组织块

注意： 由于 Ti、To 时间由系统自动计算，人为地设置将妨碍系统的计算，所以使能同步功能前必须将模块的延时功能设置为"无"。

9）切换到网络视图，选择 PROFINET 网络，在"属性"→"常规"→"PROFINET Subnet"→"等式同步模式概览"栏中使能需要进行等时同步的 IO 设备和站点，如图 10-82 所示，可以查看系统自动计算的 Ti 和 To 时间。

图 10-82　等时同步模式概览

注意： 增加等时同步的模块将增加 Ti 和 To 的时间，Ti 和 To 的时间值不能大于 T_DC 的时间值。

10）最后在等时同步组织块（Synchronous Cycle）（例如 OB61）中编写同步指令，如图 10-83 所示，在程序开始需要调用"SYNC_PI"，对输入过程映像分区中收集到的输入数据进行等时同步和统一更新；在程序结束前需要调用指令"SYNC_PO"，将输出过程映像分区中的输出数据等时同步地传送到 I/O 设备中，中间为用户应用程序。

图 10-83　同步组织块初始化程序

> **注意**：过程映像分区可以在配置 I/O 模块的地址中查看，如图 10-81 所示。一个 OB 只能更新一个过程映像分区，示例中过程映像分区为 1。

10.3.17　MODBUS TCP

MODBUS 协议是一种广泛应用于工业领域的通用、透明的通信协议。MODBUS TCP 通信结合了以太网物理网络和 TCP/IP 网络标准，采用包含有 MODBUS 应用协议数据的报文传输，使 MODBUS RTU（串行通信）协议运行于以太网上。与传统的串行通信方式相比，MODBUS TCP 在 TCP 报文中插入一个标准的 MODBUS 报文。

MODBUS TCP 使用服务器与客户机的通信方式，由客户机对服务器的数据进行操作访问（读 / 写），服务器响应客户机的读 / 写操作。在 SIMATIC S7-1500 系统中，CPU 集成的以太网接口、CM/CP 都支持 MODBUS TCP，使用的通信函数也相同。下面以示例的方式介绍 MODBUS TCP 的配置过程。以两个 SIMATIC S7-1500 CPU 为例，将其中一个 CPU 作为 MODBUS 服务器，另一个作为 MODBUS 客户机。考虑到现场实际应用的需求，示例中分两个项目对 MODBUS 服务器和 MODBUS 客户机进行配置。由于 MODBUS TCP 使用的是标准 TCP 传输方式，与 SIMATIC S7-1500 OUC 中的 TCP 连接方式相同，可以通过调用程序块的方式建立动态连接，灵活性高。此外，也可以使用配置的方式建立静态连接，考虑到两种连接方式都有大量的应用，在下面的示例中同时介绍两种连接方式，以静态连接的方式配置 MODBUS 服务器，以用户程序建立动态连接的方式配置 MODBUS 客户机，示例架构如图 10-84 所示。

图 10-84　MODBUS 示例架构图

1. MODBUS 服务器项目的配置

1）创建新项目，例如"MODBUS_TCP_SERVER"。在项目树下单击"添加新设备"，选择 CPU 1516-3PN/DP。在设备视图中，单击 CPU 的以太网接口 X1，在"属性"标签栏中设定以太网接口的 IP 地址为 192.168.0.10，子网掩码为 255.255.255.0。

2）创建连接参数。由于调用的 MODBUS TCP 通信函数中没有配置向导，所以必须手动建立通信数据块。通信数据块的参数与 OUC 中建立 TCP 连接的参数相同，可以借助 TSEND_C 的向导功能生成这些通信参数（参考 10.3.5 节 SIMATIC S7-1500 OUC 通信示例），这样既简单又减少错误的发生。打开主程序块直接调用通信函数（"指令"→"通信"→"开放式用户通信"），例如将通信函数 TSEND_C 拖放到 CPU 1516-3DP/PN CPU 的 OB1 中。单击主程序中的通信函数，选择"属性"→"组态"→"连接参数"配置连接属性，如图 10-85 所示。

图 10-85　建立 MODBUS TCP 服务器通信连接参数

通信伙伴选择"未指定"，在组态模式中选择"使用组态的连接"。组态模式指定后，可以选择连接类型，示例中选择"TCP"。在连接数据中选择"新建"后，会自动生成一个数据块用于存储 MODBUS TCP 的连接参数，示例中为 DB2，数据块参数如图 10-86 所示。由于服务器是被动连接，所以这里选择客户端为"主动建立连接"，配置服务器端口号为 502（端口号 20、21、25、80、102、123、5001、34962、34963 和 34964 不能使用），示例配置客户端端口号为 2000。配置完成后可将 TSEND_C 通信函数和实例化数据块删除即可。

图 10-86　MODBUS TCP 组态连接通信参数数据块

注意：示例中只是借用 TSEND_C 通信函数的向导功能自动生成通信数据块，用户也可以自己建立连接并使用系统数据类型 TCON_IP_V4 手动建立通信数据块。

3）调用 MODBUS_TCP 服务器的通信函数。选择"指令"→"通信"→"其它"→"MODBUS TCP"，将通信函数 MB_SERVER 拖放到主程序中。如图 10-87 所示。

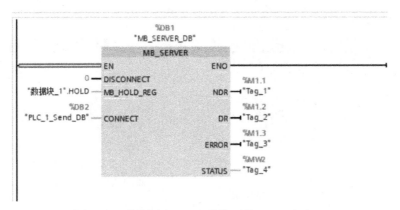

图 10-87 调用 MODBUS 通信函数 MB_SERVER

MB_SERVER 指令用于建立 MODBUS 服务器与一个通信伙伴的被动连接，通信函数的参数如下：

① DISCONNECT：当 MODBUS 服务器收到连接请求时，DISCONNECT=0 表示建立被动连接。DISCONNECT=1 表示连接终止。示例中是配置的连接，DISCONNECT 为 0。如果 DISCONNECT 为 1，尽管连接不能被断开，但是也不能实现 MODBUS 服务器和 MODBUS 客户机之间的通信。

② MB_HOLD_REG：将全局数据块或位存储器（M）映射到 MODBUS TCP 通信的保持寄存器区（MODBUS 地址区：4xxxx），使用 MODBUS 功能 FC03（以 WORD 类型读取保持寄存器）、FC06（以 WORD 类型写入单个保持寄存器）、FC16（以 WORD 类型写入单个或多个保持寄存器）的操作，对应关系见表 10-5。

表 10-5　MB_HOLD_REG 参数对应的 MODBUS 保持寄存器地址区

MODBUS 地址	MB_HOLD_REG 参数 - CPU 地址区（示例中使用的地址区是数据块 _1.HOLD）	
40001	MW100	DB3.DBW0（数据块 _1. HOLD [1]）
40002	MW102	DB3.DBW2（数据块 _1. HOLD [2]）
40003	MW104	DB3.DBW4（数据块 _1. HOLD [3]）
40004	MW106	DB3.DBW6（数据块 _1. HOLD [4]）
40005	MW108	DB3.DBW8（数据块 _1. HOLD [5]）
…	…	…

通信函数 MB_SERVER 实例化数据块的静态变量参数 "HR_Start_Offset" 可以设置保持寄存器的地址偏移，见表 10-6。

表 10-6　参数 HR_Start_Offset 地址偏移的作用

HR_Start_Offset	地址	地址范围（示例中使用的地址区）	
0	MODBUS 地址（WORD）	40001	40100
	CPU 地址	DB3.DBW0（数据块 _1. HOLD [1]）	DB3.DBW198（数据块 _1. HOLD [100]）
20	MODBUS 地址（WORD）	40021	40120
	CPU 地址	DB3.DBW0（数据块 _1. HOLD [1]）	DB3.DBW198（数据块 _1. HOLD [100]）

示例中选择 DB3 前 100 个字作为 MODBUS 通信的保持寄存器。如果使用的是优化数据块，地址区为数据块 _1. HOLD [1] ～ 数据块 _1. HOLD [100]。除此之外，通信函数 MB_SERVER 自动将 SIMATIC S7-1500 CPU 的过程映像输入输出（I, Q）区与 MODBUS 地址区作了映射，所以不需要用户进行配置，见表 10-7。

表 10-7　过程映像区对应的 MODBUS 地址区

MODBUS 功能				S7-1500	
功能代码	功能	数据区	地址空间	数据区	CPU 地址
01	读取：位	输出	0 ~ 65535	过程映像输出 Q	Q0.0 ~ Q8191.7
02	读取：位	输入	0 ~ 65535	过程映像输入 I	I0.0 ~ I8191.7
04	读取：字	输入	0 ~ 32767	过程映像输入 I	IW0 ~ IW32767
05	写入：位	输出	0 ~ 65535	过程映像输出 Q	Q0.0 ~ Q8191.7
15	写入：多位	输出	0 ~ 65535	过程映像输出 Q	Q0.0 ~ Q8191.7

③ CONNECT：对应通信连接的数据块，示例中对应数据块为 DB2。

④ NDR：0 表示无新数据；1 表示从 MODBUS 客户端有新的数据写入。

⑤ DR：0 表示没有数据被读；1 表示有数据被读。

⑥ ERROR：通信故障，详细信息可以查看状态字。

⑦ STATUS：状态字，显示通信信息。

4）保存并编译，至此 MODBUS 服务器项目配置完成。

> **注意：** 示例中使用的通信程序块是 V4.0 版本，在 V5.0 版本以后，用户可设置 MB_SERVER 的实例 DB 的 "Data_Area_Array" 参数，访问多达 8 个 I, Q, M, DB 地址区域映射到 MODBUS 保持寄存器（Hold Register），并且可以对过程映像区的访问设置限制。
>
> 如果有多个 MODBUS TCP 客户端连接，可以复用 MODBUS TCP 默认端口 502，方法是调用多个 MB_SERVER，每个服务器都可以设置端口为 502，但是要注意 Connect 连接 DB 中，"ID" 需要以不同的数值区分 TCP 连接资源。
>
> 在服务器 Connect 的 TCP 组态中，建议不设置客户端的端口，这将允许客户端使用随机端口，更容易接受客户端连接。

2. MODBUS 客户端项目的配置

1）创建新项目，例如 "MODBUS_TCP_CLIENT"。在项目树下单击 "添加新设备"，选择 CPU 1516-3PN/DP。在设备视图中，单击 CPU 的以太网接口 X1，在 "属性" 标签栏中设定以太网接口的 IP 地址为 192.168.0.20，子网掩码为 255.255.255.0。

2）创建连接参数，同样借用 TSEND_C 的向导生成 MODBUS TCP 的通信参数（参考 10.3.5 节 SIMATIC S7-1500 OUC 通信示例）。打开主程序块，直接调用通信函数（"指令" → "通信" → "开放式用户通信"），例如将通信函数 TSEND_C 拖放到 CPU 1516-3 PN/DP CPU 的 OB1 中。鼠标单击主程序中的通信函数，选择 "属性" → "组态" → "连接参数" 配置连接属性。如图 10-88 所示，通信 "伙伴" 选择 "未指定"，在 "组态模式" 中选择 "使用程序块"。组态模式指定后，可以选择连接类型，示例中选择 "TCP"。在连接数据中选择 "新建" 后，会自动生成一个数据块用于存储 MODBUS TCP 动态通信参数，示例中为 DB3,数据块参数如图 10-89 所示。由于客户端是主动连接,所以选择客户端为 "主动建立连接"。配置服务器端口号为 502,客户端端口号为 2000(端口号 20、21、25、80、102、123、5001、34962、34963 和 34964 不能使用),这里需要注意,通信双方的 IP 地址和端口号必须匹配,这里只是借用函数 TSEND_C 的向导功能生成通信参数,完成之后可以将 TSEND_C 通信函数和实例化数据块删除。

图 10-88　建立 MODBUS TCP 通信动态连接参数

图 10-89　MODBUS TCP 通过程序建立通信连接参数数据块

3)通信参数配置完成后,需要调用 MODBUS_TCP 客户端的通信函数。选择"指令"→"通信"→"其它"→"MODBUS TCP",将通信函数 MB_CLIENT 拖放到主程序中,如图 10-90 所示。

通信函数的参数说明如下:

① REQ:为 1 时,指令发送通信请求。示例中使用变量 M1.1,通信时需要置位为 1。

② DISCONNECT:DISCONNECT 只用于断开通过调用通信函数建立的通信连接。DISCONNECT=0 表示建立与通信伙伴的连接;DISCONNECT=1 表示连接终止。

③ MB_MODE:MODBUS 通信模式。由于 MODBUS 通信使用不同的功能码对不同的数据区进行读写操作,在"MB_CLIENT"指令中使用 MB_MODE 参数替代功能码,使

编程更加简单。示例中使用变量 MB2。

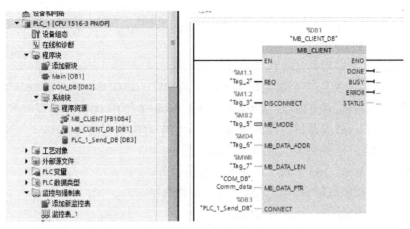

图 10-90　调用 MODBUS_TCP 客户端通信函数

④ MB_DATA_ADDR：MODBUS 通信地址区开始地址，例如 10001，40020，示例中使用变量 MD4。

⑤ MB_DATA_LEN：MODBUS 通信地址区的长度，示例中使用变量 MW8。通过参数MB_MODE、MB_DATA_ADDR 以及 MB_DATA_LEN 的组合可以定义 MODBUS 消息中所使用的功能码及操作地址，参考表 10-8。

表 10-8　MODBUS 通信模式对应的功能码及地址

MB_MODE	MB_DATA_ADDR	MB_DATA_LEN	MODBUS 功能	功能和数据类型
0	起始地址：1 ~ 9999	数据长度（位）： 1 ~ 2000	01	读取输出位
0	起始地址：10001 ~ 19999	数据长度（位）： 1 ~ 2000	02	读取输入位
0	起始地址： 40001 ~ 49999 400001 ~ 465535	数据长度（WORD）： 1 ~ 125 1 ~ 125	03	读取保持寄存器
0	起始地址： 30001 ~ 39999	数据长度（WORD）： 1 ~ 125	04	读取输入字
1	起始地址： 1 ~ 9999	数据长度（位）： 1	05	写入输出位
1	起始地址： 40001 ~ 49999 400001 ~ 465535	数据长度（WORD）： 1 1	06	写入保持寄存器
1	起始地址： 1 ~ 9999	数据长度（位）： 2 ~ 1968	15	写入多个输出位
1	起始地址： 40001 ~ 49999 400001 ~ 465535	数据长度（WORD）： 2 ~ 123 2 ~ 123	16	写入多个保持寄存器
2	起始地址： 1 ~ 9999	数据长度（位）： 1 ~ 1968	15	写入一个或多个输出位

（续）

MB_MODE	MB_DATA_ADDR	MB_DATA_LEN	MODBUS 功能	功能和数据类型
2	起始地址： 40001 ~ 49999 400001 ~ 465535	数据长度（WORD）： 1 ~ 123 1 ~ 123	16	写入一个或多个 保持寄存器

⑥ MB_DATA_PTR：一个指向数据缓冲区的指针，该缓冲区用于存储从 MODBUS 服务器读取的数据或写入 MODBUS 服务器的数据。示例中使用 DB2 作为缓冲区。

⑦ CONNECT：对应通信连接的数据块，示例中对应数据块为 DB3。

⑧ DONE：通信任务完成，输出一个脉冲信号。

⑨ BUSY：0 表示空闲；1 表示正在执行通信任务。

⑩ ERROR：通信故障，详细信息可以查看状态字。

⑪ STATUS：状态字，显示通信信息。

如果需要读取服务器的保持寄存器 40001 ~ 40020 中的数据，可以将 MB2 设置为 0，MD6 为 40001，MW8 为 20，然后使能 M1.1 就可以了，读出的数据存储于 DB2 中；如果需要向服务器的保持寄存器 40040 ~ 40060 中写数据，将 MB2 设置为 1，MD6 为 40040，MW8 为 20，这样缓冲区 DB2 中的数据就写入到服务器的保持寄存器中。示例程序可以通过"机工电气"微信公众号，输入 24009 下载或联系工作人员索取：示例程序→以太网通信文件夹下的"MODBUS_TCP_SERVER"和"MODBUS_TCP_CLIENT"项目。

10.4　SIMATIC S7-1500 PLC 与 HMI 通信

TIA 博途软件可同时包含 PLC 和 HMI 的编程软件。在 TIA 博途软件中，PLC 和 HMI 的变量可以共享，它们之间的通信非常简单，有多种方式可以建立两者之间的通信连接，下面分几种情况介绍 PLC 与 HMI 建立通信连接的过程。

10.4.1　SIMATIC S7-1500 PLC 与 HMI 在相同项目中通信

这里所说的 HMI 包括西门子精智面板、精简面板等带有 SIMATIC S7-1500 驱动的设备、以及 TIA 博途软件 WinCC，这些 HMI 与 SIMATIC S7-1500 PLC 建立通信的方式灵活多样，下面分别列出。

1）在创建新的操作面板时弹出设备向导，在 PLC 连接向导指示界面中选择项目中的 PLC 即可，如图 10-91 所示，在"接口"项中可以选择使用的通信接口，例如以太网和 PROFIBUS。

注意：TIA 博途软件 WinCC Professional 没有向导功能。

2）如果在向导中没有配置通信参数，可以在网络视图的"连接"中选择"HMI 连接"类型，然后使用鼠标单击 PLC 的通信接口，例如以太网接口，保持按压状态并拖拽到 HMI 通信接口，出现连接标志后释放鼠标，这样就建立了连接，如图 10-92 所示。

3）将 PLC 变量直接拖放到 HMI 的界面中，通信连接将自动建立，如图 10-93 所示。

图 10-91　在 HMI 设备向导中选择连接的 PLC

图 10-92　使用拖拽方式建立 HMI 连接

图 10-93　拖拽 PLC 变量到 HMI 界面中

　　连接建立后，在 HMI 中可以直接浏览并使用 PLC 中的变量，例如在 I/O 域中可以直接指定 PLC 变量，如图 10-94 所示。

图 10-94 在 HMI 中直接指定 PLC 变量

10.4.2 使用 PLC 代理与 HMI 通信

一个项目常常分为 PLC 部分和 HMI 部分，可能由不同的工程师进行编程或配置。这样就存在如何将 PLC 变量导入到 HMI 的问题。使用 TIA 博途软件的 "PLC 代理" 功能可以解决这样的问题（除此之外，还可以使用多用户项目实现团队编程和调试，在后续的章节中作详细介绍）。下面介绍 PLC 代理的配置过程。

1）在 PLC 的项目树下，选择需要访问的 PLC，在 "设备代理数据" 项中单击 "新增设备代理数据"，创建一个 PLC 数据代理。

2）鼠标双击新创建的 PLC 数据代理，在 "内容定义" 窗口中选择需要代理的数据，如图 10-95 所示。示例中选择了数据块 DB1、PLC 变量以及 PLC 报警。单击 "导出设备代理数据" 按钮，导出代理数据文件。

图 10-95 在 PLC 数据代理中选择通信数据

3）在 HMI 的项目中，单击 "添加新设备"，在控制器中选择 "Device Proxy" 并添加，如图 10-96 所示。

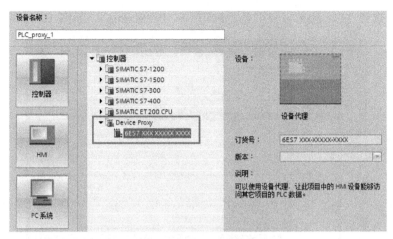

图 10-96　创建代理设备

4）单击设备代理，鼠标右键选择"初始化设备代理"，导入在 PLC 生成的数据文件。

5）然后配置 HMI 与 PLC 设备代理的通信，过程参考 10.4.1 节 SIMATIC S7-1500 PLC 与 HMI 在相同项目中通信。

注意：PLC 代理功能就相当于一个简化版的 PLC 项目，隐藏程序并将通信的数据放入项目中用于与 HMI 通信。如果 PLC 数据发生变化，还需要重新导入数据。

10.4.3　使用 SIMATIC NET OPC 连接 SIMATIC S7-1500 PLC

西门子上位监控软件，例如 WinCC 带有 SIMATIC S7-1500 的通信驱动，可以访问包括符号地址的所有变量。但是对于某些不带有 SIMATIC S7-1500 驱动的第三方软件来说，可能仅能访问 SIMATIC S7-1500 的绝对地址变量（例如过程映像输入和输出区、标志位 M 区以及非优化的数据块 DB），而无法访问它的符号变量（例如优化的数据块）。为解决此问题，可通过安装 SIMATIC NET OPC 服务器的方式，将 PC 作为 OPC 的服务器，PC 与 PLC 通过 S7 协议进行数据交换，然后将 PLC 数据存储于 OPC 的服务器中，第三方软件作为 OPC 客户端再与服务器进行通信，OPC 服务器与客户端可以部署在同一台 PC，也可以分开。下面介绍配置 SIMATIC NET OPC 服务器的过程。

1）在安装第三方 HMI 软件的 PC 上（可以分开安装）安装 SIMATIC NET V13 或者更高版本软件（要与所安装的 Windows 系统兼容）。

2）安装成功后，在 PC 的桌面上双击打开"Station Configurator"，或在"开始"→"所有程序"→"Siemens Automation"下打开"Station Configurator"，如图 10-97 所示。

单击 index 1，鼠标右键添加"OPC Server"，然后以相同的方式在 index 2 中添加"IE General"（商用网卡，如果 PC 已经插入西门子网卡则会显示相应的网卡名称）系统本地连接需要设置固定的 IP 地址。选择 PC 站点的以太网通信接口，并确认 IP 地址和子网掩码等网络参数。单击"Station Name"按钮，设定站点名称。

3）打开组态了 PLC 的 TIA 博途软件项目，在项目树下双击"添加新设备"选项，在

弹出的界面中选择 "PC 系统" → "常规 PC" → "PC Station"，如图 10-98 所示。

图 10-97　配置 Station Configurator

图 10-98　插入 PC 站点

注意：要通过 SIMATIC NET 的 OPC 服务器访问 PLC 的符号地址，PC 站点必须与 PLC 在相同的项目中进行配置。

4）在 PC 站点的设备视图中，通过拖放的方式在 index 1 中插入 OPC 服务器，在 index 2 中插入以太网网卡，在以太网的属性中配置以太网地址，这里所有的配置必须与在"Station Configurator"中的配置匹配，如图 10-99 所示。

图 10-99　配置 PC 站点

注意：选择 OPC 的版本与安装的 SIMATIC NET 版本匹配，否则下载时会报错。

5）在 PC 站点的属性中设置站点名称，这里也需要与在"Station Configurator"中设置的名称相同，如图 10-100 所示。站点的配置文件可以通过下载和文件导入的方式传递到 HMI 的 PC 上。如果选择文件导入的方式，需要勾选"生成 XDB 文件"选项，这样在编译后将在指定的"XDB 文件路径"自动生成配置文件。

图 10-100　设置 PC 站点属性

6）PC 站点属性配置完成之后，需要与 S7-1500 CPU 建立 S7 连接，可以参考 10.3.6

节 SIMATIC S7-1500 S7 通信。

7）在 CPU 的属性中使能 PUT/GET 远程通信访问功能。

8）配置完成后，分别下载 S7-1500 CPU 和 PC 站点的配置信息，当 TIA 博途软件与 Simatic NET 软件安装在同一个 PC 系统中时，首次下载组态数据浏览不到本机的 PC 站点，需要在地址栏中手动键入 PC 站点的 IP 地址，如图 10-101 所示，也可以使用导入文件的方式。

图 10-101　下载 PC 站点配置信息

9）下载完成后，S7-1500 与 OPC 服务器就可以建立 S7 通信。第三方 HMI 软件作为 OPC UA 客户端，可以通过访问 OPC UA 服务器，从而间接访问 S7-1500 中的变量（包含绝对地址变量和符号名变量）。本例中，通过 SIMATIC NET 软件自带的 OPC 客户端 OPC Scout 可以查看 OPC 服务器中的变量内容。单击"开始"→"所有程序"→"Siemens Automation"→"SIMATIC"→"SIMATIC NET"，打开 OPC Scout V10。选择"UA Server"→"OPC.SimaticNET.S7OPT"→"SYM"查看 PLC 的变量，将变量拖拽到 WorkBook "DA view 1"中可以监控到变量的状态，如图 10-102 所示。

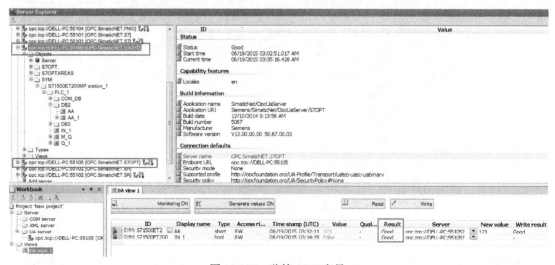

图 10-102　监控 OPC 变量

　　注意：上述的配置过程是在默认模式下完成的，如果需要对 OPC 服务器的属性、接口进行设置，可以在 TIA 博途软件以及"Communication Settings"（"开始"→"所有程序"→"Siemens Automation"→"SIMATIC"→"SIMATIC NET"）中进行配置。OPC Scout 是一个客户端，可以用于测试。上位监控软件同样也是一个客户端，可以直接连接 OPC 服务器的变量。如果用户自己编写上位监控程序，需要了解 OPC 变量的 ID 名称等参数，这些需要参考 SIMATIC NET 相关手册。

10.5　SIMATIC S7-1500 的安全通信

　　在 TIA 博途 V14 软件及以上版本和固件版本 V2.0 及以上版本的 SIMATIC S7-1500 CPU 中，支持大量的安全通信功能，例如 PLC 间的 OUC 通信、用于 Web 访问的 HTTPS 通信和 OPC UA 通信（在 S7-1500 OPC UA 通信章节中介绍）等，安全通信的网络协议参考图 10-103。

图 10-103　SIMATIC S7-1500 安全通信协议

　　安全通信用于实现以下目标：

　　1）机密性（Confidentiality）：即数据安全 / 无法窃取，保证机密信息不被窃听，或窃听者不能了解信息的真实含义。

　　2）完整性（Integrity）：即接收方和发送方所接收 / 发送的消息完全相同，未经更改。消息在传输过程中未发生更改。

　　3）认证（Authentication）：即通信伙伴确实为声明的本人并且为数据应到达的通信端。认证是为了验证通信伙伴的身份。

　　"安全"（secure）属性用于识别以 Public Key Infrastructure（PKI）为基础的通信机制（例如 RFC 5280，用于 Internet X.509 Public Key Infrastructure Certificate and Certificate Revocation List Profile）。Public Key Infrastructure（PKI）是一个可签发、发布和检查数字证书的系统。PKI 使用签发的数字证书来确保计算机通信安全。如果 PKI 采用非对称密钥加密机制，则可对网络中的消息进行数字签名和加密。

10.5.1　安全通信的通用原则

　　安全通信基于 Public Key Infrastructure（PKI，公钥基础设施）理念，包含以下组成部分：

　　（1）非对称加密机制

　　1）使用公钥或私钥对消息进行加密 / 解密（公钥加密私钥解密或者私钥加密公钥解密）。

　　2）验证消息和证书中的签名。

　　发送方 / 证书所有方通过自己的私钥对消息 / 证书进行签名。接收方 / 验证者使用发送

方 / 证书所有方的公钥对签名进行验证。

（2）使用 X.509 证书传送和保存公钥

1）X.509 证书是一种数字化签名数据，根据绑定的身份对公钥进行认证。

2）X.509 证书中还包含详细信息以及使用公钥的限制条件。例如，证书中公钥的生效日期和过期日期。

3）X.509 证书中还以安全的形式包含了证书颁发方的相关信息。

10.5.2　安全通信的加密方式

消息加密是数据安全的一项重要措施。在通信过程中，即使加密的消息被第三方截获，这些潜在的侦听者也无法访问所获取的信息。在进行消息加密时，采用了大量的数学处理机制（算法）。所有算法都通过一个"密钥"对消息进行加密和解密。

加密：算法 + 密钥 + 消息 => 密文

解密：密文 + 密钥 + 算法 =>（明文）消息

（1）对称加密

对称加密是指两个通信伙伴都采用相同的密钥对消息进行加密和解密，如图 10-104 所示。Bob 使用的加密密钥与 Alice 使用的解密密钥相同，双方共享一个安全密钥，且通过该密钥对消息进行加密和解密。

Bob　　　　　　　　　　　　　　　　　　　　　　　　　　Alice

① Bob采用对称密钥对消息进行加密

② Alice采用对称密钥对加密后的消息进行解密

图 10-104　对称加密方式

1）对称加密的优势：对称加密算法（例如 Advanced Encryption Algorithm，AES）的速度较快。

2）对称加密的缺点：如何将密钥发送给接收方，而不会落到其他人手中？此为密钥分发问题。如果收到的消息数量足够大，则可推算出所用的密钥，因此必须定期更换。

（2）非对称加密

对称加密为数据的加密与解密提供了一个非常安全的方法，它使用了一对密钥，公钥（public key）和私钥（private key），参考图 10-105。公钥可以公开，可以发送给其他人，其他人用该公钥进行加密，然后传回文件，发送方用自己的私钥解密，获取信息私钥只能由一方安全保管，不能外泄，而公钥则可以发给任何请求它的人。

1）非对称加密的优势：使用公钥加密的消息，仅私钥拥有者才能进行解密。由于在解密时需要使用另一密钥（私钥），而且加密的消息数量庞大，因此很难推算出解密密钥。这意味着，公钥无需保持机密性，这与对称密钥不同。

① Alice将其公钥提供给Bob。无需采取防范措施即可实现：只要确定采用的是Alice的公钥，所有人都可以发消息

② Bob使用Alice的公钥对消息进行加密

③ Alice使用私钥对Bob发送的密文进行解密。由于仅Alice拥有私钥且未公开，因此只有她才能对该消息进行
解密。通过私钥，Alice可以对使用她所提供的公钥加密的消息进行解密，而不仅仅只有Bob的消息

图 10-105　非对称加密方式

2）非对称加密的缺点：算法复杂（如 RSA，以三位数学家 Rivest、Shamir 和 Adle-man 的名字的首字母命名），因此性能低于对称加密机制。

SIMATIC S7-1500 间的加密通信使用非对称加密的方式交换密钥，然后使用对称加密方式对通信的报文进行加密。

10.5.3　通过签名确保数据的真实性和完整性

通过一个案例介绍签名的作用。Bob 将发送的信息使用哈希函数生成哈希值，然后使用私钥加密哈希值生成数字签名并附在信息中一起发送给 Alice，Alice 使用 Bob 的公钥解密得到发送信息的哈希值，由此证明这封信确实是 Bob 发出的（只有 Bob 有私钥），然后再对信息本身使用哈希函数，将得到的结果与上一步得到的哈希值进行对比，如果两者一致，就证明这封信未被修改过，保证信息的完整性。但是这种方式容易受到中间人攻击（由能够截获服务器与客户端之间的通信并将自身伪装成客户端或服务器实施的攻击），例如攻击者可以欺骗 Alice，使用了 Alice 的便携式计算机，用自己的公钥换走了 Bob 的公钥。然后冒充 Bob，用自己的私钥做成"数字签名"，发信息给 Alice，让 Alice 用假的 Bob 公钥进行解密。

Alice 无法确定公钥是否真的属于 Bob，她要求 Bob 去找"证书中心"（Certificate Authority，CA）为公钥做认证。证书中心用自己的私钥，对 Bob 的公钥和一些相关信息一起加密，生成"数字证书"（Digital Certificate）。Bob 拿到数字证书以后，再给 Alice 写信，只要在签名的同时，再附上数字证书就行了。Alice 收到信息后，使用 CA 的公钥得到 Bob 的公钥，用 Bob 的公钥解密，得到信件的哈希值。由此证明，这封信确实是 Bob 发出的信。

10.5.4　使用 HTTPS 访问 CPU Web 服务器的安全通信

使用 HTTPS 安全通信的作用如下：

1）加密隐私数据：防止访客的隐私信息（账号、地址、手机号等）被劫持或窃取。

2）安全身份认证：验证网站的真实性，防止钓鱼网站。

3）防止网页篡改：防止数据在传输过程中被篡改。

SIMATIC S7-1500 CPU 的 Web 服务器与客户端也支持安全通信，证书的管理分为全局证书管理和本地证书管理两种方式。全局证书管理是统一管理项目中所有 CPU 的证书，证

书可以是 CA 签署的。而本地证书管理下，证书只属于某一个 CPU 所有，本地证书管理的证书是自签名的，功能受限。下面分别介绍两种证书管理方式下的安全通信。

1. 本地证书管理的配置步骤

1）在 CPU 的属性中使能 Web 服务器并激活"仅允许通过 HTTPS 访问"选项，如图 10-106 所示。在"Security"栏中可以查看到系统自动生成的自签名证书。

图 10-106　使能 HTTPS 访问

2）将配置信息下载到 CPU 后，使用 IE 浏览器打开 CPU 的 Web 服务器，例如"https：//192.168.0.1/"，浏览器显示证书错误，如图 10-107 所示，但是可以继续访问。如果需要进行安全访问，需要将证书导入到浏览器中。

图 10-107　浏览器证书错误

> **注意**：证书具有时效性，必须将 PLC 的时钟设置在有效期内。SIMATIC S7-1500 固件版本 V3.0 及 TIA 博途软件 V18 以后，支持通过 OPC UA GDS 在运行时推送更新 SIMATIC S7-1500 Web 服务器的证书，已避免更新 CPU 的证书造成停机。

3）在 CPU 属性"防护与安全"→"证书管理器"设备证书中单击系统生成的证书，鼠标右键导出证书并存储到本地硬盘中，参考图 10-108。

图 10-108　导出证书

4）复制证书到浏览器的 PC 中，双击打开导出的证书，单击"安装证书"按钮，存储位置选择"当前用户"，单击"下一步"，在后续的操作中将证书存储于"受信任的根证书颁发机构"中，如图 10-109 所示。

图 10-109　选择证书的存储路径

5）再次使用 IE 浏览器打开 CPU 的 Web 服务器，不再弹出警示信息，Web 的客户端与服务器使用加密方式进行通信。

2. 全局证书管理的配置步骤

1）在 CPU 的属性中使能 Web 服务器并激活"仅允许通过 HTTPS 访问"选项。

2）在 CPU 属性"防护与安全"→"证书管理器"→"使用 TIA Portal 进行证书管理"栏中使能"使用证书管理器的全局安全设置"选项。

3）在项目树下，选择"安全设置"→"设置"，单击项目保护标签设置项目的用户名和口令，如图 10-110 所示。

图 10-110　设置项目保护

注意：设置项目保护后，再次打开项目是需要用户名和口令，否则无法打开该项目。

4）项目保护后，默认的权限是"工程组态管理员"即可以对项目进行读写操作和设置用户权限。可以添加新的角色和权限，单击"用户和角色"栏，进入配置界面。在"角色"标签中添加新的角色"My role"，然后设置功能权限，如图 10-111 所示。然后在"用户"标签中匹配用户和角色即可。

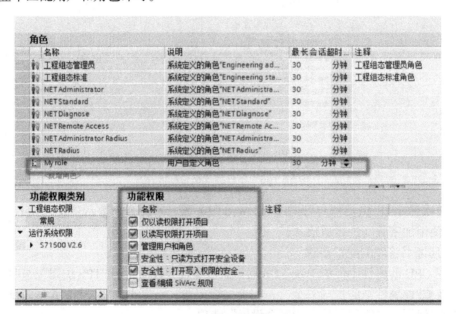

图 10-111　设置新的角色

5）再次打开 CPU 的"证书管理器"→"使用 TIA Portal 进行证书管理"，在设备证书表格中单击"新增"添加新的证书，如图 10-112 所示，选择"由认证机构签发"的证书类型，并选择"CA 名称"。证书用途选择"Web Server"，其它参数保持默认设置，单击"确定"后新的证书生成。

图 10-112　生成用于 Web 服务器证书

① 打开 CPU 属性"Web 服务器"→"Security"栏，选择新生成的证书作为服务器证书。

② 将配置信息下载到 CPU，设置 CPU 的时钟在有效期内。使用 IE 浏览器打开 CPU 的 Web 服务器，例如"https：//192.168.0.1/"，浏览器显示证书错误，但是可以继续访问（如图 10-107 所示）。在 CPU Web 服务器的介绍界面中选择"下载证书"选项，然后打开证书并安装到"由证书颁发机构签名"的路径下（步骤参考本地证书管理的配置）。

③ 再次使用 IE 浏览器打开 CPU 的 Web 服务器，不再弹出警示信息，Web 的客户端与服务器使用加密方式进行通信。

> **注意：** 虽然使用全局证书管理器实现 Web 的安全通信步骤比较多，但是功能不受限，在后续的章节中 CPU 间的 TLS 通信、OPC UA 加密的通信都需要使用全局证书管理器生成证书，所以建议使用这样方式生成并管理证书。

10.5.5　SIMATIC S7-1500 CPU 安全的开放式用户通信

通过 TCP 也可以在两个 SIMATIC S7-1500 CPU 之间建立安全的开放式用户通信。实现安全通信的前提条件是：

> ➢ TIA 博途软件 V14 及更高版本；
> ➢ 固件版本 V2.0 及更高版本的 SIMATIC S7-1500 CPU 集成接口；
> ➢ CP 1543-1 固件版本 V2.0 及以上版本，CP 1545-1 或 CP 1543 SP-1。

下面以 SIMATIC S7-1500 CPU 集成接口为例介绍安全通信的配置过程，示例中一个 SIMATIC S7-1500 CPU 用作 TLS（Transport Layer Security，传输层安全）客户端并建立主动连接，另一个 SIMATIC S7-1500 CPU 用作 TLS 服务器并建立被动连接。

1. 硬件配置部分步骤

1）创建新项目，例如"OUC_SEC_COM"，在项目树下单击"添加新设备"，分别选择 CPU 1516-3 作为客户端和 CPU 1516F-3 作为服务器，创建两个 SIMATIC S7-1500 PLC 站点。

2）在设备视图中，单击 CPU 1516-3 的以太网接口，在"属性"标签栏中设定以太网接口的 IP 地址为 192.168.0.1，子网掩码为 255.255.255.0，子网为"PN/IE_1"。以相同的方式设置 CPU 1516F-3 的 IP 地址为 192.168.0.6，子网掩码为 255.255.255.0。

3）在 CPU 1516-3 属性"防护与安全"→"证书管理器"栏中使能"使用证书管理器的全局安全设置"选项。

4）在项目树下选择"安全设置"→"设置"，单击项目保护标签，设置项目的用户名为"user1"和口令为"Admin1234"（参考 10.5.4 节使用 HTTPS 访问 CPU Web 服务器的安全通信章节中的全局证书管理的配置）。

5）再次打开 SIMATIC CPU 1516-3 属性中的"证书管理器"，在设备证书表格中单击添加新的证书，如图 10-113 所示，选择"由认证机构签发"的证书类型，并选择"CA 名称"。证书用途选择"TLS Client/Server"，其它参数保持默认设置，单击"确定"后新的证书生成。

图 10-113　生成用于 TLS 通信证书

证书生成后，系统会自动为设备证书分配一个唯一的 ID 编号，如图 10-114 所示，客户端 PLC 的证书编号为 3，CA 证书的编号为 2，这些值将在后续的程序中使用。

图 10-114　证书的 ID 编号

6) 以相同的方式生成服务器 CPU 1516F-3 的证书，记住证书的 ID 编号。

注意：客户端与服务器证书的 CA 证书必须相同。

2. 软件编程部分步骤

1) 在客户端 CPU 1516-3 侧创建通信参数数据块，例如生成全局数据块 DB1，符号名为 "client_com"，打开数据块并添加数据类型 "TCON_IP_V4_SEC"，这个数据类型在指令库 "开放用户通信" 选择的版本低于 V5.2 时需要手动键入，然后设置通信参数如图 10-115 所示。

图 10-115　OUC 安全通信客户端通信参数

客户端部分通信参数含义如下：

① ID：通信连接的标识。

② ActiveEstablished：为 1 表示主动建立连接（客户端发起连接请求）。

③ RemoteAddress：通信伙伴的 IP 地址，示例中为 192.168.0.6。

④ RemotePort：通信伙伴的端口号（客户端与服务器的设置必须匹配）。

⑤ LocalPort：本方的端口号。

⑥ ActivateSecureConn：为 1 使能安全通信。

⑦ TLSServerReqClientCert：仅用于服务器端。为 1 时验证客户端证书，TLS 客户端需要具有 X.509-V3 证书。客户端设置为 0。

⑧ ExtTLSCapabilities：只有第 0 位有效，仅用于客户端。可指示客户端将验证服务器中 X.509-V3 证书内证书主体（subjectAlternateName）的扩展名称，从而对该服务器的身份进行检查。建立连接时检查证书，客户端设置为 1。

⑨ TLSServerCertRef：如果是服务器，这里输入服务器的设备证书 ID 编号；如果是客户端，这里输入验证服务器 CA 证书的 ID 编号，示例中为客户端，CA 证书的编号是 2。

⑩ TLSClientCertRef：如果是客户端，这里输入客户端设备证书的 ID 编号；如果是服务器，这里输入验证客户端证书的 CA 证书 ID 编号，示例中为客户端，设备证书的编号是 3。

其它参数保持默认。

2）打开主程序块，直接调用通信函数（"指令"→"通信"→"开放式用户通信"→"其它"）。例如将通信函数"TCON"和"TSEND"拖放到 CPU 1516-3 的 OB1 中，如图 10-116 所示。

图 10-116　在客户端调用通信程序块

通信函数"TCON"用于建立通信连接，参数如下：

① REQ：上升沿触发建立指定的连接。

② ID：指定的连接标识。

③ CONNECT：连接参数，这里为通信数据块中包含的参数。

其它参数为默认设置。

通信函数 "TSEND" 用于发送数据，参数如下：

① REQ ：上升沿触发数据的发送。

② ID ：TCON 指定的连接 ID。

③ DATA ：发送数据区。

3）在服务器 CPU 1516F-3 端同样需要创建通信参数数据块，参数的设置如图 10-117 所示。

		名称				数据类型	起始值	保持	可从 HMI/..
1	⬜	▼	Static						
2	⬜	▪	▼	com		TCON_IP_V4_SEC		☐	☑
3	⬜		▪	▼	ConnPara	TCON_IP_v4		☐	☑
4	⬜			▪	InterfaceId	HW_ANY	0	☐	☑
5	⬜			▪	ID	CONN_OUC	16#1	☐	☑
6	⬜			▪	ConnectionType	Byte	16#08	☐	☑
7	⬜			▪	ActiveEstablish...	Bool	0	☐	☑
8	⬜			▪	▼ RemoteAddress	IP_V4		☐	☑
9	⬜				▪ ▼ ADDR	Array[1..4] of Byte		☐	☑
10	⬜				▪ ADDR[1]	Byte	192	☐	☑
11	⬜				▪ ADDR[2]	Byte	168	☐	☑
12	⬜				▪ ADDR[3]	Byte	0	☐	☑
13	⬜				▪ ADDR[4]	Byte	1	☐	☑
14	⬜			▪	RemotePort	UInt	2000	☐	☑
15	⬜			▪	LocalPort	UInt	2000	☐	☑
16	⬜		▪	ActivateSecureConn	Bool		1	☐	☑
17	⬜		▪	TLSServerReqClient..	Bool		1	☐	☑
18	⬜		▪	ExtTLSCapabilities	Word		16#0	☐	☑
19	⬜		▪	TLSServerCertRef	UDInt		8	☐	☑
20	⬜		▪	TLSClientCertRef	UDInt		2	☐	☑

图 10-117　OUC 安全通信服务器通信参数

注意：服务器与客户端参数的设置必须匹配。

4）在服务器端也需要调用通信函数 "TCON" 和 "TRCV"，通信函数 "TCON" 的 REQ 参数为 1 响应建立连接的请求，连接建立后可以复位；通信函数 "TRCV" 用于接收数据，参数的设置参考 OUC 通信，这里不再介绍。

5）将配置和程序下载到 CPU 中，由于 CPU 默认的时钟不在证书的有效范围内，所以必须在项目树中 CPU 的 "在线和诊断" 中设置 CPU 的时钟。设置完成后才能启动通信连接的建立。示例程序可以通过 "机工电气" 微信公众号，输入 24009 下载或联系工作人员索取：示例程序→以太网通信文件夹下的 "OUC_SEC_COM" 项目，项目的用户名为 "user1"，口令为 "Admin1234"。

注意：服务器与客户端建立一个 OUC 即可双向传输数据，需要两边都调用 TSEND 和 TRCV。

10.5.6　SIMATIC S7-1500 CPU 与 PG/HMI 间的安全通信

编程设备 PG/HMI 与 CPU 之间的通信都是基于 S7 的通信服务（S7 协议组），特点是简单、高效。随着工厂数字化的进程，越来越多的机器和系统集成到开放 IT 环境中，这就需要 PG/HMI 与 CPU 之间的通信不仅有效保护敏感数据的完整性和机密性，同时还要确保其符合公认的安全标准，从而能够应对未来的挑战。在 TIA 博途软件 V17 及以上版本中，使用 TLS（Transport Layer Security，传输层安全）协议标准化的安全机制来保护 PG/HMI 通信。

TIA 博途 V17 及以上版本中集成了最新型控制器和 HMI 设备，这些设备都支持安全的通信功能，具体涉及的设备如下：

➢ CPU 设备。
- S7-1500 控制器系列固件版本 V2.9 及以上版本；
- S7-1200 控制器系列固件版本 V4.5 及以上版本；
- 软件控制器固件版本 V21.9 及以上版本；
- PLCSIM 和 PLCSIM Advanced 版本 V4.0 及以上版本。

➢ HMI 设备。
- 使用 WinCC 精简版、精智版和高级版组态的面板或 PC；
- 安装有 WinCC 专业版运行系统的 PC；
- WinCC Unified PC 和精智面板。

在 CPU 属性中，导航至"防护与安全"→"连接机制"，然后可以使能安全通信功能，如图 10-118 所示。

图 10-118　设置 PG/HMI 安全通信

如果使能"仅支持 PG/PC 和 HMI 安全通信"，所有与该 CPU 的 PG/HMI 通信都必须是安全的，一些不支持的设备例如版本低的 HMI 将不能建立连接；如果不使能该选项，则所有支持安全通信的设备使用安全通信功能，不支持安全通信的设备则使用原先的非安全通信方式，这也是为了兼容系统中的旧设备。从设置上看，只要设备支持安全通信功能，无论是否使能该选项都强制要求使用安全通信方式。

默认情况下，系统自动生成自签名的 PLC 通信证书，证书存储于 CPU 中，功能受限，建议使用认证机构 CA 签发的 PLC 通信证书，创建 CA 签发的证书步骤如下：

1）在项目树下，导航至"安全设置"→"设置"，在设置界面中使能项目保护。

2）在 CPU 属性中，导航至"防护与安全"→"证书管理器"→"使用 TIA Portal 进行证书管理"，在设置界面使能"使用证书管理器的全局安全设置"选项。

3）在 CPU 属性中，导航至"防护与安全"→"连接机制"，参考图 10-118。在该设置界面，单击"PLC 通信证书"后的▦按钮就可以创建一个由 CA 签发的证书。

1. PG 与 CPU 的安全通信

包含 PLC 通信证书的硬件配置完成后，可以联机下载配置信息。首次联机时，CPU 首先创建一个自签名证书，然后发送给 PG 用于手动确认，在 PG 侧会弹出提示窗口，如图 10-119 所示。

图 10-119　确认 CPU 的证书

单击"连接"按钮信任该设备后，可以将配置信息下载到 CPU 中，下载后，配置的 PLC 通信证书将替代 CPU 中原有的自签名证书。再次联机后，CPU 将使用配置的 PLC 通信证书发送给 PG 用于确认，PG 将自动确认该证书，后续的联机操作将不再弹窗提示窗口。

如果上载 CPU 中的配置信息，CPU 将 PLC 通信证书发送给 PG，在 PG 侧会弹出提示窗口用于证书的验证，单击"连接"按钮信任该设备后可以上载配置信息，后续的联机操作将不再弹出提示窗口。也可以将 PLC 的认证机构 CA 证书导出并存放到 PC 的受信任证书目录中，这样每次上传将自动验证 PLC 发送的证书，具体操作步骤如下：

1）打开项目树中，全局安全设置下的证书管理器。

2）在"证书颁发机构（CA）"列表中，选择签署 PLC 安全通信的 CA 证书。

3）鼠标右键选择"导出"，将证书导出并存放在 C：\ProgramData\Siemens\Automation\Certstore\Trusted 目录下。

4）再次打开 TIA 博途软件，后续的上传操作 PG 将自动验证 PLC 的证书。

2. HMI 与 CPU 的安全通信

使用 TIA 博途软件的 WinCC 高级版和专业版运行系统与 CPU 进行安全通信，如果 PLC 站点与 HMI 是在相同的项目下，证书自动由工程组态系统进行处理并发送至设备，对用户来说不需要做任何操作，如果在不同的项目中则需要使用 PLC 代理创建与 HMI 的连接。如果 CPU 的证书更新，只需要重新编译再启动就可以建立连接。

WinCC 7.5 SP2 UPD8 及以上版本也支持安全通信，但是不可能与 PLC 在一个项目中，所以需要使用 "SIMATIC SCADA Export for TIA Portal" 工具导出 PLC 数据，然后再进行连接。具体使用方法可以在西门子网站下载软件和说明书，这里不再介绍。

对于 HMI 操作面板与 PLC 间的安全通信，除了需要在相同的项目下配置 HMI 面板和 PLC 连接外（不在相同的项目下需要使用 PLC 代理功能），还需要在面板侧手动信任 PLC 发送的证书。首先需要在 HMI 面板中创建报警视图，用于判断是否由于证书的不可信造成通信连接失败，如果是证书不可信，需要对证书进行可信任操作，不同类型的 HMI 面板操作略有不同：

（1）第二代精简面板

1）在 Start Center 中，选择"Settings"→"Internet Settings"→"Certificate store"。

2）在"Available certificates in Device"列表中，选择 CPU 的 PLC 通信证书。

3）按下"Trust"，然后重新启动 HMI 运行系统。

（2）Unified 系列精智面板

1）打开"控制面板"，选择"Security"→"Certificates"。

2）在"Certificate store"选择列表中，选择条目"Other Certificates"。在"Other certificates"列表中，选择 CPU 的 PLC 通信证书。

3）按下"Trust"，然后重新启动 HMI 运行系统。

（3）精智面板，第二代移动面板

1）通过 Windows CE 桌面图标"My Device"，打开文件管理器。

2）浏览到目录"\flash\simatic\SystemRoot\OMS\Untrusted"。CPU 的 PLC 通信证书位于该目录中。

3）将该 CPU 的 PLC 通信证书复制到目录"\flash\simatic\SystemRoot\OMS\Trusted"中，然后重新启动 HMI 运行系统。

10.6　SIMATIC S7-1500 OPC UA 通信功能

OPC UA 可以跨平台，具有更高安全性和可靠性的一种通信方式，满足了企业信息高度连通的需求。OPC UA 是 PLC 连接到 IT 世界的简单化和标准的通信接口，OPC UA 通信特点和优势如下：

1）访问统一性：将经典的 OPC 规范（DA、A&E、HDA、命令、复杂数据和对象类型）的内容全部有效地集成起来，成为一种新的 OPC 规范。用户只需要在客户端调用一次，便可以获得数据、报警和事件及历史信息，不需要操作不同的 API 来调用。

2）通信性能：可以在每一个单一端口进行通信，使得 OPC UA 通信可以穿过防火墙。OPC UA 具有两种编码方式，XML（浏览 Node）和二进制格式（数据交换，目前 SIMATIC S7-1500 支持的格式）。

3）可靠性、冗余性：OPC UA 的开发含有高度可靠性和冗余性的设计。OPC UA 的标准冗余模型也使得来自不同厂商的软件应用可以同时被采纳并彼此兼容。

4）标准安全模型：OPC UA 访问规范明确提出了标准安全模型，用于 OPC UA 应用程序之间传递消息的底层通信技术提供了加密功能和标记技术，保证了消息的完整性，也防止信息的泄露。

5）平台无关：OPC UA 软件的开发不再依靠和局限于任何特定的操作平台。过去只局限于 Windows 平台的 OPC 技术拓展到了 Linux、Unix、Mac 等各种其它平台。

6）符号寻址。

10.6.1　SIMATIC S7-1500 CPU OPC UA 服务器访问数据的方式

SIMATIC S7-1500 CPU 固件 V2.6 及以上版本支持 OPC UA 服务器和客户端。SIMATIC S7-1500 CPU OPC UA 服务器支持以下几种数据访问方式：

1）订阅：OPC UA 客户端从服务器订阅数据并可以请求订阅的周期时间，服务器以该周期时间向客户端发送数据。主要应用于数据周期的传送。

2）读 / 写数据：非周期的读写数据，比订阅响应更快。

3）注册读 / 写数据：第一次读写时定义一个 ID，随后客户端通过该 ID 请求数据。从第 2 次开始进行注册读写操作，速度优于普通的读写操作。

可以通过 UA Expert（客户端软件，在后续章节中介绍）性能视图测试读写与注册读写的访问性能，使用 CPU 1516-3 进行测试，设置 CPU 的通信负载为 50%（默认设置），分别使用非安全通信的读、注册读和安全通信的读、注册读对 100、300、500、1000 单个 DINT 变量、一个总共包含 1000 个 DINT 数据单元的结构体变量和一个总共包含 1000 个 DINT 数据单元的数组变量进行测试，测试结果如图 10-120 所示。从测试结果可以看到注册读要明显快于读数据访问，将结构体或数组变量做一个整体访问的时间要远远小于多个变量的访问时间。

图 10-120　CPU 1516 OPC UA 读数据的通信性能

10.6.2　SIMATIC S7-1500 CPU OPC UA 服务器变量的设置

SIMATIC S7-1500 CPU 中输入（I）、输出（Q）、标志位（M）、定时器（T）、计数器（C）和数据块（DB）地址区的变量都可以作为 OPC UA 服务器的数据源，默认设置中客户端可以对 OPC UA 服务器的数据进行读写访问，也可以设置访问的权限。数据块的访问权限在打开的数据块中设置，如图 10-121 所示，数组变量"Array_data"只能被客户端读而不能写。整个数据块的访问需要在数据块的属性中设置。

图 10-121　设置数据块中变量 OPC UA 的访问范围

其它地址区的访问权限需要在 PLC 变量表中进行设置，如图 10-122 所示。

图 10-122　设置 I、Q、M、T、C 变量 OPC UA 的访问权限

10.6.3　非安全通信方式访问 SIMATIC S7-1500 OPC UA 服务器

非安全通信方式访问 SIMATIC S7-1500 OPC UA 服务器非常简单，如果没有特殊要求只需要激活 OPC UA 服务器功能就可以了，下面以示例的方式介绍实现过程。OPC UA 的客户端可以从西门子网站上下载（带有 C# 源代码），也可以使用帮助文档中推荐的客户端 UaExpert，示例中以客户端 UaExpert 为例连接 SIMATIC S7-1500 CPU OPC UA 服务器，具体步骤如下：

在 CPU 的属性中选择 "OPC UA" → "服务器"，在 "常规" 栏中使能 OPC UA 服务器，如图 10-123 所示。服务器的地址用于客户端的访问，由于 CPU 有两个以太网接口，所以服务器地址也有两个，便于设备的连接。其它参数保持默认设置就可以完成 OPC UA 服务器的配置（还需要在 CPU 属性→ "运行系统许可证" 中选择相应的授权，否则编译报错）。为了便于系统地了解 OPC UA 服务器的设置，下面也对相关参数做一些介绍。

① Alarms and Conditions：SIMATIC S7-1500 V2.9 及以上版本支持 OPC UA 的报警和条件功能，该部分内容在后续的章节中介绍。

② Global Discovery Server（GDS）：OPC UA 服务器的证书管理服务可用于在运行系统中传送 OPC UA 服务器证书。该部分内容在后续的章节中介绍。

③ 启用 SIMATIC 服务器标准接口：OPC UA 服务器与客户端的接口，通过该接口可以访问 CPU 中所有的 PLC 变量、数据块和方法。如果不激活该选项，则需在项目树中 OPC UA 通信文件夹内添加一个服务器接口，可以限定 PLC 中变量的访问。

④ 激活类型字典：通过 OPC UA 规范（<= V1.03）中定义的相关机制，可通过类型字典从服务器中读取用户自定义结构（UDT）的数据类型定义。如果不使能，将无法识别整个结构体、UDT 类型变量，但是可以识别其中的元素。

1）OPC UA 服务器 "选项" 栏的参数设置如图 10-124 所示。示例中为默认设置。

常规栏参数说明如下：

① 端口：默认为 4840，服务器地址的 TCP 端口号，用于客户端的访问。

② 最大会话超时时间：指定在不进行数据交换的情况下 OPC UA 服务器关闭会话（与客户端的通信）之前的最大时长。

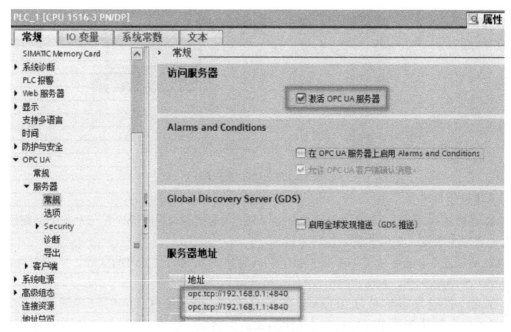

图 10-123　使能 OPC UA 服务器

图 10-124　设置 OPC UA 服务器选项栏参数

③ 最大 OPC UA 会话数量：限定与客户端通信的最大数量。最大会话数取决于 CPU 的性能。每个会话都会占用 CPU 的通信资源。

④ 已注册节点最大数量：限定 OPC UA 服务器注册的最大节点数。该节点数量与注册读写访问方式有关。最大注册节点数取决于 CPU 的类型。

订阅栏参数用于订阅的数据访问，只有数据变化后才发送到客户端。订阅访问类型如图 10-125 所示。

图 10-125　订阅访问类型

参数说明如下：

① 最短采样间隔：OPC UA 服务器采样 CPU 变量值的时间间隔，并与上一个值相比较，检查是否发生改变，如果改变则进行采样。

② 最短发布间隔：OPC UA 服务器定期向客户端发送消息的时间间隔，间隔时间到变量值发生改变则发布，不改变则不发布。

在此设置的发布时间为 1000ms，数值更改后，如果 OPC UA 客户端请求更新，则 OPC UA 服务器将按照 1000ms 的时间间隔发送新消息。如果 OPC UA 客户端要求的更新频率为 2000ms，则 OPC UA 服务器每隔 2000ms 仅发送一条带有新值的消息。如果 OPC UA 客户端要求的更新频率为 500ms，则服务器也只能每隔 1000ms 发送一条消息（最短发布时间间隔）。

> 注意：采样频率与发布频率需要匹配，如果采样频率高而发布频率低，在采样的队列中将存储多个值并发布给客户端，在客户端上可以接收多个值也可以选择最新变化值，默认情况下为最新变化值。

③ 已监视项的最大数量：OPC UA 服务器可同时监视变量（值改变）的最大数量。监视会占用资源。可监视变量的最大数量取决于所用的 CPU。

④ 激活类型字典：通过 OPC UA 规范（<= V1.03）中定义的相关机制，可通过类型字典从服务器中读取用户自定义结构（UDT）的数据类型定义。如果不使能，将无法识别整个结构体、UDT 类型变量，只能识别其中的元素。

2）在 OPC UA 参数设置的"导出"栏中可以导出 OPC UA XML 文件，如图 10-126 所示，导出的文件用于 OPC UA 客户端离线操作时对变量的配置。示例中保持默认设置。

图 10-126　OPC UA 的导出文件

3）打开 OPC UA 客户端软件 UaExpert，然后选择添加服务器并输入服务器地址，如图 10-127 所示。在添加的服务器中单击应用程序名称，例如在 PLC 配置中定义的应用名称"SIMATIC.S7-1500.OPC-UA.Application：PLC_1"，然后选择未加密的连接条目并确认就可以添加一个服务器的连接。

图 10-127 客户端中添加 OPC UA 服务器

4）单击添加的服务器，鼠标右键选择"Connect"弹出证书验证窗口，选择信任服务器证书或者临时接收服务器证书后，单击"Continue"按钮连接到 OPC UA 的服务器，如图 10-128 所示。

图 10-128 连接 OPC UA 服务器

5）连接成功后，选择连接的 OPC UA 服务器。在地址空间中选择需要监控的变量，然后拖放到 "Data Access View" 窗口中就可以进行监控了，访问的方式为订阅，如图 10-129 所示。

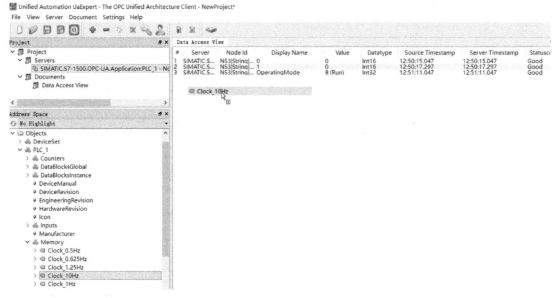

图 10-129　监控 OPC UA 服务器变量

6）单击监控的变量，鼠标右键可以设置发布时间和采样时间（不能超过 CPU 中设定的限制），如图 10-130 所示。

图 10-130　设置采样和发布时间

示例中监控的变量为 10Hz 的脉冲信号，设置的发布时间为 2000ms，采样时间为 250ms，选择队列大小为 6，在 "Data Access View" 窗口中除了时间标签变化外，值有可能没有变化，说明值变为 0，被记录了，然后又变为 1，又被记录，记过多次变化后，最后一次采样到的值为 1，然后发送到客服端，所以值未变但是时间发生了变化。中间的信息可以通过抓包软件 Wire Shark 查看，如图 10-131 所示，如果发生的值更改次数过多且超出队列容量，则 OPC UA 服务器将覆盖最旧的值，最新值将发送到客户端。

```
∨ MonitoredItems: Array of MonitoredItemNotification
    ArraySize: 6
  ∨ [0]: MonitoredItemNotification
      ClientHandle: 17
    ∨ Value: DataValue
      > EncodingMask: 0x0d, has value, has source timestamp, has server ti
      ∨ Value: Variant
          Variant Type: Boolean (0x01)
          Boolean: False
        SourceTimestamp: Jun 27, 2019 13:25:37.547546400 中国标准时间
        ServerTimestamp: Jun 27, 2019 13:25:37.547546400 中国标准时间
  > [1]: MonitoredItemNotification
  > [2]: MonitoredItemNotification
  > [3]: MonitoredItemNotification
  > [4]: MonitoredItemNotification
  ∨ [5]: MonitoredItemNotification
      ClientHandle: 17
    ∨ Value: DataValue
      > EncodingMask: 0x0f, has value, has statuscode, has source timestam
      ∨ Value: Variant
          Variant Type: Boolean (0x01)
          Boolean: True
        > StatusCode: 0x00000480 [Good]
        SourceTimestamp: Jun 27, 2019 13:25:39.297502400 中国标准时间
        ServerTimestamp: Jun 27, 2019 13:25:39.297502400 中国标准时间
  > DiagnosticInfos: Array of DiagnosticInfo
```

图 10-131　OPC UA 队列信息

10.6.4　SIMATIC S7-1500 OPC UA 证书的传递方式

OPC UA 通信方式简单、连接方便，通过手机（安装客户端软件）都可以访问 PLC 数据，所以通信的安全性非常重要，OPC UA 的安全通信同样使用证书的方式对通信数据加密和对通信双方身份进行认证。

在 SIMATIC S7-1500 CPU V2.9 之前，只能通过硬件下载方式传送证书，这些证书包括 SIMATIC S7-1500 OPC UA 服务器证书和受信任客户端的证书。如果需要添加新的客户端或者由于证书到期进行更新以及吊销不再使用客户端的证书时，都需要重新下载 CPU 的硬件配置，下载硬件配置将造成 CPU 停机。在 V2.9 即后续的版本中，使用全局发现服务器（Global Discovery Server，GDS）管理证书，使用 GDS 的推送管理功能可以在 CPU 处于 STOP 和 RUN 操作状态时传送更新后的证书和信任列表，这样可以随时增加和吊销 OPC UA 的客户端。这两种证书传送的方式如图 10-132 所示。

图 10-132　两种方式传递 OPC UA 证书

CPU 处于 STOP 模式时，通过 TIA 博途软件加载硬件配置更新证书，证书是硬件配置的组成部分。CPU 处于 RUN 或 STOP 模式时，通过 GDS 客户端使用 OPC UA 客户端的推送功能来更新证书。两种方式不能同时使用，下载或者推送的证书都存储于 CPU 中，但是位置不同，如果选择 GDS 推送方式，TIA 博途软件下载硬件不会覆盖卡中推送的证书。下面分别以硬件下载方式和 GDS 推送方式介绍 SIMATIC S7-1500 OPC UA 的安全通信。

10.6.5 安全通信方式访问 SIMATIC S7-1500 OPC UA 服务器——硬件下载方式

通过硬件下载的方式传递证书到 CPU 中，不能实时地对证书进行维护，后期对证书进行更新或者修改则必须再次停机下载。下面以示例的方式介绍通过硬件下载方式传递证书的实现步骤，示例中以客户端 UaExpert 为例连接 SIMATIC S7-1500 CPU OPC UA 服务器。

1）打开 OPC UA 客户端软件 UaExpert，单击 "Setting" → "Manage Certificates" 打开证书管理界面，如图 10-133 所示，然后将 UaExpert 的证书复制到本地硬盘中。

图 10-133　UaExpert 证书管理界面

2）在项目树下，选择 "安全设置" → "设置"，单击项目保护按钮，设置项目的用户名和口令。

3）在 CPU 属性 "防护与安全" → "证书管理器" → "使用 TIA Portal 进行证书管理" 界面中使能 "使用证书管理器的全局安全设置" 选项。

4）在项目树下，导航至 "安全设置" → "安全特性"，双击 "证书管理器" 进入全局证书管理界面，在 "受信任的证书和证书颁发机构" 标签栏中鼠标右键选择 "导入"，然后浏览到 UaExpert 的设备证书并导入到全局证书管理器中。

5）在 CPU 的属性中，选择 "OPC UA" → "服务器"，在 "常规" 栏中使能 OPC UA 服务器。

6）打开 "OPC UA" → "服务器" → "Security" → "Secure Channel" 界面，配置安全通道参数，如图 10-134 所示。选择安全策略例如 "Basic256Sha256- 签名"，去使能没有

使用的安全策略。

> **注意**：不能选择"无安全设置"，否则为非安全通信。可以使能多个安全策略对应不同安全需求的客户端。

图 10-134　选择安全策略

7）在 CPU 属性"OPC UA"→"服务器"→"Security"→"证书"界面中添加服务器证书，如图 10-135 所示，选择"由认证机构签发"的证书类型，其它参数保持默认设置，单击确认后生成新的证书。

图 10-135　生成 OPC UA 服务器证书

在"可信客户端"列表中添加 UaExpert 的设备证书并去使能"运行过程中自动接受客户端证书"选项，如图 10-136 所示。

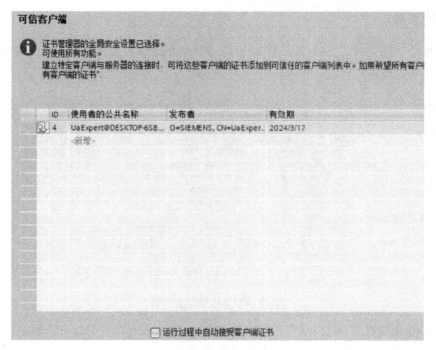

图 10-136　添加可信客户端

8）在"用户身份认证"栏中，可以设置不同的用户和密码同时去使能"启用访客认证"选项，如图 10-137 所示。

图 10-137　设置 OPC UA 客户端用户名和密码

9）其它参数保持默认设置并将配置文件下载到 CPU 中。

10）打开 UaExpert 客户端软件，添加服务器，选择在服务器上设置的安全策略、输入用户名和密码并使能"Connect Automatically"选项，单击"OK"按钮建立通信连接，如

图 10-138 所示。

图 10-138　添加安全通信的 OPC UA 服务器

11）在弹出的证书验证对话框中，选择临时接收服务器证书后，单击"Continue"按钮连接到 OPC UA 的服务器，变量的监控操作和设置与非安全通信是一样的，这里不再介绍。

10.6.6　安全通信方式访问 SIMATIC S7-1500 OPC UA 服务器——GDS 推送方式

使能 CPU 的 GDS 推送功能后，CPU 中只有一个临时证书，包含私钥和公钥，CPU 处于准备阶段（provisioning phase），准备阶段 CPU 的维护指示灯常亮，从报警中可以看到需要维护的原因。使用 OPC 客户端 GDS 功能将证书和可信客户端证书推送到 OPC UA 服务器中后，OPC UA 服务器中包含了更新的证书（替代原有临时证书）和信任列表中的证书即可信的客户端证书，这时 CPU 进入正常的运行状态，维护指示灯熄灭。

使用 OPC 客户端 GDS 功能创建 OPC UA 服务器证书并下载到 OPC UA 服务器中，这种方式证书包含私钥和公钥，相当于私钥离开了 CPU，并不安全。另外一种方式是 OPC UA 服务器发一个申请（Create Signing Request），然后由 CA 认证机构签名并返回一个证书，这种方式比较安全但是操作起来比较繁琐。下面以示例的形式介绍这两种方式的实现的步骤，示例中以客户端 UaExpert 为例连接 S7-1500 CPU OPC UA 服务器。

1）在项目树下，选择"安全设置"→"设置"，单击项目保护标签，设置项目的用户名和口令，这样该项目被保护即只有相应权限的用户才能登录。

2）项目保护后，项目树会自动添加"用户和角色"条目。双击打开该条目，在"角色"标签中创建一个新的角色，例如 OPC GDS，为角色分配相应的权限，例如 OPC UA 客户端的用户认证、管理证书和 OPC UA 服务器访问等，如图 10-139 所示。

图 10-139　添加运行系统管理角色

3）在"用户"标签栏中创建新的用户，例如"A"和相应的密码，然后为该用户分配角色，例如 OPC GDS，如图 10-140 所示。

图 10-140　分配角色

4）在 CPU 属性中，选择"OPC UA"→"服务器"，在"常规"栏中使能"激活 OPC UA 服务器"和"启用全球发现推送"，如图 10-141 所示。

5）在 CPU 的属性中，选择"OPC UA"→"常规"，使能"启用通过项目安全设置，进行附加用户管理"。该选项就是为了 OPC UA 服务器可以使用项目中创建的用户管理证书，例如用户 A。

图 10-141　使能 GDS 功能

6）打开 "OPC UA" → "服务器" → "Security" → "Secure Channel" 界面，配置安全通道参数，选择安全策略。例如 "Basic256 - 签名和加密"，去使能没有使用的安全策略。

7）打开 "防护与安全" → "证书管理器" 栏，使能 "运行过程中使用证书管理服务器提供的证书。

8）在 "用户身份验证" 栏中，"启用用户名和密码认证" 并去使能 "启用访客认证"，例如创建用户 "B" 及 "密码"，如图 10-142 所示。用户 A 与 B 都可以登录 OPC UA 服务器，A 可以传送证书，B 不能，只能用于数据的通信。

图 10-142　使能用户名验证功能

9）在 CPU 属性 → "运行系统许可证" 中，选择相应的授权，编译无错后将配置文件下载到 CPU 中。

10）连接 CPU，在 "在线和诊断" 标签中调整 CPU 的时间为当前时钟，从而保证证书的有效性。

11）打开 UaExpert 客户端软件，添加服务器，选择在服务器上设置的安全策略、输入用户名和密码，这里输入的是具有证书管理权限的用户名和密码，例如用户 A。使能 "Connect Automatically" 选项，单击 "OK" 按钮，建立通信连接，如图 10-143 所示。

图 10-143　使能用户名验证功能

通信连接初始建立时，CPU 即 OPC UA 服务器发送临时证书到客户端，在客户端侧需要对证书进行验证和确认。

12）单击菜单"Documents"，右键快捷菜单选择"Add"，添加一个"GDS Push View"视图，如图 10-144 所示。如果 UaExpert 未带有 GDS Push 视图，则需要更新为最新的版本。

图 10-144　添加 GDS Push 视图

13）GDS Push 视图中包含两个子视图即服务器证书视图和服务器证书组视图，服务器证书视图用于创建服务器证书并将证书推送到服务器中；服务器证书组视图用于推送可信客户端证书和显示吊销证书列表，如图 10-145 所示。

图 10-145　GDS Push 视图

有两种方法可以生成服务器证书：第一种是生成服务器的证书，包含公钥和私钥，然后直接推送到服务器；第二种方式是 OPC UA 服务器发送 CSR，通过 CA 进行签名生成证书，然后再推送到服务器。

1. 生成服务器自签名证书方式

1）在服务器证书视图，单击 "Create Certificate" 按钮，生成新的服务器证书。

2）在 "Download certificate to server" 栏中，证书和私钥已经生成，出于保密的原则，证书不可见。单击 "Download" 按钮将证书推送到服务器中。在服务器证书组视图单击 "Apply Changes" 按钮完成证书的传送。

3）在服务器证书组视图的 "Trusted" 标签中，添加 UaExpert 的证书即 OPC UA 客户端证书，如图 10-146 所示。

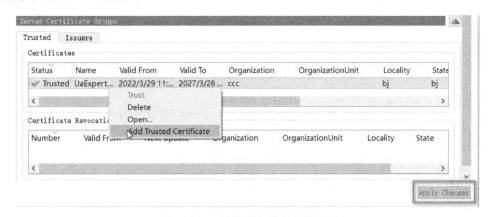

图 10-146　推送受信任客户端证书

4）完成之后，CPU 进入正常操作模式，维护指示灯熄灭。

2. 通过 CSR 方式推送证书

1）~ 13）内容与 287 ~ 290 页的 1）~13）是相同的，这里从 14）开始。

> **注意**：这里仅演示通过 OpenSSL 工具进行创建 CA 证书，由此 CA 证书给 OPC UA 证书签名过程。更安全的方式应当是由权威的 CA 机构、部门签署 OPC UA 证书。

14）通过 OpenSSL 可以生成认证机构，然后使用这个 CA 对 OPC UA 服务器发送的 CSR 进行签名。OpenSSL 可以在网站上下载。下载完成后安装于 C 盘的根目录下，例如安装路径为 C：\OpenSSL-Win64。

15）在视窗查找栏中，输入"CMD"，然后使用管理员身份运行。

16）使用命令"cd C：\OpenSSL-Win64\bin"切换到 OpenSSL.exe 文件所在的文件夹。然后键入 openssl.exe，运行 openssl。

17）使用 OpenSSL 命令"genrsa -out myNewCA.key 2048"生成 2048 位的 RSA 私匙。示例中私匙名称为 myNewCA.Key，名称可以任意选择。

18）使用 OpenSSL 命令"req -new -x509 -key myNewCA.key -out myNewCA.crt"生成 CA 证书，证书名称为 myNewCA.crt，名称可以任意选择。

19）使用 OpenSSL 命令"x509 -outform der -in myNewCA.crt -out myNewCA.der"将 *.crt 格式转换到 *.der 格式。生成的证书和私钥存储于"C:\OpenSSL-Win64\bin"文件夹中。

20）切换到 UaExpert 服务器证书界面，如图 10-146 所示。单击"Create CSR"按钮，弹出的提示框，如果选择"Yes"，服务器将再次生成一对秘钥，包含私钥。如果选择"No"将不重新生成私钥。将服务器发送的 CSR 文件存储于"C：\OpenSSL-Win64\bin"文件夹中，名称为 plc.csr，名称可以任意选择。

21）生成证书需要设置一些属性，属性存储于 *.cfg 文件中，例如文件 plc.cfg，可以使用文本编辑器打开并编辑，如图 10-147 所示。PLC 的名称和 IP 地址要与实际 PLC 匹配。plc.cfg 文件作为附件，可以将该文件作为参考模板进行改编。

图 10-147 证书的属性文件

属性文件可以通过"机工电气"微信公众号，输入 24009 下载或联系工作人员索取：示例程序→以太网通信文件夹下的 plc.cfg。

22）再次使用管理员权限打开命令提示符，运行 OpenSSL，使用 OpenSSL 命令"req-inform der -in plc.csr -out plc2.csr"转换 plc.csr 文件格式，转换后的文件名为 plc2.csr。

23）使用 CA 签名，签名后的证书文件为 plc3.crt，证书属性参考 plc.cfg 文件。命令如下："x509 -req -in plc2.csr -CA myNewCA.crt -CAkeymyNewCA.key - CAcreateserial -out plc3.crt -extfileplc.cfg -extensions v3_req"。

24）使用 OpenSSL 命令"x509 -outform der -in plc3.crt -out plc4.der"将 plc3.crt 的格式转换为 *.der，例如 plc4.der。

25）再次切换到 UaExpert 服务器证书界面。在"Trusted"标签中推送客户端 UaExpert 证书和 CA 证书"myNewCA.der"到服务器中。

26）在证书栏选择已经签名的证书"plc4.der"，如图 10-148 所示。单击"Download"按钮将证书推送到服务器中，在服务器证书组视图单击"Apply Changes"按钮完成证书的传送。

图 10-148　使用 CSR 方式推送证书

OPC UA 服务器使用 CA 签名的证书替代原有临时证书，服务器证书中又包含可信认客户端的证书，这两个条件满足后，CPU 将进入到正常的运行状态。

10.6.7　SIMATIC S7-1500 OPC UA 服务器性能测试

通常一些软件（例如 WinCC）和设备（例如 HMI 操作屏）作为 OPC UA 的客户端使用订阅读和写的方式访问服务器的数据，读或者注册读、写方式必须通过编程实现。订阅访问方式采样和发布时间已经确定，但是读、写和订阅读、写变量的时间与访问变量的方式有关（一个数组、结构作为一个变量或者将数组、结构中每一个元素作为一个单一变量）。使用客户端软件 UaExpert 可以测试通信性能，下面以示例的方式介绍测试的方法。

1）在 PLC 中建立一个数组变量，包含 1000 个 DINT 类型的元素。

2）使用客户端软件 UaExpert 与服务器建立通信连接。

3）在客户端软件 UaExpert 中添加性能视图，如图 10-149 所示。

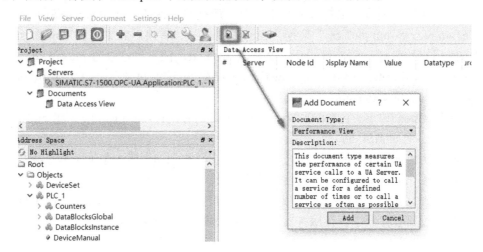

图 10-149   添加使能视图

4）将测试的变量拖放得到性能视图的 Nodes 表中，例如 1000 个 DINT 变量。在配置栏中选择访问的方式，例如读、写、注册读、写。设置 "Node Counts" 为 1000，这个值小于等于在 Nodes 表中添加变量的数量，在 "Cycles" 输入循环测试的次数，例如 20，单击 "Start Test" 按钮进行测试，如图 10-150 所示。在 "results" 栏中将显示测试的结果。

图 10-150   OPC UA 通信性能测试结果

10.6.8   SIMATIC S7-1500 OPC UA 服务器方法的调用

从固件版本 V2.5 和 TIA Portal V15 开始，SIMATIC S7-1500 OPC UA 服务器还可以为

客户端提供 OPC UA 方法。所谓方法，可以简单地理解为函数的一种。替代原有通过变量读写方式，OPC UA 客户端可以通过调用 UA 服务器提供的方法执行复杂的控制功能，方法调用的示意过程如图 10-151 所示。

图 10-151　OPC UA 服务器方法调用示意图

从图 10-151 中可以看到，OPC UA 服务器提供的方法就是在 PLC 中使用 FB 生成的。在 FB 中需要调用 "OPC_UA_ServerMethodPre" 和 "OPC_UA_ServerMethodPost" 指令才能封装为一个 OPC UA 的方法，当 OPC UA 客户端调用方法后，方法的输入参数通过 "OPC_UA_ServerMethodPre" 指令传入到程序块中，用户程序执行完后，运行的结果通过 "OPC_UA_ServerMethodPost" 指令返回到方法的输出参数，操作示意如图 10-152 所示。

图 10-152　OPC UA 服务器方法调用流程

下面以示例的方式介绍 OPC UA 方法的创建和调用，示例中将变量 A 和 B 相加，然后将结果传送到变量 C，OPC UA 客户端使用 UaExpert，具体步骤如下：

1）在 TIA 博途软件中创建一个项目，然后在程序块文件夹下创建一个 FB 并命名例如 "OPC UA_Method"。

2）打开 FB，导航至 "指令" → "通信" → "OPC UA" → "OPC UA 服务器"，将指令 "OPC_UA_ServerMethodPre" 拖放到 FB 中，如图 10-153 所示。

图 10-153　调用 OPC_UA_ServerMethodPre 指令

示例中，OPC_UA_ServerMethodPre 赋值参数的解释如下：

UAMethod_Called：输出参数，指示 OPC UA 客户端已调用所提供的方法。示例中赋值一个临时变量。

UAMethod_InParameters：输入 / 输出参数，指向方法输入参数变量的指针。示例中赋值一个静态变量，数据类型为结构体 "Struct"，结构体变量包含两个元素 A 和 B。

注意：该参数赋值的变量名称必须为 UAMethod_InParameters，否则在 OPC UA 客户端不能显示。

3）在指令 OPC_UA_ServerMethodPre 之后编写用户程序即 C=A+B。在程序块结尾调用指令 "OPC_UA_ServerMethodPost"，如图 10-154 所示。

图 10-154　调用 OPC_UA_ServerMethodPost 指令

示例中，OPC_UA_ServerMethodPost 赋值参数的解释如下：

UAMethod_Result：输入参数，用户程序提供的 OPC UA 服务器方法执行状态代码。

Succeeded：16#0000_0000 到 16#3FFF_FFFF

Uncertain：16#4000_0000 到 16#7FFF_FFFF

Bad：16#8000_0000 到 16#FFFF_FFFF

区域"Succeeded"和"Uncertain"的代码可能不输出，具体取决于客户端。示例中为常数 16#0，如果输入为 16#8000_0000，OPC UA 客户端调用方法时显示故障，需要根据具体的状态代码判断 UA 服务器方法执行情况。

UAMethod_Finished：输入参数，如果方法的用户程序已执行完成，则须将此参数值设为 TRUE，向方法传递输出值，示例中赋值临时变量 Finished。

Done：输出参数，如果为 1 表示指令的执行已完成且未出错。

UAMethod_OutParameters：输入 / 输出参数，指向方法输出参数变量的指针。示例中赋值一个静态变量，数据类型为结构体"Struct"，结构体变量包含元素 C。

> **注意：** 该参数赋值的变量名称必须为 UAMethod_OutParameters。

在 OPC UA 客户端调用方法后，变量 Called 为 1，执行用户程序，将变量 A+B 的值赋值到变量 C，变量 Finished 为 1，将变量 C 的值返回到方法的输出端，同时返回执行结果的状态信息。

1）在 OB1 中调用该 FB，为 FB 分配实例数据块，例如"OPC UA_Method_DB"。

2）打开 OPC UA 客户端软件 UaExpert，建立与服务器的通信。连接成功后，在"Data-BlockInstance"中可以看到为 FB 分配的实例数据块"OPC UA_Method_DB"。

3）单击实例数据块下的方法"Method"，鼠标右键选择"Call"指令，弹出 OPC UA 方法的调用窗口。为输入变量赋值后，然后单击"Call"按钮，执行该方法，如图 10-155 所示。

图 10-155　在 OPC UA 客户端调用服务器方法

方法执行后可以得到输出变量 C 的值以及 Result 的结果 "Succeeded"。如果在参数 "UA-Method_Result" 赋值 16#40000000，则在客户端调用方法得到 Result 的结果为 "Uncertain"。

> **注意：** OPC_UA_ServerMethodPre、OPC_UA_ServerMethodPost 的多重实例的名称必须为
> ➤ OPC_UA_ServerMethodPre_Instance；
> ➤ OPC_UA_ServerMethodPost_Instance。

10.6.9　SIMATIC S7-1500 OPC UA 报警与条件（Alarms & Conditions）

SIMATIC S7-1500 PLC 的诊断报警主要分为两大类即系统诊断报警和过程诊断报警。系统诊断报警就是对 SIMATIC S7-1500 PLC 硬件系统进行诊断，例如对 CPU 故障、DP/PN 站点的丢失与恢复、I/O 模块的插拔以及断路、短路等故障的诊断。现场模块故障后将诊断事件发送 CPU，CPU 分析故障并调用诊断功能，然后生成报警文本并发送给 HMI 显示，系统诊断报警不需要编程。过程诊断报警基于应用程序，也可称为基于程序的报警，由事件触发，只有故障时才由 PLC 发送报警信息到外围显示设备，主要有三种方式：Program_Alarm 程序块触发的报警、使用 Prodiag 触发的报警和 Graph 触发的报警信息。

SIMATIC S7-1500 OPC UA 的报警与条件基于原有的 PLC 系统的报警，从 OPC UA "System Diagnostics" 节点可得到 PLC 系统诊断报警；从 OPC UA "Graph" 节点可以得到 PLC Graph 触发的报警；从 OPC UA "Process Diagnostics" 节点可以得到 PLC Prodiag 触发的报警；从 OPC UA "UserProgram" 节点可以得到 PLC Program_Alarm 触发的报警。报警的分类如图 10-156 所示。

图 10-156　SIMATIC S7-1500 OPC UA 报警与条件的分类

　　简单地说就是将 PLC 支持的诊断报警无缝映射到了 OPC UA 的服务器中，可按常规方式对这些报警进行组态和编程，无需额外的操作。这些报警信息不仅通过 HMI 设备、Web 浏览器、CPU 显示屏或 TIA 博途软件工程师站显示，还可在支持 OPC UA 报警和条件的所有 OPC UA 客户端中显示。下面以示例的方式介绍 SIMATIC S7-1500 UA OPC 报警与条件的配置过程，示例中使用 Program_Alarm 程序块触发报警，然后在 OPC UA 客户端 UaExpert 显示报警信息并确认。具体配置步骤如下：

　　1）在 TIA 博途软件中插入一个 SIMATIC S7-1500 V2.9 及以上版本的 CPU，在 CPU OPC UA 服务器属性中使能 OPC UA 服务器、"在 OPC UA 服务器上启用 Alarms and Conditions" 和 "允许 OPC UA 客户端确认消息"，如图 10-157 所示。然后在 "运行系统许可证" 栏中选择购买的运行许可证。

图 10-157　使能 S7-1500 OPC UA 报警与条件

　　2）创建一个 FB，例如 FB1，然后在 FB 调用 "Program_Alarm" 程序块，赋值触发信号，例如 "TRIG1" 和 "TRIG2"，在 "SD_X" 中分配报警时刻的过程值，例如 "Tag_3"、"Tag_4"，如图 10-158 所示。

图 10-158　调用 Program_Alarm 程序块触发报警

3）单击其中一个调用的 Program_Alarm，在属性中设置报警类别为确认，优先级为 14，对应 OPC UA 严重程度值为 860，然后编写相应报警文本和附加报警文本。

> **注意**：事件的严重度在 OPC UA 中定义为 1～1000，而在 SIMATIC S7-1500 PLC 中使用的是优先级 0～16 与之对应，值 1～333 严重度为低，值 334～666 严重度为中，值 667～1000 严重度为高。

4）以相同的方法设置第二个 Program_Alarm 的属性，设置报警类别为不需要确认并勾选"仅供参考"选项，优先级为 2，对应 OPC UA 严重程度值为 150，然后编写相应报警文本和附加报警文本。

5）在 OB1 中调用 FB1，编译后下载到 PLC 中，修改变量 Tag_3/4 的值并置位变量"TRIG1/2"。

6）打开客户端软件 UaExpert，建立与 PLC 的连接（参考前面的章节）。单击"Document"，右键快捷菜单添加"Event View"视图，然后将"SimaticAlarmsAndConditions"节点拖放到"Event View"视图，最后勾选"SimpleEvents"和"ConditionsType"选项，单击"Apply"按钮确认，如图 10-159 所示。

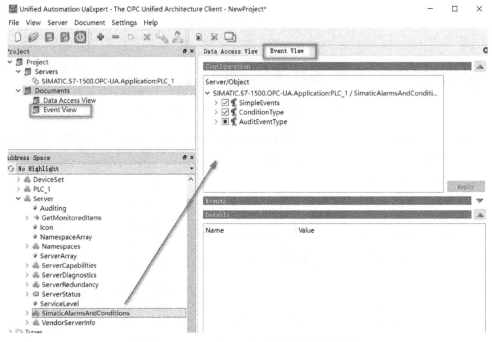

图 10-159　OPC UA 客户端设置报警视图

7）在"Event"标签栏中，可以看到触发的两条报警信息，如图 10-160 所示。"Event"标签栏中相当于归档信息，有无确认和"仅供参考"的信息都会进入该栏中。在详细视图中可以看到附件信息和相关过程值。

8）在"Alarms"标签栏中，单击显示的报警信息，右键快捷菜单选择"Acknowledge"可以确认该条报警信息，信息确认后显示绿色对勾标志 ✓ 。"仅供参考"信息不能在"Alarms"标签栏中显示。

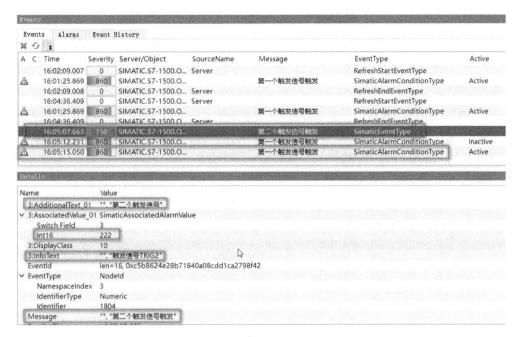

图 10-160　查看报警信息

10.6.10　SIMATIC S7-1500 OPC UA 服务器接口

为了方便 OPC UA 客户端浏览 PLC 中的数据，默认状态下，OPC UA 属性的"常规"栏中使能了"启用 SIMATIC 服务器标准接口"，这样 PLC 中声明的所有变量都可以被 OPC UA 客户端访问，这些变量按地址区划分，查找起来并不方便。通过创建新的 OPC UA 服务器接口，可以屏蔽不需要的变量，只显示定义的变量，实现信息模型的标准化，该接口主要有两种：

➢ 配套规范服务器接口。使用一些组织标准的 OPC UA 信息模型，例如 OMAC 的 PackML，Euromap 的 Euromap 77，Euromap83 等。

➢ 用户自定义服务器接口。可以有选择地开放 OPC UA 服务器中的通信变量，可以基于 OPC UA 通信建立符合自己企业标准的信息模型。

OPC UA 配套规范（companion specification）是一些组织基于 OPC UA 通信定义的标准的信息模型，信息模型中包括使用的数据类型、对象类型、引用类型以及变量类型等。例如 OMAC 的 PackML 标准信息模型包含 PackMLAdminObjectType、PackMLBaseObject-Type、PackMLBaseStateMachineType、PackMLExecuteStateMachineType、PackMLMachin-eStateMachineType、PackMLStatusObjectType 六个对象类型，每个对象类型中包含变量、对象和方法等属性。

信息模型存储在一个 *.XML 文件中，必须使用工具导入这些信息模型，然后从信息模型中引用不同的对象类型，选择需要的属性条目作为 OPC UA 服务器与客户端通信的接口。西门子提供的 OPC UA 模型编辑器 SIOME 可以导入和编辑这些文件，SIOME 可以从西门子网站上下载，下载地址为 https：//support.industry.siemens.com/cs/ww/de/view/109755133。

下面以示例方式介绍创建配套规范服务器接口的配置过程，示例中以 PackML 为例。

1) 创建配套规范服务器接口首先需要对信息模型进行引用和编辑,确定哪些变量用于通信。首先从 OPC 官网下载 PackML 配套规范,打开 SIOME,导入 PackML 配套规范,如图 10-161 所示。

图 10-161　导入配套规范

2) 创建新的命名空间用于服务器接口,如图 10-162 所示。示例中为 http∶//TEST。

图 10-162　创建命名空间

3) 配套规范提供的类型对象包含所有的属性,可以在"Attributes /References"窗口选择哪些属性（变量）作为通信接口，例如在"Root"下导航至"Types"→"ObjectTypes"→"BaseObjectTypes"→"StateMachineType"→"FiniteStateMachineType"→"PackMLExecuteStateMachineType"，单击"Modeling Rule"栏的下拉按钮，选择属性为"Mandatory"并勾选来选择需要通信的变量，如图 10-163 所示。

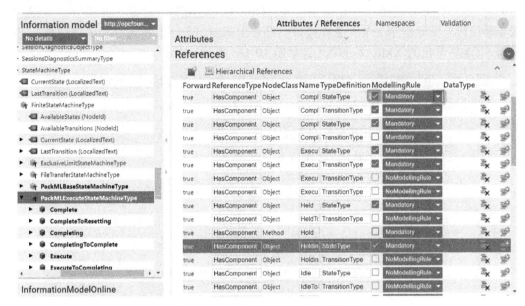

图 10-163　选择配套规范的通信变量

4）将上面编辑的类型映射到一个实例中。单击"Root"下的"Objects"，右键快捷菜单选择"Add Instance"，添加一个对象的实例，如图 10-164 所示。示例中添加对象实例的名称为"MyDevice"，在"Type Definition"中选择上面配置的对象类型"PackMLExecuteStateMachineType"。这样对象"MyDevice"作为"PackMLExecuteStateMachineType"类型的一个实例。

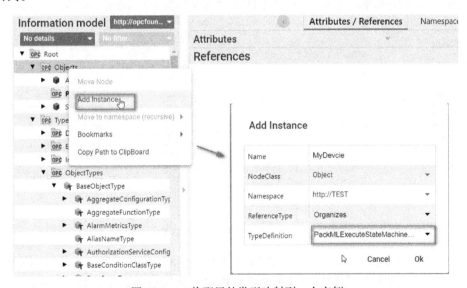

图 10-164　将配置的类型映射到一个实例

5）单击导出 XML 按钮，将上面生成的实例导出。这样配套规范经过编辑后可以选择性的保留所需要的通信变量。

6）打开 TIA 博途软件，使能 CPU 的 OPC UA 功能并选择适合的运行许可，在 OPC UA 属性的"常规"栏中去使能"启用 SIMATIC 服务器标准接口"。

7）在项目树下导航至"PLC 站点"→"OPC UA 通信"→"服务器接口"，双击"新增服务器接口"图标创建一个服务器接口。在弹出的窗口中，类型选择"伙伴规范"，然后再选择 SIOME 导出的 XML 文件导入，如图 10-165 所示。

图 10-165　导入编辑后的配套规范

8）XML 文件导入后，可以看到创建的服务器接口中包含的变量，如图 10-166 所示。从右边的 OPC UA 元素即 PLC 中的变量中选择需要连接的变量，然后拖放到本地数据中与 OPC UA 服务器接口中的节点进行映射。也可以选择服务器接口中对象，然后单击"生成本地数据"标签，将所有节点全部映射到一个数据块中。

图 10-166　映射 OPC UA 接口变量

9）将配置下载到 PLC 中。打开 OPC UA 客户端 UaExpert，浏览 OPC UA 服务器，可以看到只能浏览到配套规范中定义的变量以及 PLC 操作状态等数据，如图 10-167 所示。

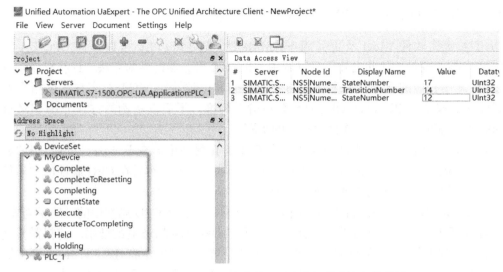

图 10-167　在 OPC UA 客户端显示配套规范中定义的变量

　　除了采用标准的配套规范数据类型外，用户可以自定义数据类型生成服务器接口，从而过滤不需要的变量，也可以作为一个自定义的对外通信标准。例如一个 PLC 控制一个电机，电机有电流、状态和转速三个参数需要监控，需要 OPC UA 客户端只能看到这三个参数，使用 OPC UA 服务器接口功能就比较简单，具体操作步骤如下：

　　1）打开 TIA 博途软件，使能 CPU 的 OPC UA 功能并选择适合的运行许可，在 OPC UA 属性的"常规"栏中去使能"启用 SIMATIC 服务器标准接口"。

　　2）在项目树下，导航至"PLC 站点"→"OPC UA 通信"→"服务器接口"，双击"新增服务器接口"图标创建一个服务器接口。在弹出的窗口中选择"服务器接口"。

　　3）在服务器接口定义所需显示的变量，例如电流、状态和转速，然后拖放 OPC UA 元素到本地数据中，将 PLC 变量映射到服务器接口，如图 10-168 所示。

图 10-168　映射本地数据到 OPC UA 服务器接口

　　4）下载配置到 CPU，使用客户端连接到服务器，只能浏览到服务器接口中自定义的变量。

10.6.11　SIMATIC S7-1500 OPC UA 客户端接口

从 TIA 博途软件 V15.1 及更高版本，SIMATIC S7-1500 PLC 可以作为 OPC UA 客户端读写服务器中变量，除此之外还可以调用 OPC UA 服务器提供的方法。这些操作都需要在 PLC 中调用相应的指令，为了保证指令的统一和一致性，OPC UA 客户端的指令符合"IEC61131-3 规范的 PLCopen OPC UA 客户端"标准。下面以示例的方式介绍 SIMATIC S7-1500 作为 OPC UA 客户端连接服务器的步骤：

1）在 TIA 博途软件的项目中插入一个 CPU，在属性中导航至"OPC UA"→"客户端"，在"常规"界面中使能"激活 OPC UA 客户端"选项。然后在 CPU 属性的"运行系统许可证"栏中选择购买的 OPC UA 许可证。

2）如果客户端需要在运行中验证服务器的证书，需要在 CPU 属性中的"防护与安全"→"证书管理器"→"伙伴方的设备证书"中添加 OPC UA 服务器的证书。前提需要使能"使用证书管理器的全局安全设置"，并在"安全设置"→"安全特性"→"证书管理器"，"受信任的证书和根证书颁发机构"中导入服务器证书，然后在这里添加该证书。同样也需要导出客户端证书，添加在 OPC UA 服务器的可信任客户端列表中。

3）在项目树中，导航至"PLC 站点"→"OPC UA 通信"→"客户端接口"，单击"新增客户端接口"创建一个客户端接口。双击打开该接口，在"OPC UA 客户端接口"侧增加读取列表和写入列表。如果是离线方式，在"OPC UA 服务器接口"侧导入服务器导出的 XML 文件，然后将需要读写的服务器节点例如"R_Data"和"W_Data"分别拖放到客户端的读取和写入列表中，如图 10-169 所示。

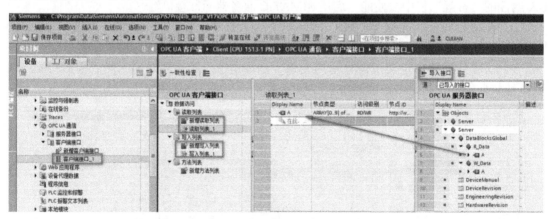

图 10-169　离线方式导入 OPC UA 服务器节点

每一个客户端接口就是与服务器的一个连接，最大连接的数量以及支持读写变量的数量与 CPU 的型号有关。

如果可以在线连接服务器，可以在"源"处选择"在线"，然后单击"在线访问"，在弹出的窗口中输入服务器地址、选择客户端证书和用户身份认证后连接到服务器，然后在线将需要读写的服务器节点分别拖放到客户端的读取和写入列表中，如图 10-170 所示。

4）在客户端接口属性的"连接参数"栏中，设置服务器的地址。IP 地址以及端口号需要服务器侧提供。在"Security"栏中配置与安全相关的参数，例如添加客户端证书、服务器证书、用户身份验证等，如图 10-171 所示。这里需要与服务器端的配置匹配。

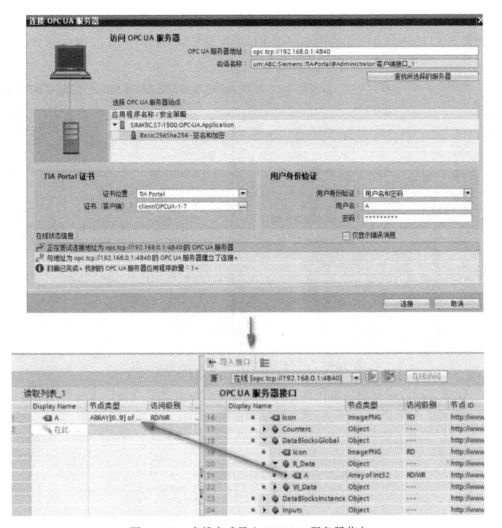

图 10-170　在线方式导入 OPC UA 服务器节点

图 10-171　设置 OPC UA 客户端接口安全属性

5）编译配置的客户端接口，在程序块中生成两个 DB，一个 DB 包含客户端与服务器通信的数据区，另一个 DB 包含的客户端接口的配置参数，如图 10-172 所示。

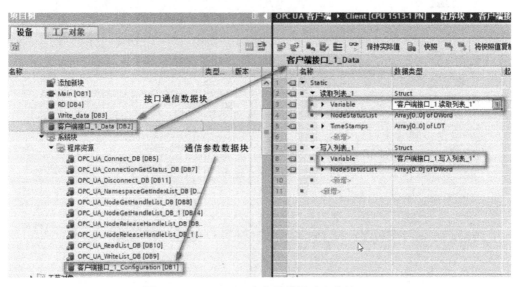

图 10-172　OPC UA 客户端编译后生成的 DB

6）配置完成后需要调用程序块连接服务器并对服务器节点进行读写操作。这些指令包括建立会话、数据访问（DA）、清空会话和诊断几部分，如图 10-173 所示。

图 10-173　OPC UA 客户端可用指令

一个操作可能需要组合多个指令，还需了解指令调用的时序，这对工程师的要求比较高。SIMATIC S7-1500 CPU V2.8 及以上版本可以使用简化指令（Compact Instructions），简化指令有三个，分别是"OPC_UA_ReadList_C""OPC_UA_WriteList_C"和"OPC_UA_

MethodCall_C"，对应客服端的读、写和方法调用三种操作。实际上简化指令是使用这些指令重新进行了封装，用户只需要调用一个指令就可以完成读、写或者方法调用等操作，而不用考虑中间的过程，大大节省编程的时间。下面以简化版指令为例介绍客户端读写服务器数据的过程。

7）在 OB1 中直接调用"OPC_UA_ReadList_C"指令读取 OPC UA 服务器中的节点。单击该指令，在属性中使用向导功能为指令参数赋值，如图 10-174 所示。然后为参数"REQ"赋值触发信号。可以通过参数"MaintainSession"控制与服务器的连接。

图 10-174　OPC UA 客户端调用 OPC_UA_ReadList_C 指令

8）可使用相同的方法调用"OPC_UA_WriteList_C"指令，将值写入 OPC UA 服务器中的节点中。

9）完成向导功能后，"OPC_UA_ReadList_C"和"OPC_UA_WriteList_C"指令的"Variable"参数指向读写的地址区，自动与编译生成的数据块"客户端接口_X_Data"进行了关联，如图 10-174 所示。编译下载后，启动读写的触发信号即可对服务器变量进行读写操作。

10.7　串行通信

串行通信主要用于连接调制解调器、扫描仪、条码阅读器等带有串行通信接口的设备。西门子传动装置的 USS 协议、MODBUS RTU 等也属于串行通信的范畴，串行通信在中大型 PLC 系统中应用越来越少。下面主要以 SIMATIC S7-1500 /ET200MP 的串行通信模块为例，介绍参数的配置以及程序调用。

10.7.1　SIMATIC S7-1500/ET200MP 串行通信模块的类型

SIMATIC S7-1500/ET200MP 串行通信模块的类型以及支持的通信协议参考表 10-9。

表 10-9　SIMATIC S7-1500/ET200MP 串行通信模块一览

订货号	6ES7540-1AD00-0AA0	6ES7540-1AB00-0AA0	6ES7541-1AD00-0AB0	6ES7541-1AB00-0AB0
简介	CM PtP RS232 BA	CM PtP RS422/485 BA	CM PtP RS232 HF	CM PtP RS422/485 HF
接口	RS232	RS422/485	RS232	RS422/485
数据传输速率 /bit/s	300 ~ 19, 200		300 ~ 115, 200	
最大帧长度 /KB	1		4	
支持的协议	➢ 自由口协议 ➢ 3964R		➢ 自由口协议 ➢ 3964R ➢ MODBUS RTU 主站 ➢ MODBUS RTU 从站	

注：1）3964R 是西门子定义的一种全双工通信协议，目前应用比较少。
　　2）HF 类型的模块支持 MODBUS RTU 主站、从站，不需要额外的协议转换设备。

10.7.2　串行通信接口类型及连接方式

SIMATIC S7-1500/ET200MP 串行接口有 RS422/485、RS232 两种类型。TTY 电流环类型的串行接口由于很少使用，在 SIMATIC S7-1500/ET 200MP 中已经不再支持。

1）RS232 接口的最大通信距离为 15m，且只能连接单个设备。RS232 接口如果转换为 RS485 接口可以连接多个设备。串行通信模块的 RS232 接口引脚定义见表 10-10。

表 10-10　RS232 Sub-D 型公头连接器接口定义

RS232 Sub-D 连接头	针脚	符号	输入 / 输出	说明
	1	DCD	输入	数据载波检测
	2	RxD	输入	接收数据
	3	TxD	输出	发送数据
	4	DTR	输出	数据终端准备好
	5	GND	—	信号地
	6	DSR	输入	数据装置准备好
	7	RTS	输出	请求发送
	8	CTS	输入	允许发送
	9	RI	输入	振铃指示

RS232 为标准接口，每个设备接口引脚定义相同。以两个 RS232 接口为例，引脚的连接如图 10-175 所示。

如果没有数据流等控制，通常只使用引脚 2、3 和 5。

2）RS422/485（X27）接口的最大通信距离为 1200m。是一个 15 针串行接口，根据 TIA 博途软件中对 RS422/485 串行接口的配置，可以选择该接口作为 RS422 接口或者 RS485 接口使用，每种接口分别对应不同的接线方式。RS422 为 4 线制全双工模式；RS485 为两线制半双工模式。RS485 串行接口可以连接多个设备。串行通信模块的 RS422/485（X27）接口引脚定义见表 10-11。

图 10-175 RS232 电缆连接示意图

表 10-11 RS422/485 接口引脚定义

RS422/485 连接头	针脚	符号	输入 / 输出	说明
	1	—	—	—
	2	T（A）-	输出	发送数据（四线模式）
	3	—	—	—
	4	R（A）/T（A）-	输入 输入 / 输出	接收数据（四线模式） 接收 / 发送数据（两线模式）
	5	—	—	—
	6	—	—	—
	7	—	—	—
	8	GND	—	功能地（隔离）
	9	T（B）+	输出	发送数据（四线模式）
	10	—	—	—
	11	R（B）/T（B）+	输入 输入 / 输出	接收数据（四线模式） 接收 / 发送数据（两线模式）
	12	—	—	—
	13	—	—	—
	14	—	—	—
	15	—	—	—

RS422/485 为非标准接口（有的使用 9 针接头），每个设备接口引脚定义不同。使用 S7-1500/ET 200MP 串行通信模块 RS422 接口的引脚连接如图 10-176 所示。

1）电缆长度超过 50m 时，需要在接收端焊接一个 330Ω 的中端电阻

图 10-176　RS422 接线方式（4 线制）

2、9 为发送端，连接通信方的接收端，通信双方的连线为 T（A）-R（A）、T（B）-R（B）；引脚 4、11 为接收端，连接通信方的发送端，通信双方的连线为 R（A）-T（A）、R（B）-T（B）。

使用 SIMATIC S7-1500/ET 200MP 串行通信模块 RS485 接口的引脚连接如图 10-177 所示。

1）电缆长度超过 50m 时，需要在接收端焊接一个 330Ω 的中端电阻

图 10-177　RS485 接线方式（2 线制）

引脚 2、9 与 4、11 内部短接，不需要外部短接。引脚 4 为 R（A），引脚 11 为 R（B）。通信双方的连线为 R（A）-R（A），R（B）-R（B）。在通信过程中发送和接收工作不可以同时进行，为半双工通信制。

注意：有些串行通信接口引脚没有使用 R（A）、T（A）、R（B）、T（B）标注，而是使用 R-、T-、R+、T+。这里 R- = R（A）、T- = T（A）、R+ = R（B）、T+ = T（B）。

10.7.3　自由口协议参数设置

大多数串行通信的应用都是基于自由口通信协议，例如与仪表、条形码扫描仪等设备的通信。通常将设备作为数据的服务器，由设备方提供自由口通信的格式。这些设备在网络上也可以称为从站，主站按照通信格式读写从站中的数据，例如 MODBUS RTU 通信也是基于自由口通信而开发的一种通信协议。下面以 CM PtP RS422/485 HF 为例，介绍该模块自由口通信协议的参数。

在 SIMATIC S7-1500/ET200MP 站点上插入 CM PtP RS422/485 HF 模块。在模块的"属性"界面中，单击"操作模式"标签栏，设置端口的工作模式，如图 10-178 所示。

图 10-178　串行接口的操作模式界面

1. 指定工作模式

选择 RS422 全双工或 RS485 半双工模式。

2. 接收线路的初始状态

接收引脚的初始状态，在 RS422 模式下可以选择断路检测。单击"端口组态"标签栏，设置端口的参数如图 10-179 所示。

图 10-179　串行接口的组态界面

3. 协议

可以选择自由口 /MODBUS 和 3964R 协议，端口参数会跟随协议的选择而变化。示例中选择自由口。

4. 端口参数

1）传输率：通信双方的传输率必须一致，传输率也要根据通信的距离进行选择，通信距离越长速率越低。

2）字符帧：通信双方的数据以字符帧格式进行传递。字符帧包括起始位、数据位、奇偶位、停止位和空闲位。通信双方字符帧格式必须匹配。

3）数据流控制：串行通信模块接收数据并传送到 CPU 中。如果串行通信模块接收的速度大于它传送到 CPU 的速度，将会发生数据溢出。为了防止数据溢出，在串行通信中可使用数据流控制，数据流控制又可分为软件流控制和硬件流控制。软件流控制通过特殊字符 XON/ XOFF 来控制串口之间的通信，XOFF 表示传输结束，当串口在发送期间收到XOFF 字符，将取消当前的发送，直到它从通信伙伴得到 XON 字符才允许再次发送；硬件流控制使用信号线传送控制命令，要比软件流量控制速度快，RS232 接口支持硬件流控制，RS422 支持软件流控制。

5. 诊断

模块端口故障将触发 CPU 诊断中断。单击"组态消息传送"标签栏，设置端口的数据发送参数如图 10-180 所示。

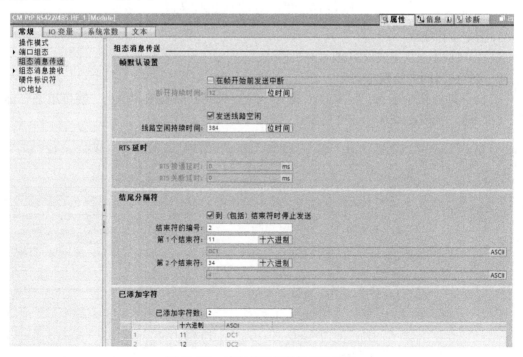

图 10-180 串行接口的数据发送界面

若发送消息，必须通知通信伙伴消息发送的开始和结束，这些设置可在硬件配置中设置，也可使用指令"Send_Config"在运行期间进行调整。可以选择下列选项之一或各选项的组合配置消息的传送：

组态消息传送：

6. 帧默认设置

定义在消息发送前的间断（Break）时间和空闲线（Idle Line）时间。时间以位时间为单位，位时间 =1/ 传输速率。

7. RTS 延时

RS232 接口参数，用于配置发送请求 RTS 接通和断开的延时时间。

8. 结尾分隔符

发送字符时，到定义的结束符时停止发送。可以定义两个结束符，在消息中必须包含结束符。

9. 已添加字符

最多可以在消息后面添加五个附加字符。指定数量的结束符自动添加在向伙伴发送的数据后。

单击"组态消息接收"→"帧开始检测"标签栏，设置端口接收数据的开始条件检测参数，如图 10-181 所示。

图 10-181　组态消息接收 - 帧开始检测界面

对于使用自由口的数据传输，可在多种不同的帧开始选项中进行选择。一旦符合接收条件，接收端将开始接收数据。

10. 帧默认设置

以任意字符开始：意味着以通信伙伴发送的第一个字符作为接收的第一个字符。

以特殊条件开始：需要在"设置帧开始条件"中设定接收条件。

11. 设置帧开始条件

检测到线路中断之后：检测到通信伙伴发送的线路间断（Break）后开始接收消息。

　　检测到线路空闲之后：检测到组态的空闲线路持续时间后开始接收消息。

　　接收到开始字符之后：在检测到经组态的开始字符后开始接收消息。

　　检测到开始序列之后：在检测到一个或多个字符序列后开始接收消息，最多 4 个序列，每个序列最多 5 个字符。

　　单击"组态消息接收"→"帧结束检测"标签栏，设置端口接收数据结束条件的检测参数，如图 10-182 所示。

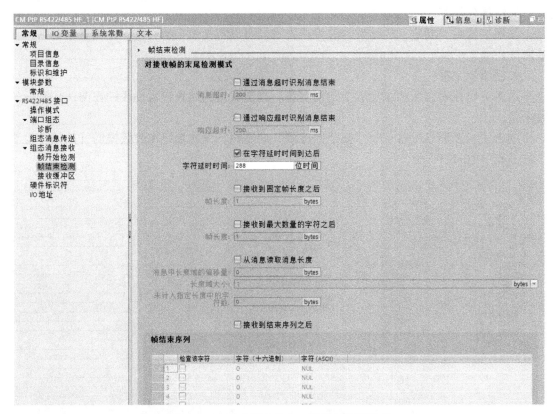

图 10-182　组态消息接收 - 帧结束检测界面

　　同样可以选择多种不同的帧结束条件，一旦符合任何一个结束条件，数据接收任务完成。

12. 对接收帧的末尾检查模式

　　通过消息超时识别消息结束：从满足接收条件开始计时，超过设定的时间后结束消息接收。

　　通过响应超时识别消息结束：响应时间用于监控通信伙伴的响应行为。如果发送任务完成后，在规定的时间内有效地开始字符未被识别，则结束消息接收。

　　在字符延时时间到达后：如果字符的间隔时间超过字符延时时间，则判断报文结束。

　　接收到固定帧长度之后：以固定的消息长度判断消息是否结束，当接收了设置的字节数后，判定一帧消息结束。接收报文时，如果超过了字符延迟时间，而接收的字符数还未到组态的字符数时，将报错并丢弃该帧；如果在达到固定帧长度之前，满足另一个已使能的结束条件，则会输出一条错误消息并丢弃该帧。

　　接收到最大数量的字符之后：到达所设定的字符数之后判断为帧结束。此设置可与

"字符延时时间"设置结合使用。如果在接收到最大数量的字符数之前出现了另一个结束条件，接收到的帧仍然被认为是无错误的。

从消息读取消息长度：当接收消息帧中指定长度的字符后，该消息帧接收结束。即要接收的消息帧长度按照一定的格式在消息中给出。

接收到结束序列之后：在接收到设定的字符序列后判断为帧结束，最长为五个字符。

单击"接收缓冲区"标签栏，设置模块的接收区如图 10-183 所示。

图 10-183　模块缓冲区的设置界面

以模块 CM PtP RS422/485 HF 为例，接收缓冲区为 8K 个字节，255 帧消息，最大一帧消息为 4K。接收缓冲区是一个环形缓冲区，默认设置为阻止数据的覆盖，缓存区设置为255 帧消息。这样 CPU 接收的消息是缓冲区最早进入的一帧，如果 CPU 总是需要接收最新的消息，必须将缓冲区设置为 1 帧消息，并去使能"防止覆盖操作"选项。

10.7.4　串行通信模块的通信函数

串行通信模块支持的通信函数见表 10-12。

表 10-12　串行通信模块支持的通信函数

函数分类	函数名称	功能描述
动态参数分配函数	Port_Config	通过用户程序动态设置"端口组态"中的参数，例如传输率、奇偶校验和数据流控制，参考图 10-179 中的参数
	Send_Config	通过用户程序动态设置"组态消息传送"中的参数，例如 RTS ON-/RTS OFF 延迟参数等，参考图 10-180 中的参数
	Receive_Config	通过用户程序动态设置"组态消息接收"中的参数，参考图 10-181～图 10-183 中的参数
	P3964_Config	通过用户程序动态设置 3964（R）协议的参数，例如字符延迟时间、优先级和块校验。本文中没有介绍
通信函数	Send_P2P	发送数据
	Receive_P2P	接收数据
	Receive_Reset	清除通信模块的接收缓冲区
RS232 信号操作函数	Signal_Get	读取 RS232 信号的当前状态
	Signal_Set	设置 RS232 信号 DTR 和 RTS 的状态
高级功能函数	Get_Features	获取有关 MODBUS 支持和有关生成诊断报警的信息
	Set_Features	激活诊断报警的生成

10.7.5　自由口协议通信示例

使用自由口通信协议时通常需要知道串口设备的报文格式。例如，在 CPU 从一个串口仪表读取测量数据的应用中，串口仪表通常是被动发送数据，即接收到数据请求报文后返回数据报文。数据请求报文的格式通常如下（下面只是一个示例，具体以设备厂商提供的通信格式为准）：

数据请求	站号	数据开始地址	数据长度	异或校验码

数据请求报文解释如下：

数据请求：　　　1 个字节，11（HEX）为读请求。

站号：　　　　　1 个字节，1 ~ 200（HEX）。

数据开始地址：1 个字节，1 ~ 80（HEX）。

数据长度：　　　1 个字节，1 ~ 80（HEX）。

异或校验码：　　1 个字节，字节校验（HEX）。

返回报文的格式通常如下：

数据请求应答	站号	请求数据	异或校验码

返回报文解释如下：

数据请求应答：1 个字节，22（HEX）为读请求应答。

站号：　　　　　1 个字节，1 ~ 200（HEX）。

请求数据：　　　返回测量数据。每个数据占用 1 个字节（HEX）。

异或校验码：　　1 个字节，字节校验（HEX）。

假设需要读取 10 号站仪表中地址从 100 开始的 4 个数据（即地址 100 ~ 103），串行通信处理器发送的数据请求报文为 5 个字节，分别为 11、0A、64、04、7B。

返回报文为 7 个字节，分别为 22、0A、11、22、33、44、6C。所需要读取的数据为 11、22、33、44。

以上述需求为例介绍通过自由口协议建立通信的过程：

1）创建新项目，例如 "FREE PORT"。在项目树下单击 "添加新设备"，选择 CPU 1516-3，并创建一个 PLC 站点。

2）从硬件目录中，将串行通信模块 CM PtP RS422/485 HF 拖放到机架上。在模块的属性界面中，选择 RS485 半双工通信模式并设置端口参数，例如通信速率为 9600，偶校验，8 位数据位，1 位停止位，其它参数保持默认设置。可以参考 10.7.3 节自由口协议参数设置。

3）打开主程序块，直接调用通信函数 Send_P2P 和 Receive_P2P（"指令" → "通信" → "通信处理器" → "PtPCommunication"），如图 10-184 所示。

Send_P2P 的参数含义如下：

① REQ：发送请求，每个上升沿发送一帧数据，示例中为 CPU 的 2.5Hz 时钟脉冲。

② PORT：通信模块的硬件标识符，参考模块的属性。

③ BUFFER：指定的发送区（需要发送哪一个 DB 中的数据）。

④ LENGTH：发送字节的长度，如果为 0，将发送全部数据区数据。

⑤ DONE：发送完成输出一个脉冲。

图 10-184　调用串行通信函数

⑥ ERROR：发送失败输出 1。

⑦ STATUS：函数调用的状态字。

Receive_P2P 的参数含义如下：

① EN：接收使能。

② PORT：通信模块的硬件标识符，参考模块的属性。

③ BUFFER：指定接收区。

④ NDR：接收新数据时输出一个脉冲。

⑤ ERROR：接收失败输出 1。

⑥ STATUS：函数调用的状态字。

⑦ LENGTH：输出实际接收字节的长度。

4）按照报文格式的需求，建立数据块 Send_M，定义 5 个字节的数组 Send，然后在程序中分别赋值 11、0A、64、04、7B；使用数据块 Recv_M 接收数据，Recv_M.recv 为数组。

5）将程序下载到 CPU 中，然后监控通信的数据，示例中以另一个通信模块模拟仪表，示例程序可以通过"机工电气"微信公众号，输入 24009 下载或联系工作人员索取：示例程序→串行通信文件夹下的"FREE PORT"项目。

> **注意**：一个带有 RS485 接口的串行处理器可以级联多个带有 RS485 接口的仪表（如果是 RS232C 的接口需要转换到 RS485 接口，经过转换的接口需要注意连接的问题），要求所有的仪表支持相同的，可以支持编站地址（站号）协议。对于这种应用需要在程序中编写各站的轮循程序，并且不能在 CPU 中同时调用多个发送和接收程序。如果站点比较多，每一个站同时有读写操作，这样通信程序将比较繁琐。

10.7.6　MODBUS RTU 通信协议

MODBUS RTU 是基于串口（RS232C、RS422/485）的一种开放的通信协议，多用于连接现场仪表设备，通信距离与串行通信中的定义相同。由于 MODBUS 的报文简单、开发成本比较低，许多现场仪表仍然使用 MODBUS RTU 协议通信。MODBUS RTU 通信以主从的方式进行数据传输，主站发送数据请求报文到从站，从站返回响应报文。考虑到一般应用，这里以 ET200SP CM PtP 模块作为主站，SIMATIC S7-1500/ET200MP CM PtP RS422/485 HF 模块作为从站为例，介绍 MODBUS RTU 主站和从站的配置情况。

> **注意：** ET200SP CM PtP 模块与 SIMATIC S7-1500/ET200MP CM PtP RS422/485 HF 模块作为 MODBUS 主站和从站时，调用的通信函数和配置过程相同。

1）创建新项目，例如"MODBUS_RTU"，在项目树下单击"添加新设备"，选择 CPU 1516-3，并创建一个 PLC 站点。

2）从硬件目录中将串行通信模块 CM PtP RS422/485 HF 拖放到主机架上，在模块的属性界面中选择 MODBUS 协议；然后再配置一个带 PROFINET 接口模块的 ET200SP 站点，拖放一个通信模块 CM PtP 到 ET200SP 站点上，同样选择 MODBUS 协议。示例中，将主机架上的模块作为 MODBUS 从站，将 ET200SP 上的模块作为 MODBUS 主站。

3）打开主程序块，直接调用与 MODBUS 主站相关的通信函数"Modbus_Comm_Load"和"Modbus_Master"（"指令"→"通信"→"通信处理器"→"MODBUS（RTU）"），如图 10-185 所示。

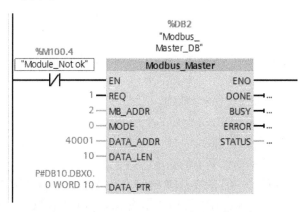

图 10-185　MODBUS_RTU 主站通信程序

函数 Modbus_Master 的参数如下：

① EN：使能主站通信功能，示例中使用"Module_Notok"位判断模块是否有效，用于模块的再次初始化。

② REQ：发送请求，由于通信程序块是由 Send_P2P 和 Receive_P2P 二次封装而成，发送请求为电平信号"1"，而不是脉冲信号。

③ MB_ADDR：MODBUS 从站的站地址，示例中为 2。

④ MODE：MODBUS 通信模式，MODBUS 通信使用不同的功能码对不同的数据区进行读写操作。"Modbus_Master"函数使用 MODE、DATA_ADDR、DATA_LEN 等参数的组合替代功能码，使编程更加简单。示例中 MODE 为 0。

⑤ DATA_ADDR：从站地址区的开始地址，例如 10001，40020，示例中为 40001。

⑥ DATA_LEN：从站地址区的长度，示例中为 10。

通过参数 MODE、DATA_ADDR 以及 DATA_LEN 的组合可以定义 MODBUS 消息中所使用的功能码及操作地址，见表 10-13。

⑦ MB_DATA_PTR：一个指向数据缓冲区的指针，该缓冲区用于存储从 MODBUS 从站读取或写入 MODBUS 从站的数据。示例中将从站 2 的保持寄存器 40001～40010 读出，并存储于本地 DB10.DBW0～DB10.DBW18 中。

表 10-13　MODBUS RTU 通信模式对应的功能码及地址

MB_MODE	MB_DATA_ADDR	MB_DATA_LEN	Modbus 功能	功能和数据类型
0	起始地址： 1 ~ 9999	数据长度（位）： 1 ~ 2000/1992[①]	01	读取输出位
0	起始地址： 10001 ~ 19999	数据长度（位）： 1 ~ 2000/1992[①]	02	读取输入位
0	起始地址： 40001 ~ 49999 400001 ~ 465535	数据长度（WORD）： 1 ~ 125/124[①] 1 ~ 125/124[①]	03	读取保持寄存器
0	起始地址： 30001 ~ 39999	数据长度（WORD）： 1 ~ 125/124[①]	04	读取输入字
1	起始地址： 1 ~ 9999	数据长度（位）： 1	05	写入输出位
1	起始地址： 40001 ~ 49999 400001 ~ 465535	数据长度（WORD）： 1 1	06	写入保持寄存器
1	起始地址： 1 ~ 9999	数据长度（位）： 2 ~ 1968/1960[①]	15	写入多个输出位
1	起始地址： 40001 ~ 49999 400001 ~ 465535	数据长度（WORD）： 2 ~ 123/122[①] 2 ~ 123/122[①]	16	写入多个保持寄存器
2[②]	起始地址： 1 ~ 9999	数据长度（位）： 1 ~ 1968/1960[①]	15	写入一个或多个输出位
2[②]	起始地址： 40001 ~ 49999 400001 ~ 465535	数据长度（WORD）： 1 ~ 123 1 ~ 122[①]	16	写入一个或多个保持寄存器

注：MODE 1 使用 MODBUS 功能码 5 和 6 写入 1 个输出位和 1 个保持寄存器，使用 MODBUS 功能码 15 和 16 写入多个输出位和多个保持寄存器。

①在扩展寻址中，最大数据长度根据功能码的数据类型而缩减 1 字节或 1 个字。

②MODE 2 允许用户使用 MODBUS 功能码 15 和 16 写入一个或更多的输出位和保持寄存器。

注意：MB_DATA_PTR 赋值的参数必须是非优化数据块，V3.0 及后续版本的指令可以使用优化的存储区，要求是单一变量或者数组变量。

⑧ DONE：如果上一个请求完成并且没有错误，DONE 位将变为 TRUE，并保持一个周期。

⑨ BUSY：如果为 FALSE，表示 Modbus_Master 无激活命令；如果为 TRUE，表示 Modbus_Master 命令执行中。

⑩ ERROR：如果上一个请求出错，则 ERROR 位将变为 TRUE，并保持一个周期。STATUS 参数中的错误代码仅在 ERROR = TRUE 的周期内有效。

⑪ STATUS：错误代码。

⑫ Modbus_Master 实例化数据块中的静态变量。

⑬ Extended_Addressing：将从站地址组态为单字节或双字节。FALSE = 1 个字节，表示从地址，地址范围为 0 ~ 247；TRUE = 2 个字节，表示从站地址（对应于扩展地址），地

址范围为 0 ~ 65535。

函数 Modbus_Comm_Load 用于初始化串口参数，可以参考 10.7.3 节自由口协议参数设置中列出的参数。参数的设置分为静态设置和动态设置两种方式，MODBUS RTU 使用动态方式设置串行接口参数，程序如图 10-186 所示。

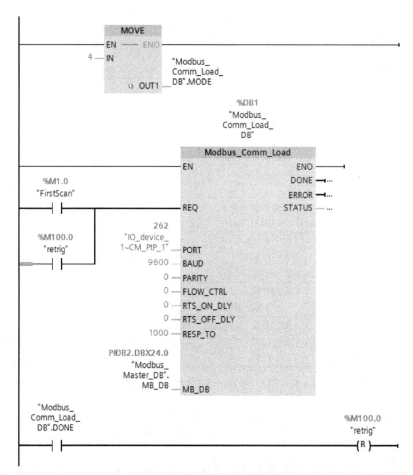

图 10-186　主站 MODBUS 通信模块参数化

Modbus_Comm_Load 的参数如下：

① REQ：出现上升沿时，进行端口初始化，将接口参数写入到模块中。示例中使用 CPU 的系统功能 FirstScan 位触发首次初始化。如果模块掉电后再上电，或安装有串口模块的分布式 I/O 站点与主站通信失败后再恢复通信时，存储于模块的接口参数将丢失。这些情况下需要重新触发一次 Modbus_Comm_Load 初始化操作。示例中使用 "retrig" 位进行初始化，"retrig" 位在插拔中断 OB83 和机架和站点中断 OB86 处理。初始化完成后，使用初始化函数的 "Modbus_Comm_Load_DB.DONE" 进行复位。

② PORT：通信模块的硬件标识符，参考模块的属性。示例中为安装于分布式 I/O 上的串口模块。

③ BAUD：选择数据传输速率，示例中选择默认值。

④ PARITY：选择奇偶校验，示例中选择默认值。

⑤ FLOW_CTRL：选择流控制，示例中选择默认值。

⑥ RTS_ON_DLY：RTS 接通延迟选择，示例中选择默认值。

⑦ RTS_OFF_DLY：RTS 关断延迟选择，示例中选择默认值。

⑧ RESP_TO：响应超时，示例中选择默认值。

⑨ MB_DB：对函数 Modbus_Master 或 Modbus_Slave 实例化数据块的引用。用于将初始化的结果与 MODBUS 主站或者从站进行关联，参数为实例化数据块中的静态变量 MB_DB，示例中与主站参数进行关联。

⑩ DONE：如果上一个请求完成并且没有错误，DONE 位将变为 TRUE，并保持一个周期。

⑪ ERROR：如果上一个请求出错，则 ERROR 位将变为 TRUE，并保持一个周期。STATUS 参数中的错误代码仅在 ERROR = TRUE 的周期内有效。

⑫ STATUS：错误代码。

Modbus_Comm_Load 实例化数据块中的静态变量：

① MODE：工作模式，默认为 0，表示全双工（RS232）。示例中为 4，表示使用半双工（RS485）二线制模式。

② LINE_PRE：接收线路初始状态，示例中选择默认值。

> **注意：**有的仪表接收线路初始状态信号为 R（A）= 0V，R（B）= 5V 与这里的默认设置不匹配，需要在程序中设置。

③ BRK_DET：间断（Break）检测，示例中选择默认值。

④ EN_DIAG_ALARM：激活诊断中断，示例中选择默认值。

⑤ STOP_BITS：停止位个数，示例中选择默认值。

4）在程序中插入"Pull or plug of modules"中断 OB83。拔出模块时操作系统调用一次 OB83，插入模块时操作系统再调用一次 OB83。如图 10-187 所示，通过 OB83 接口区的输入变量"#Event_Class"判断故障的模块和类型：事件类型 16#39 表示模块被拔出，如果是 ET200SP CM PTP 模块触发事件，则置位"Module_Notok"位；事件类型 16#38 表示模块被插入，如果是 ET 200SP CM PTP 模块触发事件，则置位"retrig"位重新触发 Modbus_Comm_Load 初始化，并复位"Module_Not_ok"位。同时，还需对通信故障的状态进行确认，即对主站通信函数的实例化数据块中的变量"Modbus_Master_DB".MB_State 清零。

```
1 ⊟IF #LADDR=262 & #Event_Class=16#39 THEN
2       "Module_Not ok" := TRUE;
3
4   END_IF;
5
6 ⊟IF #LADDR = 262 & #Event_Class = 16#38 THEN
7       "Module_Not ok" := FALSE;
8       "retrig" := TRUE;
9       "Modbus_Master_DB".MB_State := 0;
10
11   END_IF;
```

图 10-187　插拔中断 OB83 的处理

注意：清除状态时不能同时调用主站通信函数，所以示例中使用 "Module_Not_ok" 位进行去使能函数的调用。

5）在程序中插入 "Rack or Station failure" 中断 OB86。站点故障时操作系统调用一次 OB86，站点恢复时操作系统再调用一次 OB86。如图 10-188，OB86 中的程序与 OB83 中的程序类似。注意这里的地址是接口模块的地址，而不是 CM PTP 模块的地址。

```
1 ⊟IF #LADDR = 264 & #Event_Class = 16#39 THEN
2       "Module_Not ok" := TRUE;
3
4 └END_IF;
5
6 ⊟IF #LADDR = 264 & #Event_Class = 16#38 THEN
7       "Module_Not ok" := FALSE;
8       "retrig" := TRUE;
9       "Modbus_Master_DB".MB_State := 0;
10
11 └END_IF;
```

图 10-188　站点故障中断 OB86 的处理

6）调用与 MODBUS 从站相关的通信函数 "Modbus_Comm_Load" 和 "Modbus_Slave"［"指令" → "通信" → "通信处理器" → "MODBUS（RTU）"］，如图 10-189 所示。

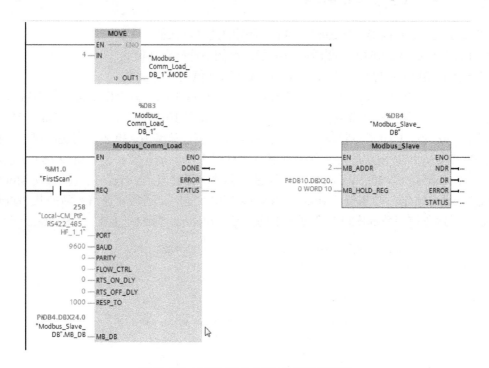

图 10-189　MODBUS_RTU 从站通信程序

函数 Modbus_Slave 的参数如下：

① MB_ADDR：MODBUS 从站的站地址，示例中为 2。

② MB_HOLD_REG：将全局数据块或位存储器（M）映射到 MODBUS 从站的保持寄存器区（4xxxx），用于功能码 FC03（读取 WORD）、FC06（写入 WORD）和 FC16（写入多个 WORD）的操作。数据块和位存储器（M）地址区的大小与 CPU 的具体型号有关。

通信函数 Modbus_Slave 自动将 S7-1500 CPU 的过程映像输入和输出区与 MODBUS 地址区作了映射，所以不需要用户进行配置。

③ NDR：0 表示没有来自 MODBUS 主站的新数据写入；1 表示有新数据写入。

④ DR：0 表示没有数据被 MODBUS 主站读取；1 表示有数据被 MODBUS 主站读取。

⑤ ERROR：通信故障，详细信息可以查看状态字。

⑥ STATUS：状态字，显示通信的状态信息。

与主站相同，从站接口也需要通过函数 Modbus_Comm_Load 进行初始化，这里不再介绍。位于主机架上的 CM PTP 模块（从站）不需要重新初始化。但是如果从站位于分布式 I/O 上，当串口模块发生掉电 / 上电事件，或插 / 拔事件时，则必须重新进行初始化，具体做法与作为主站时的方式相同。应注意的是，在对通信状态进行确认时，除了需要对变量"从站实例化数据块 .MB_State"进行清零，还需要对变量"从站实例化数据块 .SEND_PTP.y_state"进行清零。

7）将程序下载到 CPU 中，通信建立后，从站的数据区 DB10.DBW20 ～ DB10.DBW38 中的数据将被读到主站中，并存放到数据区 DB10.DBW0 ～ DB10.DBW18 中。示例程序可以通过"机工电气"微信公众号，输入 24009 下载或联系工作人员索取：示例程序→串行通信文件夹下的"Modbus_RTU"项目。

> **注意**：一个带有 RS485 接口的串行处理器可以级联多个带有 RS485 接口的仪表。这种情况下，需要在程序中编写站的轮询程序，并且不能在 CPU 中同时调用多个主站程序。与 S7-300/400 主站使用发送和接收函数进行轮询相比，S7-1500 的主站通信函数只有一个，在内部使用串行通信函数 Send_P2P 和 Receive_P2P 二次封装而成，它的发送请求为常"1"信号。如果数据发送成功，并接收到通信伙伴的正确响应，发送函数的 DONE 信号为一个周期的脉冲；如果通信失败，函数的 ERROR 信号为一个周期的脉冲。所以，可以使用 DONE/ERROR 信号切换轮询的站号和数据区，使 MODBUS RTU 通信更加稳定、方便。

第11章 SIMATIC S7-1500 组态控制功能

为了适应市场需求的快速变化，机械设备的类型可能会按价格和功能进行细分，一套设备可能会衍生多种不同的型号。这些设备控制部分的程序大都相同，但在通常情况下，不同型号的设备需要配套不同的控制系统即不同的硬件配置，所以如果这些项目都重新开发，会增加很多的工作量，而且相应的项目文件也不易管理。使用"组态控制"功能，可以非常容易地满足这种需求，所有的设备只需要使用一套程序和硬件配置，而且通过人机界面等方式可轻松地设置相应的设备型号。

11.1 组态控制的原理

在常规模式下，模块经过硬件配置并下载到 CPU 后，实际模块的型号和所占槽位必须与硬件配置相一致。应用组态控制，可通过程序修改已经下载的硬件配置，在项目的设计上，对应用程序和硬件配置有如下要求：

1）应用程序：包括所有型号设备的程序。对于一个确定的设备，系统启动后可通过 HMI 选择设备的类型，并通过程序选择执行该类型设备所对应的程序段。

2）硬件配置：按最大可能的模块数量进行配置，即项目中的硬件配置包含所有型号设备所需的模块，并可以通过用户程序修改与硬件配置相关的数据记录。对应不同型号的设备，在数据记录中标识各模块有无以及模块所占槽位等信息，以达到修改的目的。如图 11-1 所示，一个项目的最大配置有 6 个模块，可以衍生出带有其中 4 个模块的站点和带有其中 3 个模块的站点。这两个站点中各模块的槽位顺序也可以相互调换。

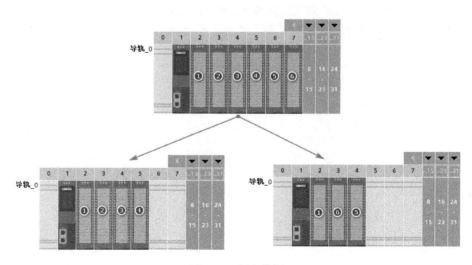

图 11-1　组态控制

11.2 软件、硬件要求以及使用范围

软件需要：TIA 博途 V13 SP1 及以上版本。

硬件要求：SIMATIC S7-1500 CPU 固件版本 V1.5 或更高。V1.7 或更高版本的 CPU 支持的组态控制应用中可以包含 CP/CM，但是这些模块必须保留在其组态的插槽中。

组态控制可以应用于 SIMATIC S7-1500 的中央机架、ET 200MP 或 ET 200SP 等分布式 I/O 站点上。

11.3 SIMATIC S7-1500 硬件配置的数据记录格式

硬件配置以数据记录的方式存储于 CPU 中，为了区别标以数字号码，通常为 196，也就是说 CPU 中的 196 号数据记录中存储着硬件配置，修改数据记录 196 中的格式也就修改了硬件配置。下面以 SIMATIC S7-1500 中央机架为例介绍数据记录的格式，见表 11-1。

表 11-1　SIMATIC S7-1500 硬件配置数据记录格式

字节	元素	代码	说明
0	块长度	4 + 插槽数	表头
1	块 ID	196	
2	版本	4（用于中央机架）	
3	子版本	0	
4	组态的插槽 0	实际插槽 0	控制元素 每个元素分别为最大配置中已组态在各插槽的模块在实际设备中所占的实际插槽或不存在等信息
5	组态的插槽 1	实际插槽 1（始终为 1，因为 CPU 始终位于插槽 1 中）	
6	已组态插槽 2	实际插槽或不存在（16#FF）	
7	已组态插槽 3	实际插槽或不存在（16#FF）	
…	…	…	
4+（最大插槽编号）	组态的最大插槽编号	实际插槽或不存在（16#FF）	

1. 数据结构中包含 4 个字节的表头

1）块长度：数据记录结构总的长度 [4 字节 +（插槽的数量 * 每个插槽占用的字节数量，S7-1500 为 1 个字节）]。

2）块标识：数据记录的标识为 196。

3）版本：用于区分产品类别，例如 ET 200MP、ET 200SP 或 SIMATIC S7-1500 中央机架，版本号 4 代表 SIMATIC S7-1500 中央机架。

4）子版本：SIMATIC S7-1500 为 0。

2. 数据结构中的控制元素（位于 4 个表头字节的后面）

1）组态的插槽 0：值 0 表示模块在实际安装的系统中正在使用，值 16#FF 表示此模块在实际安装的系统中不存在。

2）组态的插槽 1：值 1 表示 CPU 在实际安装的系统中正在使用；因为 CPU 始终位于插槽 1 中，不可以改变。

3）组态的插槽 2 ~ n：值 2 ~ n 表示此模块在实际安装的系统中的插槽号，值 16#FF 表示此模块在实际安装的系统中不存在。数据格式必须存储于数据块中，通过 WRREC 指令写入 CPU 中。

11.4 SIMATIC S7-1500 中央机架 I/O 模块组态控制示例

下面以 SIMATIC S7-1500 中央机架为例介绍组态控制的实现。如图 11-2 所示，最大配置的项目中包含 3 个模块，但是实际应用中只有两个模块，即经过组态控制后，模块 1 被取消，模块 2、3 位置互换。

图 11-2 组态控制示例

首先按示例配置项目的硬件，在 CPU 的属性中使能组态控制选项，其它参数保持默认设置，如图 11-3 所示。如果是 ET 200MP 或者 ET 200SP，则需要在接口模块的属性中使能"组态控制"。

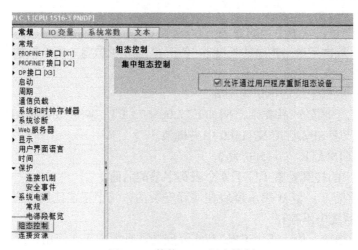

图 11-3 使能 CPU 组态控制

然后，在程序中按照表 11-1 中规定的格式创建数据块，最后通过指令将对应数据记录 196 的值写入 CPU 中。为了方便程序的编写和数据结构的创建，在西门子公司的网站上可以下载库文件，链接地址为：http：//support.automation.siemens.com/CN/view/en/29430270，稍作修改即可完成控制任务。将库文件（29430270_ LCC_LIB_V201_TIAV16）下载到本地硬盘中，在 TIA 博途软件中打开库文件，如图 11-4 所示，将数据格式"LCC_typeCPU 1500"和指令"LCC_ConfigDevice"分别拖放到 PLC 数据类型和程序块文件夹中。

创建一个数据块，例如 DB1，用于存储数据格式。如图 11-5 所示，示例中在数据块中插入了一个数组，数组的元素为从库中复制过来

图 11-4　导入组态控制库文件

的 PLC 数据类型"LCC_typeCPU 1500"，这样每个元素对应一种组态，通过组态控制就可以选择不同的机型。然后修改数据块的启动值，由于此 PLC 数据类型专用于 SIMATIC S7-1500 的中央机架，所以表头、电源模块 PM 和 CPU 等参数不需要更改。模块的插槽需要按照实际要求进行再次分配，分配如下：

➤ 原插槽 2 中的模块未安装，所以赋值为 255（16#FF）；

➤ 原插槽 3 中的模块未改变，所以保持原值 3；

➤ 原插槽 4 中的模块在实际配置中插入插槽 2 中，所以赋值为 2。

➤ 其它参数保持默认值。

图 11-5　包含数据格式的数据块

创建数据块和赋值完成后，在 OB100 中调用指令"LCC_ConfigDevice"，程序如图 11-6 所示。

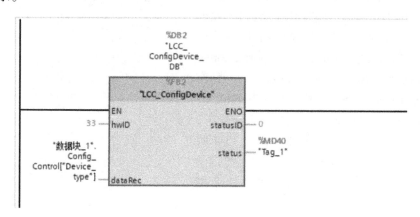

图 11-6　在 OB100 中调用组态控制程序

对于 SIMATIC S7-1500 CPU，输入参数 ID 固定为 33，将包含修改后的数据格式赋值到参数"dataRec"中，示例中为"数据块_1".config_control["Device_type"]。程序下载后，先在 HMI 中通过整型格式的变量"Device_type"选择设备类型，例如 1、2 或 3。变量"Device_type"必须是保持性变量，否则 CPU 启动后将清零。然后启动 CPU，硬件组态将按照配置的参数进行更改，从参数"status"可以读出程序执行的状态。

11.5　分布式站点上 I/O 模块的组态控制

I/O 的模块组态控制也可以应用于分布式站点上。从图 11-4 列出的指令来看，支持此功能的分布式站点有多种。对于分布式站点 I/O 模块的组态控制功能，程序与 SIMATIC S7-1500 CPU 中央机架 I/O 模块的组态控制类似，不同的是 I/O 模块组态控制数据记录结构以及不同的 hwID 参数。

11.5.1　分布式站点 I/O 模块组态控制数据记录结构

以 ET200MP 为例，I/O 模块的组态控制数据记录结构与 CPU1500 有微小区别，如图 11-7 所示，上面是 SIMATIC S7-1500 中央机架的数据记录结构，1 号槽是固定的，用于 CPU。下面是 ET200MP 的数据记录结构，ET200MP 没有 CPU，所以没有 1 号槽，如果组态的模块实际不存在，用 127 标识。

其它类型的分布式 IO 站点数据记录结构相似，可以参考库的帮助文档，这里不再介绍。

11.5.2　分布式 IO 站点的硬件标识符（hwID）

调用"LCC_ConfigDevice"指令需要输入站点的硬件标识符参数 hwID。对于分布式 IO 站点需要输入接口模块的硬件标识符，选择接口模块，在"属性"→"系统常量"中，以"～Head"结束的即是所需的硬件标识符，如图 11-8 所示。

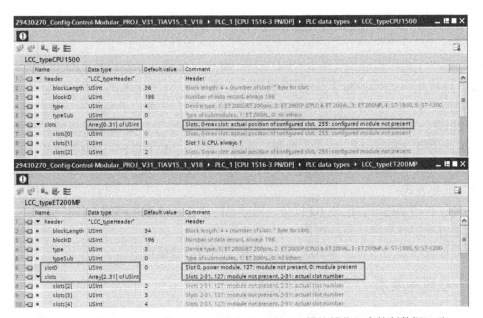

图 11-7　对比 SIMATIC S7-1500 、ET 200MP 的 I/O 模块槽位组态控制数据记录

图 11-8　接口模块的硬件标识符（hwID）

对于智能分布式站点，站点上带有 CPU，例如 ET 200SP CPU，与 SIMATIC S7-1500 CPU 中央机架用于 I/O 模块组态控制的硬件标识符是相同的，都是 33。可以在 CPU 的"属性"→"系统常量"里，查看名称为"Local ~ Configuration"的硬件标识符进行确认。

11.6 PROFINET IO 系统的组态控制

组态控制不但可以应用于 SIMATIC S7-1500 中央机架、分布式站点的 I/O 模块，组态控制也可以应用在 PROFINET IO 系统级别，实现 CPU 对所连接的分布式 I/O 站点进行再配置。类似于 PROFIBUS-DP 总线上站点的使用，CPU 可通过指令禁用或使能某些从站，在使用 PROFINET IO 系统时，SIMATIC S7-1500 CPU 也可以使用禁用或使能某些站点的方法，灵活地指定系统中的 IO 设备数量。不仅如此，SIMATIC S7-1500 系统中还可以结合使用可选 IO 设备和修改网络拓扑的方式，实现对 IO 系统的重新组态。IO 系统的组态控制可以分为三种方式：

> 通过程序禁用或者使能 IO 设备，对站点的操作，不考虑网络拓扑结构；
> 通过程序改变网络拓扑结构；
> 通过程序禁用或者使能 IO 设备并且改变网络拓扑结构。

11.6.1 软硬件要求

IO 系统的组态控制需要在 TIA 博途 V13 SP1 以及固件版本 V1.7 或更高的 SIMATIC S7-1500 CPU 中实现。

11.6.2 IO 系统组态控制的数据格式

程序通过固定的数据格式修改 I/O 站点的配置以及拓扑连接，数据格式见表 11-2。

表 11-2　IO 系统组态控制的数据格式

元素名称	数据类型	说明
Version_High，Version_Low	Word	控制数据记录版本： 高位字节：01 低位字节：00
Number_of_opt_Devices_used	Word	在实际 IO 系统组态中，使用的可选 IO 设备数。如果某个可选 IO 设备在以下未列出，该设备仍保持禁用状态
Activate_opt_Device_1	Word / Hw_Device	实际组态中第 1 个可选 IO 设备的硬件标识符
Activate_opt_Device_2	Word / Hw_Device	实际组态中第 2 个可选 IO 设备的硬件标识符
…	…	…
Activate_opt_Device_n	Word / Hw_Device	实际组态中第 n 个可选 IO 设备的硬件标识符
Number_of_Port_Interconnections_used	Word	在实际 IO 系统组态中，使用的端口互联数。如果不指定端口互连，则输入"0"。如果组态了"伙伴由用户程序设置"，但未在下面列出端口，CPU 将使用"任意伙伴"设置
Port_Interconnection_1_Local	Word / Hw_Interface	第一个端口互连，本地端口的硬件标识符
Port_Interconnection_1_Remote	Word / Hw_Interface	第一个端口互连，伙伴端口的硬件标识符
Port_Interconnection_2_Local	Word / Hw_Interface	第二个端口互连，本地端口的硬件标识符
Port_Interconnection_2_Remote	Word / Hw_Interface	第二个端口互连，伙伴端口的硬件标识符
…	…	…
Port_Interconnection_n_Local	Word / Hw_Interface	第 n 个端口互连，本地端口的硬件标识符
Port_Interconnection_n_Remote	Word / Hw_Interface	第 n 个端口互连，伙伴端口的硬件标识符

11.6.3　IO 系统的组态控制示例

下面以 SIMATIC S7-1500 连接 ET 200SP 为例介绍组态控制的实现（同时操作站点和修改网络拓扑），如图 11-9 所示，主项目中包含 4 个 ET 200SP 站点，其中站点"device a"不可更改，经过组态控制后，子项目中只有两个站点，分别为"device a"和"device b"。

图 11-9　IO 系统组态控制示例

首先配置主项目，包含 4 个 I/O 站点。在网络视图的"IO 通信"标签栏中，使能可更改的站点，如图 11-10 所示，将站点"device_b"、"IO device_3"和"IO device_4"作为可选 IO 设备，由于 device_a 为固定站点，这里不作修改。

图 11-10　使能可更改的站点

　　使能可选 IO 设备后，如果需要通过程序重新定义端口互联，则还需要设置以太网端口的伙伴端口连接选项。

　　打开拓扑视图，使用鼠标拖放功能连接 CPU 和固定站点 device a 的端口 2，因为这个连接不会发生改变。在"拓扑概览"标签页下选择可以通过程序修改拓扑连接的端口，将其"伙伴端口"属性设置为"伙伴由用户程序设置"，如图 11-11 所示。虽然 device_a 为固定站点，但是端口 1 需要连接其它可选设备，所以也必须设置为"伙伴由用户程序设置"。

图 11-11　使能可更改的端口

　　硬件配置完成后还需要编程。在 TIA 博途软件中打开库文件（如图 11-4 所示），将数据块"LCC_CtrlRec"（存储于库的模板副本）和指令"LCC_ReconfigSys"分别拖放到 PLC 程序块文件夹中。打开数据块，在数据块中按照表 11-2 的格式设置参数，如图 11-12 所示。

图 11-12　创建数据块的格式

在数据块中设置参数的含义如下：

① version：控制数据记录版本，固定为 16#0100。

② numOptDevices：可选设备的个数，由于只有设备 device_b，这里为 1。

③ optDevices：可选设备的硬件标识即 device_b 的硬件标识，数据类型为 Hw_Device，可以在系统常量中查找。将符号名称复制并粘贴到数据块中。

④ numPortInterconnections：实际 IO 系统组态中使用的端口互连数。实际配置的连接从设备 device_a 的端口 1 连接到设备 device_b 的端口 1，所以只有一个连接。

⑤ portLocal：第一个端口互连，本地端口的硬件标识符。这里是 device_a 端口 1 的硬件标识，数据类型为 Hw_Interface。

⑥ portRemote：第一个端口互连，伙伴端口的硬件标识符。这里是 device_b 端口 1 的硬件标识，数据类型为 Hw_Interface。

最后需要在 OB1 中调用指令"LCC_ReconfigSys"指令"LCC_ReconfigSys"是对指令"ReconfigIOSystem"重新封装，主要是减少了"ReconfigIOSystem"参数"MODE"的赋值，"MODE"为 1 时，禁用 IO 系统的所有 IO 设备；为 2 时，根据数据记录设置（CTRL-REC）重新组态 IO 系统；为 3 时，重新启用 IO 系统的所有 IO 设备。执行指令"ReconfigIOSystem"时，需先选择 Mode=1，通过 REQ 位禁用所有 IO 设备；然后选择 Mode=2，通过 REQ 位将数据记录传送到 PROFINET 接口，该接口通过 LADDR 寻址；最后选择 Mode=3，通过 REQ 位重新启用 IO 系统的所有 IO 设备。使用指令"LCC_ReconfigSys"只需要使能"execute"一次即可，如图 11-13 所示。

图 11-13 调用指令写入可选设备的配置信息

指令参数含义如下：

① execute：使能信号。

② hwID：PROFINET IO 控制器接口的硬件标识符，这里为 CPU 的 PROFINET 接口的硬件标识符。

③ ctrlRec：用于控制 IO 系统的实际组态的数据记录，这里为图 11-12 中的数据格式。

④ done：为 1 表示指令成功执行，如果 REQ 信号为 0，则 DONE 信号也为 0。

⑤ busy：为 1 表示正在执行指令。

⑥ error：为 1 表示指令已完成，但出现错误。

⑦ status：结果 / 错误代码。

⑧ errorInfo：错误信息。

示例程序可以通过"机工电气"微信公众号，输入 24009 下载或联系工作人员索取：示例程序→组态控制文件夹下的"组态控制"项目。

注意：如果 IO 设备带有设备名称并且与 CPU 中存储的设备名称不匹配时，连接不能建立。此时可以将 IO 设备通过联机在线恢复工厂设置，也可以在组态时使能 IO 控制器属性"高级选项"→"接口选项"中的"允许覆盖所有已分配 IP 设备名称"，IO 控制器将强制分配设备名称并建立连接，这对于 OEM 最终用户的使用将更加方便。

第12章 SIMATIC S7-1500 PLC 的 PID 功能

比例（Proportional）、积分（Integral）、微分（Derivative）控制器（简称 PID 控制器）采用闭环控制，目前在工业控制系统中广泛使用。PID 控制器首先计算反馈的实际值和设定值之间的偏差，然后对该偏差进行比例、积分和微分运算处理，最后使用运算结果调整相关执行机构，以达到减小过程值与设定值之间偏差的目的。

12.1 控制原理

12.1.1 受控系统

如果 PID 控制器可控制一个过程系统中的执行器动作，从而影响这个过程系统的某个过程值，那么这个过程系统被称为受控系统。恰当地设置 PID 控制器参数，可使受控系统的过程值尽快地达到设定值并保持恒定。当 PID 控制器的输出值发生变化后，受控系统过程值的变化通常存在一定的时间滞后，控制器必须在控制算法中补偿这种滞后响应。

下面是通过加热系统 PID 控制室温的一个简单受控系统示例。如图 12-1 所示，传感器测量室温并将温度实际值传送给 PID 控制器；PID 控制器将温度实际值与设定值进行比较，并计算加热控制的输出值（调节变量）；执行器根据调节变量进行动作，以改变供热系统的输出。

图 12-1　室温加热控制模型

受控系统的特性取决于过程和机器的技术需求。要使某个受控系统得到有效的控制，必须为它选择一个合理的控制器类型，并考虑到该受控系统的时间滞后性而相应地调整控制器。因此，要对控制器的比例、积分和微分作用进行组态，必须精确地掌握被控系统的类型和参数。

受控系统按照其对于 PID 控制器输出值阶跃变化的时间响应可分为以下几类：

1. 自调节受控系统

比例作用受控系统：

在比例作用受控系统中，过程值几乎立即跟随输出值变化。过程值与输出值的比率由受控系统的比例增益定义。例如管道系统中的闸门阀、分压器、液压系统中的降压功能等。

2. PT1 受控系统

在 PT1 受控系统中，过程值的变化最初与输出值的变化成比例，但是过程值的变化率与时间呈函数关系逐渐减小，直至达到最终值，即过程值被延时了。例如弹簧减振系统、RC 元件的充电、由蒸汽加热的贮水器等。

3. PT2 受控系统

在 PT2 受控系统中，过程值不会立即跟随输出值的阶跃变化，也就是说，过程值的增加与正向上升率成正比，然后以逐渐下降的上升率逼近设定值。受控系统显示了具有二阶延迟元件的比例响应特性。例如压力控制、流速控制、温度控制等。

1）非自调节受控系统：非自调节受控系统具有积分响应，例如流入容器的液体，过程值会趋于无限大。

2）具有 / 不具有死区时间的受控系统：死区时间通常指从系统的输入值发生变化，到该变化引起的系统的响应（输出值的变化）被测量出来所经历的运行时间。在具有死区时间的受控系统中，如果设定值和过程值之间出现偏差值（如存在干扰量的影响），那么受控系统的输出值的变化被延时了一段死区时间量，例如传送带控制等。

12.1.2　受控系统的特征值

受控系统的时间响应可根据过程值 x 跟随输出值 y 的阶跃变化的时间特性来决定。大多数受控系统是自调节受控系统，受控系统的时间响应可用延迟时间 T_u、恢复时间 T_g 和最大值 X_{max} 等变量来大致确定。这些变量可在阶跃响应曲线的拐点作切线得出，如图 12-2 所示。

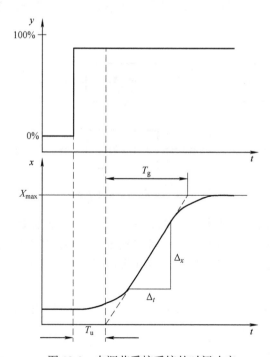

图 12-2　自调节受控系统的时间响应

在许多情况下，由于过程值不能超过特定值而无法记录达到最大值的响应特性，这时采用上升率 V_{max} 来区分受控系统（$V_{max} = \Delta x / \Delta t$）的类型。

受控系统的可控性可根据比率 T_u / T_g 或 $T_u \cdot V_{max} / X_{max}$ 来估算，规则见表 12-1。

表 12-1　受控系统的可控性规则

过程类型	T_u / T_g	受控系统对于控制的适合程度
I	< 0.1	可以很好地控制
II	0.1 ~ 0.3	仍可控制
III	> 0.3	难以控制

12.1.3　执行器

执行器是受控系统的一个部件，它受控制器的影响，作用是修改质量和能量流。执行器可分为以下几种：

（1）连续信号激励的比例执行器

这类执行器可与输出值成比例关系地设置开启角度、角位置或位置，从而使输出值对过程值起到成比例关系的控制作用。输出值由一个具有连续信号输出的控制器产生。SIMATIC S7-1500 的软件控制器 PID_Compact 的模拟量信号输出可连接此类型的比例执行器。

（2）脉宽调制信号激励的比例执行器

这类执行器用于在采样时间间隔内占空比与输出值成比例的脉冲输出。输出值由一个具有脉冲宽度调制的两位控制器产生。SIMATIC S7-1500 的软件控制器 PID_Compact 的脉宽调制输出可连接此类型的比例执行器。

（3）具有积分作用和三位激励信号输入的比例执行器

这类执行器通过电机频繁地动作，电机运行的时间与执行器在阻塞器件中的行程成比例关系。这些阻塞器件包含阀门、遮板和闸门阀等器件。尽管这些执行器的设计不同，但它们都受到受控系统的输入值（控制器输出值）积分作用的影响。输出值由一个步进控制器（如三位控制器）产生。SIMATIC S7-1500 的软件控制器 PID_3Step 的输出可连接此类型的比例执行器。

12.1.4　不同类型控制器的响应

在实际的应用中，作用在受控系统的设定值往往是变化的，并且经常受到干扰变量的影响。为提高受控系统对设定值变化和干扰变量的响应速度，必须在控制器端采取措施，最大限度地减小过程值的波动影响，减小达到新设定值所需的时间。控制器可能具有比例作用（P）、比例微分作用（PD）、比例积分作用（PI）或比例积分微分作用（PID）。具有不同作用的控制器对应的阶跃响应也不同。

1. 比例作用控制器的阶跃响应

比例作用控制器的方程式如下：$y = GAIN X_w$，其中 y 是控制器的输出值，X_w 是过程值与设定值之间的偏差值，GAIN 是比例增益。

2. PD 作用控制器的阶跃响应

PD 作用控制器的方程式如下：$y = \text{GAIN} \cdot X_\text{w} \cdot \left(1 + \dfrac{T_\text{D}}{T_\text{M\_LAG}} e^{\frac{-t}{T_\text{M\_LAG}}}\right)$，其中 y 是控制器的输出值，X_w 是过程值与设定值之间的偏差值，GAIN 是比例增益，T_D 是微分作用时间，$T_\text{M\_LAG}$ 是微分作用的延时，t 表示从控制偏差发生阶跃后的时间间隔。

3. PI 作用控制器的阶跃响应

PI 作用控制器的方程式如下：$y = \text{GAIN} \cdot X_\text{w} \cdot \left(1 + \dfrac{1}{T_\text{I} \cdot t}\right)$，其中 y 是控制器的输出值，X_w 是过程值与设定值之间的偏差值，GAIN 是比例增益，T_I 是积分作用时间，t 表示从控制偏差发生阶跃后的时间间隔。

4. PID 控制器的阶跃响应

PID 控制器的方程式如下：$y = \text{GAIN} \cdot X_\text{w} \cdot \left(1 + \dfrac{1}{T_\text{I} \cdot t} + \dfrac{T_\text{D}}{T_\text{M\_LAG}} e^{\frac{-t}{T_\text{M\_LAG}}}\right)$，其中 y 是控制器的输出值，X_w 是过程值与设定值之间的偏差值，GAIN 是比例增益，T_I 是积分作用时间，T_D 是微分作用时间，$T_\text{M\_LAG}$ 是微分作用的延时，t 表示从控制偏差发生阶跃后的时间间隔。

过程工程中的大多数控制器系统都可以通过具有 PI 作用的控制器进行控制。对于具有较长死区时间的慢速控制系统的情况（例如，温度控制系统），可通过具有 PID 作用的控制器提高控制效果。

具有 PI 和 PID 作用的控制器的优势在于过程值在稳定后不会与设定值之间存在明显偏差，但过程值在逼近过程中会在设定值周围振荡。

12.2　SIMATIC S7-1500 PLC 支持的 PID 指令

在连接了传感器和执行器的 SIMATIC S7-1500 PLC 中，可通过 PID 软件控制器实现对一个受控系统的比例、微分、积分作用，使受控系统达到期望的状态。SIMATIC S7-1500 PLC 的 PID 控制器通过在 TIA 博途软件程序中调用 PID 控制工艺指令和组态工艺对象实现。PID 控制器的工艺对象即指令的实例数据块，它用于保存软件控制器的组态数据。

SIMATIC S7-1500 PLC 的 PID 控制器的指令集分为三大类："Compact PID""PID 基本函数"和"辅助功能"指令。"Compact PID"指令集中包含 PID_Compact、PID_3Step、以及 PID_Temp 等指令。"PID 基本函数"指令中包含 CONT_C、CONT_S、PULSEGEN、TCONT_CP、以及 TCONT_S 等指令，这些指令传承于 SIMATIC S7-300/400 PID 控制，目前主要用于程序的移植或者习惯 SIMATIC S7-300/400 PID 的程序控制，在 SIMATIC S7-1500 PLC 中还可以继续使用，这里不再介绍。"辅助功能"函数块用于 PID 指令外围的一些辅助计算和转换，例如多段线、PID 输出的分程转换以及平滑 PID 输入和输出的斜坡函数等。

12.2.1　Compact PID 指令集

1. PID_Compact 指令

PID_Compact 指令提供一个能工作在手动或自动模式下，且集成自整定功能的 PID 连续控制器或脉冲控制器。

PID_Compact 指令连续采集在控制回路内测量的过程值，并将其与设定值进行比较，生成的控制偏差用于计算该控制器的输出值。通过此输出值，可以尽可能快速且稳定地将过程值调整到设定值。

在自动调试模式下，PID_Compact 指令可通过预调节和精确调节这两种模式实现对受控系统的比例、积分和微分参数的自动计算，也可在工艺对象的"PID 参数"中手动输入这些参数。

2. PID_3Step 指令

PID_3Step 指令提供一个 PID 控制器，可通过积分响应对阀门或执行器进行调节。可组态以下控制器：

- 带位置反馈的三位步进控制器；
- 不带位置反馈的三位步进控制器；
- 具有模拟量位置反馈的阀门控制器。

3. PID_Temp 指令

PID_Temp 指令提供具有集成调节功能的连续 PID 控制器。PID_Temp 指令专为温度控制而设计，适用于加热或加热 / 制冷应用。为此提供了两路输出，分别用于加热和制冷。PID_Temp 指令可连续采集在控制回路内测量的过程值并将其与设定值进行比较。指令 PID_Temp 指令将根据生成的控制偏差计算加热和 / 或制冷的输出值，而该值用于将过程值调整到设定值。

PID_Temp 指令可以在手动或自动模式下使用。另外，PID_Temp 指令还支持串级控制。

12.2.2　辅助功能指令

1. Polyline 指令

连接平面中最多 50 个点（X_n, Y_n）形成一个折线，相邻两点之间执行线性插值计算，通过位于点值 X_i 和 X_{i+1} 之间的输入值（Input 参数）计算输出值（Output 参数）。线性插值使用以下公式进行计算：

Output：$= ((\text{Input} - X_i) / (X_{i+1} - X_i)) * (Y_{i+1} - Y_i) + Y_i$

Polyline 指令可用于对传感器或执行器的非线性特性执行线性化操作，例如液压控制等。

2. SplitRange 指令

SplitRange 指令将 PID 的输出范围进行转换，例如输出范围为 20.0 ~ 40.0（可以是百分百）按线性转换为 0.0 ~ 100.0。可以使用 SplitRange 指令控制受多个执行器影响的过程，SplitRange 指令将 PID 控制器的输出值范围拆分为多个子范围，然后为每个执行器分配一个子范围。

3. RampFunction 指令

RampFunction 指令用于限制 PID 的输入和输出信号的转换速率，使阶跃信号变的平滑。上升和下降的转换速率可以单独设定。

4. RampSoak 指令

使用 RampSoak 斜坡控制指令可以生成一个由最多 50 个点（值与时间）连线的曲线，指令的输出是对应的值。例如输出值从 0.0 到 10.0 上升需要 5 秒，然后等待 10 秒，再从

10.0 上升至 25.0 需要 10 秒，最后保持，不计算开始点 0.0，曲线使用了 3 个点，分别是（10.0，5 秒）、（10.0，5 秒）和（25.0，10 秒）。使用 RampSoak 指令可以使 PID 控制按照生成的曲线执行设定值。

5. Filter_PT1/Filter_PT2 指令

Filter_PT1/Filter_PT2 指令是具有一阶 / 二阶滞后的比例传递的元件，主要用于低通滤波器、对信号阶跃变化的平滑处理和过程仿真。

6. Filter_DT1 指令

Filter_DT1 指令是具有一阶滞后的微分器，主要用于高通滤波器、微分器和前馈控制。

12.2.3　PID 控制器的串级控制

在串级控制中，多个控制回路相互嵌套。在此过程中，从控制器会将较高级的主控制器的输出值作为下一级控制器的设定值。

建立串级控制系统的先决条件是：受控系统可分为多个子系统，且各个子系统具有自身的对应测量过程值。

受控变量的设定值由最外层的主控制器指定。最内层从控制器的输出值应用于执行器，即作用于受控系统。

与单回路控制系统相比，使用串级控制系统的主要优势如下：

1）由于额外存在从属控制回路，可迅速纠正控制系统中发生的扰动。这会显著降低扰动对控制变量的影响，因此可改善扰动行为。

2）从属控制回路以线性形式发挥作用，因此这些非线性扰动对受控变量的负面影响可得到缓解。

上述介绍的 PID 控制指令都可以作为串级控制使用。

12.3　PID_Compact 指令的调用与 PID 调试示例

考虑到使用的广泛性，下面以 PID_Compact 指令为例介绍 SIMATIC S7-1500 的 PID 控制器在 TIA 博途软件中使用的基本方法。

示例中使用了仿真库"LSim_LIB_V3_0_0"中的一个程序块"Sim_PT3"作为仿真的过程对象，这里也可以使用辅助功能指令 Filter_PT1 和 Filter_PT2 仿真实际的过程对象。仿真库提供了更多类型的对象模型，可以通过"机工电气"微信公众号，输入 24009 下载或联系工作人员索取：示例程序→ PID 文件夹下的"LSim_LIB_V3_0_0"库文件。

12.3.1　组态 PID_Compact 工艺对象

PID_Compact 指令及 PID_Compact 指令对应的工艺对象具有多个版本，适用于 SI-MATIC S7-1500 CPU 最新的版本为 V7.0，一般建议在项目中调用最新版本的 PID_Compact 指令。首先，在 TIA 博途软件中新建一个项目，命名为"My_PID"。在项目中添加一个 SIMATIC S7-1500 CPU，在项目树下导航至"PLC_1"→"工艺对象"，双击"新增对象"标签在该 CPU 中插入一个新的工艺对象，对象类型选择"PID"中的"PID_Compact"；或者在程序中调用 PID_Compact 指令时生成一个实例数据块，该实例数据块即是一个新的

PID 工艺对象，调用 PID 指令时也可选择已经创建好的工艺对象作为实例数据块。

在打开的 PID 工艺对象组态界面中，可以对 PID 工艺对象的一些重要参数进行组态，其中包括基本设置、过程值设置、高级设置等。

1. 基本设置

如图 12-3 所示，在"基本设置"的"控制器类型"中可以组态控制器的类型参数，为设定值、过程值和扰动变量选择测量单位，这个测量单位与 PID 运行无关，仅仅是在组态中起到显示作用，便于用户理解。正常 PID 控制是负反馈控制，即 PID 输出值增大，过程值增大；如果组态"反转控制逻辑"，随着 PID 控制输出值增大但过程值变小。此外，还可以在"控制器类型"中组态 CPU 重启后 PID 控制器的工作模式。

图 12-3　PID_Compact 工艺对象的基本设置

在"基本设置"的"Input/Output 参数"中可以组态设定值、过程值和输出值的源，例如过程值"input"表示过程值引自程序中经过处理的变量；而"input_PER"表示来自于未经处理的模拟量输入值，系统自动进行范围转换，例如 0 ~ 27648 转换为 0 ~ 100%，最终两者的取值范围是相同的。同样，PID_Compact 的输出参数也具有多种形式：选择"Output"表示输出值可以用于程序中其它地方作为参考，例如串级 PID 等；而"Output_PER"是"Output"的量程转换，转换后可以直接连接模拟量输出，例如 0 ~ 100% 转换为 0 ~ 27648，对应模拟量的 0 ~ 10V 或者 4 ~ 20mA；输出也可以是脉冲宽度调制信号"Output_PWM"。

2. 过程值设置

在过程值设置中必须为受控系统指定合适的过程值上限和过程值下限。一旦过程值超出这些限值，PID_Compact 指令即会报错（输出值 ErrorBits = 0001H），并会取消调节操作。

如果已在基本设置中组态了过程值为 Input_PER，由于它来自于一个模拟量输入的地址，必须将模拟量输入值转换为过程值的物理量。如图 12-4 所示，在过程值标定中设置模拟量输入值的下限和上限，例如 0 ~ 27648 或 -27648 ~ 27648，然后设置与之对应的标定过程值的下限和上限，例如 0 ~ 100%。

图 12-4　PID_Compact 工艺对象的过程值设置

3. 高级设置

在过程值监视组态界面中，可以组态过程值的警告上限和警告下限。如果过程值超出警告上限，PID_Compact 指令的输出参数 InputWarning_H 为 True；如果过程值低于警告下限，PID_Compact 指令的输出参数 InputWarning_L 为 True。警告限值必须处于过程值的限值范围内，如果未输入警告限值，将使用过程值的上限和下限。

在 PWM 限制界面中可以组态 PID_Compact 控制器脉冲输出 Output_PWM 的最短接通时间和最短关闭时间，防止设备动作过于频繁而造成设备的损坏。如果已选择 Output_PWM 作为输出值，可以将执行器的最小开启时间和最小关闭时间作为 Output_PWM 的最短接通时间和最短关闭时间；如果已选择 Output 或 Output_PER 作为输出值，则必须将最短接通时间和最短关闭时间设置为 0.0s。

输出值限值组态窗口如图 12-5 所示，以百分比形式组态输出值的限值，无论是在手动模式还是自动模式下，输出值都不会超过该限值。如果在手动模式下指定了一个超出限值范围的输出值，则 CPU 会将输出值限制为组态的限值。

输出值限值必须与控制逻辑相匹配。限值也依赖于输出的形式：采用 Output 和 Output_PER 输出时，限值范围为 -100.0% ~ 100.0%；采用 Output_PWM 输出时，限值范围为 0.0 ~ 100.0%。

如果发生错误时，PID_Compact 可以根据预设的参数输出 0、输出错误未决时的当前值，或是输出错误未决时的替代值。

图 12-5　PID_Compact 工艺对象高级设置中的输出值限值设置

如果不想通过控制器自动调节得出 PID 参数，也可手动输入适用于受控系统的 PID 参数，组态窗口如图 12-6 所示。

图 12-6　PID_Compact 工艺对象高级设置中的 PID 参数设置

PID_Compact 是一种具有抗积分饱和功能并且能够对比例作用和微分作用进行加权的 PID 控制器。PID 算法遵循以下等式：

$$y = K_p [(b*w - x) + 1/(T_I*s)(w - x) + (TD*s) / (a*TD*s+1)(c*w - x)]$$

它对应的功能图如图 12-7 所示。其中 y 是 PID 算法的输出值；K_p 是比例增益；b 是比例作用权重；w 是设定值；x 是过程值；T_I 是积分作用时间；s 是拉普拉斯运算符；a 是微分延迟系数；TD 是微分作用时间；c 是微分作用权重。所有的 PID 参数均具有保持性。

受控系统需要一定的时间来对输出值的变化作出响应。因此，建议不要在每次循环中都计算输出值。PID 算法的采样时间是两次计算输出值之间的时间。该时间在调节期间进行计算，并四舍五入为循环时间的倍数，如果启用手动输入 PID 参数，则此时间需要手动输入。PID_Compact 的所有其它功能会在每次调用时执行。

图 12-7 带抗积分饱和的 PID 的方框图

12.3.2 调用指令 PID_Compact

必须在循环中断 OB 中调用 PID_Compact 指令,以保证过程值精确的采样时间和控制器的控制精度。理想情况下,采样时间等于调用 OB 的循环时间。PID_Compact 指令自动测量两次调用之间的时间间隔,将其作为当前采样时间。

如图 12-8 所示,在循环中断 OB(如 OB30)中调用指令 PID_Compact 指令,选择上述已配置为 PID 工艺对象的数据块作为实例数据块。将 PID_Compact 指令的输出值连接到模拟的受控系统 Sim_PT3 的输入,并且将 Sim_PT3 的输出作为受控系统的过程值连接到 PID_Compact 指令的输入。

图 12-8 在循环中断 OB 中调用 PID_Compact 指令

注意： 循环中断 OB 的循环时间必须合理设置，以保证在此 OB 调用中能完成 PID 相关程序的执行。本示例中，在循环中断 OB 的属性中设置循环时间为 500ms。此外，根据 Sim_PT3 的使用要求，在它的输入参数 CYCLE（扫描时间）也必须输入与循环中断 OB 的循环时间相同的时间参数（本例中为 500ms）。

PID_Compact 指令的输入参数见表 12-2，输出参数见表 12-3，输入、输出参数见表 12-4。

表 12-2　PID_Compact 的输入参数

参数	数据类型	默认值	说明
Setpoint	REAL	0.0	PID 控制器在自动模式下的设定值
Input	REAL	0.0	用户程序的变量用作过程值的源 如果正在使用 Input 参数，则必须设置 Config.InputPerOn = FALSE
Input_PER	INT	0	模拟量输入用作过程值的源 如果正在使用 Input_PER 参数，则必须设置 Config.InputPerOn = TRUE
Disturbance	REAL	0.0	扰动变量或预控制值
ManualEnable	BOOL	FALSE	出现 FALSE → TRUE 沿时会激活"手动模式"，而 State = 4 和 Mode 保持不变，只要 ManualEnable = TRUE，便无法通过 ModeActivate 的上升沿或使用调试对话框来更改工作模式 出现 TRUE → FALSE 沿时会激活由 Mode 指定的工作模式建议只使用 ModeActivate 更改工作模式
ManualValue	REAL	0.0	手动值，该值用作手动模式下的输出值 允许介于 Config.OutputLowerLimit 与 Config.OutputUpperLimit 之间的值
ErrorAck	BOOL	FALSE	FALSE → TRUE 沿 将复位 ErrorBits 和 Warning
Reset	BOOL	FALSE	重新启动控制器 FALSE → TRUE 沿 ➢ 切换到"未激活 模式； ➢ 将复位 ErrorBits 和 Warnings； ➢ 积分作用已清除（保留 PID 参数）。 只要 Reset = TRUE，PID_Compact 便会保持在"未激活"模式下（State = 0） TRUE → FALSE 沿 PID_Compact 将切换到保存在 Mode 参数中的工作模式
ModeActivate	BOOL	FALSE	FALSE → TRUE 沿 PID_Compact 将切换到保存在 Mode 参数中的工作模式

表 12-3　PID_Compact 的输出参数

参数	数据类型	默认值	说明
ScaledInput	REAL	0.0	标定的过程值
可同时使用"Output""Output_PER"和"Output_PWM"输出			
Output	REAL	0.0	REAL 形式的输出值
Output_PER	INT	0	模拟量输出值
Output_PWM	BOOL	FALSE	脉宽调制输出值 输出值由开关变量持续时间形成
SetpointLimit_H	BOOL	FALSE	如果 SetpointLimit_H = TRUE，则说明达到了设定值的绝对上限 （Setpoint ≥ Config.SetpointUpperLimit） 此设定值将限制为 Config.SetpointUpperLimit

（续）

参数	数据类型	默认值	说明
SetpointLimit_L	BOOL	FALSE	如果 SetpointLimit_L = TRUE，则说明已达到设定值的绝对下限（Setpoint ≤ Config.SetpointLowerLimit） 此设定值将限制为 Config.SetpointLowerLimit
InputWarning_H	BOOL	FALSE	如果 InputWarning_H = TRUE，则说明过程值已达到或超出警告上限
InputWarning_L	BOOL	FALSE	如果 InputWarning_L = TRUE，则说明过程值已经达到或低于警告下限
State	INT	0	State 参数显示了 PID 控制器的当前工作模式 可使用输入\输出参数 Mode 和输入参数 ModeActivate 的上升沿更改工作模式 ➤ State = 0：未激活； ➤ State = 1：预调节； ➤ State = 2：精确调节； ➤ State = 3：自动模式； ➤ State = 4：手动模式； ➤ State = 5：带错误监视的替代输出值
Error	BOOL	FALSE	如果 Error = TRUE，则此周期内至少有一条错误消息处于未决状态
ErrorBits	DWORD	DW#16#0	ErrorBits 参数显示了处于未决状态的错误消息。通过 Reset 或 ErrorAck 的上升沿来保持并复位 ErrorBits

表 12-4　PID_Compact 的输入输出参数

参数	数据类型	默认值	说明
Mode	INT	4	在 Mode 上，指定 PID_Compact 将转换到的工作模式。选项包括： Mode = 0：未激活； Mode = 1：预调节； Mode = 2：精确调节； Mode = 3：自动模式； Mode = 4：手动模式。 工作模式由以下沿激活： ModeActivate 的上升沿； Reset 的下降沿； ManualEnable 的下降沿。 如果 RunModeByStartup = TRUE，则冷启动 CPU Mode 参数具有可保持性

此外，PID_Compact 指令还提供了大量的静态变量供用户程序使用。如果需要访问 PID_Compact 的静态变量，例如在调试时修改变量 "Config.InputPerOn"，则需要选择工艺对象，然后单击鼠标右键，使用快捷命令 "打开 DB 编辑器" 查看变量的结构，并将该变量添加到变量监控表中进行修改。

12.3.3　调试 PID

将项目下载到 PLC 后，便可以开始对 PID 控制器进行优化调节。优化调节分预调节和精确调节两种模式。

1. 预调节

首先对 PID 控制器进行预调节。预调节功能可确定输出值对阶跃的过程响应，并搜索拐点。根据受控系统的最大上升速率与死区时间计算 PID 参数。过程值越稳定，PID 参数就越容易计算。预调节步骤如下：

1）在项目树下，导航至"PLC_1"→"工艺对象"，双击 PID 对象的"调试"标签，打开调试界面，如图 12-9 所示。

图 12-9　PID_Compact 的预调节

2）在输入参数"Setpoint"增加一个阶跃设定，例如 60.0。设定值与过程值的差值大于过程值上限与过程值下限之差的 30%。此外，还要求设定值与过程值的差值大于设定值的 50%。

3）在"调节模式"下拉列表中选择"预调节"。单击"Start"按钮，系统自动地开始预调节。单击测量的"Start"按钮可以监视设定值、反馈值和输出变量。

4）当"调节状态"中的"状态"显示为"系统已调节"时，表明预调节已完成。

> **注意：** 要使用预调节功能，必须满足以下条件：
> - 在循环中断 OB 中，调用"PID_Compact"指令。
> - "PID_Compact"指令的 ManualEnable 和 Reset 均为 FALSE。
> - PID_Compact 处于以下模式之一："未激活""手动模式""自动模式"。

2. 精确调节

如果经过预调节后，过程值振荡且不稳定，这时需要进行精确调节。系统产生振荡输出，使过程值出现恒定受限的振荡，PID 控制器将根据此振荡的幅度和频率为操作点调节 PID 参数。所有 PID 参数都根据结果重新计算。精确调节得出的 PID 参数通常比预调节得出的 PID 参数具有更好的主控和抗扰动特性，但是调节时间长。精确调节结合预调节可获得最佳 PID 参数。

精确调节步骤如下：

1）在"调节模式"下拉列表中，选择"精确调节"，如图 12-10 所示。

2）单击"Start"图标，系统自动地开始精确调节。

3）当"调节状态"中的"状态"显示为"系统已调节"时，表明精确调节已完成。

> **注意**：要使用精确调节功能，必须满足以下条件：
> - 在循环中断 OB 中，调用"PID_Compact"指令；
> - "PID_Compact"指令的 ManualEnable 和 Reset 均为 FALSE；
> - 设定值和过程值均处于组态的限值范围内；
> - 在操作点处，控制回路已稳定；
> - 无干扰因素影响；
> - PID_Compact 处于以下模式之一："未激活""手动模式""自动模式"。

图 12-10　PID_Compact 的精确调节

调节结束后，可以单击图 12-10 中的"上传 PID 参数"按钮，将优化调节得出的 PID。

> **注意**：如果在开始阶段直接进行精确调节，则会先进行预调节然后再进行精确调节。

示例程序可以通过"机工电气"微信公众号，输入 24009 下载或联系工作人员索取：示例程序→PID 文件夹下的"My PID"项目。

第 13 章

SIMATIC S7-1500 PLC 的工艺及特殊功能模块

13.1 工艺模块

在 SIMATIC S7-1500 PLC 系统中，型号以 TM 开头的模块称之为工艺模块。以 SIMATIC S7-1500/ET200MP 为例，工艺模块按照不同的功能分为以下几类：

➤ 计数模块（TM Count）；

➤ 位置检测模块（TM PosInput）；

➤ Time-Based IO 模块（TM Timer DIDQ）；

➤ PTO（TM PTO4 本书不做介绍）；

➤ 称重模块（TM SIWAREX 本书不做介绍）；

➤ 神经网络处理模块（TM NPU 本书不做介绍）。

计数模块和位置检测模块均可连接增量型编码器，既可以作为高速计数器使用，也可以用于 SIMATIC S7-1500 运动控制的位置反馈，其连接的信号类型及功能差异见表 13-1。除此之外，位置检测模块（TM PosInput）还可以连接 SSI 绝对值编码器。SIMATIC S7-1500 Compact CPU 也集成高速计数功能，例如 CPU 1511C 和 CPU 1512C，为了保持功能的统一性，所有实现的方法都是相同的，只是一些功能略有差别，所以掌握一种功能的实现方法，可以适用到其它具有相同功能的模块。

Time-Based IO 模块（TM Timer DIDQ）也可以连接 24V 增量型编码器，利用时间功能进行速度和距离的测量。同时，该模块还支持输入输出的时间戳功能、PWM 输出功能以及过采样等功能。

TM PTO4 模块最多可连接 4 个步进电机轴。模块通过 PROFIdrive 报文 3 的方式作为驱动器的接口。TM PTO4 模块通常用于定位控制，与定位功能相关内容可以参考《深入浅出西门子运动控制器 S7-1500T 使用指南》，这里不再介绍。

13.2 工艺对象

就是将诸如一个通道的高速计数器、一个位置控制回路、一个 PID 回路作为一个工艺对象（TO）进行处理，每个工艺对象（TO）的属性具有固定的格式并使用一个特殊的 DB 表示。通过工艺对象（TO）图形化的配置界面可以方便地对模块进行配置，配置的结果以参数的方式存储于这个数据块中。工艺对象也是用户程序与硬件之间的一个接口，它包含发送到模块和从模块接收的数据，通过用户程序的调用传递这些数据。以计数模块为例，用户程序、工艺对象（TO）和 TM 模板三者之间的关系如图 13-1 所示。

图 13-1 用户程序、工艺对象和 TM 模板之间的关系图

注意：SIMATIC S7-1500 带计数功能的 DI 模块（HF 模块）实现了比较简单的计数功能，但不属于工艺模块范畴。考虑到工艺功能的相似性，本章也进行了介绍。

13.3 计数模块和位置检测模块的分类和性能

SIMATIC S7-1500 的计数模块称之为 TM Count 模块，按照产品家族分为两个型号：TM Count 2 × 24V 模块，可安装在 SIMATIC S7-1500 主机架上或 ET 200MP 的分布式 IO 站上；TM Count 1 × 24V 模块，可安装在 ET 200SP 的分布式 IO 站上。

SIMATIC S7-1500 的位置检测模块称之为 TM PosInput 模块，按照产品家族也可分为两个型号：TM PosInput 2 模块，可安装在 SIMATIC S7-1500 主机架上或 ET 200MP 的分布式 IO 站上；TM PosInput 1 模块，可安装在 ET 200SP 的分布式 IO 站上。

TM Count 模块和 TM PosInput 模块性能参数见表 13-1。

表 13-1 计数模块与位置检测模块性能参数表

属性	SIMATIC S7-1500		ET 200SP	
	TM Count 2 × 24V	TM PosInput 2	TM Count 1 × 24V	TM PosInput 1
通道数量	2	2	1	1
最大信号频率	200kHz	1MHz	200kHz	1MHz
带四倍频评估的增量型编码器的最大计数频率	800kHz	4MHz	800kHz	4MHz
最大计数值 / 范围	32bit	32bit	32bit	32bit
到增量和脉冲编码器的 RS422/TTL 连接	×	√	×	√
到增量和脉冲编码器的 24 V 连接	√	×	√	×
SSI 绝对值编码器连接	×	√	×	√
5 V 编码器电源	×	√	×	×
24V 编码器电源	√	√	√	√
每个通道的 DI 数	3	2	3	2
每个通道的 DQ 数	2	2	2	2
门控制	√	√	√	√
捕获功能	√	√	√	√
同步	√	√	√	√

（续）

属性	SIMATIC S7-1500		ET 200SP	
	TM Count 2 × 24V	TM PosInput 2	TM Count 1 × 24V	TM PosInput 1
比较功能	√	√	√	√
频率、速度和周期测量	√	√	√	√
等时模式	√	√	√	√
诊断中断	√	√	√	√
硬件中断	√	√	√	√
用于计数信号和数字量输入的可组态滤波器	√	√	√	√

13.4　TM Count 模块和 TM PosInput 模块通过工艺对象（TO）实现计数和测量

TM PosInput 模块与 TM Count 模块的计数功能组态类似。在本节中，以 TM Count 2 × 24V 模块为例，介绍如何通过工艺对象（TO）High_Speed_Counter 的方式实现计数功能。TM Count 2 × 24V 模块位于分布式 IO 站上，通道 0 连接 24V（HTL）增量型编码器，信号类型为 A、B、N 推挽型，分辨率为 1024。

创建 ET 200MP 分布式 I/O 站后，添加 TM Count 2 × 24V 模块，该模块位于硬件目录"工艺模块"→"计数"下。

然后，在 TM 模块"属性"→"TM Count 2 × 24V"→"通道 0"→"工作模式"界面下，为计数通道设置通道的操作模式。如图 13-2 所示，有 4 个操作模式可以选择，这里保持默认值，即选择"使用工艺对象'计数和测量'"操作。各模式的区别与说明见表 13-2。

图 13-2　设置 TM 计数模块通道操作模式

表 13-2　TM 计数模块通道操作模式的区别

工作模式	说　明
使用工艺对象"计数和测量"操作	使用 High_Speed_Counter 工艺对象组态通道 通过用户程序中相应的 High_Speed_Counter 指令，实现对工艺模块的控制与对反馈接口的访问
工艺对象"Motion Control"的位置输入	组态通道用于更高级别运动控制的位置反馈
手动操作（无工艺对象）	使用工艺模块的参数设置（即在硬件组态中配置参数）组态通道 可以从用户程序直接访问工艺模块的控制和反馈接口
Fast Mode	用于快速采集计数器值或位置，没有控制接口可用。使用工艺模块的参数设置（即在硬件组态中配置参数）组态通道。可以从用户程序直接访问工艺模块的反馈接口

> **注意：** 对于具有两个通道的 TM 工艺模块，两个通道不能工作在不同类型的工艺对象（TO）模式下。例如通道 0 用于 High_Speed_Counter 工艺对象（TO），通道 1 用于运动控制的 TO_PositioningAxis 位置轴（TO），这样的应用是不支持的。两个通道只可以工作在相同类型的工艺对象（TO）模式下，或者一个工作在"使用工艺对象'计数和测量'操作"模式下，另一个工作在"手动操作"模式下。"通过工艺对象组态通道"的配置方式比较简单、直观，也是示例所推荐的方式。

其它参数保持默认设置，然后在项目树 PLC 目录"工艺对象"下双击"新增对象"标签，弹出的对话框如图 13-3 所示。选择"计数、测量、凸轮"→"High_Speed_Counter"，并可为此工艺对象（TO）设置一个名称，示例中使用系统自动分配的名称。之后单击"确定"，完成一个工艺对象（TO）的添加。

图 13-3   添加一个"计数和测量"工艺对象

之后，在弹出的工艺对象（TO）设置界面中，对工艺对象的参数进行设置。首先为该工艺对象（TO）选择其对应的模块及通道。根据硬件配置，模块选择"分布式 I/O"→"PROFINET IO-System（100）"→"IO Device_1"→"TM Count 2 × 24V_1"，选择"通道 0"。

然后，在"扩展参数"→"计数器输入"中设置信号类型和附加参数等，如图 13-4 所示。

图 13-4   设置计数器输入参数

示例中所连接的编码器类型为 24V 增量编码器（A、B、N），"信号评估"选择"单一"。从图示中可以看到，计数器只对 A 相信号的上升沿进行采集和评估。不同的信号评估方式如图 13-5 所示。

图 13-5　不同信号的评估方式

在"附加参数"中，可以定义滤波器频率、传感器类型等参数。

在"扩展参数"→"计数器特性"界面中，可以对计数器特性进行设置，如图 13-6 所示。

图 13-6　计数器特性设置界面

计数上限：设置计数上限来限制计数范围。默认值（即最大值）为 2147483647（$2^{31}-1$）。

计数下限：设置计数下限来限制计数范围。默认值（即最小值）为 -2147483648（-2^{31}）。

起始值：通过组态起始值，指定计数开始时的值以及在发生指定事件时计数的起始值。默认值为 0。

在"扩展参数"→"DIx 特性"中，可以"设置 DI 功能"，如图 13-7 所示。

图 13-7 设置 TM 计数模块数字量输入信号的功能

DI 功能有以下几种功能：

门信号（电平控制或边沿控制）：

计数器模块使用门信号作为开始计数和结束计数的条件。门信号分为软件门和硬件门。软件门可以在调用的计数器指令中使能，而硬件门是通过模块上集成的数字量输入信号使能，这些输入信号的响应时间可以低至几微秒。硬件门用于需要快速使能计数的场合，例如，设备通过一个光电开关后开始计数，如果通过普通的输入信号作为开始计数条件，响应比较慢，可能漏计多个脉冲信号，使用硬件门则能大大提高计数的精度。TM 计数模块的软件门、硬件门以及内部门的关系如图 13-8 所示，这个"与"关系是由模块内部结构决定的，用户并不需要编写程序。只有内部门使能才开始计数，所以无论使用不使用硬件门都需要使能软件门。

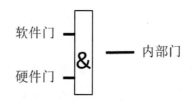

图 13-8 TM 计数模块软件门、硬件门与内部门之间的关系

注意： DI 信号如果作为通道的硬件门使用，应确保硬件门为使能状态，否则由于硬件门一直处于关闭状态，计数功能不工作。

1）同步：在组态的数字输入点有一个沿信号时，将计数值设置为一个预先定义的起始值。

2）捕获：在组态的数字输入点有一个沿信号时，存储当前的计数值。

3）无功能的数字量输入：数字量输入可作为普通 DI 信号来使用。

在"扩展参数"→"DQx 特性"中设置 DQ 信号的特性，可以设置 DQ 信号的输出方式等，如图 13-9 所示。

图 13-9　设置 TM 模块数字量输出信号的功能

DQ 置位输出可以选择下列选项：

➤ 在比较值 0/1 和上限之间（默认）。

如果计数器值处于比较值和计数上限之间，则数字量输出 DQ 激活。

➤ 在比较值 0/1 和下限之间。

如果计数器值处于比较值和计数下限之间，则数字量输出 DQ 激活。

➤ 比较值 0 和 1 之间。

如果计数值处于比较值 0 和比较值 1 之间，则数字量输出 DQ 激活。只有当数字量输出 DQ0 被配置为"由用户程序使用"时，数字量输出 DQ1 的"置位输出"中才出现"比较值 0 和 1 之间"选项。

➤ 在脉宽的比较值 0（或者 1）处。

计数值按照配置的计数方向达到比较值时，相应数字量输出 DQ 使能一次，使能的脉宽时间可以设置。

➤ 在 CPU 发出置位命令后，比较值为 0（或者 1）之前

从 CPU 发出置位命令时，相应数字量输出激活，直到计数器值等于比较值为止。

➤ 由用户程序使用。

CPU 可通过控制接口切换相应数字量输出。

　　注意：比较值 1 必须大于比较值 0。

DQx 的替换值：在 CPU 处于 STOP 时，选择 DQ 的一个替换值，可以选择 0 或者 1。

滞后（增量）：通过组态滞后，可以定义比较值前后的范围。可输入一个介于 0 和 255 之间的值，默认设置为"0"。在滞后范围内，数字量输出不会切换状态，直到计数器值超出该范围为止。无论滞后值是多少，滞后范围都在达到计数上 / 下限时结束。如果输入"0"，则禁用滞后。滞后只能在计数模式下组态。

　　通过基本的计数功能，再加上一个时间窗口，可以对速度和频率进行测量，这些参数需要在"扩展参数"→"测量值"界面中进行设置，如图 13-10 所示，示例为对速度的测量。

图 13-10　设置测量值

　　计数器的参数设置完成后，需要在主循环 OB 中调用"High_Speed_Counter"指令进行程序与模块间的数据交换。该指令在指令列表"工艺"→"计数和测量"目录下。

　　添加"High_Speed_Counter"指令时，选择之前创建的工艺对象（即 DB1），将其设置为实例化 DB，如图 13-11 所示。示例中将软件门"SwGate"参数设置为"True"，即始终使能软件门，检测到的计数值通过"CounterValue"参数读出，并存储于变量"HSC1.Counter"中；测量值可以通过"MeasuredValue"参数读出，并存储于变量"HSC1.Value"中。

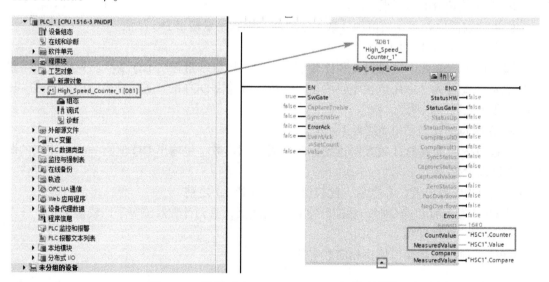

图 13-11　设置"High_Speed_Counter"指令参数

　　"High_Speed_Counter"工艺对象除了组态窗口之外，还有调试和诊断窗口，用于查看工艺对象内部运行状态及相关参数。在项目树下的"工艺对象"中，选中相应的工艺对象并展开后，双击"调试"标签可以打开调试窗口。之后单击调试窗口左上方的在线按钮，即可在线查看和修改相关参数，如图 13-12 所示。

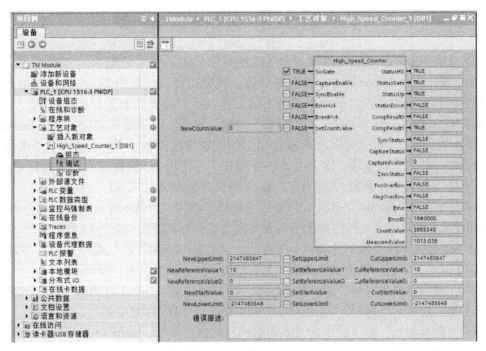

图 13-12　工艺对象的调试窗口

　　调试窗口中列出的函数块与参数与在主程序中调用的"High_Speed_Counter"指令完全相同，于是"High_Speed_Counter"指令在没有赋值的情况下，仍然可以使用"调试"界面下的参数进行调试，同时可以监控状态值和计数 / 测量值。调试完成后可以再根据实际要求对"High_Speed_Counter"指令中的参数进行赋值，这对于调试非常方便。

　　可以在"诊断"界面中查看模块的状态。双击工艺对象的"诊断"标签进入诊断界面，然后单击诊断界面左上方的在线按钮，即可在线查看工艺对象的诊断信息，如图 13-13 所示。

图 13-13　工艺对象的诊断窗口

13.5　使用 TM PosInput 模块连接 SSI 绝对值编码器

通过 TM PosInput 模块可以实现对 SSI 绝对值编码器信号的输入，可通过工艺对象（TO）SSI_Absolute_Encoder 的方式实现计数、测量功能，与使用 TO 方式读取增量编码器值的方式和过程类似。由于两个通道不能工作在不同模式的工艺对象（TO）下，例如通道 0 用于 High_Speed_Counter 工艺对象（TO），通道 1 用于运动控制的 TO_PositioningAxis 位置轴（TO），这时可以一个通道用于位置轴工艺对象（TO），另一个通道用于手动方式读取计数或者测量值。手动方式的好处在于不占用 TO 资源或者在不能创建 TO 的情况下完成计数任务，例如 PROFINET IO 控制器为非 SIMATIC S7-1500 设备，下面以示例的方式介绍 TM PosInput 2 模块如何通过手动操作的方式读取 SSI 绝对值编码器的信号。TM PosInput 2 模块通道 0 所连接的编码器类型为 SSI 绝对值编码器（13 位格雷码）。示例中，TM PosInput 2 模块位于分布式 I/O 站上。创建 ET 200MP 分布式 I/O 站后，添加 TM PosInput 2 模块，该模块位于硬件目录"工艺模块"→"位置检测"目录下。

在 TM 模块"属性"→"TM PosInput2"→"通道 0"→"工作模式"下，选择"手动操作（无工艺对象）"模式；通道的工作模式选择"计数 / 位置检测"。

在"计数器输入"标签栏中配置 SSI 编码器的信号类型，如图 13-14 所示。根据要求选择信号类型为"绝对编码器（SSI）"，附加参数中的帧长度设置为"13bit"，代码类型设置为"格雷码"，波特率设置为"125kHz"（与线长度有关），其它参数保持默认设置。

图 13-14　设置 SSI 编码器信号类型

输入行为、输出行为、滞后和测量值标签栏参数的配置可以参考使用工艺对象（TO）的方式配置增量编码器章节，这里不再介绍。

单击 TM 模块"属性"→"TM PosInput2"→"I/O 地址"查看模块的 I/O 地址分配信息。输入地址和输出地址可根据实际情况修改，参数设置完成后结束硬件配置工作。

手动操作即直接使用 TM 模块的 IO 接口地址区与之进行数据交换，通过工艺模块 TM PosInput 2 的输出地址区发送命令，并通过输入地址区读取模块的反馈信息。TM PosInput 2 工艺模块输入地址、输出地址范围见表 13-3。

表 13-3　TM PosInput 2 工艺模块输入地址、输出地址范围

名称	输入	输出
每个计数通道的范围	16 字节	12 字节
总范围	32 字节	24 字节

TM PosInput 2 模块每个通道的控制接口见表 13-4。

表 13-4　TM PosInput 2 模块每个通道的控制接口

起始地址的偏移量	参数	含义				
字节 0 到 3	Slot 0	加载值（在 LD_SLOT_0 中指定值的含义）				
字节 4 到 7	Slot 1	加载值（在 LD_SLOT_1 中指定值的含义）				
字节 8	LD_SLOT_0	在 Slot 0 中指定值的含义				
		位 3	位 2	位 1	位 0	
		0	0	0	0	无操作、空闲
		0	0	0	1	装载计数值（适用于增量或脉冲编码器）
		0	0	1	0	保留
		0	0	1	1	加载起始值（适用于增量或脉冲编码器）
		0	1	0	0	加载比较值 0
		0	1	0	1	加载比较值 1
		0	1	1	0	加载计数下限（适用于增量或脉冲编码器）
		0	1	1	1	加载计数上限（适用于增量或脉冲编码器）
		1	0	0	0	保留
		1	1	1	1	
	LD_SLOT_1	在 Slot 1 中指定值的含义				
		位 7	位 6	位 5	位 4	与 Slot 0 定义结构相同
字节 9	EN_CAPTURE	位 7：启用捕获功能				
	EN_SYNC_DN	位 6：计数向下启用同步（适用于增量或脉冲编码器）				
	EN_SYNC_UP	位 5：计数向上启用同步（适用于增量或脉冲编码器）				
	SET_DQ1	位 4：设置 DQ1				
	SET_DQ0	位 3：设置 DQ0				
	TM_CTRL_DQ1	位 2：启用 DQ1 的控制功能				
	TM_CTRL_DQ0	位 1：启用 DQ0 的控制功能				
	SW_GATE	位 0：软件门（适用于增量或脉冲编码器）				
字节 10	SET_DIR	位 7：计数方向（适用于无方向信号的编码器）				
	—	位 2 到 6：保留；位必须设置为 0				
	RES_EVENT	位 1：复位保存的事件				
	RES_ERROR	位 0：复位保存的错误状态				
字节 11	—	位 0 到 7：保留；位必须设置为 0				

每个通道的反馈接口含义见表 13-5。

表 13-5 每个通道的反馈接口含义

起始地址的偏移量	参数	含义
字节 0 到 3	COUNT VALUE	当前计数值或位置值
字节 4 到 7	CAPTURED VALUE	最后采集的捕获值
字节 8 到 11	MEASURED VALUE	完整 SSI 帧或当前测量值
字节 12	—	位 3 到 7：保留；设置为 0
	LD_ERROR	位 2：通过控制接口加载时出错
	ENC_ERROR	位 1：编码器信号或 SSI 帧错误
	POWER_ERROR	位 0：电源电压 L+ 不正确
字节 13	—	位 6 到 7：保留；设置为 0
	STS_SW_GATE	位 5：软件门状态（适用于增量或脉冲编码器）
	STS_READY	位 4：工艺模块已启动并组态
	LD_STS_SLOT_1	位 3：检测到 Slot 1 的加载请求并已执行（切换）
	LD_STS_SLOT_0	位 2：检测到 Slot 0 的加载请求并已执行（切换）
	RES_EVENT_ACK	位 1：状态位复位已激活
	—	位 0：保留；设置为 0
字节 14	—	位 7：保留；设置为 0
	STS_DI1	位 6：状态 DI1
	STS_DI0	位 5：状态 DI0
	STS_DQ1	位 4：状态 DQ1
	STS_DQ0	位 3：状态 DQ0
	STS_GATE	位 2：内部门状态（适用于增量或脉冲编码器）
	STS_CNT	位 1：上一个 0.5s 内检测到的计数脉冲或位置值变化
	STS_DIR	位 0：上一个计数器值或位置值变化的方向
字节 15	STS_M_INTERVAL	位 7：上一个测量间隔内检测到的计数脉冲或位置值变化
	EVENT_CAP	位 6：发生了捕获事件
	EVENT_SYNC	位 5：发生了同步（适用于增量或脉冲编码器）
	EVENT_CMP1	位 4：发生了 DQ1 的比较事件
	EVENT_CMP0	位 3：发生了 DQ0 的比较事件
	EVENT_OFLW	位 2：发生了上溢事件
	EVENT_UFLW	位 1：发生了下溢事件
	EVENT_ZERO	位 0：发生了过零点事件

在本示例应用中，TM PosInput 2 模块所占用的输入地址区为"IB0 ~ IB31"，占用的输出地址区为"QB0 ~ QB23"，所以如果要读取该模块通道 0 的计数值，则在程序中直接访问地址 ID0 即可获得计数值。同样，如果希望将通道 0 对应的 DQ1 信号输出，则将 Q9.4 置位即可。

13.6 带计数功能的 DI 模块

SIMATIC S7-1500 DI 模块 DI16 × 24VDC HF（6ES7 521-1BH00-0AB0）和 DI32 × 24VDC HF（6ES7 521-1BL00-0AB0）自固件版本 V2.1.0 起，其通道 DI0 和 DI1 可组态为高速计数功能（连接单相输入信号），其它通道用作标准输入（DI 模式），目前硬件版本为 FS04 的模

块配合 V2.2.1 以上的固件版本，技术频率可达 6kHz。DI 16×24VDC HS（6ES7 521-7BH00-0AB0），其通道 0 到 3 可组态为高速计数功能，其它通道用作标准输入（DI 模式），计数频率最高为 20kHz。ET 200SP 模块 DI 8×24VDC HS（6ES7 131-6BF00-0DA0）也可组态为一个具有 4 个通道高速计数功能的模块。这里以 S7-1500 的 DI32×24VDC HF 模块为例介绍其计数功能，计数上限为 4294967295（$2^{32}-1$）。

插入 DI 32×24VDC HF 模块后，在模块属性的"模块参数"→"通道模板→"DI 组态中"标签栏中激活"启用通道 0 和 1 上的计数组态"功能。

选择计数模式后，通道 0 和通道 1 的地址空间内包含有控制接口和反馈接口。通过这两个接口可直接控制计数功能。

在"计数模式"下（通道 0 和 1），该模块将占用以下地址空间：

1）24 个字节的过程映像输入（4 个字节输入地址 +4 个字节值状态 + 两个通道的反馈接口）。

2）16 个字节的过程映像输出（两个通道的控制接口）。

计数器的反馈接口（通道 0 和 1）从输入字节 X+8 开始，其中字节 X+8 至 X+15 对应通道 0，字节 X+16 至 X+23 对应通道 1。可以通过反馈接口数据评估计数器的状态，例如，使用"STS_GATE"反馈位可以获得内部门的状态。

以通道 0 为例，其地址空间分配如图 13-15 所示。

图 13-15　DI 32×24VDC Count 通道 0 的反馈接口地址空间分配

计数器的控制接口（通道 0 和 1）从输出字节 X+0 开始，其中字节 X+0 至 X+7 对应通道 0，字节 X+8 ~ X+15 对应通道 1。可以使用控制接口启动计数器，或者在用户程序中设置计数器当前值为初始值或者装载值。例如，使用"SW_GATE"控制位，打开和关闭相应通道的软件门（不支持硬件门功能）。

以通道 0 为例，控制接口的地址空间分配（输出字节 X+0～X+7）如图 13-16 所示。

图 13-16　DI 32×24VDC Count 通道 0 的控制接口地址空间分配

可以在模块属性中对通道 0 和通道 1 的计数功能进行设置，如定义计数上限、定义起始值和比较值等，如图 13-17 所示。此界面应注意的是"置位输出 DQ"，置位后其反馈接口的 STS_DQ 信号为 1，通过该信号可以连接到一个硬件输出。

图 13-17　DI HF 模块计数功能的设置

模块的起始地址和占用空间可以在模块属性的"I/O 地址"标签中查看。示例中，模块的输入地址区为 IB0～IB23，输出地址区为 QB0～QB15。

根据模块控制接口和反馈接口定义，要实现计数，需要将门信号 Q4.3 置位（打开软件门），之后就可以通过 ID8 访问到通道 0 的计数值，这样就实现了模块的简单计数功能。

13.7　Time-based IO 模板

13.7.1　功能描述

Time-based IO 基于时间的处理指的是，所有的输入 / 输出信号会参考同一个时基（TIO_Time）进行处理。数字量输入的边沿信号（上升沿或者下降沿）具有时间戳 t1。信号经过用户程序处理后，可将输出事件与时基相连接，并在所要求的时间输出，输出带有时间戳 t2，即输出发生在时间 t2 处，如图 13-18 所示。Time-based IO 时间的处理是基于等时模式的，其相对精度可达 1μs。

图 13-18　Time-based IO 模板功能示例

与普通模块相比较，所有相关组件的共享时间基准（TIO_Time）是 Time-based IO 的基础。通过使用 TIO_Time，Time-based IO 的输出精度将不依赖于：

➢ CPU 程序（程序结构）；
➢ 总线周期时间（现场总线、背板总线）；
➢ I/O 模块的周期时间；
➢ IO-Link 传感器 / 执行器的内部周期时间。

这里给出的都是周期时间，不同循环周期是导致时间偏差的最大因素，例如坐公交车从 A 经过 B 到达 C，期间需要换乘一次公交车，公交车都是按时间发车，每次从 A 到 C 的时间都可能会产生偏差，所以只有规划好出行的时间才能保证每一次所花费的时间都近似。保证不同周期的同步性就必须使用 PROFINET 的等时同步功能，因为 PROFINET 等时 IRT 的抖动时间小于 1μs。使用 Time-based IO 时可以大大提高过程的相对准确度，还需注意与系统有关的最小响应时间，例如输入延时最小值为 4μs，输出延时为 1μs。目前，支持 Time-based IO 模块性能参数见表 13-6。

表 13-6 Time-based IO 模块性能参数表

模块名称	技术参数	订货号
ET 200SP CM 4 × IO-Link	最大支持 4 个带时间戳的 IO-Link 通道	6ES7 137-6BD00-0BA0
ET 200MP TM Timer DIDQ 16x24V	最大支持 16 个带时间戳的通道	6ES7 552-1AA00-0AB0
ET 200SP TM Timer DIDQ 10x24V	最大支持 4 DI、6DQ 带时间戳的通道	6ES7 138-6CG00-0BA0

以 ET 200MP TM Timer DIDQ 16x24V 模块为例，该模块在非等时模式下可实现如下功能：

➤ 计数功能：24V 信号的增量编码器（A、B 相移）或具有信号 A 的脉冲编码器 / 传感器；

➤ PWM（脉宽调制）输出。

在这种应用中，Time-based IO 模块可以安装在 SIMATIC S7-1500 CPU 主机架上，也可以安装在 ET 200MP 分布式 IO 站上。

该模块在等时模式下支持如下功能：

➤ 时间戳检测（Timer DI）；

➤ 基于时间的控制功能（Timer DQ）；

➤ 数字量输入 / 输出的过采样（Over sampling）。

在 TIA 博途软件 V15.1 及以上版本，S7-1500 V2.6 及以上版本的 CPU 的主机架上也支持等时模式，所以在这种应用中 Time-based IO 模块的安装不受限制。

除了以上功能特点外，Time-based IO 模块还可以通过硬件组态实现不同数量的输入 / 输出组合模式。以 TM Timer DIDQ 16 × 24V（6ES7552-1AA00-0AB0）为例，其数字量输入和输出可以组态为以下几种组合：

➤ 0 个数字量输入和 16 个数字量输出（适用于具有多个输出的凸轮应用）；

➤ 3 个数字量输入和 13 个数字量输出（适用于类似 FM 352 的应用）；

➤ 4 个数字量输入和 12 个数字量输出（适用于灵活的混合操作）；

➤ 8 个数字量输入和 8 个数字量输出（适用于探针和增量编码器）。

数字量输入支持的编码器 / 信号类型：

➤ 具有 A 和 B 信号的 24V 增量编码器；

➤ 具有 24V 的脉冲信号。

13.7.2 Time-based IO 时间控制功能举例

Time-based IO 支持很多功能，例如时间控制、计数、PWM 输出、过采样等，这里仅举例说明时间控制功能。下面以 ET 200MP TM Timer DIDQ 16 × 24V 和 ET200SP TM Timer DIDQ 10 × 24V 为例，说明利用 Time-Based IO 进行简单的时间控制的应用，在 ET 200MP 上的 TM 模块的第 1 个输入通道（DI0）检测到输入信号的上升沿之后，经过一个指定的时间，在 ET 200SP 上的 TM 模块的第 4 个输出通道（DQ3）输出一个指定时间长度的 "1" 信号，组态步骤如下：

硬件组态：

1）依次添加 S7-1516 CPU、IM 155-6 PN HF 和 IM 155-5 PN ST 接口模块并组态 PRO-FINET 网络。

2）在 CPU 程序块文件夹中添加一个同步循环（Synchronous Cycle）OB。

3）在分布式 I/O 站 IM 155-5 PN ST 上添加 Time-Based IO 模块，该模块在工艺模块目录中，根据实际的需要组态输入输出数量。本例中，在该模块属性"TM Timer DIDQ 16 × 24V"→"基本参数"中，将通道组态为"8 个输入，8 个输出"，将"用户程序中的模块使用"组态为"使用'基于时间的 IO'库中的指令"。

之后在该模块属性"TM Timer DIDQ 16 × 24V"→"通道参数"→"DI0/DI1"下，将操作模式设置为"定时器 DI"以激活该功能，本例中不对 DI 时间戳进行使能控制，因此在"组态 DI 组"中设置"单独使用输入"，并关闭输入延迟，如图 13-19 所示。

图 13-19　激活 DI 通道的时间戳功能

以相同的方式在 ET 200SP 站点添加 TM Timer DIDQ 10 × 24V 模块，在模块的属性中设置数字量输出 DQ3 的操作模式为"定时器 DQ"，并激活"高速输出（0.1A）"选项。如图 13-20 所示。

图 13-20　设置 ET 200SP 输出通道 3 的时间控制功能

4）切换到拓扑视图，为系统组态网络拓扑。该网络拓扑结构必须与实际网络设备的连接完全一致，否则 IRT 无法正常工作。

5）将 CPU 的 PN 接口设置为 IRT 的同步主站。在设备视图下选择 CPU 的 PROFINET 接口；在"属性"→"高级选项"→"实时设定"→"同步"中，设置为同步主站。如图 13-21 所示。

图 13-21 将 CPU 设置为 IRT 的同步主站

6）在 ET 200MP 分布式 IO 站中，在接口模块"属性"→"高级选项"→"实时设定"→"同步"下，将 RT 等级设置为 IRT 模式。

在 ET 200MP 接口模块"属性"→"等时同步模式"下，激活等时同步模式，然后激活 TM Timer 模块的等时功能，如图 13-22 所示。

图 13-22 激活模块的等时同步模式

在 ET 200MP 站点上选择 TM 模块，在"属性"→"I/O 地址"下，激活"输入地址"和"输出地址"的"等时同步模式"，并分配已经创建的"组织块"（Synchronous Cycle OB），分配"过程映像"分区为 PIP 1，如图 13-23 所示。

图 13-23　将 TM Timer 模块的 IO 数据区分配到 OB61 所属的过程映像区

7）按照同样的方法组态 ET 200SP 站点及 TM Timer DIDQ 10x24V 模块，确保其工作在等时同步模式下。

软件编程：

在等时同步模式下，可以改变输入和输出数据的过程映像分区的更新顺序，为此，可以选择程序的执行模型：

➢ IPO 模型（应用周期系数 =1）；

➢ OIP 模型（应用周期系数 >=1）。

其中 I、P、O 代表以下过程：I= 更新输入，P= 用户处理程序，O= 更新输出，示例中使用 IPO 模型，即在 OB61 的属性可以看到，其"应用周期"与"发送时钟"相同。

> **注意**：如果应用程序大于 1ms，则需要修改 OB61 的应用周期，这样将使用 OIP 模式。

本例采用 IPO 模型，需要在 OB61 开始处调用 "SYNC_PI" 程序块，用于在等时同步模式下更新输入的过程映像分区。在"指令"→"扩展指令"→"过程映像"目录下，将 SYNC_PI 指令拖放到 OB61 中，如图 13-24 所示。

"SYNC_PI" 指令参数含义如下：

① "PART"：模块硬件组态时的过程映像分区编号（图 13-23 中分配的过程映像分区），本例中为 PIP 分区 1。

② "RET_VAL"：错误信息。

③ "FLADDR"：发生访问错误时，造成错误的首字节地址。

图 13-24　调用 SYNC_PI

然后调用同步指令 "TIO_SYNC"，在 "指令" → "工艺" → "时基 IO" 目录下，将 "TIO_SYNC" 指令拖放到 OB61 中，如图 13-25 所示。在首次调用 "TIO_SYNC" 指令前需定义该指令实例数据块中的静态参数 SendClock，AppCycleFactor 和 ToTimes，ToTimes 是 ET200SP 和 ET200MP 站点 PROFINET 输出属性中的 "时间 To"（输出过程值，ET200MP 的 ToTimes 为 0.105434ms，如图 13-22 所示），例如在 OB100 中赋初始值，如图 13-26 所示。

图 13-25　调用同步 TIO 模块功能块

图 13-26　OB100 中定义参数

"TIO_SYNC" 参数含义如下：

① "HWID_1" ~ "HWID_8"："TIO_SYNC" 指令的作用是根据共享时间基准 TIO_Time 来同步 TIO 模块。通过 TIO_SYNC 最多可以同步 8 个模块，并且必须将这些模块分配给同一个过程映像分区。HWIDx 用于填写这些模块的硬件标识符。

②"PIP_Mode"：更新映像分区采用 IPO 模型时需要将参数"PIP_Mode"设置为 2，IPO 模型需要用户调用指令"SYNC_PO"和"SYNC_PI"来更新过程映像分区。如果更新映像分区采用 OIP 模型时，参数"PIP_Mode"设置为 0 或者 1，"PIP_Mode"设置为 0 时，还需在"PIP_PART"输入参数中分配过程映像分区编号，这种情况下用户不必调用指令"SYNC_PO"和"SYNC_PI"来更新过程映像分区，因为"TIO_SYNC"指令会自动更新在"PIP_PART"参数指定的过程映像分区；"PIP_Mode"设置为 1 时，则需要用户调用指令"SYNC_PO"和"SYNC_PI"来更新过程映像分区，"PIP_PART"参数只有在"PIP_Mode"设置为 0 时才有意义，其它模式下不相关。本例中采用 IPO 模型。

③"PIP_PART"：过程映像分区编号。

④"TIO_SYNC_Data"：用于同步的内部数据，输出数据中包含内部的共享时基"TIO_TIME"。调用指令"TIO_SYNC"后，将在 PLC 数据类型中自动添加系统数据类型"TIO_SYNC_Data"，然后需要创建全局数据块，添加一个新的变量，变量类型选择"TIO_SYNC_Data"，变量创建完成后将该变量赋值到该参数。

在同步指令之后需要调用指令"TIO_DI"，用于检测数字量输入中的沿信号和相应的时间戳，参数分配如图 13-27 所示。

图 13-27 调用指令"TIO_DI"

"TIO_DI"参数含义如下：

①"HWID"：TIO 模块的硬件标识符。

②"Channel"：模块的通道编号，本例中为通道 0。

③"EdgeSel"：设置检测时间戳的沿类型，本例中为 3，即在上升沿和下降沿都要记录。

④"TIO_SYNC_Data"：程序块"TIO_SYNC"的输出（如图 13-25 所示）。

⑤"DI"：数字量输入信号的状态。

⑥"TimeStampRE"：检测上升沿的时间戳。

⑦"TimeStampFE"：检测下降沿的时间戳。

⑧"EventCountRE"：计数器，出现有效的上升沿时间戳的计数。

⑨"EventCountFE"：计数器，出现有效的下降沿时间戳的计数。

⑩"LEC"：计数器，当出现无法保存时间戳的沿时计数，在每个应用周期最多可以计

数 7 个沿，新的应用周期时复位。

本例中只需将上升沿的时间戳保存下来并用于计算。

添加时间计算功能的程序块，即在 ET 200MP 分布式 IO 上的 TM 模块的输入通道 0 检测到上升沿信号后，经过 4250μs，在 ET 200SP 站点上的 TM 模板输出通道 3 中输出一个宽度为 6750μs 的脉冲，计算输出时间程序如图 13-28 所示。

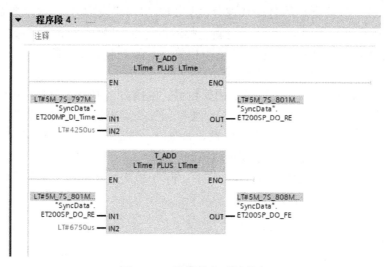

图 13-28　计算输出时间程序

调用检测输入信号指令之后需要调用指令 "TIO_DQ"，如图 13-29 所示，用于设置数字量输出。

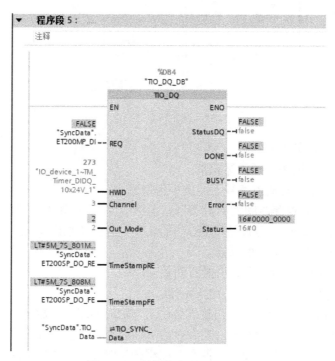

图 13-29　调用指令 "TIO_DQ"

"TIO_DQ" 参数含义如下:

① "REQ": 触发信号,在上升沿时触发作业,本例中使用 ET 200MP 的输入信号作为触发信号(参考图 13-27 中程序块 "TIO_DI" 的输出)。

② "HWID": 模块的硬件标识符。

③ "Channel": 输出的通道编号。

④ "Out_Mode": 指定数字量输出沿的输出模式,示例中为 2,表示两个边沿(TimeStampRE 和 TimeStampFE)都输出。

⑤ "TimeStampRE": 在到达输入参数中定义的时间时,将在指定的数字量输出中输出上升沿。

⑥ "TimeStampFE": 在到达输入参数中定义的时间时,将在指定的数字量输出中输出下降沿。

⑦ "TIO_SYNC_Data": 程序块 "TIO_SYNC" 的输出(如图 13-25 所示)。

在程序的结尾需要调用指令 SYNC_PO 用于同步 PROFINET 输出信号。

"SYNC_PO" 参数含义如下:

"PART" 模块硬件组态时的过程映像分区,本例中为 PIP 分区 1。将组态和程序下载至站点后,触发输入信号,并使用示波器观察输入和输出信号,结果如图 13-30 所示。

图 13-30　设定时间之后输出上升沿

第一个上升沿为输入信号,第二个上升沿为输出信号。使用示波器光标尺的测量功能查看,输入信号上升沿之后经过 4.24ms(设置时间为 4.25ms),触发了输出信号,输出信号为 1 的时间是 6.72ms(设置时间为 6.75ms),考虑到测量误差的因素,基本与程序设置吻合。

第14章 SIMATIC S7-1500 PLC 的诊断功能

14.1 SIMATIC S7-1500 PLC 诊断功能介绍

PLC 系统的诊断能力体现在一台设备或者一条生产线的智能化程度，智能化程度越高就需要 PLC 拥有越强的诊断能力，带来的益处就是快速诊断、快速维护、提高生产效率。加强程序的诊断能力也是知识迭代的过程，从无到有、从有到精通，除了程序控制功能越来越强大，还需要编写更多的诊断程序。

SIMATIC S7-1500 PLC 支持的诊断功能可以划分为以下两大类：

1）系统诊断，包括所有与系统硬件相关的诊断。这些报警信息系统已经自动生成，不需要用户编写任何程序（除非用于第三方 HMI 或者用于对故障的处理程序），可以从下面列出的方式进行诊断：

> 通过模块顶部或通道的 LED 指示灯；
> 通过安装了 TIA 博途软件的 PG/PC；
> 通过 HMI 控件；
> 通过 PLC 内置的 Web 服务器；
> 通过 CPU 的自带的显示屏；
> 通过编写程序实现系统诊断；
> 通过自带诊断功能的模块；
> 通过值状态。

SIMATIC S7-1500 PLC 的系统诊断使用统一的显示机制，无论采用何种显示设备，显示的诊断信息均相同，系统诊断功能如图 14-1 所示。

2）过程诊断，与用户的控制过程相关，例如温度值超限报警、触发指定限位开关报警等，这些报警信息需要用户自定义，可以在 HMI 上生成报警信息也可以在 PLC 侧生成报警信息，从程序标准化的角度来说，推荐在 PLC 侧生成报警信息。可以使用下面的方法在程序中生成报警信息：

> 通过 Program Alarm 函数；
> 通过 Prodiag 诊断软件；
> Graph 程序自带诊断功能。

可以使用下面的方法得到生成的诊断信息：

> 通过 HMI 控件；
> 通过 PLC 内置的 Web 服务器；
> 通过 CPU 的自带的显示屏。

步骤　描述
1　　设备检测到一个错误，并将诊断数据发送给指定的 CPU。
2　　CPU 通知所连接的显示设备。更新所显示的系统诊断信息。

图 14-1　SIMATIC S7-1500 PLC 系统诊断功能

14.2　通过 LED 状态指示灯实现诊断

SIMATIC S7-1500/ET 200MP 所有模块顶端都有 3 个 LED 指示灯，用于指示当前模块的工作状态。对于不同类型的模块，LED 指示的状态可能略有不同。模块无故障正常工作时，运行 LED 为绿色常亮，其余 LED 灯熄灭。

以 ET 200MP PN 接口模块为例，其模块顶部的 3 个 LED 状态指示灯含义分别为 RUN（运行）/ ERROR（错误）/ MAINT（维护），如图 14-2 所示。

ET 200MP PN 接口模块 LED 不同的组合表示不同的状态，见表 14-1。

图 14-2　ET 200MP PN 接口模块 LED 状态指示灯

表 14-1　ET 200MP PN 接口模块 LED 故障对照表

LED 指示灯			含义
RUN	ERROR	MAINT	
灭	灭	灭	接口模块上的电源电压不存在或过小
亮	亮	亮	启动过程中的 LED 指示灯检测：3 个 LED 指示灯同时点亮大约 0.25 s
闪烁	灭	灭	接口模块为禁用状态
			接口模块尚未组态
			ET 200MP 启动
			ET 200MP 复位为出厂设置
亮	不相关	不相关	ET 200MP 当前正与 IO 控制器交换数据

（续）

LED 指示灯			含义
RUN	ERROR	MAINT	
不相关	闪烁	不相关	通道组错误和通道错误
			所设置的组态与 ET 200MP 的实际组态不匹配
			无效的组态状态
			I/O 模块中的参数分配错误
不相关	不相关	亮	需要维护
闪烁	闪烁	闪烁	已执行"节点闪烁测试"（PROFINET 接口上的 LED 指示灯 P1 和 P2 也在闪烁）
			硬件或固件存在故障（PROFINET 接口上的 LED 指示灯 P1 和 P2 未闪烁）

　　而对于 SIMATIC S7-1500 带通道诊断功能的信号模块而言，每个通道的 LED 信号指示灯是双色的（绿色 / 红色），以不同的颜色表示该通道不同的工作状态。例如模拟量输入模块 AI 8 × U/I/RTD/TC ST 每个通道的 LED 指示灯含义见表 14-2。

表 14-2　AI 模块通道 LED 指示灯含义

LED CHx	含义
绿灯灭	通道禁用
绿灯亮	通道已组态并且组态正确
红灯亮	通道已组态，但有错误，如断路

　　通过模块的状态指示灯进行诊断只能得到初步的诊断信息，例如模块是否正常工作、模块的通道故障等，具体通道上是什么故障触发的报警或者是否有多个故障的叠加则不能确定。

14.3　通过 PG/PC 实现诊断

　　PLC 系统有故障时，可通过安装 TIA 博途的 PG/PC 进行诊断。在线的情况下单击项目树下 CPU 的"在线和诊断"标签，就可以查看 CPU 的"诊断缓冲区"，如图 14-3 所示。
　　CPU 的"诊断缓冲区"消息是消息的汇总，包括程序问题、硬件故障以及 CPU 启停等消息。如果是程序故障，可以选中相关事件，然后单击"在编辑器中打开"按钮直接跳转到触发故障报警的程序段处。如果是硬件故障，也会确定到一个模块上，再细化是哪些通道故障则需要在线查看模块的诊断信息。
　　在设备视图中，可以在线查看每个 CPU 或者 IO 模块的工作状态，如图 14-4 所示。
　　双击带有故障指示图标的模块（图标的含义可以参考程序调试章节），打开该模块的诊断窗口，可以查看模块各个通道的状态信息。
　　切换到网络视图并在线，可以查看整个网络中各个站点的工作状态，如图 14-5 所示。
　　对于 PROFINET 网络，如果组态了拓扑视图，还可以对拓扑视图进行在线诊断，以查看网络拓扑连接是否正确，相关内容可参考"SIMATIC S7-1500 的 PLC 通信功能"章节。

图 14-3　通过 TIA 博途软件在线查看 PLC 诊断信息

图 14-4　在设备视图中在线查看设备状态

图 14-5　在网络视图中在线查看设备状态

14.4　在 HMI 上通过调用系统诊断控件实现诊断

与 SIMATIC S7-300/400 不同，SIMATIC S7-1500 的系统诊断功能已经作为 PLC 操作系统的一部分，并在 CPU 的固件中集成，无需单独激活，也不需要生成和调用相关的程序块。PLC 系统进行硬件编译时，TIA 博途软件会根据当前的硬件配置自动生成系统报警消息源，该消息源可在项目树下的"PLC 报警"→"系统报警"中查看，也可以通过 CPU 的显示屏、Web 浏览器、TIA 博途软件在线诊断等方式显示。如果硬件配置有修改，那么在重新编译硬件后，系统报警消息源会自动更新。

由于系统诊断功能通过 CPU 的固件实现，所以即使 CPU 处在停止模式下，仍然可以对 PLC 系统进行系统诊断。如果该功能配合 SIMATIC HMI，可以更清晰、直观地在 HMI 上显示 PLC 的诊断信息。使用此功能要求在同一项目内组态 PLC 和 HMI 并建立连接，或使用 PLC 代理功能进行组态（参考 SIMATIC S7-1500 通信功能章节）。如图 14-6 所示，在 SIMATIC HMI 侧将"系统诊断视图"控件拖入到相应的 HMI 界面中，PLC 的系统诊断信息即可通过 HMI 显示。如果一个 HMI 同时连接了多个 CPU，只需使用一个控件就可对多个 CPU 进行诊断。

图 14-6　在 HMI 的"系统诊断视图"控件

HMI 运行后，通过该诊断控件就可以分层级查看到 PLC 系统的模块状态、分布式 I/O 工作状态以及 CPU 的诊断缓冲区，按网络层级的设备诊断如图 14-7 所示。

图 14-7　通过 HMI 的诊断控件查看 PLC 诊断概览

单击诊断控件中的消息按钮，还可进一步查看 PLC 的诊断缓冲区信息，如图 14-8 所示。

图 14-8　通过 HMI 的诊断控件查看 PLC 诊断缓冲区数据

注意： 精简系列面板不支持"系统诊断视图"，可以使用"报警视图"进行诊断。"报警视图"基于文本显示。

14.5　通过 SIMATIC S7-1500 CPU 自带的显示屏实现诊断

每个标准的 SIMATIC S7-1500 CPU 均自带一个彩色的显示屏，借助该显示屏，可以查看 PLC 的诊断缓存区，还可以查看模块和分布式 IO 的当前状态及诊断消息。

SIMATIC S7-1500 CPU 的显示屏支持多种语言（包含中文），查看的内容与通过 PG/PC 查看的完全一致。详细信息可参考 SIMATIC S7-1500 PLC 控制系统硬件组成的章节。

SIMATIC S7-1500 CPU 显示屏可通过 4 个键查找相关信息，操作简单，但是显示屏比较小，分辨率低，建议使用 Web 服务器或者 HMI 进行诊断。

14.6　通过诊断指令实现诊断

系统诊断自动生成，不需要编写诊断程序，如果系统诊断信息是用于第三方的 HMI 显示（不能显示系统诊断）或者需要对故障进行响应处理，例如 PROFINET 站点掉站或者一个模块被拔出需要关停相关的设备等，这些设备的状态信息可以通过诊断指令读出，该类指令位于"指令列表"→"扩展指令"→"诊断"目录下。下面通过示例的方式，介绍其中几个典型诊断指令的使用。

1. LED 指令

在 PLC 中，调用"LED"指令可实现对 CPU 的 STOP/RUN、ERROR、MAINT 3 个

LED 的状态查询，程序调用如图 14-9 所示。

图 14-9　程序调用

参数 LADDR 数据类型为"HW_IO"，调用时需要赋值 CPU 的硬件标识符。例如，要查询 CPU LED（STOP/RUN）的状态，需将硬件标识符"Local ~ Common"赋值给 LADDR；1 赋值给 LED（表示查询 STOP/RUN 灯的状态）。根据 LED 指令返回的状态值"Ret_Val"即可判断 CPU 的 LED 指示灯工作状态，示例中 CPU 工作在 RUN 模式。

注意：停止状态不能查询，但是可以查询启动瞬间停止灯闪烁的状态。

2. DeviceStates 指令

通过调用"DeviceStates"指令可以读出 PROFINET IO 或者 PROFIBUS-DP 网络系统中 IO 设备或者 DP 从站的故障信息。该指令可以在循环 OB 以及中断 OB（例如，诊断中断 OB82）中调用。下面以示例的方式介绍如何使用"DeviceStates"指令查询 PROFINET IO 和 PROFIBUS-DP 网络上有故障的站点。

SIMATIC S7-1516 CPU 分别通过 PN 和 DP 接口分别连接了 PN 和 DP 的分布式 I/O，系统配置如图 14-10 所示。

图 14-10　SIMATIC S7-1500 系统配置图

在 CPU 中插入一个 100ms 的循环中断 OB30，并在该 OB 中调用"DeviceStates"指令，用于查询 PROFINET IO 网络上有故障的 IO 设备，参数赋值如图 14-11 所示。

```
1  //对值为259的整个PN网络进行诊断，模式为2，判断是否存在故障站点
2       CALL  DeviceStates
3            LADDR   :="Local~PROFINET_IO-System"              259
4            MODE    :=2                                        2
5            Ret_Val :=#Ret_Val[0]
6            STATE   :="Diag_DB".PN_Device_Status
```

图 14-11　使用"DeviceStates"指令对 PROFINET IO 网络进行诊断

再次调用"DeviceStates"指令，用于查询 PROFIBUS-DP 有故障的从站，参数赋值如图 14-12 所示。

```
19   //对值为284的整个DP网络进行诊断，模式为2，判断是否存在故障站点
20        CALL   DeviceStates
21               LADDR   :="Local~DP-Mastersystem"                284
22               MODE    :=2                                        2
23               Ret_Val :=#Ret_Val[3]
24               STATE   :="Diag DB".PB_Device_Status
```

图 14-12　使用 "DeviceStates" 指令对 PROFIBUS-DP 网络进行诊断

"DeviceStates" 指令参数介绍：

① LADDR：PROFINET IO 或 DP 主站系统的硬件标识符，可以在项目树下的 "PLC 变量" → "显示所有变量" → "系统常量" 中，查看名称分别带 PROFINET 和 DP 字样、数据类型为 "Hw_IoSystem" 的变量。如图 14-13 所示，PN 网络的值为 259，DP 网络的值为 284。

图 14-13　确定 PROFINET IO 或 DP 主站系统的硬件标识符

② MODE：通过对 MODE 赋不同的值，可以对分布式 IO 站的不同状态进行诊断：

1：IO 设备 /DP 从站已组态；

2：IO 设备 /DP 从站故障；

3：IO 设备 /DP 从站已禁用；

4：IO 设备 /DP 从站存在；

5：出现问题的 IO 设备 /DP 从站，例如：维护要求或建议、不可访问、不可用或出现错误。

③ Ret_Val：指令执行状态。

④ STATE：每一个位信号指示一个 IO 设备 /DP 从站的状态，与 MODE 参数有关。示例中 MODE 选择 2，表示查询 PROFINET IO 和 PROFIBUS-DP 网络上有故障的从站。如果位 0 为 1（组显示），指示网络上至少有一个 IO 设备 /DP 从站有故障。位 n（非 0）为 1，指示设备编号 /DP 地址为 "n" 的 IO 设备 / 从站有故障。

对于 PROFINET IO 系统，IO 设备的设备编号可以在 "接口模块的属性" → "以太网地址" 界面中 PROFINET 设备编号中查看，如图 14-14 所示，设备编号为 1。

对于 "STATE" 参数，建议使用 "Array of BOOL" 数据类型赋值。由于最大站点数量的原因，PROFINET IO 系统需要 1024 位，DP 主站系统需要 128 位。

3. ModuleStates 指令

可以通过调用 "ModuleStates" 指令对某个分布式 I/O 站点上的模块进行诊断，例如，可以读取 PROFINET IO 设备或 PROFIBUS-DP 从站中模块被拔出的信息或者模块存在的故障信息。

图 14-14 查看 PROFINET 设备编号

下面以示例的方式介绍如何使用"ModuleStates"指令查询一个 PROFINET IO 站点是否存在有故障的模块。该指令可以在循环 OB 以及中断 OB（例如，诊断中断 OB82）中调用。

在 CPU 中，插入一个循环 OB30，在该 OB 中调用"ModuleStates"指令，如图 14-15 所示。

图 14-15 使用"ModuleStates"指令对分布式 IO 站的模块进行诊断

"ModuleStates"指令参数介绍：

① LADDR：分布式 IO 站的硬件标识符，该标识符可以在"PLC 变量"→"显示所有变量"→"系统常量"中，查看名称分别带 IODevice 和 DPSlave 字样、数据类型为"Hw_Device"或"Hw_DpSlave"的变量。

② MODE：通过对 MODE 赋不同的值，可以对分布式 IO 站点上模块的不同状态进行诊断：

1：模块已组态；

2：模块故障；

3：模块禁用；

4：模块存在；

5：模块中存在故障。例如：维护要求或建议、不可访问、不可用或者出现错误。

③ Ret_Val：指令执行状态。

④ STATE：每一个位信号指示一个模块的状态，与 MODE 参数有关。示例中 MODE

选择 2，表示查询站点上有故障的模块。如果位 0 为 1，指示站点上至少存在一个模块有故障；位 n 为 1，指示第 n-1（例如：位 3 对应插槽 2）号插槽中的模块有故障。考虑到站点上模块数量的限制，建议赋值变量类型为 Array of BOOL，长度为 128。

"DeviceStates" 和 "ModuleStates" 指令可以配合使用，用于 PLC 系统中所有 PN 和 DP 总线系统以及分布式 I/O 站点中各模块状态的诊断。模块中通道的诊断状态需要通过数据记录的方式读出，不同模块的数据记录编号和状态位的排列稍有区别，具体到模块可查询相关模块手册，这里不再介绍。

14.7　通过模块自带诊断功能进行诊断

可以选择激活带诊断功能模块的诊断选项，从而实现相关的诊断功能。在这种应用下，PLC 自动生成报警消息源，之后，如果模块中出现系统诊断事件，对应的系统报警消息就可以通过 SIMATIC S7-1500 PLC 的 Web 服务器、CPU 的显示屏、HMI 的诊断控件等多种方式直观地显示出来。

以 SIMATIC S7-1500/ET200 MP 和 ET200 SP 模块为例，大体上分为 4 个系列，即模块型号尾部字母分别为 BA（基本型）、ST（标准型）、HF（高性能）和 HS（高速型）。BA（基本型）模块没有诊断功能（模拟量模块除外）；ST（标准型）模块支持的诊断类型为组诊断或模块诊断（模拟量模块除外）；HF（高性能）模块诊断类型为通道级诊断；HS（高速型）模块是应用于高速响应的特殊模块，有的模块也支持通道级诊断。下面以 DI 32×24VDC HF 为例，介绍模块诊断功能的使用。

在主机架中添加一个模块 DI 32×24VDC HF，然后在模块 "属性" → "输入 0-31" → "输入" → "通道 0-7" → "通道 0" 下，先将参数设置修改为 "手动"，然后勾选诊断菜单下的 "断路" 选项，激活通道 0 的断路诊断功能（需要并联电阻到输入信号上，这时模块内部的恒流源将通过端子输出恒定的电流用于断路检查），如图 14-16 所示。

图 14-16　激活模块通道 0 的 "断路" 诊断功能

之后，将配置编译并下载到 CPU 中。当该模块的通道 0 发生断路诊断事件时，相关的诊断信息可以通过 CPU 自带的显示屏、PG/PC、PLC 的 Web 服务器以及调用了诊断控件的 HMI 查看，示例为 HMI 查看到的诊断信息，如图 14-17 所示。

图 14-17　在 HMI 查看模块断路诊断信息

14.8　通过模块的值状态功能实现诊断

值状态（QI，质量信息）是指通过过程映像输入（PII）直接获取 I/O 通道的信号质量信息。值状态与 I/O 数据同步传送。

支持值状态功能的模块包括 DI、DO、AI 和 AQ。在激活"值状态"功能后，除模块 I/O 信号地址区外，另增加了值状态信号的输入地址空间。值状态的每个位对应一个通道，通过评估该位的状态（1：表示信号正常；0：表示信号无效），可以对 I/O 通道值的有效性进行评估。例如，输入信号的实际状态为"1"时，如果发生断路，将导致用户读到的输入值为"0"。由于诊断到断路情况，模块将值状态中的相关位设置为"0"，这样用户可以通过查询值状态来确定输入值"0"无效。

值状态字节的地址分配取决于所使用的模块。下面通过示例的方式说明该功能的使用，示例中使用 AI 8 × U/I/RTD/TC ST 模块。

插入模块后，在"属性"→"模块参数"→"通道模板"→"AI 组态"中，勾选"值状态"选项，激活模块值的状态检测功能，如图 14-18 所示。

在模块占用的 I/O 地址区中，可查看到该 AI 模块所占用的地址区为 17 个字节，即前 16 个字节为 AI 输入信号，最后 1 个字节为 AI 信号的值状态，如图 14-19 所示。

值状态地址分配信息 AI 8 × U/I/RTD/TC ST 的地址空间如图 14-20 所示，每个模拟量通道对应一个位信号，指示其值状态信息，对该模块配置而言，AI 通道 0 的地址为 IW0，对应的值状态为 I16.0，其余通道以此类推。

图 14-18　激活模块值的状态检测功能

图 14-19　激活值状态检测功能后模块的输入地址区增加

输入值（信号）

	15...	...8 7...	...0	
IW0				输入通道0
IW2				输入通道1
IW4				输入通道2
IW6				输入通道3
IW8				输入通道4
IW10				输入通道5
IW12				输入通道6
IW14				输入通道7

（QI）值状态

	7	6	5	4	3	2	1	0	
IB16									输入通道0到7（值状态QI0~QI7）

图 14-20　AI 8 × U/I/RTD/TC ST 的地址空间

将模块通道 0 的测量类型修改为"电压"，测量范围修改为"1..5V"并激活诊断功能，如图 14-21 所示。

图 14-21　激活通道的诊断功能

在监控表中可通过 IW0 的值监视通道 0 的信号，通过 I16.0 监视该通道的值状态。正常状态下 I16.0 值为"1"，如果任何一个激活检查的故障出现在通道 0，例如短路、上溢、无电源电压等，I16.0 值将变为"0"，表明 IW0 的输入值无效。

14.9　通过 PROGRAM_ALARM 发送报警信息

以上介绍的内容都是基于系统硬件的诊断。如果用户希望在程序中创建一个基于过程事件（例如通过一个输入点作为报警信号）的报警消息，并且该自由定义的消息能通过 Web 服务器、PG/PC、CPU 的显示屏以及 HMI 的报警视图等方式直接显示，则可以通过调用 PROGRAM_ALARM 函数块实现，使用 PROGRAM_ALARM 函数发送报警信息图 14-22 所示。

图 14-22　使用 PROGRAM_ALARM 函数发送报警信息

下面以示例的方式说明该功能的使用。示例中，要求当液位超过 80% 时触发一个报警消息，且在该报警消息中需包含事件触发时刻的温度过程值。具体步骤如下：

1）添加一个 FB，并在该 FB 中调用 PROGRAMM_ALARM 函数块（"指令"→"扩展指令"→"报警"），系统将自动生成多重实例数据块，如图 14-23 所示。

图 14-23　在 FB 中调用 PROGRAMM_ALARM 函数块

函数块 PROGRAM_ALARM 参数介绍：

① SIG：要监视的信号。信号上升沿生成一个到达的报警消息；信号下降沿生成一个离去的报警消息。示例中使用液位大于 80% 的事件作为触发信号。

② TIMESTAMP："未分配"（默认，LDT#1970-01-01-00：00：00），意味着事件触发时，将使用 CPU 系统时间作为消息的时间戳；如果选择指定的时钟源信号，事件触发时，将使用指定的时间作为消息的时间戳。示例中未分配该参数，即取 CPU 系统时间。

③ SD_i：第 i 个相关值（1 ≤ i ≤ 10）。可以使用二进制数、整数、浮点数或字符串作为关联值。示例中直接在背景数据块中赋值。

④ Error：状态参数，Error 为 "TRUE" 时表示处理过程中出错。可能的错误原因将通过 Status 参数显示。

⑤ Status：显示错误信息

2）在 "PROGRAM_ALARM" 函数块属性中的 "报警" → "基本设置" 中可以设置该指令生成的消息属性。在报警文本栏输入显示报警文本，然后在报警文本中插入事件触发时刻的温度值，在文本中相应位置点鼠标右键选择 "插入动态参数（变量）"，如图 14-24 所示。

图 14-24　为 "PROGRAM_ALARM" 设置报警类和报警文本

3）在弹出的对话框中选择对应的"变量"，例如存储温度值的变量 "Alarm_DB"."Liquid Temp"，在格式栏中设置该变量的显示类型和最小长度，如图 14-25 所示。

之后，将消息输入完整，例如加入温度符号℃。

4）最后在 OB 中调用该 FB 并下载到 CPU 中。于是当液位值 "Alarm_DB"."Liquid Level" 大于 80% 时，将触发该报警消息。触发的消息可以通过 Web 服务器、HMI 报警视图、CPU 自带的显示屏等设备显示，通过 IE 浏览器访问 CPU 的 Web 服务器查看的报警消息如图 14-26 所示。

图 14-25　为"PROGRAMME_ALARM"报警文本插入动态参数

图 14-26　通过 Web 浏览器查看报警消息

注意：

1）每一条报警信息都需要调用"PROGRAM_ALARM"函数块一次，为了减少背景数据块的使用量，该诊断块必须在 FB 中调用。

2）使用数组方式调用"PROGRAM_ALARM"函数块将大大减少程序量。如图 14-27 所示。

图 14-27　使用数组方式调用函数块

14.10　使用 ProDiag 进行诊断

ProDiag 是一个具有诊断功能的可选软件，使用 ProDiag 有如下好处：

➢ 不需要编程；

➢ 组态的报警可以在 PLC 中随时修改，HMI 自动更新，不影响 HMI 的运行；

➢ 多种监控类型，适合不同的报警；

➢ 组态报警的触发方式，替代部分编程的工作量；

➢ 报警信息由 PLC 触发，在 HMI、Web 浏览器和显示屏都可以显示；

➢ 每一条报警信息都对应一段触发报警的程序段，在 HMI 上可以查看程序代码（LAD、FBD 有效）；

➢ 具有记录功能，可以记录最先触发报警信息的事件；

➢ 可以显示 Graph 编写的程序段；

➢ 报警信息更加丰富，可以显示一些附近文本，例如符号名称、符号注释、函数块名称、实例名称等；

➢ 报警信息可以按组进行划分；

➢ 报警信息支持多种语言；

➢ 在 HMI 界面上使用系统提供的控件，无需使用变量连接控件到 PLC。

14.10.1　ProDiag 的许可证

ProDiag 软件是可选软件，即需要按照监控点数购买额外许可证，小于等于 25 个监控点是免费的，超过以后就需要购买许可证，一个许可证包含 250 个监控点，如果超过 250 个监控点就需要两个许可证，一个 CPU 最多支持 5 个许可证。同样 HMI 侧需要购买 Pro-Diag 运行版许可证，许可证的规则如图 14-28 所示。

图 14-28　ProDiag 许可证规则

每一个 CPU 需要许可证的数量与监控点数有关，在 CPU 的属性中需要选择许可证的个数，可以参考 CPU 属性的"系统许可证"章节；每一台 HMI 或者 PC 需要一个运行许可证用于显示故障时刻的 PLC 代码（如果只显示报警文本可以不购买许可证）；Web 服务器和显示屏只能显示文本信息，不需要购买许可证。

14.10.2 ProDiag 监控的类型

所有触发报警信息的事件都是一个位信号，有可能是多个位信号的组合，ProDaig 支持 5 种基本事件类型的监控和两种附加的报警，这些监控类型和报警都是与位信号相关联的。监控的类型和附加报警如图 14-29 所示。

图 14-29　ProDiag 的监控类型

1. 基本类型监控

1) 操作数监控：监视一个位信号的状态 TRUE 或 FALSE，如果满足设定的条件，例如 TRUE，则触发报警信息。

2) 联锁监控：监视两个或者多个位的联锁状态，例如起动电机正转，但是正转输出没有响应。

3) 动作监控：监视设备起动运行后，在设定的时间内传送带上的生产部件是否离开起始位置。

4) 响应监控：监视设备运行后在响应时间内传送带上的生产部件是否到达指定的结束位置。

5) 位置监控：监视传送带上的生产部件在没有启动信号的情况下是否发生移动。基本类型监控的报警文本格式都是统一的，不能独立设置。

2. 附加报警

1) 文本消息：监视一个位信号的状态 TRUE 或 FALSE，如果满足设定的条件例如 TRUE，则触发文本消息，与基本类型监控相似，但不触发组故障信号位，文本信息的格式可以单独设置。

2) 错误消息：与文本消息类似，也可以单独设置文本信息的格式，但是会触发组故障信号位。

监控的位信号可以是全局变量，例如 I、Q、M 和 DB，也可以是函数块（FB）的接口区，例如输入、输出和静态变量，但不是所有的地址区都支持不同的监控类型，地址区与监控类型必须匹配，见表 14-3。

表 14-3　监控类型与地址区

监控类型	全局地址区			FB 接口区		
	输入	输出	标志位 / 数据块	输入	输出	静态
操作数	X	X	X	X	X	X
联锁	—	X	X	X	—	—
动作	X	—	X	X	—	—
响应	X	—	X	X	—	—
位置	X	—	X	X	—	—
错误消息	X	X	X	X	X	X
文本消息	X	X	X	X	X	X

注：X 表示支持；—表示不支持。

14.10.3　ProDiag 监控的设置

在监控变量前，必须对监控类型、报警输出、报警的时间、类别做一个整体的设置，形成一个模板，后续所有新的监控都必须参照这个模板，模板中的报警文本格式不能修改。

导航至项目树下的"公共数据"→"监控设置"，双击打开进入配置界面，在"类别"中定义不同的报警级别，如图 14-30 所示（必须在程序中先使能一个监控才能显示设置的参数）。

图 14-30　监控设置 - 类别设置

总共可以设置 8 个报警级别，其中"错误""警告"和"信息"系统默认激活，可以定义 5 个额外的报警级别，在"报警类"栏中设置报警信息是否需要确认。

"子类别 1"和"子类别 2"栏中分别可以定义 16 个子类别，如图 14-31 所示。

类别的定义可以将故障信息按类别进行分组，在类别中定义的文字也将添加在报警文本中，可以替代报警信息中一些常用文本，减少文本的输入量。

在"监控类"界面中定义不同监控类型中触发器与 C1、C2、C3 触发器默认的逻辑关系和值状态，如图 14-32 所示。这里所说的触发器就是一个位变量，C1、C2、C3 是附加条件变量，触发器之间是"与"的逻辑关系，定义完成后作为一个模板，在创建新的变量监控时作为参考，也可以再次修改适用不同的应用。

图 14-31　监控设置 - 子类别设置

图 14-32　监控设置 - 监控类的设置

选中复选框表示值状态为 TRUE 时触发，否则为 False 时触发。简单的逻辑关系可以替代部分故障报警的程序，例如触发器为 TRUE 2 秒后，C1 和 C2 触发器不为 TURE，则触发报警信息。

在"中央时间戳"界面中可以定义一个时钟，项目中所有 PLC 的报警信息都以这个时钟作为基准时间。如图 14-33 所示，在"时间戳变量"中添加一个数据类型为 LDT 的变量作为一个中央时钟信号（需要对该变量赋值）。后续的设置中需要在 ProDiag FB 的属性中使能"使用中央时间戳"选项。

图 14-33　监控设置 - 中央时间戳的设置

在"报警文本"界面中可以设置报警信息的格式，如图 14-34 所示。

图 14-34　监控设置 - 报警文本设置

使用鼠标拖放功能将"支持的报警文本字段"域中需要的字段拖放到"报警文本""信息文本"和"附加文本"域中，拼接一条报警信息，例如报警信息格式为"类别"_"子类别 1"_"子类别 2"_"变量名称"_"详细文本域"，其中"详细文本域"是用户自定义的文本，必须添加到报警文本中，各个字段的间隔符可以选择，拼接的格式作为报警文本的模板，在创建新的变量监控时不能修改，所以基本监控、错误消息和文本消息是分开定义的，除此之外"变量"（全局变量）和"FB"（FB 接口声明的变量）也是分开的。配置完文本域后所有的监控设置完成。

> **注意**：有的 HMI 面板只能显示报警文本，信息文本和附加文本需要在 WinCC 中才能显示。

14.10.4　ProDiag 变量监控的示例

下面以示例的方式介绍 ProDiag 的配置过程。假设有一个需求：在 HMI 上启动 A 车间 B 设备上的一个电机 C，电机已经按位置和设备进行了分组。启动前必须满足两个条件，如果不满足则导致启动失败，然后将报警信息发送给 HMI，报警信息中还需要包括哪一个条件不满足，以及与条件相关的温度值。维护人员通过报警信息可以跳转到与之相关联的程序段中，查看具体的程序信息。可能有一个条件导致启动失败，但是出问题的时候维护人员可能不在现场，到达现场的时候发现条件发生的变化，需要 HMI 记录最初故障的状态。

电机的控制程序非常简单，使用一个电机启动信号和两个互锁条件起动电机，电机起动输出作为启动信号的自保，如图 14-35 所示。

需要监控"电机起动输出"，下面是实现这些功能的具体步骤：

1）在 TIA 博途软件中创建一个 PLC 和一个精智面板，例如 CPU 1513 和 TP1200，并建立 PLC 与 HMI 的通信连接。在 OB1 中编写如图 14-35 所示的控制程序。

2）在 PLC 的属性中使能 ProDiag 的数量授权，如果小于等于 25 个，可以不需要授权。

图 14-35　ProDiag 示例程序

3）创建一个 FB，如图 14-36 所示，语言选择"PRODIAG（含 IDB）"。

图 14-36　创建 ProDiag FB

打开创建 FB 的属性，在"常规"→"属性"界面使能"初始值采集"选项，如图 14-37 所示，主要功能是用于 HMI 记录最初故障的状态。如果在监控设置中使能了"中央时间戳"功能，需要在这里使能"使用中央时间戳"选项。

图 14-37　使能 ProDiag 的初始值采集功能

在 ProDiag FB 属性的"监控设置"中可以为每一个监控类型或者整个块分配控制变量，用于通过变量使能诊断功能，如图 14-38 所示。

图 14-38　ProDiag FB 的监控设置

> **注意**：在"常规"标签中可以查看 FB 的版本号，版本为 1.0，一个诊断块最多可以包含 250 个变量监控，版本为 2.0，一个诊断块最多可以包含 1000 个变量监控。

4）导航至项目树下的"公共数据"→"监控设置"，双击打开进入配置界面，在"类别"中进行分类设置，如图 14-39 所示。

图 14-39　类别的设置

因为启动信号为脉冲信号，在"类别"界面设置"错误"为确认的报警。在"子类别1"和"子类别 2"中对车间和设备进行分类设置。

5）在"基本监控"中定义故障时输出的文本信息。例如添加"类别""子类别 1""子类别 2"和"详细文本域"，故障时输出的文本将包含上述添加的信息，如图 14-40 所示。

图 14-40　设置报警文本格式

6）创建类型为"real"的变量"温度值"，用于显示故障时的温度值；再创建一个类型为"Byte"的变量"条件字节"（MB2，M2.0 和 M2.1 为条件信息），用于判断未满足的启动条件。

7）在项目树中打开"PLC 报警文本列表"，设置 PLC 的报警文本列表，用于显示故障时未满足的条件信息，如图 14-41 所示。

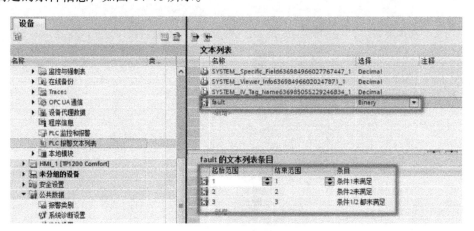

图 14-41　创建报警文本列表

8）打开 PLC 变量表，单击变量"电机启动输出"（Q10.1），在属性→"监控"中创建新的监控并在" ProDiag FB "选择上面创建的诊断 FB。选择监控类型为"互锁"，执行器为"电机启动"信号，这样"电机启动"为"真"（True），而"电机启动输出"为"假"（False）时触发报警的输出。在"类别""子类别 1""子类别 2"中选择分组信息。设置如图 14-42 所示，C2、C3 触发器未使用。

图 14-42　设置互锁条件

注意：监控功能需要在变量的属性中设置。变量的存储位置不同，I、Q、M 地址区需要在"PLC 变量"表中设置监控功能；数据块（DB）中的变量需要在数据块中设置监控功能；FB 的接口参数需要在 FB 的接口中设置监控功能。

在 HMI 中可以显示 PLC 代码与监控类型和地址区有关，PLC 代码显示的限制见表 14-4。

表 14-4　PLC 代码显示的限制

监控类型	全局地址区			FB 接口区		
	输入	输出	标志位 / 数据块	输入	输出	静态
操作数	—	—	—	*	—	—
互锁	—	X	X	X	—	—
动作	—	—	—	*	—	—
响应	—	—	—	*	—	—
位置	—	—	—	*	—	—
错误消息	—	—	—	—	—	—
文本消息	—	—	—	—	—	—

注：X 表示支持，—表示不支持，* 表示支持但是显示不完全。

不是所有的指令在 HMI 中都可以显示的，支持的指令见表 14-5。

表 14-5　HMI 支持的可显示指令

指令	HMI 设备上的显示信息（HMI）
位逻辑运算	
常开触点	初始值与条件分析
常闭触点	
取反 RLO	
赋值	支持该指令，但与初始值或条件分析无关
赋值取反	
复位输出	初始值
置位输出	
置位复位触发器	分析初始值和条件，直到指令框（包含）
复位置位触发器	
AND（FBD）	初始值与条件分析
OR（FBD）	
比较运算	
等于	初始值与条件分析
不等于	
大于或等于	
小于或等于	
大于	
小于	
定时器	
TP	分析初始值和条件，直到指令框（包含）
TON	初始值与条件分析
TOF	分析初始值和条件，直到指令框（包含）
TONR	
计数器	
CTU	分析初始值和条件，直到指令框（包含）
CTD	
CTUD	

9）在"详细文本域"中设置自定义的报警信息，示例如图 14-43 所示。

图 14-43　详细文本域的设置

在每个报警文本中最多可以添加三个相关值SD4～SD6，添加方法与"PROGRAMME_ALARM"的方式相同，可以参考图 14-24 和图 14-25。示例中 SD4 为一个文本列表变量，SD5 为实际的温度值变量。

10）单击 CPU，对设置进行编译，系统将自动生成 ProDiagOB，至此 PLC 侧的工作全部完成，可以在 HMI（报警视图）、Web 服务器和显示器读出报警文本，但只能以文本的方式显示，如果需要显示程序，需要在 HMI 再做一些设置。

11）在 TP1200 中新添加一幅画面，在画面中插入控件 "PLC 代码视图"，如图 14-44 所示，可以通过代码视图的属性调整工具栏中按钮的显示。然后再添加一个返回主画面的按钮。

图 14-44　插入 PLC 代码视图

12）在根画面中分别插入 "报警视图" "ProDiag 概览" 和按钮 "PLC CODE"，如图 14-45 所示。

图 14-45　插入报警视图和 ProDiag 视图

13）打开"ProDiag 概览"的属性，在"过程"栏中连接诊断 FB 实例数据块中的"State"变量，这样如果有报警信息将在概览视图中显示，如图 14-46 所示。

图 14-46　连接变量到 ProDiag 概览

14）在"报警视图"的"常规"属性中使能未确认类报警和确认类报警。单击"显示"栏，添加条件分析视图的控制变量和 PLC 代码视图的控制变量，如图 14-47 所示。

图 14-47　添加控制变量

条件分析视图的控制变量用于存储故障时刻最初的状态，数据类型为 WString；PLC 代码视图的控制变量用于显示报警信息是否含有程序代码信息，如果有程序信息，数据类型为 Bool 的变量为 1。这两个变量是内部变量，创建时自动选择数据类型和长度信息。

15）在"PLC CODE"按钮的"动画"→"显示"属性中添加"可见性"，如图 14-48 所示。

选择的变量是 PLC 代码视图的控制变量，如果报警信息中含有程序代码信息，则使能按钮的显示，没有程序信息则隐藏按钮。

图 14-48　添加 "可见性"

在 "按钮" 的 "事件" 中 "激活 PLC 代码视图"，如图 14-49 所示。如果报警信息包含程序信息则显示该按钮，单击后显示与报警信息关联的 PLC 代码。

图 14-49　激活 PLC 代码视图

16）如果条件未满足启动电机，报警信息将上传到 HMI 的报警视图中，如图 14-50 所示。ProDiag 概览视图中，报警信息类别为 "E" 表示故障类别为错误，类型为 "I" 表示监控类型为联锁。选择报警信息，"PLC CODE" 按钮显示，说明报警信息中含有程序代码，单击按钮切换到 PLC 代码视图，如图 14-51 所示，"条件 2" 被标记，表明故障初始状态是由于 "条件 2" 未满足。

图 14-50　显示报警信息

图 14-51 PLC 代码视图 - 故障初始状态

单击"实际值或初始值"键，切换到 PLC 当前状态，如图 14-52 所示，由于"电机起动"是脉冲信号，当前状态已经为 0，此外"条件 1"也未满足。

图 14-52 PLC 代码视图 - 切换当前状态

14.11 通过 SIMATIC S7-1500 的 Web 服务器功能实现诊断

SIMATIC S7-1500 CPU 内置 Web 服务器，可以通过 IE 浏览器实现对 PLC Web 服务器的访问，如果该 SIMATIC S7-1500 CPU 系统有多个以太网接口，例如 CPU 自身集成的以太网接口及通过 CM/CP 模块扩展的以太网接口，那么除了激活 CPU 的 Web 服务器功能之外，还需要指定使用哪些以太网接口访问 CPU 的 Web 服务器。Web 服务器主要功能就是为了方便设备的维护和诊断。

在 SIMATIC S7-1500 CPU 属性的 Web 服务器标签栏下可以激活 PLC Web 服务器功能，并可以选择是否以 HTTPS 方式访问。通过添加不同的 Web 访问账号，可以为不同的账号设置不同的访问级别。激活 CPU Web 服务器功能的设置界面如图 14-53 所示。

图 14-53　激活 CPU Web 服务器功能

在"用户管理"栏的"访问级别"下拉菜单中，可以根据实际使用情况，为不同的用户添加不同的访问级别。

使能 PLC 的 Web 服务器后，默认设置为启用 SIMATIC S7-1500 CPU 以太网 X1 接口访问 Web 服务器。在 CPU 属性下的"Web 服务器"→"接口概览"界面中，可设置访问 Web 服务器的以太网接口。

配置完成并下载到 CPU 后，就可以通过 PC（机）、便携式计算机、智能手机等终端设备的网页浏览器访问 SIMATIC S7-1500 PLC 的 Web 服务器。在浏览器的地址栏输入 CPU 以太网接口的 IP 地址，就可以实现对 CPU 内置 Web 服务器的访问。如果在"用户管理"中设置了不同的账号，Web 服务器还可以根据不同登录账号的权限提供不同的显示内容。在 Web 的界面左侧可以看到诊断缓冲区、模块信息、PLC 的拓扑图及 PLC 变量等标签项，如图 14-54 所示。

单击"诊断"标签，可以查看 CPU 的标识、程序容量以及实时通信负荷信息，如图 14-55 所示。

"诊断缓冲区"界面显示 CPU 诊断缓冲区存储的信息。

"模块信息"界面可按网络层级显示模块的状态，如图 14-56 所示。

在"消息"界面可以显示系统诊断和过程诊断触发的消息所示。

"数据通信"界面可以显示通信连接状态、占用的连接资源以及以太网接口的统计数据，例如发送 / 接收的数据包数量，故障的数据包等。

"拓扑"界面可获得 CPU 的网络连接拓扑，从网络拓扑图获知设备之间的网络连接关系，如图 14-57 所示。

图 14-54 SIMATIC S7-1500 PLC 的 Web 服务器主界面

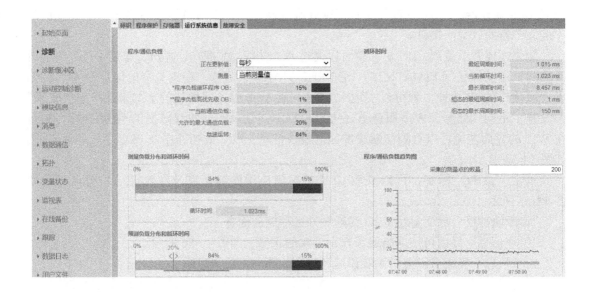

图 14-55 SIMATIC S7-1500 PLC 的 Web 服务器 - 诊断界面

图 14-56　通过 SIMATIC S7-1500 PLC Web 服务器查看模块信息

图 14-57　通过 SIMATIC S7-1500 PLC Web 服务器查看网络拓扑

在"变量状态"界面下，可以通过输入 CPU 变量符号名称的方式（仅可通过符号访问，不支持绝对地址访问）查看变量的数值。

在 SIMATIC S7-1500 PLC Web 服务器中可以对 PLC 中建立的监控表 / 强制表进行监控。在 TIA 博途软件 CPU 属性中的"Web 服务器"→"监控表"下，将 PLC 中的监控表 / 监控表添加到 PLC 的 Web 服务器中，如图 14-58 所示。

图 14-58　将监控表装载到 PLC 的 Web 服务器中

将配置下载到 PLC 中。再次访问 PLC 的 Web 服务器，双击"变量表"标签即可选择已配置的监控表/强制表，例如"ProDiag"，并可以对表中的变量直接进行查看和修改，如图 14-59 所示。该功能支持将多个变量表添加到 CPU 的 Web 服务器中。

图 14-59　在 SIMATIC S7-1500 PLC Web 服务器中查看变量表

在"跟踪"界面中可以查看由事件触发的数据记录，对故障的排查起到很好的帮助作用，这部分内容介绍将在调试章节中介绍。

SIMATIC S7-1500 CPU Web 服务器还支持用户自定义的界面，在"客户界面"界面下显示用户自定义的 Web 网页。目前 S7-1500 Web 服务器支持两种方式制作的 Web 网页，第一种方式是使用网页编辑软件，例如 Frontpage、Notepad++ 等制作 Web 网页，在网页中使用规定的语法读写 PLC 中的变量，然后在 PLC 中生成对应的数据块存放这些网页数据，这种方式生成的网页功能和灵活性都比较强。第二种方式是使用 VoT 方式创建用户自定义的网页，VoT 就是 View of Things 的缩写，VoT 支持在 TIA 博途软件中使用 WinCC Unified Engineering 为各种设备创建 Web 应用程序（WinCC Unified 和 WinCC Unified 的面板都是基于 Web 的应用），其中也包括 SIMATIC S7-1500 PLC，创建网页像制作面板的画面一样，不需要 IT 知识，绝大多数工程师都可以快速上手。VoT 功能需要在 TIA 博途 V17 和 SIMATIC S7-1500 CPU V2.9 及以上才版本才可以使用，下面就以 VoT 方式介绍网页创建的方法，具体操作步骤如下：

1）导航至 TIA 博途软件的项目树下"Web 应用程序"，双击"添加新的 VOT 应用程序"，生成一个 VOT 应用程序，可以修改名称，例如"My Pages"。

2）创建一个界面，例如"界面_1"，在界面中添加一个"IO 域"，并给 IO 域赋值变量，例如数据块变量 A.B，如图 14-60 所示。

图 14-60　添加 VoT 视图

3）再次创建一个界面，例如"界面_2"，在其中添加滑块，选择变量，例如 A.B。

4）在"界面_1"中添加一个按钮，在"事件"中选择"改变界面"，如图 14-61 所示。同样在"界面_2"中添加界面返回的按钮。

图 14-61　在 VoT 视图中添加按钮

5）单击"运行系统设置"进入配置界面，选择启动界面和应用周期，默认界面更新时间为 500 毫秒。

6）将程序下载到 PLC 中，这里需要加载配置的 VoT 网页，如图 14-62 所示。

7）在 Web 浏览器中输入 CPU 的 IP 地址，打开 Web 的起始界面，单击客户界面标签，出现"应用程序主页 My Pages"的链接。单击该链接，首先弹出的是用户登录界面，用户登录的用户名和密码在 CPU Web 服务器的属性中设置。登录成功后，就可以进入创建的网页进行操作。

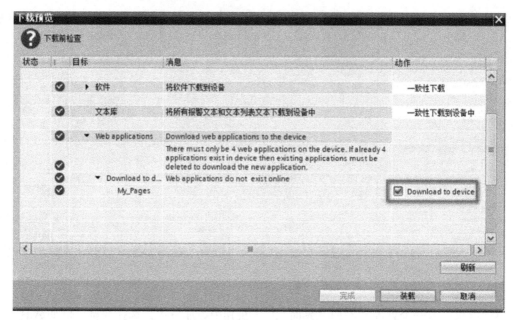

图 14-62　VoT 视图的下载

注意: 在安装 TIA 博途软件时需要安装 "SIMATIC WinCC Engineering System", 否则有的事件脚本不执行。

使用 VoT 方式比较简单、方便,不需要了解 IT 的编程知识,但功能相对简单。网页所占用的空间大部分是占用装载存储器的,不用过多地考虑 CPU 工作内存的占用情况,但是变量的个数和更新频率将占用 CPU 的通信负载和更多的连接资源,影响 CPU 的扫描周期。毕竟 CPU 的 Web 服务器主要功能是用于诊断,建议最多 10 个画面和 200 个变量,具体还应根据实际 CPU 的连接资源和通信负载而定。

访问保护

如何防范对 PLC 项目和 PLC 未经授权的操作和访问？如何防止程序被非法复制或窃取？如何保证通信的安全性，防止数据被篡改或窃听，并确保通信数据的完整性和可靠性？针对以上问题，下面介绍几种 SIMATIC S7-1500 PLC 防范风险的方式和方法，以确保 PLC 控制系统安全可靠地运行。

15.1 使用 UMC 与 UMAC 保护项目的访问

15.1.1 UMC 与 UMAC 介绍

UMC（User Management Component，用户管理组件）。最初用户的管理是分散方式，用户的创建和管理都是在本地，每一个设备都有自己独立的用户管理，例如 WinCC 站点、TIA 博途软件项目和操作面板。用户的本地管理对于较大的系统是低效的，用户的创建和管理不统一也不方便，造成管理混乱的同时也不安全。

用户管理组件（UMC）是中央用户管理方式，针对个人的角色和权限进行分配，减少维护工作量，提高流程的透明度。用户的中央管理是在系统中针对个人访问权限形成有效和一致管理的基础，可显著降低安全风险。UMC 可以创建新的用户和用户组，也可以从 Microsoft Active Directory（AD）导入用户和用户组（必须连接到相应的域中），然后将中心用户和用户组导入各种应用程序中，或者将它们作为临时用户。简单地说就是在中央管理用户，用户和密码都存储在服务器中。目前，支持 UMC 用户管理的应用如下：

- ➢ SINEMA RC；
- ➢ SINEC NMS；
- ➢ WinCC Unified；
- ➢ TIA 博途软件；
- ➢ WinCC Runtime Advanced。

UMC 是开放的，可以使用 Openness 进行访问。UMC 支持使用智能卡进行用户身份认证。

UMAC（User Management and Access Control，用户管理和访问控制），使用 UMAC 可以创建本地用户并进行管理，例如分配不同的操作权限。

UMC 只是针对用户管理，虽然也分配权限，也仅限于 UMC 的管理。本地的操作权限就需要在 UMAC（不同的应用）中进行设置，以 TIA 博途软件为例，可以设置项目管理权限，例如打开并编辑项目；也可以设置项目维护权限，只能打开项目进行监控而不能编辑。在 UMC 中设置的全局用户必须导入 UMAC 中才能使用，可以选择全局或者本地用户登录项目，如果没有 UMC，则只能使用本地用户登录项目。

15.1.2 UMC 系统架构与 PC 的角色

由不同角色的 PC 组成 UMC 的系统架构, 主要有 UMC 环服务器 (Ring Server)、UMC 服务器 (Server)、UMC 运行服务器 (Run time Server) 和 UMC 代理 (Agent)。连接到域中, 可以导入 Microsoft Active Directory 中的用户, UMC 的系统架构如图 15-1 所示。

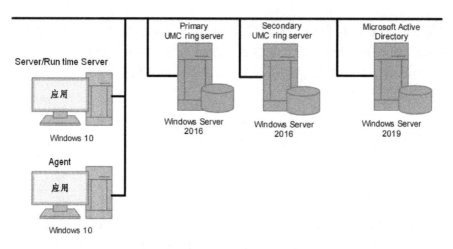

图 15-1　UMC 的系统架构

PC 角色的解释如下:

① UMC 环服务器: 主导用户管理的配置, 完整实现用户身份验证和管理。通过运行 umconf 命令行创建 UMC 环服务器, 环服务器可以是冗余的, 最先配置的环服务器优先级高。如果主环服务器未连接, 系统会动态地选择备用环服务器。UMC 环服务器在整个架构中是必需的, 数量最多是两个。

② UMC 服务器: UMC 服务器在没有连接到 UMC 环服务器时, 在降级模式下工作, 仍然允许进行身份验证 (不是所有的应用都支持离线身份验证, 例如 TIA 博途软件), 但不能进行用户的管理。UMC 服务器用于平衡 UMC 环服务器负载, UMC 服务器在系统架构中是可选的, 数量最多是 4 个。

③ UMC 运行服务器: UMC 运行服务器是一个简化版的 UMC 服务器, 主要关注运行桌面应用程序和加速连接过程所需的操作。UMC 运行服务器在系统架构中是可选的, 数量最多是 125 个。

④ UMC 代理: 作为 UMC 服务器 /UMC 环服务器的客户端工作, UMC 代理可以用于运行使用 UMC API 开发的应用程序。UMC 代理在系统架构中是可选的, 主要任务是将不同的应用连接到 UMC 服务器上, 数量最多是 25 个。

在 UMC 整个系统架构中, UMC 环服务是必需的, 可以进行冗余配置, 可以连接不同角色的 PC, 下面列出几种不同的组合:

1) UMC 环服务器 + UMC 服务器 / 运行服务器, 应用安装于 UMC 服务器 / 运行服务器, 例如 TIA 博途软件安装于 UMC 服务器中, 通过 UMC 服务器连接到 UMC 环服务器。

2) UMC 环服务器 + UMC 代理, 应用安装于 UMC 代理中, 通过 UMC 代理连接到 UMC 服务器 / 环服务器。

3）UMC 环服务器 +UMC 服务器 / 运行服务器 + UMC 代理，应用安装于 UMC 服务器和代理中。UMC 代理可作为 UMC 环服务器或者 UMC 服务器的客户端。

15.1.3 UMC 用户角色

UMC 中的用户有不同的角色，不同角色有不同的权限，系统中默认定义了三个角色，分别为：

① Administrator（管理员）：初始用户，可以执行任何操作。该角色不能与任何组关联。Administrator 角色不能被删除。

② UMC Admin：可以管理用户、组和所有其他 UMC 实体。

③ UMC Viewer：可以访问用户管理配置但不能做任何修改。

除此之外，还可以创建新的角色，为新角色分配不同的权限，例如 UM_ADMIN、UM_VIEW、UM_RESETPWD、UM_UNLOCKUSR、UM_ATTACH、UM_JOIN、UM_RESETJOIN 等，这些权限是用于配置 UMC 系统的，与应用的权限是有区别的。

15.1.4 UMC 授权和软件安装

UMC 是一个选件，管理 10 个以内的用户是免费的，超过则需要付费，UMC 软件的订货信息见表 15-1。

表 15-1 UMC 软件的订货信息

软件 / 许可证	订货号
TIA 博途软件用户管理组件（UMC）有 10 或更少的用户账户	免费
TIA 博途软件用户管理组件（UMC），租赁许可证，100 个用户账户，有效期为 365 天	6ES7823-1UE30-0YA0
TIA 博途软件用户管理组件（UMC），租赁许可证，4000 个用户账户，有效期为 365 天	6ES7823-1UE10-0YA0

UMC 随 TIA 博途软件自动安装，也可以独立安装在一台 PC 中作为 UMC 环服务器，UMC 的安装包 "TIA_UMC_V2.exe" 在 TIA 博途软件安装盘（DVD 2）的 "Support" 文件夹中。软件安装的默认路径为："C：\Program Files\Siemens\Automation\UserManagement"。

UMC 安装后，还需要进行设置，这些设置需要有先决条件，例如 IIS（Internet Information Services，互联网信息服务）必须已经安装。打开 PC 的控制面板，双击打开 "程序和功能"，再双击 "启用和关闭 Windows 功能" 条目打开对话框，然后选择 IIS 进行安装。

15.1.5 创建 UMC 环服务器

UMC 软件安装完成后即可以创建 UMC 环服务器，下面以示例的方式介绍示 UMC 环服务器的创建过程。示例中的操作系统为 Windows 10，没有连接到安装 Microsoft Active Directory 的域中，具体的步骤如下：

1）在 PC 的左下角搜索中键入 CMD，然后以管理员身份运行 "命令提示符"。

2）打开 CMD 后，使用 CD 命令切换到 "C：\Program Files\Siemens\Automation\UserManagement\BIN" 路径（默认安装路径）。

3）键入 "umconf -i"，在提示的条目中创建唯一的用户管理域名（"UM 域名"）。输入期望的名称，例如 test，回车确认。UM 域与 PC 属性中的域是不同的。

4）UM 域创建后，提示创建 UM 管理员的名称和密码，这里创建的管理员是唯一的，例如"Administrator"。

5）接下来需要创建一个服务账户来管理 UMC 服务。这个账户必须是属于"UM 服务账户"组或具有"UMCService"的管理权限，示例中使用默认的"Administrator"，即 Windows 登录账户，具有管理员权限。

6）示例中没有使用 Microsoft Active Directory，所以没有配置"provisioning service"。

7）键入"umconf -dsso enable -f"，使能 UMC 的单点登录功能。使用 SSO（Single Sign-On）单点登录机制，在多个应用系统中，用户只需一次登录就可以访问所有相互信任的应用系统，至此 UMC 服务器配置完成，命令行如图 15-2 所示。

```
C:\Program Files\Siemens\Automation\UserManagement\BIN>umconf -i

User Management Configurator - Interactive mode.
UM domain name: test
Domain is correctly created.
UM administrator user name: cuijian
Password:
Retype Password:
UM Administrator is correctly created.
Service account user name (domain\user): Administrator
Password:
Service account user correctly defined.

Do you want to configure provisioning service? [y/n] n

UM configuration procedure is correctly terminated

C:\Program Files\Siemens\Automation\UserManagement\BIN>umconf -dsso enable -f
dSSO functionality successfully enable
UMC Secure Communication Service has been restarted.

C:\Program Files\Siemens\Automation\UserManagement\BIN>
```

图 15-2　配置 UMC 环服务器

8）通过 UMX -status 命令可以查看 UMC 环服务器的状态，如图 15-3 所示。

```
C:\Program Files\Siemens\Automation\UserManagement\BIN>umx -status

UMC Health Check Results
---------------------------
UMC Health Status: All UMC servers are running
Electronic Log Server : running.
UMC Communication Status : All UMC communication are running.
Machine role is: ring
Claim Key: present
Ticket Key: present
UMC databases: present
Discovery status is: connected
Workstation status is: master
Now Ring master is: abc

Authentication server is: abc
Network certificate: present and it expires in 3649 days
Machine certificate: present and it expires in 3649 days
Time taken: 0.03s

C:\Program Files\Siemens\Automation\UserManagement\BIN>
```

图 15-3　查看 UMC 环服务器状态

15.1.6 配置 UMC 环服务器的 Web 服务器

UMC 环服务器设置完成后,通过 UMX 命令行可以进行用户的创建、分配权限等操作,对于大多数工程师更倾向于将 UMC 环服务器作为一个 Web 服务器,使用浏览器进行配置的方式。将 UMC 环服务器配置为 Web 服务器需要配置 Internet Information Services 管理器。具体步骤如下:

1)在 PC 的左下角搜索中键入 IIS,打开 Internet Information Services 管理器。

2)选择根目录,查看 Application Request Routing 和 URL Rewrite 是否安装,如图 15-4 所示。如果没有安装可以联网下载,网址如下:

https：//www.iis.net/downloads/microsoft/application-request-routing

https：//www.iis.net/downloads/microsoft/url-rewrite

图 15-4 查看相应的组件是否已经安装

3)双击打开服务器证书,创建一个自签名证书,证书创建后退出。

4)单击左侧的 "Default Web Site",右键快捷菜单中选择 "编辑绑定",在弹出的对话框中单击 "添加" 按钮,再次弹出对话框,选择类型为 "HTTPS",端口为 "443",SSL 证书选择上面创建的自签名证书,如图 15-5 所示。

图 15-5 编辑网站绑定

5）步骤 1~4 是在 IIS 中配置 HTTPS 协议，这样登录 Web 服务器将使用 HTTPS 协议。为了简化 Web 服务器的配置，UMC 软件安装后提供了一个批处理文件，可以自动执行后续大部分的工作。这个文件需要在 CMD 中执行，使用管理员权限打开 CMD 后，切换到 C:\ProgramFiles\Siemens\Automation\UserManagement\BIN 路径，运行 IdP_WebUi_Configurator.bat。

6）到这里，为 UMC 环服务器建立基于 Web 管理的工作就完成了。

15.1.7 使用 Web UI 添加全局用户

Web 服务器配置完成之后就可以使用 Web UI（用户接口）登录 UMC 环服务器进行配置。打开浏览器，键入"https://UMC 环服务器 IP 地址:443/UMC"登录 UMC 环服务器，登录的用户名和密码就是在使用 umconf -i 配置的 UM Administrator 的用户名和密码。

下面以示例方式介绍 UMC 环服务器的配置，例如添加两个用户，分别为具有管理员权限的"管理员 A"和具有操作员权限的"操作员 A"，然后放到"管理员"和"操作员"组中，操作步骤如下：

1）在开始界面中单击下拉菜单，选择"用户"，打开用户配置界面。选择"添加用户"标签添加用户，例如"管理员 A"和"操作员 A"，然后分配密码并使能"已启用"，单击"更新"按钮完成添加用户设置。

2）在开始界面中单击下拉菜单，选择"角色"，打开角色配置界面。在该界面可以看到系统默认定义的 3 个角色。单击"添加角色"标签创建新的角色，例如"管理员角色"和"操作员角色"。选择"管理员角色"，单击"详细信息"标签，为"管理员角色"分配权限，以相同的方法为"操作员角色"分配角色，两者的角色可以相同，例如都可以拥有"UM_UNLOCKUSR"权限即解锁用户（用户输错密码超过规定的次数后将被锁定），这些权限用于管理 UMC 服务器。

3）在开始界面中单击下拉菜单，选择"组"，打开组配置界面。单击"添加组"标签创建新的组，例如"管理员"和"操作员"。选择新创建的组"管理员"，单击"详细信息"标签，为组分配成员和角色，例如"管理员角色"和"管理员 A"。

4）在开始界面中单击下拉菜单，选择"账号策略"，打开组配置界面。在"高级"标签中使能"为用户和组启用安全的应用程序数据支持"选项，如图 15-6 所示，该选项使能后，在 TIA 博途软件中可以导入 UMC 环服务器中的用户。单击"保存"按钮保存设置，于是全局用户添加完成。

图 15-6 使能"为用户和组启用安全的应用程序数据支持"

15.1.8　配置 UMC 代理或者服务器

　　TIA 博途软件不能直接连接 UMC 环服务器，需要使用 UMC 代理或者服务器将两者进行桥接。配置 UMC 代理和服务器有两种方法，第一是使用 UMC 客户端软件，例如 TIA Administrator；第二是使用 umconf 命令行。前一种简单，后一种功能强，两种方式混合使用时比较方便。下面以第一种方式介绍 UMC 代理和服务器的创建，操作步骤如下：

　　1）安装 TIA 博途软件后，TIA Administrator 应用自动安装，也可以单独安装于一台 PC 中。在桌面（默认情况下）双击打开 TIA Administrator，进入登录信息，登录的用户名和密码与本机 Windows 账号相同。

　　2）双击打开 "Central User Management" 组件，界面如图 15-7 所示。选择操作模式，代理或者服务器，示例中将本机作为 UMC 服务器，然后键入 UMC 环服务器的地址，IP 地址和计算机名称都可以，示例中为 UMC 环服务器的 IP 地址。然后，单击 "Validate" 按钮进行验证。

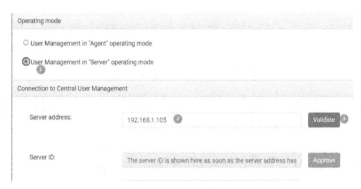

图 15-7　验证 UMC 环服务器

　　3）如果连接正确，单击 "Validate" 按钮后，在 Server ID 栏中将显示 UMC 环服务器的指纹。可以使用 unconf 命令行查询 UMC 环服务器的指纹，使用的指令为：

umconf -fingerprint [-c computerName]

　　如果是在 UMC 环服务器中调用，则可以不加入计算机名称。单击 "Approve" 按钮确认验证的结果。单击 "Approve" 按钮后，"Validate" 按钮将改变为 "connect" 按钮。

　　4）单击 "connect" 按钮进入连接界面。键入用户名和密码，单击界面中的 "connect" 按钮进行连接。这里的用户名和密码就是在 UMC 环服务器中设置的用户，该用户必须带有 "UM_JOIN" "UM_ATTACH" 等权限，例如 "管理员 A"。连接成功后显示 "The UMC Agent is connected to the server"（代理或者服务器显示连接结果的消息相同），图 15-8 所示。

　　然后使能 "Enable desktop single sign-on on this computer" 选项，这样 UMC 服务器设置完成。

15.1.9　设置应用权限（UMAC）

　　UMC 环服务器和服务器设置完成后，可以通过 UMAC 导入全局用户并分配具体的操作权限。下面以 TIA 博途软件为例介绍本地应用的设置和权限的分配。TIA 博途软件安装于 UMC 环服务器的 PC 上，具体的操作步骤如下：

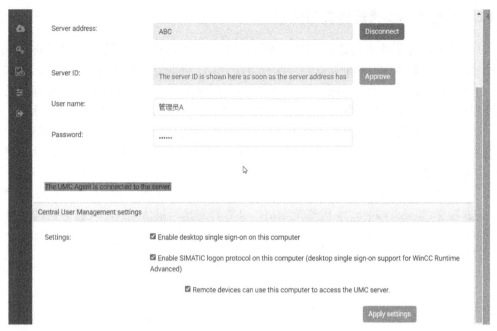

图 15-8　连接到 UMC 环服务器

1）打开 TIA 博途软件，创建一个 PLC 站点，然后导航至项目树的"安全设置"目录，双击"设置"标签进入项目保护界面，单击"保护该项目"按钮为项目设置初始的用户名和密码，默认状态下，初始用户具有最高的管理权限且不可以删除。

2）设置初始用户和密码后可以设置密码策略，在密码策略中可以设置密码的复杂性和时效性。

3）双击"用户与角色"标签，进入设置界面，如图 15-9 所示。在用户组界面中双击新增用户组表格，弹出"登录 UMC 服务器"对话框，这里需要用户具有 UM_VIEW 及以上权限才可以登录，示例中使用管理员权限登录。

图 15-9　创建用户组

4）登录后弹出"从 UMC 新增用户组"对话框，如图 15-10 所示，图中显示 UMC 环服务器中创建的两个用户组"操作员"和"管理员"，单击选项导入到本地应用中。本地只能创建独立的用户而不能创建用户组，所以用户组只能从 UMC 环服务器中导入。

图 15-10 导入 UMC 环服务器用户组

5）单击"用户"标签，这里可以导入全局用户和创建本地用户，本地用户需要在 UMAC 中设置密码，而全局用户的密码是存储在 UMC 环服务器中，所以在本地不可见。 UMC 环服务器中用户组成员也可以作为一个单用户导入。

6）单击"角色"标签，可以看到系统默认定义的几个角色，这些角色不能修改。在下面的表格中可以自定义新的角色，例如"Admin_UMC"和"Operator_UMC"，然后为不同的角色分配不同的权限，例如"下载 PLC""编辑硬件配置"等，如图 15-11 所示。

图 15-11 创建角色和权限

7）再次切换到"用户组"标签栏，为用户组分配相应的角色，例如为"管理员"用户组分布"Admin_UMC"角色。

8）设置完成后保存并关闭项目，再次打开项目时将提示登录信息。在"用户类型"中选择"项目用户"则需要本地创建的用户登录，选择"全局用户"则需要使用 UMC 环服务器中的用户进行登录。如果与 UMC 环服务器连接断开，则不能对全局用户进行认证，无法进行登录。

15.2 CPU 在线访问保护

如果没有原程序，可以联机上传 CPU 的程序，上传的程序包括硬件配置、程序代码和符号名称等，这样 CPU 处于不安全状态，在 CPU 的属性中通过配置权限可以有效地保护在线访问。S7-1500 提供 4 层访问级别，不同的访问级别代表不同的访问权限。通过设置 3 级不同的访问密码，分别提供给不同权限的用户，实现对 CPU 最大限度的保护。CPU 在线访问保护可以参考 CPU 属性设置的"防护与安全"章节，这里不再介绍。

15.3　CPU Web 服务器的访问保护

SIMATIC S7-1500 PLC 支持 Web 服务器，激活此功能可以通过 Web 服务器实现修改 PLC 变量、切换 PLC 操作模式、执行固件更新等操作。相关操作权限可以通过设置 CPU 的 Web 服务器访问密码实现，即对不同的账号设置不同的操作权限，从而确保未经授权的用户无法通过 Web 服务器的方式对 SIMATIC S7-1500 PLC 进行操作。CPU Web 服务器的访问保护可以参考 CPU 属性设置章节，这里不再介绍。

15.4　CPU 自带显示屏的访问保护

每个 SIMATIC S7-1500 CPU 均自带一个显示屏，通过该显示屏，可以实现切换 CPU 操作模式、修改 PLC 系统时钟、查看和修改 PLC 中的变量值等功能。此类操作权限也可以设置密码，只有拥有密码的用户才有权限进行操作。

在 TIA 博途软件中，打开 CPU 属性"常规"→"显示"→"密码"，可以激活"启用屏保"功能，之后在下方密码输入框中输入显示屏操作密码。输入完毕后，将配置下载到 PLC 中，于是相关的修改操作必须输入密码方可进行。用户登录后，如果无操作，则经过自动注销时间，登录账号会自动注销，如需再次操作则需要重新输入密码。为显示屏操作设置密码如图 15-12 所示。

图 15-12　为显示屏操作设置密码

15.5 PLC 程序块的访问保护

SIMATIC S7-1500 的程序块,包括 OB、FC 及 FB 均支持块加密功能。加密后的块,如果没有访问密码,则程序块内容不可见。只有输入了正确的密码,方可对块内的程序代码进行查看及编辑。加密后的程序块可以在项目间复制,也可以添加到库中。通过块加密功能,可以有效地保护知识产权,从而实现程序块的访问保护。

> **注意**:DB 也支持块加密功能,属性变为只读,可以看到变量,但是不能添加、删除变量。

选择需要加密的程序块并单击右键,选择属性,弹出的对话框如图 15-13 所示。在"保护"属性中,单击"保护"按钮,可以为程序块设置密码。每一个程序块都可以设置独立的密码。

图 15-13 使能程序块的保护功能

程序块定义了密码后,块的左下角有个带锁的图标,例如 ![块_1 [FB1]],表明该程序块受密码保护。

类型为 OB、FB、FC 的块可设置写保护功能,防止意外更改。设置有写保护功能的块只能以"只读"方式打开,但块属性仍可编辑。首先单击"定义密码"按钮设置密码,设置完成后,"写保护"选项可以激活。

"专有技术保护"是防止程序块的打开,而"写保护"是防止程序块的误操作,程序代码是可以访问的,如果使能"专有技术保护"功能,将自动屏蔽"写保护"功能。

15.6 绑定程序块到 CPU 序列号或 SMC 卡序列号

SIMATIC S7-1500 PLC 支持程序块与 CPU 或 SMC 卡序列号的绑定。绑定后,该程序块只能运行在与其绑定的 CPU 或 SMC 卡上，否则 PLC 不能正常工作，并会将故障原因（序列号不符）写入到诊断缓冲区中。通过此方法，可以有效地防止程序块的复制，保护知识产权。只有持有防复制保护密码的用户，才可以解除程序块的绑定关系。

选择需要进行序列号绑定的程序块并单击右键，选择属性，弹出的对话框如图 15-14 所示。在"保护"属性中的"防复制保护"下，单击下拉菜单选择需要的块绑定方式。

图 15-14　选择防复制保护的方式

选择绑定关系后，具体绑定序列号的实现又分为两种方式，如图 15-15 所示。选择第一种"在下载到设备或存储卡时，插入序列号"，则项目会在下载时自动读取 CPU 或存储卡的序列号，并在后台自动进行绑定；选择第二种"输入序列号"，则需要手动输入序列号，方能实现绑定。

图 15-15　选择序列号绑定方式

对于第一个选项"在下载到设备或存储卡时，插入序列号"，由于离线项目中并不会保存 CPU 或存储卡的序列号，为了防止随意绑定，需要单击下方的"定义密码"按钮，设置一个绑定密码，这样在程序块下载时，需要输入密码进行验证。如果验证错误，则该程序块不能下载到目标 PLC 中。

> **注意：** 绑定程序块到 CPU 或存储卡序列号最好与专有技术保护配合使用，以获得最佳的保护效果。

15.7　通过带安全功能的 CP 1543-1 以太网模块保护

如需对 SIMATIC S7-1500 进行更高级别的访问保护，如实现安全、加密的远程数据通信，要求只有符合特定访问规则的设备或协议才能对 SIMATIC S7-1500 进行访问。对于这样的需求，可以借助 SIMATIC S7-1500 的 CP 1543-1 模块（安全网卡）来实现，通过该模块的 VPN、防火墙等功能实现对 SIMATIC S7-1500 的安全访问和通信。

下面以示例的方式介绍如何通过 CP 1543-1 的防火墙功能和 VPN 功能实现对 SIMATIC S7-1500 的访问保护。

CP 1543-1 仅可在 CPU 的主机架上安装。在 TIA 博途软件中的主机架上添加 CP 1543-1 后，在其属性中设置以太网地址。CP 1543-1 支持 IPv4 及 IPv6，如不使用 IPv6 可以将其关闭。使用 CP 1543-1 的安全功能，必须使能项目的访问保护功能，登录者具有"NET Administrator"的角色才能激活模块的安全特性，如图 15-16 所示。

图 15-16　激活模块的安全特性

15.7.1　通过 CP 1543-1 的防火墙功能实现访问保护

激活 CP 1543-1 的安全特性后，可以激活其防火墙功能。在 CP 卡属性"常规"→"安全性"→"防火墙"菜单下，勾选"激活防火墙"选项。然后勾选"在高级模式下激活防火墙"选项，并根据需要添加 IP 规则及 MAC 规则。如图 15-17 所示，此处添加了一个 IP 规则，仅允许来自外部 IP 地址为"10.65.109.200"的设备对 CP 1543-1 进行 S7 通信的访问（别的服务都将禁止），且对该 S7 通信访问限制了带宽为 2Mbit/s，其它 IP 地址均不能对 PLC 实现访问。MAC 规则与此类似，此处不再阐述。

图 15-17　为 CP 1543-1 定义一个防火墙规则

15.7.2　通过 CP 1543-1 的 IPSec VPN 功能实现访问保护

在安全通信的章节中已经介绍了 PLC 之间通过公钥和私钥加密的方式进行通信，这种方式是对传送的信息进行加密；另外一种方式是通过 VPN 通道进行安全通信，通信数据通过 VPN 通道进行发送前，由 VPN 设备进行加密处理。SIMATIC S7-1500 的 VPN 加密通信功能可以使用 CP 1543-1、CP 1545-1 或借助 SCALANCE S/SC 系列工业安全设备实现。

激活 CP 1543-1 的安全功能后，可以通过 VPN 功能实现访问保护。VPN 通信建立初期会通过证书或共享密钥的方式来验证通信伙伴的身份。VPN 连接建立后，由于通信的数据是加密的，所以设备之间的通信可以借助该 VPN 通道实现，从而确保数据的安全性。CP 1543-1 可通过 VPN 连接的通信伙伴类别如下：

> ➢ SCALANCE S615；
> ➢ SCALANCE SC64x-2C；
> ➢ SCALANCE M 工业路由器；
> ➢ SINEMA REMOTE CONNECT 服务器；
> ➢ CP 1243-1/CP 1543-1/CP 1545-1；
> ➢ CP 343-1 Advanced-IT/CP 443-1 Advanced-IT；
> ➢ CP 1628；
> ➢ SOFTNET Security Client（已停产）。

下面以示例的方式介绍两台 SIMATIC S7-1500 的 PLC 如何通过 CP 1543-1 实现 IPSecVPN 通信，以及如何通过该 VPN 通道建立一个 S7 通信连接。

创建两个 SIMATIC S7-1500 PLC 站点，在各自的主机架上添加 CP 1543-1，然后在项目树"安全设置"→"VPN 组"下双击"添加新 VPN 组"，为项目添加一个 VPN 组，如图 15-18 所示。

之后，在项目树"安全设置"→"VPN 组"下双击"将模块分配到 VPN 组"，选择之前创建的 VPN 组，并将需要进行 VPN 通信的安全模块从右侧添加到左侧"已分配的模块"中，如图 15-19 所示。

图 15-18　新建一个 VPN 组

在网络视图下，在两台 S7-1500 站点之间通过 CP 1543-1 建立一个 S7 通信，由于 CP 1543-1 之间已经有了 VPN 隧道，所以在建立 S7 连接的过程中，TIA 博途软件会自动将 S7 通信分配到该 VPN 隧道中，并会将访问规则自动地添加到防火墙中，如图 15-20 所示。

图 15-19　将模块分配到 VPN

图 15-20　通信建立后自动添加防火墙规则

① Accept：表示允许通过。

② Drop：表示不允许通过。

将配置下载到 PLC 中，该 S7 通信就可以建立，连接信息可以通过在线查看获得。

注意：CP 1543-1 的 VPN 建立后，如果希望通过 CP 1543-1 "在线和诊断"→"诊断"→"安全性"的相关子目录去查看信息，则执行该操作的计算机必须使用 SCALANCE S/SC / M 设备或者 CP 1628 进行 VPN 连接，否则基于安全方面的考虑，在该子目录中的所有信息均不能显示。

第16章 程序调试

16.1 程序信息

程序信息用于显示用户程序中已经使用地址区的分配列表、程序块的调用关系、从属结构以及 CPU 资源等信息。在项目树下双击"程序信息"标签即可进入程序信息视窗，如图 16-1 所示。

PCC_Example_V18 ▸ TEST S71500 S7C [CPU 1513-1 PN] ▸ 程序信息						_ ⊓ ■ ×
		🗐 调用结构	🗐 从属性结构	🗐 分配列表	📊 资源	

TEST S71500 S7C 的资源

	对象	装载存储器	代码工作存储器	数据工作存储器	保持性存储器	运动控制资源
1		1%	2%	0%	0%	0%
2						
3	总计:	24 MB ▾	614400 个字节	2621440 个字节	221856 个字节	1120
4	已使用:	273489 个字节	13141 个字节	2004 个字节	284 个字节	0
5	详细信息					
6	▸ OB	3776 个字节	143 个字节			
7	▸ FC	16871 个字节	3479 个字节			
8	▸ FB	214986 个字节	9519 个字节			
9	▸ DB	18888 个字节		2004 个字节	284 个字节	
10	运动工艺对象	-		-	0 个字节	0
11	▸ 数据类型	18095 个字节			0 个字节	
12	PLC 变量	873 个字节			0 个字节	

图 16-1　程序信息

16.1.1 调用结构

单击"调用结构"标签可以查看到用户程序中使用的程序块列表和调用的层级关系，如图 16-2 所示，组织块以及未被调用的函数、函数块和数据块显示在调用结构的第一级。通过单击程序块前部的三角箭头可以逐级显示其调用块的结构。鼠标单击某个程序块，通过右键可以直接打开、编译和下载程序块。

在"详细信息"栏中显示该程序块在调用块中的位置，鼠标单击可以直接进入相关的位置。如果某个块在调用块中被多次调用，通过单击该块前的三角标识（ ▶ ）展开，可以显示在调用块中不同的调用位置。

如图 16-2 所示，单击工具栏中的"一致性检查"按钮，可以显示有冲突的程序块，这些程序块带有不同的标记，当鼠标指向这些标记时将提示相关的信息或者需要执行的操作。

图 16-2　程序调用结构

16.1.2　从属性结构

从属性结构显示程序中每个块与其它块的从属关系，与调用结构正好相反，例如一个函数 FC200，在从属性结构中可以看到被 FC201 调用，而 FC201 又被 OB1 调用，如图 16-3 所示。

图 16-3　从属性结构

从属性结构的第一级可以显示函数、函数块、数据块和 PLC 数据类型。

16.1.3　分配列表

分配列表用于显示用户程序对定时器（T）、计数器（C）以及 I、Q、M 存储区的占用概况。显示的被占用地址区长度可以是位、字节、字、双字以及长字。没有被占用的地址区域可以被分配使用，避免地址冲突，分配列表如图 16-4 所示。

注意：在 I、Q 存储区以 PLC 数据类型（UDT）定义的变量，在分配列表中无法列出。

图 16-4　分配列表

16.1.4　程序资源

在"资源"标签中显示 PLC 存储器及已组态 I/O 等硬件资源的使用信息，如图 16-5 所示。这些信息包括：

1）CPU 中所用的编程对象（如 OB、FC、FB、DB、数据类型和 PLC 变量）所需要的存储器。

2）CPU 中剩余可用的存储器（装载存储器、工作存储器 - 根据所使用的 CPU 分为代码工作存储器和数据工作存储器、保持性存储器）、存储器的最大存储空间和上述编程对象的应用情况。

3）CPU 组态的模块通道数和在程序中使用的模块通道数（数字输入模块、数字输出模块、模拟输入模块和模拟输出模块）。

图 16-5　程序资源

注意：

1）标签中的显示信息取决于所使用的 CPU。

2）PROFINET IO 智能设备使用 I、Q 区进行通信，也会统计到 DI/DO 使用的数量上，这时使用和组态的比例可能会超过 100%。

3）装载存储器的占用情况需要选择所使用的 SMC 卡容量大小才能显示。由于这里仅统计 SIMATIC S7-1500 CPU 用户程序所占用的装载存储器空间，对于硬件组态等占用空间情况并没有统计，而且由于 SIMATIC S7-1500 采用的是一致性下载方式而需要更大的存储卡，所以不能仅凭图 16-5 中的装载存储器信息来选择 SMC 卡！考虑到 SMC 卡可以存储程序、符号名、跟踪曲线、配方数据等等，以及在线调试的需要，建议 SMC 卡的容量至少大于总程序容量的 2 倍。

16.2　交叉引用

通过交叉引用可以快速地查询一个对象在用户程序中不同的使用位置，快速地推断上一级的逻辑关系，方便用户对程序的阅读和调试。

在 TIA 博途软件中，交叉引用的查询范围基于对象，如果选择一个站点，那么这个站点中所有的对象例如程序块、变量、PLC 变量、工艺对象等都将被查询，如果选择其中一个程序块，那么查询范围将缩小到这个程序块。以一个站点为例，首先在项目视图中选择这个站点，然后在菜单栏中选择"工具"→"交叉引用"即可显示交叉引用，如图 16-6 所示。

图 16-6　交叉引用

一个对象有两个角色即"使用者"和"使用"，它们的区别如下：

1. 使用者（Used by）

显示某个对象被使用的情况（如果是函数 / 函数块则是被调用）。在"引用位置"栏中可以查看该对象被调用的具体使用位置，可以通过单击鼠标直接进入到使用点。

2. 使用（Uses）

可以理解为使用，显示某个对象使用其它对象的情况（如果是函数 / 函数块则是调用其它函数 / 函数块）。在"引用位置"栏中可以查看该对象使用其它对象的具体位置，可以通过单击鼠标直接进入到引用点。

所谓"使用者（Used by）"还是"使用（Uses）"是针对交叉参考中对象树形结构中的根对象而言。如图 16-6 所示，上部分的视窗为站点的交叉引用界面，下部分为站点中一个对象的交叉引用界面。"电机控制"被"生产线 A"所调用，位置分别在"生产线 A"的程序段 1和程序段 2。在下部分的对象属性视窗中，"生产线 A"使用了（调用了）"电机控制"。

为了快速浏览程序或进行调试，在程序块中也可以查看某一个变量的交叉引用情况。例如首先在程序块中选择一个变量，鼠标右键选择"交叉引用信息"或者在巡视窗口中选择"信息"→"交叉引用"标签，都可以显示该变量的引用信息，如图 16-7 所示。

图 16-7　巡视窗口中显示交叉引用

16.3　程序的下载、上传、复位操作

建立编程器或 PC（机）与 CPU 的通信连接是调试的先决条件。连接建立后，可执行下载用户程序、从 CPU 上传程序到编程器和其它操作，例如：

➢ 调试用户程序；

➢ 显示和改变 CPU 操作模式；

➢ 为 CPU 设置时间和日期；

➢ 显示模板信息；

➢ 比较在线和离线的块；

➢ 诊断硬件。

16.3.1　设置 SIMATIC S7-1500 CPU 的 IP 地址

SIMATIC S7-1500 CPU 上至少集成有一个以太网接口，某些型号 CPU 集成有两个

甚至三个以太网接口。在默认情况下，TIA 博途软件项目中将接口 X1 的 IP 地址设置为 192.168.0.1，将接口 X2（如果有）的 IP 地址设置为 192.168.1.1，其它默认参数相同。与 CPU 建立连接需要将编程器或 PC（机）的 IP 地址设置成与 CPU 的 IP 地址在相同的网段。有以下几种方式可以设置 CPU 的 IP 地址：

1）通过 CPU 上的显示面板进行设置。

2）通过硬件下载的方式修改 CPU 的 IP 地址。首先将 PC（机）的 IP 地址设置为与 CPU 的 IP 地址在相同的网段，例如 192.168.0.100（接口 X1 网段），然后下载硬件配置，完成后，CPU 的 IP 地址将修改为硬件配置中设定的地址（假设为 192.168.3.1），需再次修改 PC 的 IP 地址，确保与 CPU 的 IP 地址在相同的网段（即 192.168.3.x），这样才可以再次联机操作。

3）在线分配 CPU 的 IP 地址。连接 PC 与 CPU，在 TIA 博途软件项目树的"在线访问"中单击 PC（机）中正在使用的网卡，双击"更新可访问的设备"图标，将自动搜寻网络上所有的站点，选择需要修改的 CPU 站点，然后双击"在线和诊断"，进入诊断界面，在"功能"→"分配 IP 地址"栏中分配新的 IP 地址，如图 16-8 所示。

图 16-8　在线分配 IP 地址

注意：

1）上述几种修改 IP 地址的方式都需要 CPU 处于停止模式，只有在 CPU 停止状态才能分配成功。

2）如果在硬件配置中设置了 IP 地址并下载到 CPU 中，则通过显示屏和在线分配的方式修改的 IP 地址会在 PLC 重新上电后恢复为已下载组态数据所配置的 IP 地址。

16.3.2　下载程序到 CPU

CPU 的 IP 地址设置完成后，可以直接下载程序到 CPU 中，选择项目树中的 PLC 站点，然后单击下载按钮，弹出"扩展的下载到设备"对话框，如图 16-9 所示。

在"PG/PC 接口的类型"选择"PN/IE"，在"PG/PC 接口"中选择 PC（机）中使用的网卡（网卡必须在 Windows 中已经激活，否则不能显示）。单击"开始搜索"按钮，搜索网络上所有的站点。如果有多个站点时，可以使能"闪烁 LED"选项，使相应 CPU 上的 LED 指示灯闪烁以便识别。选择一个站点并单击"下载"按钮，程序将下载到 CPU 中，下载硬件组态数据将导致 CPU 停机，因此需要用户进行确认，完成后将重新启动 CPU。

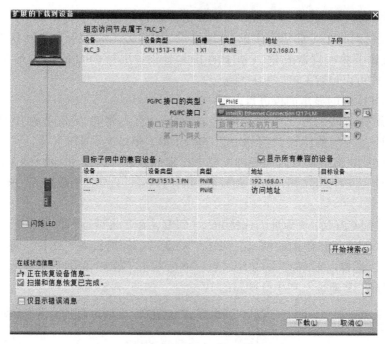

图 16-9 扩展的下载到设备

上面介绍的是默认模式的下载方式，也可以选择其它下载的方式。选择站点后单击菜单 "在线"，可以选择三种 CPU 的下载方式，如图 16-10 所示。

图 16-10 S7-1500 CPU 的几种下载方式

1. 下载到设备

将选中的对象（项目中的硬件或软件数据）下载到设备，相当于下载按钮。

2. 扩展的下载到设备

首先通过选择 PC 的网络，扫描网络上的站点，建立到所选设备的在线连接，之后将选中的对象（项目中的硬件或软件数据）下载到设备，如图 16-9 所示。与 "下载到设备" 相比，每次都要进行站点的搜索，修改在线 CPU 的 IP 地址可以使用该模式，例如配置的 IP 地址为 192.168.0.1，而运行 PLC 的 IP 地址为 192.168.0.3，则需要先搜索 IP 地址为 192.168.0.3 的站点，然后选择该站点进行下载，下载完成后，该站点的 IP 地址变为 192.168.0.1。

在下载或在线过后，TIA 博途软件默认一个在线路径。如果更换 PG 到 PLC 的连接接口，如原来是通过 X1 口连接 PLC，现在准备更换为 X2 口，可以通过 "扩展转至在线" 或 "扩展下载到设备" 以便重新选择所连接的 PLC 接口及子网。

3. 下载并复位 PLC 程序

下载所有的块，包括未改动的块，并复位 PLC 程序中所有过程值。

如果首次下载程序到 CPU，无论选择哪种方式，都必须选择网卡和扫描站点以确认下载路径，即自动选择 "扩展的下载到设备" 方式。程序下载完成后，如果进行后续的修改（不包括 IP 地址的修改）则可以使用下载按钮🔽，系统自动识别下载路径，节省调试时间。

SIMATIC S7-1500 的下载是基于对象的，如果选择整个站点，则会下载改变的硬件和软件；如果选择整个程序块，则只会下载软件改变的部分；如果选择一个程序块，由于 SIMATIC S7-1500 执行的是一致性下载，仍然会下载整个软件的改变部分。

> **注意：** 对于首次下载，如果 PC 的 IP 地址与连接的 CPU 的 IP 地址不在相同的网段，在下载时，TIA 博途软件会自动给 PC 的网卡分配一个与 PLC 相同网段的 IP 地址。

16.3.3　下载程序到 SIMATIC 存储卡 SMC

无论何种方式，程序一定会先下载到 SMC 中，然后再传入 CPU 中。如果编程器不能有效地连接 PLC 的以太网端口，可以先将程序下载到 SMC 卡中，然后将 SMC 插入到 CPU 的插槽中，CPU 上电后可以自动运行程序。下载的过程非常简单，将 SMC 插入 PC（机）的 SD 卡插槽中，在 TIA 博途软件中将选择的 PLC 站点拖放到项目树下方的 SMC 卡中即可，如图 16-11 所示。

图 16-11　将程序下载到 SIMATIC 存储卡中

　　如果需要修改程序的 PLC 在现场，可以将程序转换为一个文件，将文件通过邮件或者其它方式发送给现场人员，现场人员将 SMC 插入 PC（机）的 SD 卡插槽中，再将文件复制到 SMC 中，最后将 SMC 卡插入 CPU 中并上电，即可完成程序的修改。程序转换为文件的过程如下：

　　1）在项目树"读卡器 /USB 存储器"目录下双击"添加用户自定义读卡器"标签创建存储程序文件的文件夹，如图 16-12 所示，示例中创建的文件夹为"PLC 程序"。

图 16-12　创建存储程序文件的文件夹

　　2）文件夹创建完成后将在"读卡器 /USB 存储器"目录下生成一个"读卡器 _1"标识，"读卡器 _1"的存储路径即为刚才创建的文件夹。然后在 TIA 博途软件中将选择的 PLC 站点拖放到"读卡器 _1"的存储路径中即可，如图 16-13 所示。

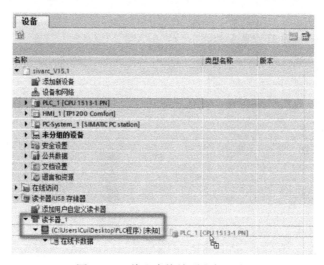

图 16-13　将程序拖放到文件夹中

　　3）在创建的文件夹"PLC 程序"中可以发现程序文件，将程序文件发给现场人员即可。

　　4）现场通过 SD 读卡器，清空 SMC 卡，然后将 PLC 程序完整地复制到 SMC 卡中即可。

16.3.4　SIMATIC S7-1500 的一致性下载特性

　　一致性下载的特性就是下载完成后，确保离线程序和在线程序完全相同，例如离线程序中包含 OB1、FB1 和 FC1，下载到 CPU 后，在线程序块中同样包含 OB1、FB1 和 FC1。如果此时将离线程序块中的 FB1 和 FC1 删除后再次下载，在下载时会提示将 CPU 中的 FB1 和 FC1 删除。如图 16-14 所示，一致性下载作为 SIMATIC S7-1500 一个固有特性不能被修改。

图 16-14　一致性下载

　　一致性下载不可能单独下载一个程序块，如果在一个程序块中单击下载按钮，下载的是整个软件的修改部分。

16.3.5　SIMATIC S7-1500 程序的上传

　　上传与下载的过程相反，它是将存储 CPU 装载存储器中的程序复制到编程器的项目中。选择站点后再单击菜单"在线"，可以选择上传方式，如图 16-15 所示。

图 16-15　S7-1500 CPU 的上传方式

1. 从设备中上传（软件）

上传选定的程序块和变量，相当于上传按钮 ![上传] ，只有单击 " ![在线] 在线" 按钮后 "从设备上传（软件）" 命令才被激活。如果有程序块或变量仅存在于项目中，而不存在于 PLC 中，则单击上传按钮 ![上传] 后，弹出如图 16-16 所示的上传预览对话框。上传时将删除离线项目中的程序块、PLC 变量等数据，因此上传之前需要进行确认。

图 16-16 上传预览对话框

2. 将设备作为新站上传（硬件和软件）

项目中没有站点时可以将硬件和软件数据全部上传，并使用这些数据在项目中创建一个新的站。这种上传方式无需使能 ![在线] 在线功能也可进行。如果项目中已配置有与在线相同名称的站点，则不能上传。

3. 从在线设备备份

在项目调试时可能要经常修改程序，为稳妥起见，可在修改前备份在线程序，以备在修改不成功时恢复原程序。通常的做法是将这个程序整体保存作为备份。SIMATIC S7-1500 PLC 可将多个备份文件存储于一个项目下，便于调试和管理。单击菜单命令 "从在线设备备份" 后，备份文件将存储于项目树下的 "在线备份" 文件夹中。备份文件按照当时备份的时间点进行存储，如图 16-17 所示，备份的文件可以重新命名，但该备份文件不能打开和编辑，只能下载。

图 16-17 SIMATIC S7-1500 CPU 的备份功能

4. 硬件检测

在线时检测所连接的设备，并可以将设备的初始状态（没有配置信息）上传到项目中，可以检测 CPU 站点和 PROFINET 分布式 IO 站点，详细操作参考硬件配置章节。

16.3.6　SIMATIC S7-1500 CPU 存储器复位

通过 TIA 博途软件、CPU 的模式选择器或 CPU 显示屏可以执行 CPU 的存储器复位：

1）在 TIA 博途软件中单击"在线"按钮进入在线模式，在右边的"测试"栏中选择"CPU 操作面板"，单击"MRES"按钮执行 CPU 的存储器复位。

2）通过 CPU 的模式选择器复位：将模式选择器切换到"STOP"位置，然后拨至"MRES"位置，此时停止灯开始慢闪，待停止灯常亮，抬起选择开关至"STOP"位置后并快速按至"MRES"位置，停止灯快闪，抬起选择开关至"STOP"位置，存储器复位完成。如果没有成功，则重复以上过程。

3）在 CPU 显示面板的"设置"→"复位"→"存储器复位"中进行存储器复位操作。

> **注意**：存储器复位操作将清除 CPU 存储器中变量的过程数据而不能删除应用程序，因为应用程序存储于 SIMATIC 存储卡中。

16.3.7　删除 SIMATIC S7-1500 CPU 中的程序块

有如下几种方式可以删除 S7-1500 在线程序：

1）下载一个空程序，由于 SIMATIC S7-1500 是一致性下载，存储于 CPU 中程序块将被删除。

2）在 CPU 的"在线与诊断"界面中选择"功能"→"格式化存储卡"命令，卡中的程序将被删除。

3）将 SIMATIC 存储卡 SMC 插入 PC（机）的 SD 插槽中，在 Windows 下删除卡中的程序文件。

> **注意**：不要删除卡中的隐藏文件，并禁止在 Windows 下对 SMC 卡进行格式化。

16.4　数据块的操作

SIMATIC S7-1500 的数据块分为优化访问和非优化访问两种类型。在默认情况下创建的全局数据块是优化访问的。优化访问的全局数据块可以通过修改相关属性而变为非优化访问的块。

优化数据块中可以设置每一个变量的保持特性，而非优化数据块必须对整个块设置保持特性。优化与非优化数据块在线操作是相同的，例如快照值、起始值与实际值之间的传递等，唯一区别是优化数据块具有"下载但不重新初始化"功能，而非优化数据块没有。

16.4.1　下载但不重新初始化功能

修改数据块的内容，例如添加或者删除数据块中的变量以及修改变量名称等操作，然后重新下载到 CPU 中，对 CPU 中原数据块中变量的过程值（实际值）影响如下：

1）修改变量的起始值后下载，过程值不变；将 CPU 切换为 STOP 模式然后再次启动后，非保持性变量的起始值将变为过程值，保持性变量的过程值不变；使用 MRES 开关进行复位操作，非保持性变量和保持性变量的过程值都将变为起始值。

2）修改变量的符号名称或添加 / 删除变量后下载，数据块将初始化，变量的过程值将变为起始值，这与变量是否设置保持性无关。

3）"下载但不重新初始化"功能只适合在优化数据块中添加新的变量时，保持数据块中原有变量的过程值不变。使能此功能必须在数据块属性中预留新增变量的存储空间，如图 16-18 所示。

图 16-18　设置数据块的"下载但不重新初始化"预留空间

默认情况下，所有优化访问数据块都预留一个 100 个字节的空间用于非保持变量，最大为 2M 字节。

如果需要添加保持变量，必须使能"启用下载，但不重新初始化保持性变量"选项，并输入预留的字节数。图 16-18 中预留 100 个字节用于非保持变量，预留 10 个字节用于保持变量。打开需要添加变量的数据块，单击"激活存储区预留"按钮，数据块中的内容被保护，除"起始值"可以修改外，其它参数都不能修改，如图 16-19 所示。

图 16-19　使能"下载但不重新初始化"功能

单击"添加行"或"插入行"按钮，添加新的变量并设置变量的属性，完成修改后下载数据块，数据块中原有变量的过程值不会被初始化。如果去使能"激活存储区预留"按钮后再下载，则数据块需要重新初始化。

注意：添加的变量不能超过预留的存储空间。

16.4.2　SIMATIC S7-1500 数据块的快照功能

SIMATIC S7-1500 数据块的快照功能可以将数据块某一时刻的过程值上传到离线的数据块中，默认情况下，数据块的快照列被隐藏，需要在数据块的列中使能显示"快照"，如图 16-20 所示。

图 16-20　显示数据块的快照列

CPU 在线后，单击数据块的"快照"按钮，这一时刻的过程值将上传到数据块的快照列。

16.4.3　SIMATIC S7-1500 数据块的数据传递

使用数据块中的操作按钮可以将快照值、起始值和监视值（过程值）进行传递，如图 16-21 所示。

图 16-21　数据块中的操作按钮

　　在项目树中可以同时选择多个数据块，在鼠标右键的菜单中可以选择快照功能，这样可以同时操作多个数据块。

　　单击数据块中的变量，鼠标右键选择"修改操作数"或者双击变量的"监视值"可以直接修改变量的过程值，如图 16-22 所示。

图 16-22　修改数据块变量的过程值

16.5　SIMATIC S7-1500 的路由编程功能

　　一个大的项目中网络连接可能非常复杂，站点之间的连接可能使用处于不同网段的端口。使用 S7 路由功能，可使编程器或 PC 连接任一网络站点，即可对整个网络进行编程和监控，也就是说，这个站点作为 S7 路由功能的网关。SIMATIC S7-300/400、SIMATIC S7-1500 CPU 都可以作为网关。S7 路由功能如图 16-23 所示。

图 16-23　S7 路由功能

　　两个站点通过子网 PN/IE_1 连接，IP 地址分别为 192.168.0.1 和 192.168.0.2，编程器连接 PLC_3 的另外一个接口，该接口的 IP 地址为 192.168.1.1，假设编程器 IP 地址为 192.168.1.111，连接到子网 PN/IE_3。这样 PLC_3 就作为网关，通过它可以对 PLC_1 编程。

　　实现 S7 路由编程的步骤如下：

　　1）在 TIA 博途软件的网络视图中，拖拽连接接口 192.168.0.1 和 192.168.0.2，目的是生成子网，例如子网 PN/IE_1。子网也可以通过在以太网的接口属性中添加生成。

　　2）单击 PLC_3 的另外一个接口，即接口 X2，在属性中添加子网，如图 16-24 所示。

图 16-24 添加子网

3）将编程器 /PC 连接到 PLC_3 的接口 2 上，确保它们的 IP 地址在相同的网段。下载配置信息到 PLC_3，即将网关的功能下载到 PLC_3。

4）选择 PLC_1，单击下载按钮，在弹出的对话框中，选择编程器 /PC 连接的子网，第一个网关自动显示为 PLC_3，如图 16-25 所示。

图 16-25 选择下载路径

5）单击"开始搜索"按钮，将会搜索到 PLC_1 站点。单击"下载"按钮，程序下载到 PLC_1 中。

6）在后续的操作中，系统会根据自动记录的下载路径进行下载，无需再次选择。

注意：项目中组态的 PLC 的固件版本和当前连接的 PLC 的固件版本必须匹配。

16.6 比较功能

比较功能可用于比较项目中具有相同标识的对象间的差异，它分为"离线 / 在线"、"离线 / 离线"两种比较方式。

16.6.1 离线 / 在线比较

单击"在线"按钮切换到在线后，可以通过程序块、PLC 变量以及硬件等对象的图标获知离线与在线的比较情况，其含义见表 16-1。

表 16-1　在线程序块图标说明

图标	说明
❶	下一级硬件部分中至少有一个对象的在线和离线内容不同（红色）
❶	下一级软件部分中至少有一个对象的在线和离线内容不同（橘色）
❷	比较结果未知
▦	对象的在线和离线内容相同
◑	对象的在线和离线内容不同
◑	对象仅离线存在
◑	对象仅在线存在

如果需要获取更加详细的离线、在线比较信息，必须首先选择整个站点，然后使用菜单命令"工具"→"比较"→"离线 / 在线"进行比较，比较编辑器界面如图 16-26 所示。

图 16-26　离线 / 在线比较界面

通过工具栏中的按钮可以过滤比较的对象、更改显示视图、更新视图，以及对有差异的对象进行详细比较和操作。如果程序块在离线和在线之间有差异，可以在操作区选择需要执行的动作。执行的动作与状态有关，状态与执行的动作关系见表 16-2。

表 16-2 状态与执行的动作关系

状态符号	可以执行的动作
◖	▌▌ 无动作
	← 从设备中上传
	→ 下载到设备
◑	▌▌ 无动作
	← 删除
	→ 下载到设备
◔	▌▌ 无动作
	← 从设备中上传

当程序存在多个版本或者多人维护、编辑项目时,充分利用详细比较功能可以确保程序的正确执行。在比较编辑器中选择离线 / 在线内容不同的程序块,双击工具栏中"开始详情比较"按钮,可以获得具体的比较信息,如图 16-27 所示。编辑器将自动列出不同的程序段并使用颜色进行标识。TIA 博途软件 V18 还增加了过滤功能,例如程序块接口的注释、属性等,可以使比较功能更加精准。

图 16-27 程序块的详细比较功能

16.6.2 离线 / 离线比较

除了离线 / 在线比较外,还可以进行离线 / 离线比较。在离线 / 离线比较中可以对软件和硬件进行比较。软件比较时可以比较不同项目或库中的对象,而进行硬件比较时,则可比较当前打开的项目和参考项目中的设备。

离线 / 离线比较时需要将整个项目拖拽到比较器的两边,如图 16-28 所示。单击手动 / 自动切换按钮可以选择比较的形式。手动模式可以比较相同类型的程序块,而自动比较模式将比较相同类型并且相同编号的程序块。离线 / 离线比较除了可以比较软件外,还可以比较硬件,但是存储在库中的项目不支持硬件比较。

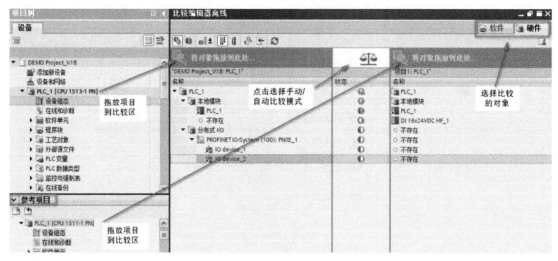

图 16-28   离线 / 离线比较界面

16.7   使用程序编辑器调试程序

16.7.1   调试 LAD/FBD 程序

LAD 或 FBD 程序以能流的方式传递信号状态，通过程序中线条、指令元素及参数的颜色和状态判断程序的运行结果。在程序编辑界面中，单击工具栏按钮 °° 即可进入监视状态，如图 16-29 所示。

图 16-29   LAD 监控界面

线条颜色设置为：

➢ 绿色实线　　　- 已满足；

➢ 蓝色虚线　　　- 未满足；

➢ 灰色实线　　　- 未知或未执行；

➢ 黑色　　　　　- 未互连。

> **注意：** 如果调用软件中提供的程序块，例如通信块，边框为蓝色虚线表示被调用函数、函数块已经执行，但是返回时，其 ENO 位为 False。通常是该函数、函数块未成功完成既定任务，有错误状态输出。

判断线条、指令元素及参数状态的规则如下：

1）程序中线条的状态。

➢ 线条的状态如果未知或没有完全运行则是灰色实线；

➢ 在能流开始处线条的状态总是满足的（"1"）；

➢ 并行分支开始处线条的状态总是满足的（"1"）；

➢ 如果一个指令元素和它前面的线条状态都满足，则该元素后面的线条状态满足；

➢ 如果 NOT 指令前面的线条状态不满足（相反），则 NOT 指令后面的线条状态满足。

在下列情况下，线条交叉点后面的线条状态满足：

➢ 之前至少有一个线条的状态满足；

➢ 分支前的线条的状态满足。

2）指令元素的状态。

➢ 常开触点的状态

　　◇ 如果该地址为"1"值则满足；

　　◇ 如果该地址为"0"值则不满足；

　　◇ 如果该地址的值不知道则为未知。

➢ 输出 Q 的元素状态对应于该触点状态；

➢ 如果跳转被执行则跳转指令的状态满足，即意味着跳转条件满足；

➢ 带有使能输出（ENO）的元素，如果使能输出未被连接则该元素显示为黑色。

3）参数的状态。

➢ 黑色显示的参数值是当前值；

➢ 灰色显示的参数值来自前一个扫描，表明该程序区在当前扫描循环中未被处理。

使用鼠标单击变量，按右键"修改"可以直接修改变量的值，同样按右键选择"修改"→"显示格式"可以切换显示的数据格式。

16.7.2　调试 STL 程序

STL 程序通过状态字及其它显示信息判断程序的运行结果，单击工具栏按钮 ➥ 即可进入监视状态，如图 16-30 所示。

在 STL 监控界面右边的状态域中显示程序执行的状态及结果，可显示的信息包括：

① RLO："RLO"列将显示程序中每一行的逻辑运算结果。可以根据表格单元的背景颜色识别 RLO 的值。绿色表示 RLO 为 1，淡紫色表示 RLO 为 0。

			地址	RLO	值	额外
1	A	"Tag_26"	%M100.1	0	0	
2	=	"Tag_27"	%M100.2	0	0	
3	A	"Tag_28"	%M100.3	0	0	
4	JNB	m01		1	BR=0	
5	L	"Tag_29"	%MW108			
6	T	"Tag_30"	%MW112			
7	m01:	NOP 0		1		
8						
9	L	P#10.0		1	P#10.0	
10	T MD [	"Tag_9"]	%MD200	1	16#0000_0050	P#0.0
11						
12						

图 16-30　STL 监控界面

② 值：在"值"（Value）列中为操作数的当前值。

③ 额外："额外"列将显示特定操作的其它信息，例如数学指令的相关状态位、定时器和计数器的时间或计数值，或者状态位和用于间接寻址的寄存器的值。

除此之外，STL 还支持断点调试功能，如图 16-31 所示，切换到在线监控模式，使用鼠标单击程序左边的行数增加需要的断点，在"测试"标签的"断点"栏中单击 按钮使能断点，然后单击 按钮使程序运行从一个断点跳转到下一个断点。在断点调试中，如果执行到断点位置，CPU 的处于暂停模式，运行指示灯为黄色并闪烁。

图 16-31　STL 断点调试功能

16.7.3　调试 SCL 程序

SCL 程序通过显示信息判断程序的运行结果，单击工具栏按钮 即可进入监视状态，再单击按钮 ，可以显示从所选行开始以后的程序状态，如图 16-32 所示。

```
1
2 □IF "数据块_2".A[1] THEN
3     "数据块_1".a := "数据块_1".b;
4 ELSIF "数据块_2".A[2] THEN
5     "数据块_1".a := "数据块_1".c;
6 ELSE
7     "数据块_1".a := "数据块_1".d;
8 END_IF;
9
10 "数据块_1".e := #A;
11 #C := INT_TO_REAL(#B);
12
```

▶	"数据块_1".a	
	"数据块_1".d	
▶	"数据块_1".e	0
▶	#C	0.0

图 16-32　SCL 监控状态

同样 SCL 也支持断点调试功能，与 STL 的方式一样。

16.7.4　调用环境功能

对于功能相同的对象，可以编写一个带有形参的函数或者函数块，在程序中多次调用并赋值不同的实参即可完成控制任务，例如对多个功能相同的阀门进行控制。使用函数编程使整个程序结构变得简单、清晰和结构化，易于调试。一般来说，调用函数时对每个函数赋值的实参是不同的，它们分别对应不同的控制对象。如果在函数被多次调用，在程序中是无法直接监控某个具体控制对象时的中间过程及中间变量，使用 SIMATIC S7-1500 的调用环境功能可以解决这个问题。

下面以示例的方式介绍调用环境功能。例如在 OB1 中调用函数 FC1 三次，给 FC1 分别赋值不同的实参以控制三个不同的对象，如图 16-33 所示。如果需要监控其中一个函数内部的运行状态，只需要选择这个函数，然后在鼠标右键的下拉菜单中单击"打开并监视"选项，即可直接进入到函数的监视界面。

图 16-33　函数调用程序

如果直接打开 FC1 进行监控，因为系统不知道该监控 FC1 的调用位置以及外面赋值的参数的状态，所以只是监控函数内部通用的程序而不对应某一个对象。通过单击"调用环境"按钮，在弹出的"块的调用环境"对话框中选择函数调用的位置，这样系统就知道选择了哪个控制对象，如图 16-34 所示。在调试和维护阶段，可以利用程序块的"调用环境"功能，实现对一个对象的快速定位监控。

图 16-34　选择函数的调用环境

16.8　使用监控与强制表进行调试

在调试和设备维护中，可以使用监控表对所需的变量直接进行监控。监控表可以按照控制对象分层级创建，快速对一个对象的状态进行监控。项目中保存监控表的数量没有限制。监控表中可以使用以下功能：

① "监视变量"：可以在 PG/PC 上显示 PLC 中各个变量的当前值。

② "修改变量"：可以对 PLC 中的各个变量进行赋值。

③ "启用外设输出"和"立即修改"：可以将特定值分配给处于 STOP 模式下 PLC 的各个外设输出，同时还可以检查接线情况。

可以监视和修改以下变量：

① 数字量输入、输出和位存储器。

② 数据块中的变量。

③ 模拟量输入。

16.8.1　创建监控表并添加变量

在项目视图中选择"监控与强制表"标签，在鼠标右键的下拉菜单中单击"添加新监控表"，即可创建一个监控表。要对变量进行层级化管理，可以先创建一个组，在该组可再次创建下一级组，最后在各组中创建对应的变量表，这样在调试中可以快速查找与一个控制对象相关联的变量，如图 16-35 所示。

鼠标双击打开监控表，输入相应监控的变量，如图 16-36 所示。

在"地址"栏中输入需要监控的变量地址，如 I、Q、M 等地址区和数据类型，也可以输入变量的符号名称，或者使用鼠标通过拖拽的方式，将需要监控的变量从 PLC 符号表或 DB（块）中拖入监控表。优化数据块中的变量没有绝对地址，必须使用符号名称，所以这些变量在监控表中"地址"栏为空。

图 16-35 创建监控表

	i	名称	地址	显示格式	监视值	使用触发器监视	使用触发器进行修改	修改值		
1		"Tag_3"	%M1.1	布尔型		永久	仅一次，切换到 ST	FALSE	☑	!
2		"Tag_25"	%MW10	十六进制		永久	仅一次，切换到 ST	16#0078	☑	!
3			%I0.0	布尔型		永久	永久		☐	
4			%Q10.0	布尔型		永久	永久		☐	
5		"数据块_1".device[1]		带符号十进制		永久	永久		☐	
6			<添加>							

图 16-36 监控表

如果需要监控一个连续的地址范围，可以在地址的下脚标位置使用拖拽的方式进行批量输入，类似于 Excel 相应功能。在"显示格式"栏中，可以选择显示的类型，如布尔型、十进制、十六进制、字符、浮点等格式。选择显示的格式与监控变量的数据类型有关。

16.8.2 变量的监控和修改

通过工具栏中的按钮可以对监控表中的变量进行监视和修改，按钮的含义如图 16-37 所示。

图 16-37 监控表按钮

通过工具栏中的按钮 ⬚⬚ "显示 / 隐藏高级设置列"或者菜单命令"在线→扩展模式"可以切换为扩展模式。扩展模式下会显示"使用触发器监视"和"使用触发器修改"列。在"使用触发器修改"列中，从下拉列表框中选择所需的修改模式，有下列选项：

> ➢ 永久；
> ➢ 永久，扫描周期开始时；
> ➢ 仅一次，扫描周期开始时；
> ➢ 永久，扫描周期结束时；
> ➢ 仅一次，扫描周期结束时；
> ➢ 永久，切换到 STOP 时；
> ➢ 仅一次，切换到 STOP 时。

使用按钮 ⬚ 或菜单命令"在线"→"修改"→"使用触发器修改"命令启动修改。使用触发器修改变量，需要进行操作确认。

通过触发器修改变量的按钮图标可以看到，这个操作与时间或次数有关，或仅一次或永久。在永久模式下，修改变量后就不能再次修改了，所以通过触发器修改变量的很少使用，在默认状态下被隐藏。变量监控最常用的按钮是 ⬚ 监视和 ⬚ 修改。除了变量监控表外，变量表中也可以监控变量的状态，但是不能修改；数据块（DB）中可以监控也可以修改变量的值。变量监控表与之相比可以有选择地将变量按照对象、设备等进行划分和汇总，方便设备的调试。

16.8.3 强制变量

在程序调试过程中，可能存在由于一些外围输入 / 输出信号不满足而不能对某个控制过程进行调试的情况。强制功能可以让某些 I/O 保持用户指定的值。与修改变量不同，一旦强制了 I/O 的值，这些 I/O 将不受程序影响，始终保持该值，直到用户取消这些变量的强制功能。

在项目树下打开目标 PLC 下的"监视和强制表"文件夹，双击该文件夹中的"强制表"标签栏，即可打开强制表。一个 PLC 只能有一个强制表。强制变量窗口与监控表界面类似，输入需要强制的输入 / 输出变量地址和强制值。如果直接输入绝对地址，需要在绝对地址的后面添加"：P"，例如 I0.1：P。使用按钮 ⬚ 或菜单命令"在线"→"强制"选项启动强制命令。

使能强制功能后，SIMATIC S7-1500 PLC 显示面板上将显示黄色的强制信号"F"。维护指示灯"MAINT"常亮，提示强制功能可能导致危险。如果强制的变量与逻辑关系相反，以强制的值为准。退出"强制表"并不能删除强制任务，强制任务只能打开强制表，使用按钮 ⬚ 或菜单命令"在线"→"强制"→"停止强制"终止。如果在 PLC 上激活了"启用外设输出"功能，则无法在此 PLC 上进行强制。如果需要，可在监视表中禁用该功能。

> **注意**：强制变量保存在 SMC 卡中，复位存储器或者 CPU 重新上电均不能清除当前强制值。将带有强制值的存储卡应用于其它 CPU 之前，一定要先停止强制功能。

16.9　硬件诊断

16.9.1　硬件的诊断图标

在设备视图中，单击"在线"按钮或者使用菜单命令"在线"→"转到在线"进入设备的在线视图。通过每个模块的状态图标可以快速浏览模块的状态，模块的状态图标与含义见表 16-3。

表 16-3　模块的状态图标与含义

状态图标	含　义
	无故障
	需要维护（绿色）
	要求维护（黄色）
	错误（红色）
	模块或设备被禁用
	无法从 CPU 访问模块或设备（指 CPU 下一级别的模块和设备）
	无输入或输出数据可用
	由于当前在线组态数据与离线组态数据不同，因而无法获得诊断数据
	组态的模块或设备与实际的模块或设备不兼容
	已组态的模块不支持显示诊断状态（中央机架）
	建立了连接，但尚未确定模块的状态
	已组态的模块不支持显示诊断状态

除此之外 CPU 和一些通信处理器也带有特定的状态图标，符号与含义见表 16-4。

表 16-4　CPU 和 CP 特定的状态图标与含义

状态图标	含　义
	启动（STARTUP）模式
	停机（STOP）模式
	运行（RUN）模式
	保持（HOLD）模式
	故障（DEFECTIVE）模式
	未知操作模式
	已组态的模块不支持显示操作模式

为了更好地使用图标表示状态信息，可以与表 16-1 的图标组合表示模块的状态信息，例如一个模块的图标，大图标表示"无输入或输出数据可用"，小图标表示"在线 / 离线不匹配"；又如 CPU 的状态图标，左边图标表示"运行模式"，右边大图标表示"错误"，右边小图标表示"下一级硬件部分中至少一个对象在线和离线内容不同"。

16.9.2　模块的在线与诊断功能

模块的图标指示可用于快速浏览设备的诊断状态，更详细的诊断信息可通过模块的在线功能查看。在设备视图中，单击"在线"按钮进入在线模式，然后再单击具有诊断功能的模块如 CPU、模拟量模块、数字量输入、PROFINET 从站接口等，使用鼠标右键选择"在线与诊断"或者使用快捷键"Ctrl+D"即可获得在线诊断信息。不同模块显示的诊断信息不同，由于 CPU 显示的信息较详细，这里以 CPU 为例介绍模块 S7-1500 CPU 的在线和诊断功能，如图 16-38 所示。

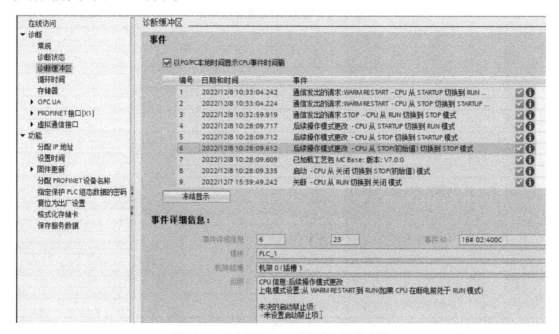

图 16-38　S7-1500 CPU 的在线与诊断功能

CPU 信息中不同标签栏对应不同的状态信息和功能，见表 16-5。

表 16-5　模块在线信息包含的内容

功能 / 标签	信　　息	用　　途
常规	所选模块的标识数据，例如订货号、版本号、状态、机架中的插槽	可将所插模块的在线信息与配置数据进行比较
诊断状态	所选模块的诊断数据	评估模块故障的原因
诊断缓冲区	诊断缓冲区中事件总览以及所选中事件的详细信息	查找引起 PLC 进入 STOP 模式的原因，使用诊断缓冲区可以对系统错误进行分析，查找停机原因并对出现的每个诊断事件进行追踪和分类
循环时间	所选 PLC 最长、最短和最近一次的循环扫描时间	用于检查配置的最小循环时间、最大循环时间和当前循环时间
存储器	存储能力。所选 PLC 工作存储器和装载存储器以及具有保持功能的存储器当前使用的情况	检查 PLC/ 功能模块的装载存储器中是否有足够的空间，或者需要压缩存储器内容
OPC UA	OPC UA 的诊断信息	查询 OPC UA 的在线信息
PROFINE 接口	PROFINET 接口 IP 地址信息以及通信诊断	查询 PROFINET 接口信息以及判断通信故障的原因

（续）

功能 / 标签	信　息	用　途
虚拟通信接口	当 CP 访问 CPU 时，可通过虚拟接口访问 CPU 基于 IP 的应用程序，例如 OPC UA 服务器	查看 CPU 的虚拟通信接口
分配 IP 地址	显示当前的 IP 地址和子网掩码	可以重新设定新的 IP 地址和子网掩码（在 CPU 停止模式下设置）
设置时间	显示当前 CPU 时间和 PG/PC 的时间	可以将 PG/PC 的时间作为 CPU 的时间，也可以独立设置 CPU 的时间
固件更新	显示 PLC 和显示屏当前的固件版本号	通过下载新的固件文件更新当前的固件版本，更新的步骤和方法参考 16.9.3 章节
分配 PROFINET 名称	显示 PLC 当前的 PROFINET 设备名称	可以重新分配新的设备名称
复位为出厂设置	—	恢复工厂设置：存储器、内部保持性系统存储器、所有操作数、诊断缓冲区被清空以及时间被重置等
格式化存储卡	—	清除存储卡中的项目文件
保存服务数据	—	用于判断故障的原因

注意： 由于 I/O 模块的更新，许多模块具有通道或通道组级别的诊断功能，可以在"在线和诊断"→"通道诊断"中查看通道或通道组的故障信息。

16.9.3　更新硬件固件版本

固件（Firmware）相当于智能模块的操作系统，智能模块功能的更新以及一些小问题的更正可以通过固件版本的升级实现。SIMATIC S7-1500 系统中 CPU、显示屏、分布式 I/O 站点、IM 接口模块以及 I/O 模块都带有处理器和固件。固件可以从西门子网站上下载，网址为 https://support.industry.siemens.com/cs/cn/en/ps，进入后可以搜索需要升级固件的模块，并在软件下载中找到对应的固件，不同的模块有不同的固件和不同的版本。固件更新有以下几种方式：

注意： 由于中文网页需要翻译，更新时间较长，建议使用英文网页下载最新固件。

1. 通过 SMC 存储卡进行更新（无 TIA 博途软件）

1）选择一个容量足够大的 SIMATIC 存储卡以便于装载固件，例如 24MB 或 2GB，将 SIMATIC 存储卡插到编程设备 /PC 的 SD 读卡器中。

2）将下载的固件解压缩后复制到 SIMATIC 存储卡中。

3）将含有固件更新文件的 SIMATIC 存储卡插到 CPU 中，启动电源开关，CPU 开始自动更新固件。

4）显示屏上会显示固件更新的进度以及更新过程中发生的任何错误。固件更新完成后，显示屏将会显示可以将 SIMATIC 存储卡取出。如果想以后使用 SIMATIC 存储卡作为程序卡，必须将 SMC 卡的类型通过 TIA 博途软件重新设置为程序卡，也可以在 CPU 显示屏操作格式化存储卡，或手动修改 S7_JOB.SYS 文件内容。

注意：可以使用文本编辑器查看和修改 S7_JOB.S7S 文件内容，"FWUPDATE"表示该 SMC 卡为固件更新卡，"PROGRAM"表示该卡为程序卡。

可以将多个模块的更新文件复制到 SMC 卡的根目录 FWUPDATE 文件夹，系统会自动地识别和更新。

SMC 卡只能为主机架上的模块和显示屏更新固件。

2. 通过 SMC 存储卡进行更新（使用 TIA 博途软件）

1）选择一个容量足够大的 SIMATIC 存储卡以便于装载固件，例如 24MB 或 2GB，将 SIMATIC 存储卡插到编程设备 /PC 的 SD 读卡器中。

2）将下载的固件解压缩并存储到 PC（机）上。

3）在 TIA 博途软件项目树的"读卡器 /USB 存储器"中，选中含有该 SIMATIC 存储卡的驱动器。

4）在右键菜单中，选择命令"读卡器 /USB 存储器"→"创建固件更新存储卡"。通过文件选择对话框浏览到固件更新文件。

5）如果需要添加不同模块的更新文件，在弹出的对话框中选择"需要将固件更新文件添加到 SIMATIC 存储卡"。

6）其余步骤参考"通过 SMC 存储卡进行更新（无 TIA 博途软件）"第 3）~4）以及注意事项。

3. 通过 SIMATIC S7-1500 Web 服务器进行固件更新（CPU 固件版本 V1.1.0 及以上）

1）在 CPU 的属性中定义 Web 服务器的访问权限时，使能"执行固件更新"功能。

2）进入 Web 服务器界面，在模块信息中选择相应的模块和更新文件，如图 16-39 所示。

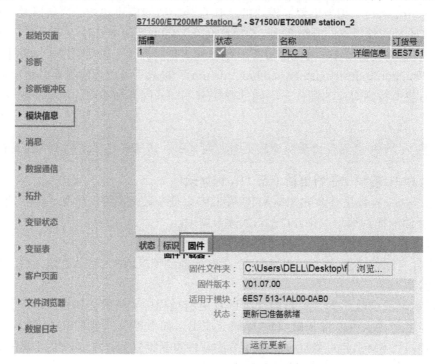

图 16-39　在 Web 浏览器中更新固件版本

注意：

➢ 在 Web 浏览器更新固件时，可以不需要大容量的 SMC 卡。

➢ 可以更新所有浏览到的模块，例如分布式 I/O 站点上的接口模块和 I/O 模块。

➢ 不需要安装 TIA 博途软件，所以建议使用 Web 浏览器的方式进行更新。

4. 通过 TIA 博途软件进行在线固件更新

1）进入 CPU 的"在线与诊断"界面，选择"功能"→"固件更新"，可以选择更新的对象是 CPU 或 CPU 的显示屏，如图 16-40 所示。

图 16-40　在"在线与诊断"界面更新固件版本

2）单击"运行更新"按钮进行更新，如果硬件配置已经下载，可以选择需要更新的模块，例如分布式 IO 中的模块，然后在鼠标右键菜单中选择命令"在线与诊断"进入诊断界面，选择"功能"→"固件更新"进行更新。

注意：在使用 TIA 博途软件在线更新固件时，可以不需要大容量的 SMC 卡。

可以更新所有的模块，例如分布式 I/O 站点上的接口模块和 I/O 模块。

16.10　使用仿真软件测试 SIMATIC S7-1500

16.10.1　S7-PLCSIM Advanced V18 与 S7-PLCSIM V5.0

有两个仿真软件可以模拟 SIMATIC S7-1500 CPU 的运行，一个是 S7-PLCSIM，另一个是 S7-PLCSIM Advanced。S7-PLCSIM 是 TIA 博途软件的一个免费插件，必须安装 TIA 博途软件后才可以使用，主要用于 S7-1200/1500 程序的仿真，也可以仿真一些简单的通信，例如最多两个 PLC 间或者 PLC 与 HMI 间的通信，但是通信的仿真只限于在一台 PC

（机）内，也不能仿真 PLC 与 PC（机）中应用程序的通信，例如浏览器、OPC UA 的客户端等应用程序。PLCSIM Advanced 是 TIA 博途软件的一个付费选件，可以独立运行于 TIA 博途软件。PLCSIM Advanced 类似一个运行在 Windows 环境的特殊软件 PLC，除了不支持 PROFINET RT/IRT 之外，可以仿真各种基于以太网的通信功能，例如与本地或者远程的浏览器、OPC UA 客户端等应用进行通信，除此之外还有开放的用户接口 API，方便与没有标准通信协议或者需要快速交换数据的过程仿真应用的通信。简单地说 S7-PLCSIM 主要仿真程序，PLCSIM Advanced 主要仿真与外部应用的通信。

在 TIA 博途软件 V18 之前，出于功能定位的差异，S7-PLCSIM 与 S7-PLCSIM Advanced 的操作界面是完全分开的。使用 S7-PLCSIM Advanced 测试通信功能比较方便，但是对于程序的测试功能没有在软件界面上开放，例如输入点的设置、中断的仿真等，为此在 S7-PLCSIM V18 的软件中已经包含了 S7-PLCSIM Advanced V5.0 软件，同时操作界面也发生了很大的变化，但生成仿真实例的主要功能没有变化，两者是通过许可证类型"标准"和"高级"加以区分。原 S7-PLCSIM 生成的仿真实例是"标准"类型，S7-PLCSIM Advanced 生成的仿真实例是"高级"类型，在下文中使用"标准"和"高级"区分两种仿真实例。使用 S7-PLCSIM V18 生成"高级"类型的仿真实例在程序调试方面与"标准"类型仿真实例完全相同，同时也具备自身通信功能，简单地说就是"标准"仿真实例的升级版。对于用户来说，操作界面统一，操作方式也相同，操作界面如图 16-41 所示，红色区域为"高级"仿真实例的功能选项。

图 16-41　仿真操作界面

> **注意**：仿真实例是一个确定对象，例如带有 IP 地址、程序等。在仿真软件中生成的一个仿真 PLC 就是一个仿真实例。

"高级"类型仿真实例功能完全覆盖"标准"类型仿真实例，两者的功能对比见表 16-6。

表 16-6 "高级"与"标准"类型仿真实例功能对比

功能	"高级"类型仿真实例	"标准"类型仿真实例
独立安装	X	
用户接口	操作面板	在 TIA 博途软件中启动
支持的 CPU	S7-1500（C，T，F）， ET 200SP，ET 200SP F ET 200pro S7-1500 R/H	S7-1200（F）， S7-1500（C，T，F）， ET 200SP，ET 200SP F S7-1500 R/H
Web 服务器	X	—
OPC UA	X	—
过程诊断	X	—
S7 通信	X	X（最多两个）
OUC 通信	X	X（最多两个）
MODBUS TCP	X	—
虚拟存储卡	X	—
虚拟时间	X	—
连接真实的 HMI/CPU	X	—
多实例	一台 PC 最多 16 个（需要使用 S7-PLCSIM Advanced V5.0 操作界面）	一台 PC 最多 2 个
分布式实例（安装在多个 PC）	X	—
多网卡的仿真	X	—
SIM 表格和事件	X（S7-PLCSIM Advanced V5.0 生成的仿真实例不支持）	X

注："X"表示可以；"—"表示不可以。

> **注意**：S7-PLCSIM 软件中已经包含 S7-PLCSIM Advanced 软件，在安装过程的提示对话框中可以选择是否安装 S7-PLCSIM Advanced。

PLCSIM Advanced V5.0 作为一个独立安装的软件，仍然保留原有的操作界面。使用 PLCSIM Advanced V5.0 生成的仿真实例就是 S7-PLCSIM V18 生成的"高级"仿真实例，但是在 PLCSIM Advanced V5.0 中最多可以同时运行 16 个"高级"仿真实例，而在 S7-PLCSIM V18 中只能同时运行 2 个"高级"仿真实例。在 S7-PLCSIM V18 的"其它工作区的实时实例"可以显示 PLCSIM Advanced V5.0 生成并运行的仿真实例，但是这些运行的实例不能借助 S7-PLCSIM V18 的程序调试功能。

16.10.2 启动 S7-PLCSIM 仿真器

TIA 博途软件中有不同类型的仿真器，例如 HMI 仿真器、SIMATIC S7-300/400 仿真器和 SIMATIC S7-1500 仿真器，这些仿真器基于不同的对象。为了便于操作，在软件中只有一个按钮，选择仿真的对象后则启动的仿真器自动与之匹配。在启用 SIMATIC S7-1500 仿真器之前需要使能项目的仿真功能，否则不能下载程序。在 TIA 博途软件的项目树下选择项目名称，鼠标右键打开项目的属性，在"保护"标签栏中使能"块编译时支持仿真"选项，如图 16-42 所示。

在项目树中，通过鼠标单击选择 SIMATIC S7-1500 站点，然后再单击菜单栏中的启动按钮即可启动 S7-PLCSIM 仿真软件，并自动为当前项目创建一个工作区，如图 16-43 所示。

图 16-42　使能项目的仿真功能

图 16-43　S7-PLCSIM 仿真软件的工作区

工作区就是仿真项目的存储区，将一个仿真项目保存于一个文件中，后续仿真操作时可以直接打开并使用，也可以创建新的工作区将项目另存到不同的目录中。

单击 S7-PLCSIM 仿真软件左侧的 ▥ 图标，可以看到系统已经为仿真的 PLC 自动生成了一个仿真实例，如图 16-44 所示。

通信模式为 "PLCSIM Softbus" 表示仅限内部通信，"标准"类型仿真实例只能使用该种通信模式，"高级"类型仿真实例可以选择所有通信模式，通信模式在后面章节会有详细介绍。启动 PLC 仿真器的同时，后台也自动启动该 PLC 在 TIA 博途软件中的下载进程，如图 16-45 所示。

由于在 S7-PLCSIM 中选择的通信模式为 "PLCSIM Softbus"，在 PG/PC 接口栏中自动选择 "PLCSIM"，选择下载按钮即可将 PLC 程序下载到仿真实例中。如果需要同时仿真其它的 PLC，按照上面的操作步骤即可，在 S7-PLCSIM 中只能同时运行两个 "标准"/"高级"类型的仿真实例。同一类型 PLC 的 IP 地址不能相同，否则会覆盖仿真实例中运行的程序。

如图 16-44 所示，除了系统自动生成的仿真实例外，从标签"库"中单击 "+" 图标还可以插入不同类型的仿真实例。新添加的仿真实例起始 IP 地址都是 192.168.0.1，如果同时启动两个仿真实例，IP 地址是相同的，项目中两个 PLC 初始下载时，系统通过"未组态的 PLC"仿真实例进行识别，例如 TIA 博途软件项目中有两个不同 IP 地址的 PLC，IP 地址

图 16-44　生成 PLC 仿真实例

图 16-45　下载 PLC 程序到仿真器

分别为 192.168.0.3 和 192.168.0.4，下载 IP 地址为 192.168.0.3 的 PLC 时，系统自动为该 PLC 分配一个"未组态"的仿真实例，下载完成后，一个仿真实例的 IP 地址变为 192.168.0.3。再次下载 IP 地址变为 192.168.0.4 的 PLC，系统为该 PLC 再分配另外一个"未组态"的仿真实例，下载完成后，该仿真实例的 IP 地址变为 192.168.0.4。所以"标准"类型的仿真实例是不用分配 IP 地址的。

　　如果被仿真的 PLC 需要一个"高级"类型的仿真实例，可以从标签"库"中插入一个新的仿真实例，然后选择该实例，单击软件右上边的"属性"标签，将许可证类型选择为

"高级"即可,"高级"类型的仿真实例需要分配 IP 地址和子网掩码。如图 16-46 所示。

图 16-46　仿真实例的属性

如果仿真实例已经运行,需要单击该实例上的绿色开关按钮⏻去使能后,才能在该实例的属性中更改。在"属性"标签中还可以更改仿真实例的名称和删除不需要的仿真实例。

16.10.3　仿真实例的操作模式

仿真实例的操作模式与真实 PLC 是相同的,可以通过不同的按钮触发。在仿真实例的图标中,按钮⏻表示电源开关,绿色表示上电,蓝色表示断电,按钮■和▶分别用于停止和启动仿真实例的运行。按钮触发后可以通过仿真实例上的指示灯得到状态反馈。除此之外,在"实时实例"标签中不但可以查看运行实例的状态,还可以操作运行实例的模式,如图 16-47 所示。

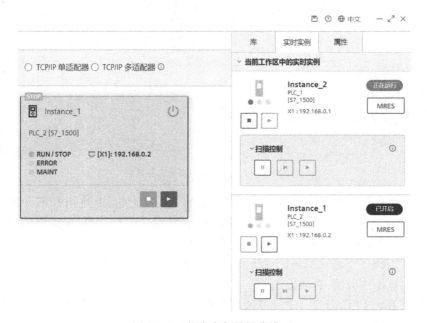

图 16-47　仿真实例的操作模式

除了操作运行和停止模式外，还可以单击"MRES"按钮清除 PLC 的过程数据，与以前版本相比，仿真实例还增加了"扫描控制"功能，可以触发仿真实例单个周期运行。单击⏸按钮，冻结当前的运行，每次单击▷按钮，程序执行一个扫描周期，单击▷按钮恢复周期扫描。

16.10.4　SIM 视图

单击⚙图标，打开 SIM 视图编辑器，在"库"标签下有"SIM 表格"和"事件"两个元素，单击元素后面的"+"图标，可以在 SIM 视图中插入"SIM 表格"和"事件"实例，如图 16-48 所示。

图 16-48　SIM 视图

"SIM 表格"可用于监视和修改 I/O 点、M 数据区和数据块 DB 中的变量。"事件"可用于仿真事件并测试程序的事件中断 OB 块中的代码。工作空间可包含一个或多个 SIM 视图，每个 SIM 视图可以包含多个 SIM 表格和事件的实例，每个视图总共可包含多达 32 个对象。

1. SIM 表格实例

打开 SIM 视图，插入一个 SIM 表格实例，然后设置 SIM 表格的属性，如图 16-49 所示。

在"PLC 绑定"区中，选择该 SIM 表格实例与哪一个仿真实例关联；在"视图"区中可以设置 SIM 表格实例的显示列；在"变量正在加载"区中勾选需要加载的变量后，单击"加载所选变量"按钮，勾选地址区中所有的变量都将加载到 SIM 表格实例中，在属性中不能加载 DB（块）中的变量。

如果需要有选择性地加载变量或者添加 DB（块）中的变量，需要切换到"变量"标签中，勾选仿真实例和地址区，选择的变量将显示，单击需要监控的变量，变量将进入到 SIM 表格实例中。

单击 SIM 表格实例中的▶，变量的过程值将在"监视/修改状态"栏显示，同样在该栏中也可以直接修改过程值。

图 16-49 设置 SIM 表格属性

2.事件实例

在 SIM 视图中还可以插入事件实例，用于仿真下列中断事件类别：

➢ 硬件中断（OB 4x）；

➢ 诊断错误中断（OB 82）；

➢ 拔出或插入模块（OB 83）；

➢ 机架或站故障（OB 86）。

插入事件实例后，在该事件实例的属性中需要绑定仿真实例和选择事件类别，使用模块的硬件标识符 LADDR 作为事件的触发源，模块的硬件标识符可以在模块的"属性"→"系统常数"标签中查看到，事件实例的属性如图 16-50 所示。

图 16-50 事件实例的属性

事件实例设置完成后，单击该实例上的 ⚡ 按钮就可以触发设置的事件。

16.10.5　S7-PLCSIM Advanced 功能介绍

在仿真的应用中，通常使用软件仿真现场的控制对象，使用真实的 PLC 作为控制器，PLC 与仿真的控制对象通过通信的方式交换输入、输出信号，这样的仿真方式称为"硬件在环"（Hardware in Loop）或者半实物仿真。"标准"类型仿真实例不能替代实际的 PLC，因为没有对外的接口，而"高级"类型的仿真实例可以完成这样的任务，实现"软件在环"（Software in Loop）仿真，这种方式可以节省硬件并且可以应用快速过程的仿真（通过内存交换数据），使用 S7-PLCSIM Advanced 软件仿真的应用如图 16-51 所示。

图 16-51　S7-PLCSIM Advanced 软件仿真的应用

在通信功能上，使用 S7-PLCSIM Advanced 在一台 PC（机）上最多可以启动 16 个"高级"类型仿真实例，实例可以跨 PC 进行通信，也可以与实际的 HMI 和 PC 进行通信，如图 16-52 所示。

图 16-52　S7-PLCSIM Advanced 通信功能

16.10.6 仿真实例的通信路径

仿真实例的通信路径分为本地和分布式两种，本地与分布式的区别在于 TIA 博途软件与仿真实例部署的位置。本地路径使用 PLCSIM 和 PLCSIM Virtual Ethernet Adapter 接口，分布式路径使用 PLCSIM Virtual Ethernet Adapter 和 PC 的实际的以太网接口。不同通信路径的功能见表 16-7。

表 16-7 不同通信路径的功能

通信路径	本地		分布式单网络适配器和分布式多网络适配器
协议	Softbus	TCP/IP	TCP/IP
通信接口	PLCSIM	PLCSIM Virtual Ethernet Adapter	PLCSIM Virtual Ethernet Adapter 和 PC 的实际的以太网接口
TIA 博途软件与 PLC 仿真实例	部署在相同的 PC/VM（虚拟机）	部署在相同的 PC/VM（虚拟机）	分布式部署
支持 PLC 仿真实例的类型	标准	高级	高级（多网络适配器模式需要使用 S7-PLCSIM Advance 生成）
通信功能			
TIA 博途软件与 PLC 仿真实例	X	X	X
仿真实例间	X	X	X
PLC 仿真实例与 HMI 仿真实例（V14 版本及以上）	X	X	X
仿真 OPC UA 服务器	—	X	X
仿真 Web 服务器	—	X	X
与实际 PLC 通信	—	—	X
与实际 HMI 通信	—	—	X

注："X" 表示可以；"—" 表示不可以。

1. Softbus-PLCSIM

Softbus 是一个虚拟的软件协议，Softbus 协议和 PLCSIM 接口只适合在本地 PC 使用，只能简单地仿真 PLC 的程序和 PLC 间的通信，如图 16-53 所示。

图 16-53 本地路径 - 通过 Softbus 通信

2. TCP/IP 本地方式

TCP/IP 本地方式使用 PLCSIM Virtual Ethernet Adapter 进行数据交换，PLCSIM Virtual Ethernet Adapter 是一个虚拟的以太网适配器，带有 IP 地址，可以仿真 TCP/IP。使用 PLC-SIM Virtual Ethernet Adapter 接口后，支持 TCP/IP，允许与本机的应用进行通信，例如 Web 浏览器和 OPC UA 客户端等，如图 16-54 所示。

图 16-54　本地路径 - 通过 PLCSIM Virtual Ethernet Adapter 通信

3. TCP/IP 分布式单网络适配器

TCP/IP 分布式是指 PLC 的仿真实例分布在不同的 PC 中，单网络适配器是指仿真实例只能使用一个虚拟的以太网接口。如果与外部设备进行通信，一定要通过本机的实际网卡与外部连接，内部则需要使用 PLCSIM Virtual Ethernet Adapter 接口与虚拟 PLC 实例进行通信，所以分布式路径同时需要内外两个接口，如图 16-55 所示。

图 16-55　分布式通信路径

4. TCP/IP 分布式多网络适配器

在 S7-PLCSIM Advanced V5.0 版本增加了 TCP/IP 分布式多网络适配器模式，仿真实例的网络接口都可以映射到一个实际或者虚拟机的网络适配器，这样可以将数据通过不同网络传送，如图 16-56 所示。

使用 PLCSIM V18 生成的"标准"仿真实例只支持"Softbus-PLCSIM"模式；"高级"仿真实例支持"Softbus-PLCSIM"、TCP/IP 本地和分布式单网络适配器模式。使用独立安装的软件 S7-PLCSIM Advanced 则支持所有的通信模式。

图 16-56 多网络适配器模式

16.10.7 TCP/IP 分布式单网络适配器通信路径设置示例

安装 S7-PLCSIM Advanced 可选软件后，系统自动生成 PLCSIM Virtual Ethernet Adapter，在网络适配器中可以查看和设置 IP 地址。下面以示例的方式介绍分布式单网络适配器通信路径的设置，应用示例中 PC 和虚拟 PLC 实例的 IP 地址设置如图 16-57 所示。

图 16-57 分布式通信路径应用示例

PC #1 安装有 TIA 博途软件，需要将程序下载到 PC #2 中的虚拟 PLC 的一个实例中。在 PC #1 中设置本地使用的网络适配器 IP 地址为 192.168.0.21，设置过程如图 16-58 所示。

以相同的方式设置 PC #2 的网络适配器 IP 地址为 192.168.0.12。在真实网络适配器的属性中使能 "Siemens PLCSIM Virtual Switch" 选项，这样将网络适配器与虚拟交换机进行连接，如图 16-59 所示。

如果 PC #2 有多个网络适配器，只能有一个可以连接到虚拟交换机上。接下来还需要设置 PLCSIM Virtual Ethernet Adapter 的 IP 地址为 192.168.0.11，在虚拟网络适配器属性中同样需要使能 "Siemens PLCSIM Virtual Switch" 选项。通信路径设置完成，需要创建虚拟 PLC 实例并规划通信路径。

图 16-58　设置 PC #1 网络适配器 IP 地址

图 16-59　连接真实网络适配器到虚拟交换机

16.10.8　创建虚拟 PLC 实例

使用软件 S7-PLCSIM Advance 和 S7-PLCSIM V18 都可以创建"高级"仿真实例用于 TCP/IP 分布式单网络适配器的通信路径。介绍使用两个软件创建仿真实例的过程。

1. 使用 S7-PLCSIM Advanced 创建仿真实例

S7-PLCSIM Advanced 软件安装完成之后，在 PC 的桌面上自动创建一个 S7-PLCSIM Advanced 的图标，鼠标双击图标进入操作面板界面，如图 16-60 所示。

在"Online Access"中选择仿真实例的通信路径，按照示例的需求，选择"TCP/IP"，同时在"TCP/IP communication with"下拉菜单选择本地网络适配器的连接名称。

单击"Start Virtual S7-1500 PLC"三角，显示实例的配置栏。在"Instance name"中键入一个虚拟实例的名称，实例名称必须唯一，然后键入虚拟实例的 IP 地址和子网掩码，示例中 IP 地址为 192.168.0.1，子网掩码为 255.255.255.0。PLC 的类型默认为 S7-1500，然后单击 "Start" 按钮完成一个实例的创建。修改实例名称和 IP 地址，可以再创建一个虚拟实例，一个 PC 最多可以创建 16 个虚拟实例。

图 16-60　S7-PLCSIM Advanced 操作面板

下面的参数和设置与示例无关，但是可以进一步了解仿真实例的功能。

① "Virtual Time Scaling"：虚拟时钟基于用户程序，主要应用于程序中与时钟有关的组件，例如循环中断组织块、CPU 扫描监控、最短扫描时间等。使用鼠标可以拖动 "Virtual Time Scaling" 的滑轨指示标签，也可以手动设置虚拟时钟系数，默认值为 1，大于 1 则虚拟时钟加速，例如 2.0 表示比正常快 200%；小于 1 则虚拟时钟减速，例如 0.5 表示比正常慢 50%。

② "Runtime Manager Port"：远程通信使用，通过定义的端口与远程实时管理器建立连接，该参数在使用 API 开发时使用。

③ "Virtual SIMATIC Memory Card"：用于存储创建的仿真实例，单击后面的按钮，可以显示存储的路径和已经创建的仿真实例，存储的程序文件可以直接复制到 SMC 卡中，插入 CPU 的插槽后直接启动。单击 "Instance name" 空白处，使用快捷键 ctrl+ 空格键可以弹出显示所有已经存储仿真实例的对话框，选择一个存储的实例，单击 "Start" 按钮可以运行该仿真实例。

④ "Show Notifications"：每次控制面板启动，与之相关的消息将显示。

⑤ "Exit"：将关闭所有运行的虚拟 PLC 实例然后退出。单击 S7-PLCSIM Advanced 操作面板的 "×" 按钮是关闭该视窗，但是不退出运行的仿真实例。

2. 使用 S7-PLCSIM V18 创建仿真实例

在 TIA 博途软件中，单击█启动仿真按钮或者在 PC 的桌面上双击 S7-PLCSIM V18 图标都可以启动 S7-PLCSIM V18 仿真软件。在标签"库"中单击"+"按钮，添加一个 S7-1500 PLC，然后在"属性"标签中，更改许可证类型为"高级"。在"通信模式"栏中，选择"TCP/IP 单适配器"并在下面的下拉菜单中选择本地网络适配器的连接名称，如图 16-61 所示。

图 16-61　在 S7-PLCSIM V18 中设置"高级"仿真实例参数

仿真实例启动后才能设置 X1 接口的"IP 地址"和"子网掩码"以及"虚拟时间标度"等参数，与在 S7-PLCSIM Advanced 操作面板中的设置有些区别。

> **注意：** 如果启动了 S7-PLCSIM Advanced 后再启动 S7-PLCSIM V18，通信模式中的参数不能设置。

16.10.9　程序下载到仿真实例

虚拟 PLC 创建完成后需要将程序下载到仿真实例。在下载之前，需要将项目的属性设置为支持仿真功能，如图 16-42 所示。

在项目中选择需要仿真的 PLC，单击下载按钮下载程序到仿真实例，在弹出的"扩展下载到设备"界面中选择下载使用的接口，接口的选择与通信路径的设置有关：

1）仿真实例与 TIA 博途在相同的 PC，仿真实例的通信路径选择"SoftBus-PLCSIM"模式，下载程序时，"PG/PC 接口"选择"PLCSIM"，如图 16-45 所示。

2）仿真实例与 TIA 博途在相同的 PC，仿真实例的通信路径选择 TCP/IP 本地方式或者分布模式，下载程序到时，"PG/PC 接口"选择"Siemens PLCSIM Virtual Ethernet Adapter"，如图 16-62 所示。虚拟网络适配器必须设置 IP 地址，并且与虚拟 PLC 的实例在相同的网段。

3）仿真实例与 TIA 博途软件在不同的 PC，仿真实例的通信路径必须选择 TCP/IP 分布模式并且指定本地网络适配器的连接名称。下载程序到远程 PC 时，PG/PC 接口选择本地网络适配器，IP 地址必须与虚拟 PLC 在相同的网段，与下载真实 PLC 相同。

图 16-62 "PG/PC" 接口选择 "Siemens PLCSIM Virtual Ethernet Adapter"

16.10.10 S7-PLCSIM Advanced 的 API 接口

S7-PLCSIM Advanced 提供 API 接口用于外部应用访问虚拟 PLC，通过仿真运行系统管理器，用户可以注册、组态、启动该接口上多达 16 个虚拟控制器实例，并交换相关 I/O 数据。如图 16-63 所示。

图 16-63 PLCSIM Advanced API 接口

使用 Visual C# 和 Native C++ 可以访问 S7-PLCSIM Advanced API 接口。API 提供的方法可访问 PLC 的 I/O（过程映像区）、位存储器、DB、组态和控制虚拟 PLC 实例。

PLCSIM Advanced 安装完成后，API 接口文件存储在默认的路径下："C:\Program Files（x86）\Common Files\Siemens\PLCSIMADV\API\"，版本有 1.0、2.0、2.1、3.0、4.0、4.1 和 5.0，与安装的软件版本有关，新版本软件带有所有版本的接口库。

API 库包含以下三个接口：

1）ISimulationRuntimeManager：用于管理仿真运行系统，例如注册虚拟 PLC（生成 IInstances 变量）、远程连接（生成 IRemoteRuntimeManager 变量）。

2）IInstances：读写虚拟 PLC 的数据。

3）IRemoteRuntimeManager：用于管理远程仿真运行系统，注册远程虚拟 PLC（生成 IInstances 变量）。

对一个虚拟 PLC 进行读写操作，必须先注册，有三种方式可以注册虚拟 PLC（使用 Using 加入命名空间 "Siemens.Simatic.Simulation.Runtime"）：

1. 使用 PLCSIM Advanced 的控制面板

使用控制面板创建一个虚拟 PLC，然后使用 API 接口读出并注册，使用一个按钮作为触发条件，代码如图 16-64 所示。

```
public IInstance Instance;
private void button1_Click(object sender, EventArgs e)
{
    SInstanceInfo[] VPLCs = new SInstanceInfo[16]; //创建变量，用于存储已经注册虚拟PLC的信息

    try
    {
        VPLCs = SimulationRuntimeManager.RegisteredInstanceInfo;//读出正在运行的虚拟PLC
    }
    catch(SimulationRuntimeException ex)
    {
        MessageBox.Show(ex.Message);
    }
    foreach (SInstanceInfo VPLC in VPLCs)

        if (VPLC.Name == "Virtual PLC 1")      // 如果运行的虚拟PLC名称为 "Virtual PLC 1"，读出ID号
        {
            Int32 Instanceid = VPLC.ID;
            try
            {
                Instance = SimulationRuntimeManager.CreateInterface(Instanceid); // 生成一个注册PLC的接口
            }
            catch (SimulationRuntimeException ex)
            {
                MessageBox.Show(ex.Message);
            }
        }
}
```

图 16-64　代码示例 - 读出运行虚拟 PLC 信息并注册

2. 使用程序在操作面板注册一个虚拟 PLC

手动打开 PLCSIM Advanced 的操作面板，使用一个按钮作为触发条件注册一个虚拟 PLC，代码如图 16-65 所示。

3. 使用程序在后台注册一个虚拟 PLC

不需要打开 PLCSIM Advanced 的操作面板，使用一个按钮作为触发条件注册一个虚拟 PLC，代码如图 16-66 所示。

一个虚拟 PLC 实例注册完成之后就可以对其中的变量进行读写操作。上面的示例中使用 "Instance" 作为注册的虚拟 PLC 实例变量，注册并创建 PLC 实例后，还需要上电

```
public IInstance Instance;

private void button4_Click(object sender, EventArgs e)
{
    try
    {
    Instance = SimulationRuntimeManager.RegisterInstance("Virtual plc test");//注册虚拟PLC"Virtual plc test"
    }
    catch
    { }
    Instance.CommunicationInterface = ECommunicationInterface.TCPIP;//设置通信路径

    SIPSuite4 instanceIP = new SIPSuite4("192.168.0.11", "255.255.255.0", "0.0.0.0");

    try {
        Instance.SetIPSuite(1, instanceIP, true);//设置IP地址、子网掩码和网关
        }
    catch { }

}
```

图 16-65　代码示例 - 使用程序在操作面板注册一个虚拟 PLC

```
public IInstance Instance;

private void button5_Click(object sender, EventArgs e)
{
    try {
        Instance = SimulationRuntimeManager.RegisterCustomInstance(@"C:\Program Files(x86)\Common Files\Siemens\
            PLCSIMADV\Siemens.Simatic.PlcSim.Vplc1500.dll", "Virtual PLC test1");     //虚拟PLC "Virtual PLC test1"
        }
    catch { }


    Instance.CommunicationInterface = ECommunicationInterface.TCPIP;//设置通信路径

    SIPSuite4 instanceIP = new SIPSuite4("192.168.0.12", "255.255.255.0", "0.0.0.0");

    try
    {
        Instance.SetIPSuite(1, instanceIP, true);//设置IP地址、子网掩码和网关
    }
    catch { //....}
```

图 16-66　代码示例 - 使用程序在后台注册一个虚拟 PLC

（Instance.PowerOn（6000）; // 输入参数为延时时间 ms）和运行（Instance.Run（6000）; // 输入参数为延时时间 ms）虚拟 PLC，然后就可以进行及读（Instance.ReadInt32（"AA. AA[0]"）; // 输入参数为变量名称）写（Instance.WriteBool（"input1"，true）;）操作。详细的操作接口，请参考手册，这里不再介绍。

注意：运行 S7-PLCSIM Advanced 需要授权，没有安装授权不能运行。

16.11　使用轨迹跟踪变量

SIMATIC S7-1500 CPU 集成轨迹功能，可以快速地跟踪多个变量的变化。变量的采样通过 OB 触发，也就是说只有 CPU 能够采样的点才可能被记录。一个 SIMATIC S7-1500 CPU 中集成轨迹的数量与 CPU 类型有关，例如 CPU 1511 集成 4 个轨迹，CPU 1518 则集成 8 个轨迹。每个轨迹中最多可定义 64 个变量（CPU V3.0），每次最多可存储 512KB 的数据，CPU 内部轨迹数据的存储不占用用户程序资源。下面以示例的方式介绍轨迹的使用。

16.11.1　配置轨迹

在 SIMATIC S7-1500 CPU 站点的"轨迹"目录下，通过"添加新轨迹"标签创建一个轨迹，名称可以自由定义。打开新建的轨迹，在"配置"→"信号"标签栏中添加需要跟踪的变量，如图 16-67 所示。

图 16-67　配置 Trace 采样信号

一个轨迹中最多可以添加 16 个变量，变量的地址区可以是标志位区（M）、输入（I）、输出（Q）和数据块（DB）。

在"记录条件"标签栏中，设定"采样"和"触发器"参数，如图 16-68 所示。

图 16-68　配置轨迹记录条件

设置的参数如下：

1. 记录时间点

使用 OB（块）触发采样，处理完用户程序后，在 OB 的结尾处记录所测量的数值。通常情况下，信号在哪一个 OB 处理就选择哪一个 OB，如果是多个信号，则选择扫描周期最短的 OB。

2. 记录频率，每

选择多少个采样点（OB 循环）记录一次数据。例如 OB30 循环时间为 200ms，如果选择每 5 个循环记录一次，那么就是每隔 1s 记录一次。

3. 记录时长（a）

定义测量点的个数或使用最大的测量点。测量点的个数与测量变量的个数和数据类型有关。

4. 触发模式

立即触发：单击记录按钮后立即开始记录，到记录的测量点后停止并将轨迹保存。

变量触发：单击记录按钮后，直到触发的变量满足条件后才开始记录，到记录的测量点后停止并将轨迹保存。单击记录按钮后由系统在后台进行记录，所以可以得到触发时刻之前的若干点数的测量值，测量点数在预触发参数中填写。这样可以记录偶发的故障信息，并记录故障发生时刻前后其它信号的状态。

5. 触发变量和事件

选择触发的变量和触发事件。触发事件可以选择：

1）" = TRUE"：所支持的数据类型：位。当触发器状态为 "TRUE" 时，记录开始。

2）" = FALSE"：所支持的数据类型：位。当触发器状态为 "FALSE" 时，记录开始。

3）"上升沿"：所支持的数据类型：位。当触发状态从 "FALSE" 变为 "TRUE" 时，记录开始。在激活已安装轨迹之后，至少需要两个循环来识别边沿。

4）"上升信号"：所支持的数据类型：整数和浮点数（非时间、日期和时钟）。当触发的上升值到达或者超过为此事件配置的数值时，记录开始。在激活已安装轨迹之后，至少需要两个循环来识别边沿。

5）"下降沿"：所支持的数据类型：位。当触发状态从 "TRUE" 变为 "FALSE" 时，记录开始。在激活已安装轨迹之后，至少需要两个循环来识别边沿。

6）"下降信号"：所支持的数据类型：整数和浮点数（非时间、日期和时钟）。当触发的下降值到达或者低于为此事件配置的数值时，记录开始。在激活已安装轨迹之后，至少需要两个循环来识别边沿。

7）"在范围内"：所支持的数据类型：整数和浮点数。一旦触发值位于为此事件配置的数值范围内，记录开始。

8）"不在范围内"：所支持的数据类型：整数和浮点数。一旦触发值不在为此事件配置的数值范围内，记录开始。

9）"值改变"：支持所有数据类型。当记录被激活时检查值改变。当触发器值改变时，记录开始。

10）" = 值"：所支持的数据类型：整数。当触发值等于该事件的配置值时，记录开始。

11）"<> 值"：所支持的数据类型：整数。当触发值不等于该事件的配置值时，记录开始。

12）"＝位模式"：所支持的数据类型：整数和浮点数（非时间、日期和时钟）。当触发值与该事件配置的位模式（即位模板）匹配时，记录开始。

6. 预触发（b）

设置记录触发条件满足之前需要记录的测量点数目。使能变量触发后，数据记录开始，直到触发条件满足才将记录显示，可以记录触发条件之前的数值。

7. 设备上的测量（存储卡）

使用条件触发可以将轨迹记录到 CPU 的 SMC 卡中，通过 CPU Web 服务器可以查看，存储卡的设置如图 16-69 所示。

图 16-69　存储轨迹的存储卡设置

在"测量数目"栏中，设置需要测量轨迹的个数，达到设置的次数时与"达到数量时的响应"栏的设置有关，如果选择"禁用记录"则停止记录功能，即使触发条件满足也不再记录，只有通过单击记录按钮才能重新恢复记录功能；如果选择"覆写最早记录"，则记录功能保持，新的记录将覆盖最早的记录。

轨迹的配置信息可以通过工具栏中的按钮导出，在其它项目中可以导入这些配置信息进行参考。

16.11.2　轨迹的操作

信号配置完成后，可以通过轨迹工具栏中的按钮进行操作，工具栏按钮及含义如图 16-70 所示。

图 16-70　Trace 工具栏中的按钮及含义

进入 CPU 在线模式，单击下载按钮，将轨迹的配置下载到 CPU 中。轨迹的配置保存在 CPU 中，如果离线项目中不存在，也可以通过上传按钮将 CPU 中保存的轨迹配置上载到离线项目中。下载完成后单击开始记录按钮，记录变量的轨迹。每一个变量的轨迹都有独立的坐标轴，显示也是分开的，轨迹的时序图如图 16-71 所示。如果信号是一个整数变量，除了可以监控数值以外，还可以对变量中的位信号进行监控。

图 16-71　轨迹的时序图

在轨迹中通过计算信号功能，可以对添加的信号源进行再计算，从而生成新的轨迹。单击"插入新计算的信号"处，为计算生成的轨迹命名名称，然后单击同行的计算公式按钮，弹出公式编辑器视图，如图 16-72 所示。

图 16-72　公式编辑器视图

选择信号源并结合指令按钮生成公式项，例如示例中两个信号相加合成一个新的信号，也可以在公式项中直接键入计算公式，生成的公式项可以通过"验证"按钮进行检查，公式项验证有效后才可以生成新的信号。如果选择"FFT"（快速傅里叶变换）和"BODE"（伯德图）指令生成的信号，轨迹将在记录停止后分别在"FFT 图"和"伯德图"中显示。

通过工具栏按钮可以将在线的轨迹复制到离线的项目，将其存储在项目树的"轨迹"→"测量"文件夹中。打开离线的轨迹，通过工具栏中的导出按钮可以将轨迹导出为"*.ttrecx"文件或"*.CSV"文件。"*.ttrecx"文件用于 TIA 博途软件的导入，例如可以用于其它 PC（机）上查看记录的曲线。无论是离线还是在线的轨迹都可以通过工具栏的按钮进行放大、缩小，并使用光标尺进行测量。

> **注意：** 在线记录的数据不支持掉电保持，PLC 掉电后丢失。

通过"合并测量"功能可以将多条离线的 Trace 曲线合并在一起进行比较。先将在线记录的 Trace 导出到离线项目或者本地硬盘，然后在项目树导航至"轨迹"→"合并测量"，双击"增加新的组合测量"标签添加一个组合测量的轨迹，打开新建的组合测量，单击 📥 按钮导入存储于硬盘的轨迹或者将离线项目中的轨迹拖放到组合测量中，如图 16-73 所示。

图 16-73　组合测量功能

在"测量的校准"栏中可以选择以"触发采样"还是"时间戳（绝对时间）"为 X 轴进行比较。

16.11.3　长期轨迹

TIA 博途软件 V18 的轨迹配置中还增加了"长期轨迹"功能，可以将记录的轨迹存储于本地 PC 的存储介质上，存储空间至少需要 4GB。

"长期轨迹"的配置与标准的"轨迹"配置大体相似，但是没有"触发器"和"设备上的测量（存储卡）"功能，在配置中需要指定轨迹的存储路径，如图 16-74 所示。

图 16-74 配置长期轨迹

"长期轨迹"配置完成并下载后，单击按钮 开始记录，单击 按钮停止记录，记录完成后将生成两个文件用于保存记录的轨迹，两个文件名分别为 <CPU 的名称>_<长期轨迹的名称>_<时间戳>_<运行序列号>.csv 和 <CPU 的名称>_<长期轨迹的名称>_<时间戳>.lttcd 文件，.lttcd 文件用于导入"长期轨迹"的离线"测量"中。csv 文件最大为 2GB，如果溢出将创建新的文件，新的 csv 文件与原文件时间戳相同，运行序列号增加 1。记录不会产生任何中断，记录开始后，单击按钮 相当于记录暂停，再次单击该按钮恢复记录功能，但是会创建一个新的 csv 文件，新的 csv 文件与之前生成的 csv 文件时间戳相同，运行序列号增加 1。

"长期轨迹"相当于数据归档，不能实时监控，只有单击停止按钮 后才能显示出来，之后可以使用工具栏提供的各种工具进行查看和对比。

16.11.4 项目轨迹

前面介绍的轨迹功能都是基于单 CPU 的，但是在一些应用中需要对比项目中多个 CPU 的变量状态，例如测试通信的响应时间，在一个 CPU 中触发"REQ"发送请求到通信伙伴 CPU 接收到数据并置位"NDR"为 1 的时间，如果使用通信方式传送两个信号位后再测量，则显得费时费力还不能保证准确性。这样的应用可以使用项目轨迹功能完成，CPU V2.8 及以上版本支持项目轨迹功能。

在项目树中"跨设备功能"→"项目跟踪"中可以新添加一个项目轨迹。打开项目轨迹后在"伙伴设备"中添加需要监控的 CPU 站点，默认的情况下，"轨迹测量点事件"都是 OB1，可以在"记录条件"中更改，然后选择各个 CPU 中需要监视的信号，设置组态项目轨迹如图 16-75 所示。

项目轨迹至少需要设置一个触发器，作为所有设备信号开始记录的同步信号，并且所有设备必须在一个子网上（在网络视图中进行连接），否则不能下载组态的项目轨迹。

配置完成后，单击工具栏按钮 将配置的项目轨迹下载到 CPU 中并进入在线模式；如果 CPU 中已经存储配置的轨迹，单击按钮 可以直接进入在线模式。在线后单击按钮 开始记录轨迹，项目轨迹的操作与 CPU 中的轨迹相同。

图 16-75　组态项目轨迹

16.11.5　使用 Web 浏览器查看轨迹

　　使能变量触发记录轨迹的功能后，可以将记录的轨迹存储于 CPU 的 SMC 卡中，使用 Web 浏览器可以查看记录的轨迹，这样的好处在于可以记录偶然发生的故障，在空闲时间使用常用的工具就可以对图形文件进行查看、比较、测量和评估。在轨迹的配置中使能"保存设备上的测量（存储卡）"，然后单击"开始记录"按钮进行记录，如果触发条件满足，就可以使用浏览器查看记录的轨迹，如图 16-76 所示。

图 16-76　使用浏览器查看轨迹

"跟踪"文件夹以第一次开始记录的时间为名称，包含的轨迹以后续测量的时间为文件名称。双击记录的轨迹文件，轨迹图形就可以显示在右侧的视图中，然后可以使用工具栏中的工具对图形进行测量和评估。

在 Web 中也可以对显示的信号进行再计算从而生成新的轨迹。首先在"基本信号"标签中选择"基本信号"，然后可以在基本模式下选择计算函数，示例中选择附加数学函数"Math.random（ ）"，在函数的输入参数处添加基本信号，例如 $1，最后单击"生成计算信号"按钮生成计算后的曲线，如图 16-77 所示。

图 16-77　生成计算信号

也可以在高级模式下使用 Java 脚本对基本信号进行处理，得到计算值并绘制成曲线图。在 Web 中查看轨迹，工具简单也不需要专业的知识，非常方便设备的维护。

16.12　使用测试套件验证程序

测试套件（Test Suite Advanced V18）是 TIA 博途软件的一个选件，通过不同的测试功能以完善和提高程序的质量，目前 V18 版本包含三种测试功能：

1）格式准则检查器：在 TIA 博途软件项目中定义带有编程规范的规则集，检查程序的合规性，确保统一的编程风格。

2）应用程序测试：在 TIA 博途软件项目中，创建带有功能测试的测试用例，使用 SIMATIC S7-PLCSIM Advanced V5.0 检查单个逻辑块或整个应用程序是否处理正确。

3）系统测试：系统测试允许用户使用 OPC UA 服务器接口为 PLC 程序定义和执行测试用例。系统测试可以执行以下测试：

➢ S7-1200 和 S7-1500 进行硬件在环测试。

➢ PLCSIM Advanced 进行软件在环测试。

16.12.1　格式准则检测功能

通过定义的规则集检查 PLC 中包含的对象是否符合规则中定义的要求，例如符号名称的是否符合"驼峰命名规则（Camel casing nomenclature）"，程序块是否有编写者名称等，可以检测的对象如下：

➢ 函数块；

➢ 函数；

➢ 组织块；

➢ 全局 DB/ 实例 DB 的变量；

➢ PLC 变量；

➢ 用户自定义数据类型（UDT）。

格式准则检测功能特别适合于程序的标准化，通过在 TIA 博途软件中定义的各种规则检测程序中符号名称、程序块属性的注释等是否符合公司或者企业的标准，下面以示例的方式介绍格式准则检测功能，例如公司要求工程师编写的程序符合下列要求：

1）符号名称采用 Pascal 大小写格式即首个字母字符需始终为大写字母，大写字母之后的字符必须为小写字母，非字母字符之后的字符必须为大写字母。

2）程序块需要加注作者姓名和版本。

程序编写完成后就可以使用测试套件检测程序是否符合公司的要求。首先在项目树下导航至"测试套件"→"样式指南"→"新增规则集"，双击"新增规则集"图标创建并打开一个规则集，然后选择检测的范围、添加规则，规则的名称可以修改，例如"符号名规则 _DB 块"，类型选择"大小写格式"并选择"Pascal 大小写格式"，"违规条件"为"未设置"，表示如果未按照要求设置就违规报错，对象选择器中选择"GlobalDataBlock.Static"，表示对数据块中的变量进行检测，这样对 DB（块）中变量名称的检测规则设置完成，以相同的方法添加符号表变量名称的检测规则。之后添加版本和作者的检测规则，这些属性在"元数据"类型中，程序块的版本默认为 0.1，在规则中也需要排查，规则的设置如图 16-78 所示。

图 16-78　规则的设置

规则集可以导入和导出，便于管理。规则设置完成后，单击工具栏中的按钮 ⊙ 进行检测，检测的结果在"测试结果"标签中显示，如图 16-79 所示。

图 16-79　规则检测结果

单击违反规则的条目，可以直接跳转到违规位置，便于错误的更正。也可以通过项目树下"公共数据"→"日志"中的日志文件查询每次的测试结果。

16.12.2　应用测试功能

通常情况下，程序编写完成后进行现场调试，如果原来做过类似的项目，又有原控制程序，于是在原来的基础上做少量的修改，以致调试时间缩短，代码错误率也降的非常低。

对于一个新项目，如果直接到现场进行调试，可能编写的程序与控制工艺会有较大的偏差，造成材料和时间成本的上升。这种情况下，应在进现场前验证程序的正确性，常用的方法是使用 S7-PLCSIM 仿真，监控一些状态，但这样的仿真效果也不是很好；如果能系统地编写测试程序，效果会非常好，但缺点是测试程序在实际运行时需要删除，也很费时，这两种方式互有优缺点，使用测试套件可以解决上述的问题。在测试套件的应用测试功能使用断言验证每一个程序单元的准确性，同时还支持测试驱动开发，英文全称为 Test-Driven Development，简称 TDD，是一种不同于传统的新型的软件开发方法。它要求在编写某个功能的代码之前先编写测试代码，然后只编写能测试通过的功能代码，通过测试来推动整个开发的进行，这有助于编写简洁可用和高质量的代码，并加速开发过程。TDD 方法常用于 IT 的软件开发，目前工控 IT 化的趋势非常明显，所以该方法也引入到 PLC 程序的开发和测试中。

在应用测试中，需要编写测试用例，测试用例主要分为以下几部分：

➤ 为 PLC 变量赋值，例如 DB（块）、I/O 等；

➤ RUN 语句，运行 PLC n 个周期或指定时长；

➤ 断言语句，比较实际值与期望值。

下面以示例的方式介绍应用测试功能，示例程序为一个 FB（块），输入参数是三角形的两个边长，使用勾股定理计算另外一个边长，应用测试示例程序如图 16-80 所示。

图 16-80　应用测试示例程序

在项目树下导航至"测试套件"→"应用测试"→"添加测试用例"，双击"添加测试用例"图标创建并打开一个测试用例。在测试用例中应进行以下操作：

1）设置变量的别名：VAR/END_VAR 区间为测试需要的变量声明别名，格式如下：

VAR

<别名> : <PLC 的变量名> ;

END_VAR

在 VAR 部分，还可对该别名变量进行赋值，例如：

VAR

<别名> : <PLC 的变量名> : = <值> ;

END_VAR

别名主要是为了后面的语句使用方便，这个部分的设置是可选的，也可以直接使用 PLC 的变量名。这里还应注意，变量名不能使用中文。

2）添加测试步骤：测试用例编辑器可包含多个测试步骤，具体语法如下：

STEP : <step_name>

END_STEP

步骤名称不支持中文，一个测试步骤中可包含以下语句。

3）添加赋值语句：赋值语句的语法为"变量名"：= <值> ；其中"变量名"可以是 PLC 变量名称也可以是别名。

4）运行测试程序：通过 RUN 指令，可通过指定参数，持续运行 PLC 程序固定的循环周期数或指定时长。语法：RUN（Cycles：= <值> ）；/RUN（Time：= <值> ）。

5）断言语句验证程序：ASSERT 语句用来比较 PLC 变量的实际值与用户指定的期望值。

6）语法：Assert.<条件> （<实际值> ，<期望值> ）。

7）条件：Equal、NotEqual、GreaterThan、GreaterThanOrEqual、LessThan、LessThanOrEqual 和 InRange。

对于示例程序可以进行边长值为负数、一个边长为 0 或者两个边长为 0、一个边长为 3.0，另外一个边长为 4.0 等测试步骤，测试用例如图 16-81 所示。

```
 1 □VAR                                         //The area to instantiate variables starts with 'VAR'
 2    a:"InstPythagoras".a := 0.0;                 //Instantiate a and set it 0.0
 3    b:"InstPythagoras".b:= 0.0;                  //Instantiate b and set it 0.0
 4    c:"InstPythagoras".c;                     //Instantiate c
 5    valid:"InstPythagoras".valid;             //Instantiate 'valid'
 6
 7  END_VAR                                      //The area to instantiate variables ends with 'END_VAR'
 8
 9 □STEP: Check_for_negative_a_and_b            //A test case starts with 'STEP:' following the name of the test case
10    a := -1.0;                                //Set a and b < 0
11    b := -1.0;
12    RUN(CYCLES := 1);                          //Run the FB once
13    ASSERT.Equal(c, -1.0);                     //Check if c = -1.0
14    ASSERT.Equal(valid, false);               //Check if 'valid' = false
15  END_STEP                                     //A test case ends with 'END_STEP'
16
17 □STEP: Check_for_a_and_b_equal_to_zero
18    a := 0.0;                                 //Set a and b = 0.0
19    b := 0.0;
20    RUN(CYCLES := 1);                          //Run the FB once
21    ASSERT.Equal(c, 0.0);                      //Check if c = 0.0
22    ASSERT.Equal(valid, true);                //Check if  'valid' = true
23  END_STEP
24
25 □STEP: Check_a_equal_to_3_and_b_equal_to_4
26    a := 3.0;                                 //Set a = 3.0
27    b := 4.0;                                 //Set b = 4.0
28    RUN(CYCLES := 1);                          //Run the FB once
29    ASSERT.Equal(c, 5.0);                      //Check if c = 5.0
30    ASSERT.Equal(valid, true);                //Check if 'valid' = true
31  END_STEP
32
33 ⊞Check_a_equal_to_0_and_b_equal_to_1
40 ⊞Check_Resolution
```

图 16-81　应用测试用例

单击运行测试用例按钮 ⏵，系统自动创建一个仿真实例（需要安装 SIMATIC S7-PLC-SIM Advanced 仿真软件），编译所选择的 PLC 并下载到仿真实例中，然后执行测试用例，测试完成后，系统自动地删除创建的仿真实例并在巡视窗口中显示测试结果，测试结果同时也保存到项目树 "公共数据" → "日志" 中，可以后期查看。应用测试结果如图 16-82 所示，断言失败后需要修改程序。

图 16-82　应用测试结果

16.12.3　系统测试功能

在测试套件 V18 中新增加了系统测试功能，测试套件作为一个 OPC UA 的客户端，通过 OPC UA 的服务器接口访问 PLC 的数据，然后执行各种测试用例，系统测试示意图如图 16-83 所示。

图 16-83　系统测试示意图

仿真实例和 S7-1500/1200 硬件都可以作为 OPC UA 的服务器，如果使用仿真实例则可以进行软件在环仿真，如果使用实际硬件则可以进行硬件在环仿真。系统测试通过 OPC UA 的接口可以进行黑盒测试，也就是说本地不需要 PLC 的项目，所以需要 OPC UA 服务器先运行，然后测试用例通过 OPC UA 服务器接口读写 PLC 的数据进行功能测试，测试用例不需要了解程序块具体的编写情况。

系统测试与应用测试方法大体相同，主要区别如下：

1）PLC 的变量名与 OPC UA 服务器的变量名不同。应用测试示例中，a 边的符号名称为 "InstPythagoras".a，在 OPC UA 服务器中符号名称则变为 "InstPythagoras"."Inputs"."a"，OPC UA 变量名称可以通过导出的 OPC UA XML 文件查看，参考 OPC UA 通信章节。

2）应用测试使用 "RUN" 指令运行 CPU，系统测试使用 "Wait（）" 指令用于读取所连接 OPC UA 服务器上的数据前，等待指定的一段时间。

下面还是以应用测试的程序为例（如图 16-80 所示），介绍系统测试的操作步骤：

1）在 CPU 设置中，激活 S7-1500 OPC UA 服务器，设置服务器地址为 opc.tcp：//192.168.0.1：4840，然后将程序下载到仿真实例或者实际 PLC 中。如果服务器不在本地，则需要知道服务器地址。

> **注意：**如果使用安全通信方式，需要设置通信双方的证书，测试时可以选择非加密通信方式。使用仿真实例，需要设置通信路径。

2）在项目树下，导航至"测试套件"→"系统测试"→"新增测试用例"，双击"新增测试用例"图标，创建并打开一个测试用例。

3）在"范围"处添加 OPC UA 服务器地址，例如 opc.tcp：//192.168.0.1：4840。

4）在系统测试用例如图 16-84 中，设置变量别名，添加测试步骤，用于对边长值为负数、一个边长为 3.0，另外一个边长为 4.0 以及分辨率等进行测试。

```
                                                          范围  opc.tcp://192.168.0.1:4840
1  ⊟VAR
2    a:"InstPythagoras"."Inputs"."a":= 0.0;            //Instantiate a and set it 0.0
3    b: "InstPythagoras"."Inputs"."b" := 0.0;          //Instantiate b and set it 0.0
4    c: "InstPythagoras"."Outputs"."c";                //Instantiate c
5    valid: "InstPythagoras"."Outputs"."valid";        //Instantiate 'valid'
6  END_VAR
7
8  ⊟STEP: Check_for_negative_a_and_b      //A test case starts with 'STEP:' following the name of the test case
9    a := -1.0;                             //Set a and b < 0
10   b := -1.0;
11 WAIT(Time:= t#500ms);
12   ASSERT.Equal(c, -1.0);                 //Check if c = -1.0
13   ASSERT.Equal(valid, false);            //Check if 'valid' = false
14 END_STEP                                 //A test case ends with 'END_STEP'
15
16 ⊟STEP: Check_a_equal_to_3_and_b_equal_to_4
17   a := 3.0;                              //Set a = 3.0
18   b := 4.0;
19 WAIT(Time:= t#500ms);                    //Set b = 4.0
20   ASSERT.Equal(c, 5.0);                  //Check if c = 5.0
21   ASSERT.Equal(valid, true);             //Check if 'valid' = true
22 END_STEP
23
24 ⊟STEP: Check_Resolution                  // 测试分辨率
25   a := 0.01;
26   b := 10.0;
27 WAIT(Time:= t#500ms);
28 ASSERT.GreaterThan(c,10.0);
29 ASSERT.Equal(valid,true);
30 END_STEP
```

图 16-84　系统测试用例

5）单击运行测试用例按钮 ◉，在巡视窗口中显示测试结果，测试结果同时也保存到项目树"公共数据"→"日志"中，可以后期查看。

第17章 团队工程

一个大的项目常常需要多个团队参与完成，主要的难点是项目管理，包括控制任务的拆分、协调和再融合形成一个完成的项目，通常的做法是：

➤ 将主项目分组，如果多人共享一个 CPU，需要划分组织块、程序块和变量表。

➤ 创建项目复本，并对多个彼此独立程序部分进行编程。

➤ 中间有交互的部分，例如 PLC 与 HMI 的通信需要不停地协调和统一。

➤ 利用库和参考项目进行联合比较，最后融合为一个完成的项目。

编程阶段完成后，还需要调试，如果多人共享一个 CPU，同样会遇到修改的版本、程序的资源，例如地址区是否冲突以及是否无意修改或者覆盖其他成员的程序等问题，这些问题通过项目管理是很难实现的。

TIA 博途软件在 V14 及以上版本推出了多用户（Multiuser）功能，可以很好地解决团队工程的问题，实现的功能如下：

➤ 可以同时并行处理某个项目的编程和调试；

➤ 减少协同工作量；

➤ 集中项目管理；

➤ 版本控制并可记录修改内容；

➤ 项目可从某一更新点回退。

17.1 团队工程的解决方案

团队工程时必须对控制任务进行拆解和划分，原则上有三种方式：1）基于设备；2）跨设备；3）基于工艺，任务划分如图 17-1 所示。

a)	b)	c)

图 17-1　控制任务的划分

a）A- 基于设备　b）B- 跨设备　c）C- 基于工艺

如果每个工程师编辑某个独立的设备，例如一个人开发 HMI，另一个人开发 PLC，任务的划分是基于设备的，如图 17-1a 所示。解决的方案如下：

1）通过 PLC 代理进行项目内工程组态（参考 PLC 代理章节），优点是无额外费用，但是 PLC 符号名修改后，需要再次生成代理文件用于 HMI 的连接。

2）使用多用户功能，优点是修改实时更新，但是多用户功能需要购买。

如果多个工程师同时开发一个设备，例如多个工程师共同开发一个 HMI 或者 PLC，任务的划分是跨设备的，如图 17-1b 所示，这时就不能使用 PLC 代理功能了，必须使用多用户功能。还有一种情况是每个工程师开发一种功能，需要同时使用 PLC 和 HMI，任务之间也需要交互，这种任务的划分是基于工艺的，如图 17-1c 所示，这时也不能使用 PLC 代理功能，除了多用户功能还需要相互协调才适合这样的应用。

17.2 多用户项目的部署及功能

多用户项目部署于服务器中，所有成员必须联网才能得到 TIA 博途软件中对象变化的状态，例如是否一个程序块被修改、增加以及更新等状态。服务器的设置方式有两种：

1）多用户服务器位于网络中单独的计算机上，如图 17-2 所示，优点是任何一个成员的不联网，不会影响到其它成员上传修改的对象并得到其它对象更新的状态。

2）多用户服务器部署在某一个项目开发工程师的 PC 上，如图 17-3 所示，优点是可快速、灵活地组态服务器，但是如果服务器不在线就会影响其它成员上传和更新对象。

图 17-2 多用户服务器部署在单独的 PC 上   图 17-3 多用户服务器部署在一个开发工程师的 PC 上

考虑到任务的复杂性，一个多用户服务器最多可以部署 100 个项目，同时最多支持 200 个会话，单个服务器项目同时最多支持 25 个会话，如图 17-4 所示。根据任务划分的需求，一个客户端可以建立多个会话，用于一个或者多个服务器项目。

> **注意**：会话（Session）表示一个客户端在一个或者多个团队工程时注册的一个角色，项目完成后可能会注销或者重新注册到另外一个项目中，所以"会话"是有时效的。

多用户项目可以将任务划分，任务的划分是以 TIA 博途软件中的对象为基础的，可以用于划分的对象见表 17-1。

图 17-4　多用户服务器功能范围

表 17-1　多用户项目的对象

STEP 7	WinCC	Safety
程序块：OB、FB、FC、全局数据块和背景数据块	画面：全局画面、总览画面、滑入画面以及报警视图的全局过滤除外	故障安全块：(F-FB、F-FC、F-Global DB)
Software-Units：OB、FB、FC、全局数据块和背景数据块	脚本：头文件"GlobalDefinitions.h"除外	F-PLC 数据类型（UDT）
PLC 数据类型和常量	变量：系统生成的系统变量、配方变量、归档变量和原始数据变量除外	故障安全变量
变量	报警：系统报警、控制器报警、预定义的系统报警类别（含 KTP700F、KTP900F 的"安全警告"）、系统类别组和系统报警组以及消息块除外	—
中断（系统中断除外）	文本列表、图形列表和 C 文本列表条目	—
项目库中的库元素	—	—
文本列表	—	—
监控表和强制表	—	—
工艺对象：S7-1500 CPU 上标准运动控制的工艺对象除外	—	—
轨迹功能		

　　TIA 博途软件项目服务器从 V18 开始支持全局库存储，可以将公司通用的库、标准库放在项目服务器中，方便开发共享使用。

17.3 多用户功能的许可证管理

使用多用户功能需要安装 "Multiuser" 软件，在安装 TIA 博途软件时已经自动安装。作为可选软件，使用多用户功能是需要许可证的，本着谁使用谁购买的原则，只有编程的工程师需要购买，而作为项目的管理者，负责原始项目的创建、创建用户账户和账户管理等工作则不需要购买，许可证的需求如图 17-5 所示。

图 17-5　多用户功能许可证的需求

17.4 使用多用户功能进行工程组态

工程组态包括启用多用户服务器、用户账户的创建、原始项目的创建并添加到多用户服务器等工作，通常这些工作由项目管理人员负责；除此之外还包括编程、上传本地修改内容到服务器以及更新服务器内容到本地等操作，这些工作由工程师负责。下面以示例的方式介绍多用户的工程组态，项目中有两个客户端（Client1 和 Client2），使用一台独立的 PC 作为服务器，服务器中包含多用户项目，配置如图 17-6 所示。

图 17-6　多用户项目配置

17.4.1 创建用户账户

多用户通过 Windows 账户管理机制进行用户验证和管理，首先需要在作为服务器的 PC 上创建两个账户。在控制面板中单击"用户账户"→"管理账户"→"在计算机设置中添加新用户"创建一个新用户，例如"Client1"，并设置密码。设置用户账户类型为"标准用户"，以相同的方式添加账户"Client2"。

17.4.2 安装多用户服务器

账户创建完成后，需要在 PC 上使能多用户服务器功能。使能多用户服务器必须在 PC（机）上安装"Multiuser"软件，如果服务器上未安装 TIA 博途软件（默认情况下自动安装"Multiuser"软件），需要在 TIA 博途软件的光盘中找到该软件并独立安装。

软件安装后，导航至"开始"→"Siemens Automation"，单击"TIA 项目服务器 -Configuration"条目进入多用户服务器配置界面，如图 17-7 所示。

图 17-7 多用户服务器配置界面

多用户配置界面功能如下：

1. 服务器状态

用于显示服务器当前的状态，通过按钮可以启动服务器和停止服务器功能。

2. 连接设置

需要用户设置连接选项。

协议：选择"http"或者"https"（安全的访问方式）。

端口：设置服务器连接的端口，例如 8735。

超时配置文件：可选择"快速""中速"和"慢速"不同的网络配置文件，具体取决于所在网络的性能与功能，见表 17-2。在所选的网络配置文件中，由系统确定生成超时消息的既定时间。

表 17-2 服务器连接的网络配置文件

网络配置文件	应用领域
快速	➢ 办公环境 ➢ 千兆以太网 ➢ 稳定且基本无干扰的网络环境
中速	➢ 办公环境，位置固定的小型工作组 ➢ 快速以太网、WLAN 和 VPN 连接 ➢ 良好的网络环境，几乎无干扰
慢速	➢ 调试，不稳定的工作站 ➢ WLAN 连接 ➢ 可能存在干扰（设备、电气安装）

3. 安全性

如果选择"https"协议，则需要安全证书，首次使用需要选择"创建一个自签名证书"，系统将生成一个证书，如果再次启用服务器服务则可以选择已经生成的证书。

4. 存储

"存储位置"：用于指定多用户项目的存储路径，如果服务器服务启用，则该文件夹将被保护。

"保存的修订版"：多用户项目最多可以保存修改的数量，如果超过定义的数量，则最早的记录将被覆盖，在"TIA 项目服务器 -Administration"可以查看到修改的时间和修改的内容，也可以回滚（rollback）到早期的版本。

设置完成后，单击"安装服务"按钮安装服务器服务，然后单击"启动服务"按钮启用服务器的服务，如图 17-8 所示。

"客户端信息"用于客户端连接服务器的地址信息，例如 https://abc：8736/430FA-176F789AA91CFF832A34426735E49FC5A4A，这里需要记住使用的连接协议，例如"http"还是"https"；服务器 PC 的名称，例如"abc"或者 IP 地址；还有使用的通信端口，例如"8736"，这些信息在客户端连接服务器时使用。后面的一串字符是证书的指纹信息，用于核对连接的证书。

图 17-8 多用户项目服务器启动状态

17.4.3 在多用户服务器中添加用户账户

多用户服务器启用之后，需要在服务器中添加用户账号用于客户端的登录和管理。首先需要登录多用户项目服务器，导航至"开始"→"Siemens Automation"，单击"TIA 项目服务器 -Administration"条目进入多用户项目服务器管理界面，单击"添加服务器"按钮建立一个与多用户项目服务器的连接，在弹出的对话框中添加服务器的名称、端口号和使用的协议，如图 17-9 所示。单击"添加"按钮进行连接。

图 17-9 建立与多用户项目服务器的连接

由于选择的连接协议为"https"，在连接时需要对证书进行核对，如图 17-10 所示，单击"确认"按钮进行确认证书的有效性，与服务器的连接建立。

图 17-10　确认证书

双击打开"用户管理"条目，不同的角色拥有不同的使用权限：

① "Manager"：完全访问权限，例如可以登录多用户项目服务器。

② "Contributor"：部分访问权限，无删除权限。

③ "Member"：只读权限。

示例中在 "Contributor" 栏中添加用户账户，如图 17-11 所示。

图 17-11　添加用户账户

项目管理者可以使用"升级所选用户"和"降级所选用户"标签再次为用户账户赋予不同的权限，也可以使用"删除所选用户"将用户账户删除，使之不能登录到服务器项目中。

17.4.4　添加与多用户项目服务器的连接

使用 TIA 博途软件将多用户项目上传到服务器前，必须添加与多用户服务器的连接。在 TIA 博途软件的菜单栏选择"选项"→"设置"→"多用户"，打开多用户服务器连接界面，在服务器列表中单击"添加服务器连接"标签，在弹出的对话框中添加需要连接服务器的信息，如图 17-12 所示。

图 17-12　添加多用户项目服务器的连接

输入"服务器别名"，例如"Server_A"，主要是用于本机识别不同的服务器。服务器的连接信息如图 17-8 所示。可以在多用户项目服务器连接表中添加多个服务器的连接。

17.4.5　上传多用户项目到服务器

项目管理首先需要搭建一个原始框架项目，然后将该项目上传到服务器中。原始项目应满足下列要求：

➢ 项目应包含所有的硬件配置，包括各站点的连接信息；
➢ 将用户程序拆分为多个相互独立的程序段；
➢ 为各用户创建一个带有文件夹或组的项目结构；
➢ 构建该项目时，应确保多名用户可同时和独自操作不同的项目目录；
➢ 针对调用子程序的每个程序部分，使用一个主循环 OB 和一个中央 FB 或 FC；
➢ 如果可能，尽量为每个组创建变量组及单独的 PLC 变量表；
➢ 为所有用户定义可用项目语言；
➢ 定义屏幕的分辨率并指定 HMI 界面的大小；
➢ 使用全局数据块而非位存储器，保存各个程序段的数据；
➢ 在本地会话中，多名用户可同时编辑多用户项目中定义的对象。在本地会话中创建新对象时，需确保使用不同的符号名称。

示例中有两个客户端"Client1"和"Client2"共享一个 PLC，创建一个初始项目，在 PLC 中分别按照客服端的名称对程序块、软件单元和 PLC 变量进行分组，如图 17-13 所示。

项目管理者和工程师都可以将原始项目上传到服务器作为服务器项目。打开 TIA 博途软件，单击菜单"项目"→"多用户"，在"管理多用户服务器项目"界面中选择需要连接的服务器, 例如选择图 17-12 中添加的服务器, 别名为 "Server_A"。如果使用 "https" 协议, 在弹出的对话框中需要对证书进行验证, 单击 "确认" 按钮后弹出登录的界面如图 17-14 所示。

图 17-13　创建原始项目

图 17-14　登录多用户服务器

如果直接在服务器 PC 上操作, 则不会弹出登录窗口, 因为多用户项目服务器通过 Windows 机制进行用户验证和管理, 自动使用 "以当前的登录数据登录" 进行登录, 但是需要对证书进行确认; 如果使用客户端登录, 则需要使用 "以其他用户登录" 方式进行登录, 示例中客户端 Client1 使用多用户项目服务器的 "Client1" 用户账户进行登录。

登录成功后, 单击项目名称表中 "将项目添加到服务器中" 标签, 在弹出的对话框中选择原始项目并添加到服务器中, 如图 17-15 所示。

在 "源路径" 中选择原始项目的路径, 原始项目的名称将作为服务器项目名称, 多用户服务器中可以添加多个项目。如果使能 "创建本地会话", 则在添加服务器项目后在本地即客户端 Client1 中再创建一个会话, 示例中没有选择, 本地会话将在下面的章节介绍。单击 "添加" 按钮完成服务器项目的添加工作。

图 17-15　添加原始项目到服务器

17.4.6　创建本地会话

在客户端上需要创建会话用于团队工程，示例中在客户端 Client1 中创建一个会话，例如打开 TIA 博途软件，单击菜单"项目"→"项目服务器"，在"管理服务器项目"界面中双击"新建本地会话"标签，在弹出的界面中选择"多用户工程组态"模式，然后设置本地会话的名称，例如"多用户项目 _Client1"及项目存储路径，示例中使能"打开本地会话"选项，如图 17-16 所示。

图 17-16　创建本地会话

单击"创建"按钮，本地会话创建完成并打开本地会话。如果选择"独占性工程组态"模式，那么本地会话将作为一个临时的工程师站，对服务器项目直接进行编辑。在编辑期间为了保证数据的一致性，服务器项目将关闭其他会话的服务，例如检入和更新，只能用于工程师站点的访问，修改完成后可以退出该模式并释放服务器功能，同时关闭和删除创建的本地会话。

打开本地会话，服务器中的项目自动下载到本地会话，在 TIA 博途软件的用户界面中将显示多用户项目的特定图标，如图 17-17 所示。

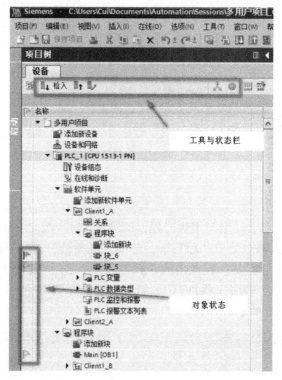

图 17-17　本地会话项目特定图标

工具与状态栏图标的含义如图 17-18 所示。

图 17-18　工具与状态栏图标

单击"检入"图标将本地修改的对象上传到服务器中；单击"刷新本地会话"图标将其他工程师修改并上传到服务器的部分下载到本地会话中；单击"打开 / 关闭服务器项目"图标，可以直接对服务器项目进行操作。服务器状态指示为绿色表示可以进行检入和更新操作；灰色表示服务器未连接；浅灰色表示离线操作；黄色表示锁存，服务器被其他工程师打开，不能提供检入和刷新服务。项目树左边的旗型图标指示多用户项目对象的状态，含义见表 17-3。

表 17-3　　对象图标的意义

符号	含　义
⚑	可标记对象（白色）
⚑	自己标记的对象（蓝色），使用鼠标单击进行标记，再次单击消除标记
⚑	由其他会话标记的对象（黄色），用于显示
⚑	存在冲突的对象（被一个以上会话进行了标记，红色）
↻	可以使用新版本对象

以相同的方式在 Client2 创建本地会话"多用户项目 _Client2"。本地会话存储的多用户项目以 *.alsx_y（TIA 博途版本）结尾，例如"多用户项目 _Client1.als 18"。

> **注意**：一个客户端可以创建多个会话。

17.4.7　本地会话的操作

本地会话的操作包括检入、刷新本地会话以及对服务项目的操作。检入与刷新本地会话的操作流程如图 17-19 所示。

图 17-19　检入与刷新的操作流程

本地会话"多用户项目 _Client1"将修改的程序通过"检入"上传到服务器项目中，本地会话"多用户项目 _Client2"通过"刷新本地会话"将服务器项目变化的部分下载到本地项目中，完成操作以后，两个会话和服务器项目完全一样。下面以示例的方式介绍检入与刷新本地会话的操作。在本地会话"多用户项目 _Client1"中，修改"Client1_A"和"Client1_B"的程序块，修改后，程序块的状态指示标志自动变为蓝色（也可以使用鼠标单击进行标记），单击"检入"图标进入检入界面，如图 17-20 所示。

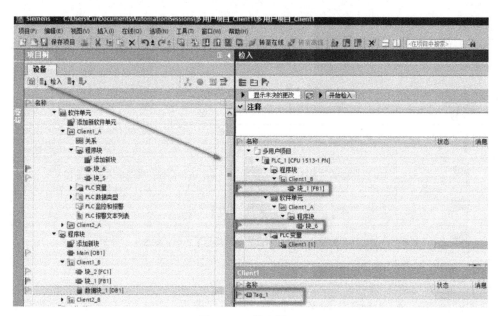

图 17-20　检入界面

系统自动检测有三个对象被修改即两个程序块和添加一个符号名，只有蓝色标记的对象才能被检入，单击"开始检入"按钮将修改的对象上传到服务器中，上传完成后，单击"刷新本地会话"图标更新时间信息。

在会话"多用户项目 _Client2"可以看到"多用户项目 _Client1"修改的对象带有更新标志，如图 17-21 所示。

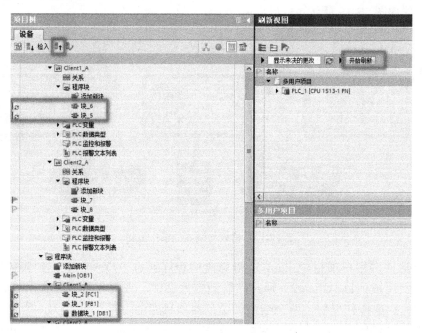

图 17-21　刷新本地会话

示例中需要刷新对象的图标 为黄色，表示该对象被"Client1"标记为蓝色，单击"刷

新本地会话"图标，然后在刷新视图中单击"开始刷新"按钮，将本地会话"多用户项目_
Client1"修改的对象复制到"多用户项目_Client2"中，完成后本地会话与服务器项目同步。

"Client1"标记的对象为蓝色，在其他会话中将显示为黄色，如果多个会话同时对一个
对象进行标记或标记一个黄色图标对象，对象图标将变为红色，单击该红色图标右键可以
查看该对象使用的信息，如图 17-22 所示。

图 17-22　冲突信息

原始项目是一个框架项目，后期可能对结构进行修改，例如更换、添加模块、符号
表的创建以及新建 PLC 连接等，由于这些都不属于多项目对象，所以必须打开服务器项
目进行修改。在"多用户项目"的工具栏中单击"打开 / 关闭服务器项目"图标，显示服
务器项目视图，这时服务器项目状态指示为黄色的锁定状态，会话的检入操作被禁止，如
图 17-23 所示。在服务器项目视图中修改 PLC 的硬件配置，使用"保存更改"和"放弃更
改"标签对服务器项目的修改进行操作，任何的操作都会解锁服务器项目，如果选择"保
存更改"，则需要单击"刷新本地会话"图标更新服务器项目的修改部分到本地会话。

图 17-23　打开服务项目

如果不能连接多用户服务器，可以单击菜单"项目"→"项目服务器"，选择"离线运行"（这时其他会话标记的状态将不能显示），在离线状态下可以继续对属于自己的对象进行编辑，连接到服务器后，去使能"离线运行"后可以将修改的对象上传到服务器中。

17.4.8　多用户项目管理

使用"TIA 项目服务器 -Administration"可以对多用户项目进行管理，导航至"开始"→"Siemens Automation"，单击"TIA 项目服务器 -Administration"条目进入多用户服务器管理界面，然后使用服务器的管理员权限登录，单击一个多用户项目，可以查看该项目的状态，如图 17-24 所示。

图 17-24　多用户项目状态

如果服务器项目被其他会话修改而锁定，可以单击"未锁定"标签进行解锁。除此之外还可以设置多用户项目为调试模式或者删除该项目。

在多用户项目的用户管理界面中，项目用户账户继承服务器的账户，如图 17-25 所示，对项目用户账户权限的升降级管理不影响服务器用户账户的权限。

图 17-25　多用户项目的用户管理

在本地会话界面将显示服务器项目中所有创建的会话，这里可以删除选择的会话。

历史信息界面显示服务器项目的创建、修改的过程，这些过程带有修订版本，如图 17-26 所示。

图 17-26　项目历史信息

修订版本的个数可以在安装服务器时进行配置，如图 17-7 所示。选择一个修订版本，单击"回滚到所选修订版本"标签，项目将回退到该修订版本所存储的内容；单击"导出所选修订版本"标签，可以将该修订版本的多用户程序导出为单用户程序，例如项目文件 *.ap18（TIA 博途 V18 版本）；单击"导出历史信息"标签，将历史信息存储于本地用于分析；选择一个修订版本，单击"保存修订版"标签，则该修订版本被锁定，不能删除；单击"显示详细信息"标签可以查看具体修改的内容。

17.5　单用户项目的联合调试功能

17.5.1　CPU 同步下载方式

一个复杂的控制任务常常由多个编程人员完成。随着 CPU 的容量越来越大，运行速度越来越快，单个 CPU 也可以完成相对复杂的任务。为了适应这样的要求，S7-1500 CPU 支持多人在线调试功能。在线的人数与 CPU 的类型有关，例如 CPU 1511 支持 5 个编程人员同时在线。

如果由多个编程人员同时完成一个控制任务，每部分的程序可以通过复制或者库文件的方式合成为一个主项目。主项目包含完整的硬件配置以及所有必需的变量和程序块，它被装载到统一使用的 CPU 中，然后以"主项目"副本的形式分发到各编程人员进行调试。流程如图 17-27 所示，首先合成主项目，然后复制多份并分发到各调试人员，每一个调试人员调试属于自己部分的程序，调试完成后再次合成为主项目。

程序下载时如果在线 / 离线项目有差异，例如其他人员修改了程序，必须先进行同步操作才能进行下载，以保证项目数据的一致性。例如一个程序分为三部分，其中主调用程序不需要修改，其它两部分程序由两个工程师调试，如图 17-28 所示。一个程序块在某个时刻只能被一个工程师站监控，不同的块可以同时被监控，所以需要每一个调试人员调试属于自己部分的程序。

图 17-27　单用户项目联合调试流程

图 17-28　程序的划分

　　如果组员 2 修改了程序 FC3 并已下载，那么组员 1 在编辑完自己部分的程序并下载时会得到程序有差异的提示信息，如图 17-29 所示。系统会提示组员 2 的程序已经修改。如果单击"同步"按钮，组员 2 修改的程序首先将自动覆盖组员 1 的 FC3 的程序，之后再执行下载组员 1 修改的程序；如果选择"离线 / 在线比较"按钮，则进入程序离线 / 在线比较界面（参考离线 / 在线比较章节），可以单独上传或下载 FC3 程序；如果选择"在不同步的情况下继续"按钮，则不进行同步操作，直接下载组员 1 的修改部分，同时 CPU 中的 FC3 被组员 1 离线项目中的旧程序所覆盖。

图 17-29　单用户联合调试下载界面

如果组员 2 修改了组员 1 的程序，例如 FC1，并下载至 CPU 中，然后组员 1 再次修改 FC1，这时系统不能决定哪一个需要覆盖，图 17-29 中的"同步"按钮将去使能，需要由组员 1 决定是上传还是下载。调试完成后，如果程序完全同步，组员 1 和 2 的程序都可以作为主项目。

SIMATIC S7-1500 CPU 与 SIMATIC S7-300/400 CPU 的下载特性是不同的，SIMATIC S7-300/400 CPU 的程序可以单独下载或者上载其中的一个程序块，优点是调试非常方便，缺点是会造成离线和在线程序有可能不一致，例如离线程序中的一个程序块在调试中已经删除了，下载后，该程序块仍然保留在 CPU 中。SIMATIC S7-1500 CPU 是"一致性下载"方式，优点是下载完成后离线、在线程序完全相同，离线没有的程序块在 CPU 中被删除；缺点是不能单独下载某一个程序块，但是可以单独上传某一个程序块。S7-1500 CPU 的"一致性下载"特性在多人调试同一 CPU 时不方便，所以在调试中增加 CPU 同步功能。同步功能正是利用"一致性下载"特性，先上传改变的块，然后再下载修改的块，如果系统判断不出来，需要人工操作，这样容易造成误动作。为了更好地解决下载调试问题，在 TIA 博途 V15.1 及以上版本增加了软件单元的功能，近似地实现了原 SIMATIC S7-300/400 的下载方式。

17.5.2　使用软件单元调试程序

软件单元是专门用于多用户调试而开发的一个功能，一个完整的程序最多划分为 255 个小的单元，每一个单元中包含程序块、变量表、数据类型等与程序相关的元素。它是一个可以单独编译的程序单元，可以独立于程序块文件夹中的程序和其它软件单元下载到 CPU 中，使 SIMATIC S7-1500 "一致性下载"的功能仅仅限制在一个软件单元中。

使用软件单元下载后可以使离线和在线程序不一致，但是局限在不同的软件单元即软件单元内的程序必须一致，如图 17-30 所示。在软件单元"Client1_A"中修改程序块后下载并不会覆盖软件单元"Client2_A"中的程序。

图 17-30 软件单元的调试功能

由于软件单元相对独立，程序块间的调用就会有一定的限制，软件单元和程序块文件夹中的程序块不能相互调用，软件单元访问程序块文件夹中的数据块需要添加关系。软件单元间的程序只能单方向调用，例如在软件单元"Client2_A"的"关系"标签中建立一个访问软件单元"Client1_A"的关系，则软件单元"Client2_A"中程序块可以访问软件单元"Client1_A"中所有的对象，反之则不行。同时软件单元"Client1_A"也不能建立访问软件单元"Client2_A"的关系。所以使用软件单元时应将程序按模块化、对象化进行划分。

为了更好地对软件单元进行划分，在 TIA 博途 V18 版本中又增加了"命名空间"，在每个程序块符号名后面的 [] 中就是该块所在的命名空间，这样在不同的命名空间中控制对象的名称可以相同。一个软件单元中可以包含多个命名空间中的程序块，如果与软件单元在相同的命名空间，该块不显示命名空间，如果在不同的命名空间，则显示命名空间，如图 17-31 所示。

图 17-31 命名空间的显示

17.6 服务器项目的联合调试功能

联合调试的难点是程序同步的问题，不同的项目有不同的解决方法：

1）单用户项目是不同工程师间的程序、工程师程序与 CPU 在线程序都需要同步，下载时系统不能判断的情况需要手动进行同步。

2）服务器项目需要本地会话间程序、CPU 在线程序和服务器程序同步，解决方法如图 17-32 所示。

图 17-32　服务器项目联合调试方法

对于服务器项目的多种调试方法中，推荐使用系统集成的调试模式，只需要本地会话的下载操作，其它步骤系统将自动执行，与一个人调试单用户项目方式类似，操作简单不易出错。下面以示例的方式介绍服务器项目调试模式的操作过程。

导航至"开始"→"Siemens Automation"，单击"TIA 项目服务器 -Administration"条目进入多用户服务器管理界面，然后使用服务器的管理员权限登录。选择服务器项目，单击"多用户调试"标签切换到调试模式，如图 17-33 所示。

图 17-33　切换到调试模式

多用户调试模式的下载程序有两种模式，同步模式和异步模式。同步模式下载与单用户项目下载过程一致，即下载过程中不能操作 TIA 博途软件其他功能，只能等待下载完成。异步调试则是启动下载时，TIA 博途软件在后台另启一个实例用于下载，下载过程中，可以操作 TIA 博途软件其它功能，比如继续编程；用户仅会收到是否需要决策和行动以下载到设备的通知，如果不需要用户决策，则在后台异步下载到设备。无论是同步模式还是异步模式，下载完成后，本地会话中可标记对象的更改都会自动地检入服务器项目中。

在本地会话中，可以看到项目处于同步调试模式，如图 17-34 所示，单击同步调试标签 后可以切换异步调试模式，标签也切换为 。

在多用户项目的工具栏中单击"打开 / 关闭服务器项目"标签，在服务器项目视图中将完整的配置程序下载到 CPU 中，然后关闭服务器项目。后续对程序块进行修改，单击下载按钮，系统自动地上传修改的内容到服务器，然后下载程序到 CPU 中并更新本地会话。其他的成员单击"刷新本地会话"图标，可以将修改部分更新到本地。多用户集成的调试功能使团队的联合调试变得简单。

图 17-34　同步调试模式

注意：如果下载前不能连接到服务器，将弹出提示对话框，如图 17-35 所示，可以选择"工程组态模式"，下载程序到 CPU 中，重新连接到服务器后需要手动签入修改并下载的部分，多人操作时应注意数据的一致性。

如果下载前不能发现 PLC 的下载路径或者数据不一致，同样会弹出提示对话框，如图 17-36 所示。单击"打开服务器项目视图"按钮，在服务器视图中搜索 PLC 并验证服务器项目与在线 PLC 数据的一致性，也可以单击"确定"按钮，在本地会话中搜索 PLC 并验证本地会话与在线 PLC 数据的一致性，如果连接成功将执行下载操作，连接不成功，服务器项目不更新。

图 17-35　未连接到服务器

图 17-36　未连接到 PLC

17.7　导出服务器项目作为单用户项目

服务器项目调试完成后，可以将其导出作为单用户项目交给最终用户；如果对项目的版本进行升级，也需要先导出为单用户项目进行升级，然后再上传服务器重新作为服务器项目。

项目的导出有两种方法：

1）可以将服务器项目的最后一个修订版本导出为单用户项目，如图 17-26 所示，单击"导出所选修订版本"标签，将该修订版本的服务器项目导出为单用户项目。

2）在 TIA 博途软件先关闭本地会话项目，然后单击菜单"项目"→"项目服务器"→"管理服务器项目"，在弹出的界面中选择需要导出的服务器项目，鼠标右键选择"导出为一个单用户项目"标签，将服务器项目导出为一个单用户项目，如图 17-37 所示。

图 17-37　服务器项目导出为单用户项目

17.8　版本控制接口 VCI

前面介绍的 TIA 博途可选软件"Multi-user"即多用户，通过项目服务器功能可以实现团队的编程和调试任务。项目完成后，服务器中的项目与每一个工程师保存的项目副本完全一致即版本是相同的。多用户选件本身带有管理功能，可以监管不同开发阶段的版本以及回退到某一个修订版本等。在多用户选件未推出之前，许多工程师采用 IT 管理团队项目的方法管理 PLC 的项目，例如使用 GIT 的功能对项目进行管理和版本控制。在 TIA 博途软件 V16 之前，GIT 所有的操作完全独立于 TIA 博途软件，TIA 博途项目中的程序块需要按照 GIT 格式导出，然后使用 GIT 命令再上传到服务器中。从 TIA 博途软件 V16 及以上版本集成了版本控制接接口 VCI，在 TIA 博途软件中可以直接对 GIT 进行简单操作。

17.8.1　GIT 功能简介

GIT 是一个开源的分布式版本控制系统，可以有效、高速地处理很小到非常大的项目版本管理。GIT 使用工作区、暂存区和版本库存储和管理文件，三者的解释如下：

1）工作区：就是计算机里能看到的目录。

2）暂存区：一般存放在 .git 目录下的 index 文件（.git/index）中，也可以把暂存区称为索引（index）。

3）版本库：工作区有一个隐藏目录 .git，这个不算工作区，而是 GIT 的版本库。

GIT 的工作区、暂存区和版本库都是在本地，工作区数据的状态是未暂存的，通过指令将数据存放入到暂存区，数据的状态变为暂存，只有暂存的数据才能放入到本地的仓库。PLC 项目中的程序，只有通过同步操作才能将数据放入到工作区。

GIT 的工作就是创建和保存项目的快照及与之后的快照进行对比。GIT 常用以下 6 个命令：git clone、git push、git add、git commit、git checkout、git pull，这些指令用于各个存储区文件的传递，如图 17-38 所示。

图 17-38　GIT 常用指令和功能

指令的功能如下：

➤ git add：添加文件到暂存区。

➤ git commit：将暂存区内容添加到本地仓库中。

➤ git clone：复制一份远程仓库，也就是下载一个项目（VCI GIT 接口中没有该命令）。

➤ git pull：下载远程代码并合并。

➤ git push：上传远程代码并合并。

➤ git checkout：命令用于切换分支或恢复工作树文件。同时也是一个很危险的命令，因为这条命令会重写工作区，在 TIA 博途 VCI 接口中没有该命令。

17.8.2　TIA 博途 VCI 所需的软件

在 TIA 博途软件中使用版本控制接口 VCI 连接 GIT 需要安装下面列出的软件，软件的功能如下：

（1）TIA 博途软件的 Openness

在安装 TIA 博途软件时默认安装，为什么需要 Openness 功能？因为 GIT 不能处理 LAD、SCL 等编程语言，所以需要使用 Openness 功能将程序块转换为 *.SimaticML 文件（西门子专有的 XML 文件），这样才能被 GIT 使用，程序转换工作由 VCI 自动执行。

（2）SIMATIC Automation Compare Tool

版本管理需要对象相互之间的对比才能知道彼此间的差异，TIA 博途软件中可以比较程序块的差异，但是转换为 *.SimaticML 文件后就不能比较了，而 SIMATIC Automation Compare Tool 就是为比较 *.SimaticML 格式对象而设计的，所以不可或缺。比较的程序对象为：

➤ 程序块（LAD，FBD，SCL，and STL）；

➤ PLC 变量表；

➤ 数据块（DBs）；

➤ 用户数据类型（UDTs）。

从可以比较的对象来看，GIT 可以进行版本控制的对象也就是上面几种，所以瓶颈不是 GIT，而是 SIMATIC Automation Compare Tool 的限制。目前为止不支持 CFC 和 Graph 程序块的比较，软件的下载网址为

https://support.industry.siemens.com/cs/ww/en/view/109797235

➤ VCI Git Connector。

VCI Add in 插件，可以在 TIA 博途软件中直接调用 GIT 命令，例如 "Add" "Push" 等，方便 TIA 博途软件的使用者。软件的下载网址为

https://support.industry.siemens.com/cs/ww/en/view/109773999。该链接有多个 Add-in 可以下载，选择 "VCI Git Connector" 的文件。

➤ 用于 WINDOWS 的 GIT。

版本控制的软件，下载的 VCI Git Connector 用于连接 TIA 博途软件和 GIT，即在 TIA 博途软件中使用 GIT 命令。软件下载网址为

https://www.git-scm.com/downloads

17.8.3　创建远程仓库和本地仓库

可以在网上注册 Github 和 Gitlab 账号并创建远程仓库，两者的区别这里不再介绍。考虑到国内访问 Github 速度比较慢，可能会影响使用，也可以使用国内的 Git 托管服务——Gitee（gitee.com），示例中测试的远程仓库就在 Gitee 上创建，这里需要记住远程仓库的地址，登录网站，在"我的"目录下选择创建的仓库，在"克隆 / 下载"中可以查看和复制地址。创建本地仓库需要 GIT 软件的帮助。GIT 软件安装完成后，在开始菜单栏中出现三个应用，分别是 Git GUI、Git Bash 和 Git CMD。Git 中的 Bash 是基于 CMD 的，在 CMD 的基础上增添一些新的命令与功能，在使用的时候，用 Bash 更加方便。GUI 是图形化界面，很适合初学者使用，下面的介绍以 Git GUI 为主。创建并选择一个文件夹，鼠标右键单击 "Git GUI Here" 快捷菜单命令，在弹出的对话框中选择 "Greate New Repository" 创建一个本地仓库或者选择 "Clone Existing Repository"，将远程仓库复制到本地并创建本地仓库，如图 17-39 所示。

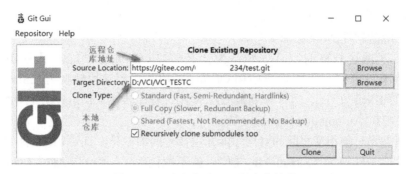

图 17-39　建立本地、远程仓库关联

单击"Clone"按钮，于是就创建了一个本地仓库并与远程仓库进行了关联。这里也可以本地仓库与远程仓库使用非对称加密的方式进行通信，所以在本地需要生成 SSH 公钥，然后复制并粘贴到远程仓库中。单击 GitGUI 的菜单条目"Help"→"Show SSH Key"，在弹出的界面中生成公钥，然后复制公钥并登录远程仓库，在"设置"中粘贴复制的公钥，如图 17-40 所示。

图 17-40　复制公钥到远程仓库

17.8.4　在 TIA 博途软件中配置 VCI

需要进行版本控制的数据和文件是存放在工作区的，所以必须将 TIA 博途软件中 PLC 项目与工作区进行关联，这个关联可以直接在 TIA 博途软件中新增的"版本控制接口"中操作。在关联之前还需要做一些准备工作，即安装配置软件"SIMATIC Automation Compare Tool"和"VCI Git Connector"。

成功安装"SIMATIC Automation Compare Tool"后，打开 TIA 博途软件，从菜单导航至"选项"→"设置"→"版本控制接口"并添加比较程序（"SIMATIC Automation Compare Tool"的执行文件），如图 17-41 所示，执行文件默认的路径为："C:\Program Files\Siemens Automation\SIMATIC Automation Compare Tool\ACTool.exe"。"VCI Git Connector"软件不需要安装，解压缩后将文件"Siemens.VCIGitConnector.addin"复制到 TIA 博途软件的 Addins 文件夹中，默认目录为"C:\Program Files\Siemens\Automation\Portal V18\AddIns"（版本为 V18）。默认情况下，Add in 没有激活，需要在 TIA 博途软件中激活。打开 TIA 博途软件，在最右边的"插件（Add-Ins）"任务栏中选择刚添加的插件文件并激活。激活成功后，准备工作完成，可以进行后续的关联操作。

图 17-41　在 TIA 博途中添加比较工具

17.8.5　复制本地项目到工作区

TIA 博途软件与 GIT 软件进行关联，需要映射本地项目到 GIT 软件的工作区。在项目树下导航至"版本控制接口"，创建一个工作区并打开，工作区的左边是 PLC 项目区，可以选择不同的 PLC 的站点，右面是 GIT 软件的工作区，如图 17-42 所示。

图 17-42　组态工作区

单击"组态工作区"标签，在弹出的对话框中选择 GIT 软件工作区路径、版本控制的插件以及 PLC 站点，如果在"路径偏移量"中不指定 PLC 站点，则项目区中将列出所有的 PLC 站点。

在项目区单击一个对象，例如整个 PLC 站点，可以整体拖放到 GIT 软件的工作区，系统自动将项目中的对象转换为与之对应的 *.xml 文件。在项目区中所有操作例如同步工作区文件、从工作区导入以及与执行动作等都是用于 PLC 项目与本地存储区文件进行同步和差异比较的，如图 17-43 所示。

图 17-43　项目区对象的操作

工作区文件的操作中就是 VCI Git Connector 插件的功能了。使用 VCI Git Connector 插件可以在 TIA 博途软件直接使用 GIT 命令。

17.8.6　工作区文件的操作

借助 VCI Git Connector 插件的功能，可以在 TIA 博途软件中直接使用 GIT 软件的命令，这些命令用于将文件从工作区传送到本地仓库、从本地仓库传送到远程仓库、从远程仓库传送到工作区等操作，例如选择工作区中的一个文件，右键快捷菜单选择 "Git" → "Add" 命令将工作区对象传送到暂存区，如图 17-44 所示。

图 17-44　VCI GIT 接口中的命令

VCI GIT 接口支持的命令解释如下：

① Add：将工作区对象传送到暂存区。

② Commit：将对象从暂存区传送到本地仓库。

③ Log：查看修改的版本。

④ Status：查看当前的状态和提示，操作完成后可以查看当前的状态，根据提示进行下一步的操作。

⑤ Reset：Add 命令的反向操作，将暂存的对象回退到工作区。

⑥ Restore：恢复工作区的对象，即撤销项目修改的对象同步到工作区的操作。

⑦ Push：将本地仓库的对象推送至远程仓库。

⑧ Pull：将远程仓库中的对象拖拽到工作区。

"Settings"如果选择"Commit on VCI synchronize"，同步操作后直接将文件传送到本地仓库。由于"Commit"操作后暂存区就空了，如果再使用"Commit"命令就会报错。如果选择"Push on VCI synchronize"，同步操作后直接将文件传送到远程仓库。不同的存储区传送文件使用的命令以及流程如图 17-38 所示。

最终所有的文件都要传送到远程仓库进行汇总，在远程仓库的统计中可以查看提交修改后的文件，如图 17-45 所示，单击浏览文件即可查看。

图 17-45　远程仓库中查看修改的文件

使用 VCI Git Connector 插件操作简单但是功能受限且不直观，可以直接使用 GIT 功能进行操作，例如在本地仓库文件夹下，右键快捷菜单单击"Git GUI Here"打开 Git GUI。修改 PLC 程序并同步到工作区，在 Git GUI 中使用"Rescan"按钮可以查看到工作区中修改的对象，如图 17-46 所示，然后在 Git GUI 中可以进行更多的操作，例如传送文件到远程仓库、查看状态、版本的回退等，这里不再介绍。也可以将 VCI Git Connector 插件与 Git GUI、Git bash 结合使用。

使用多用户项目服务器与 GIT 软件都可以进行项目的版本控制。多用户项目服务器在处理 PLC 项目方面更方便和直观，例如程序块的状态显示、适合更多的编程语言、后期的联合调试功能以及库的管理功能，毕竟该软件是基于 TIA 博途软件并专门用于团队工程而开发的。GIT 软件是将 IT 的方法应用于工业中的一种解决方案，并不能满足所有 PLC 项目的需求，例如存储项目服务器的创建就不如多用户选件方便和灵活，负责 WinCC 的工程师也不能参与团队项目的开发以及没有 PLC 调试功能，但 GIT 软件是开源的版本控制软件，大大增加了使用的灵活性，为版本控制提供了额外的解决方案。

图 17-46　使用 Git GUI 界面进行操作

第 18 章 浅谈 PLC 的标准化建设

目前，工业数字化的话题非常热门，例如生产过程的仿真、大数据分析、AI 的应用以及应用更先进的算法等，这些都属于工业数字化的范畴，涉及面也非常广，经常谈到的工业数字化可能只是一个点，无论如何，这些手段都会促进企业进行变革，以满足市场不断变化的需求，例如：

1）缩短上市时间：由于消费者需求的快速变化，制造商不得不更快地推出产品，尽管产品的复杂性不断上升。

2）增强灵活性：消费者想要个性化的产品，因此生产线必须比以前更加灵活。

3）提高质量：消费者通过在互联网上推荐产品来奖励高质量产品，同样也可以惩罚劣质产品。为了确保高质量的产品和满足法律诉求，公司必须安装闭环质量流程，产品必须具有可追溯性。

4）提高效率：不仅需要可持续和环保的产品，制造和生产中的能源效率也成为竞争优势。

5）网络安全：数字化还导致生产工厂越来越容易受到网络攻击，这就增加了对安全措施的需求。

除了上层 MES（Manufacturing Execution System，生产执行系统）、ERP（Enterprise Resource Planning，企业资源计划）和其它管理软件的应用外，PLC 系统在数字化企业也起到至关重要的作用，因为传感器的数据需要 PLC 采集，设备需要控制，设备的运行状态和报警信息需要上传到监控系统，可以说企业的产线不同，但是下面的控制设备都是类似的。如何让 PLC 系统满足数字化企业的要求呢？标准化的建设必不可少。

本章节主要介绍 PLC 系统实现标准化的一些通用方法和方式，可以借鉴和参考，不涉及具体的行业标准以及规范。标准化的实施与建设基于硬件和软件，下面的章节中将重点讨论软件的标准化。

18.1 标准化建设的工作流程

标准化是一个过程，需要持续更新和迭代，标准化也是一个知识积累的过程，并根据不同时期制定不同的版本。以一个程序块作为标准块为例，在初始阶段需要将一个现场调试完成的程序块提炼出来，去除全局变量并设置标准的参数，然后经过再编辑以满足不同的需要，审核和测试后才能放到标准库中。随着工艺的更新，控制对象增加新功能，对应的程序块也需要增加新的代码，然后再经过改编、审核和测试后放到标准库中并设置不同的版本，循环往复，工作流程如图 18-1 所示。

图 18-1　程序块标准化的工作流程

18.2　标准化的好处

标准化对于系统集成商和最终用户都是有益的，对于系统集成商来说，标准化的好处如下：

- 模块化与控制对象的编程方式可以非常快速地构建一个大型项目；
- 便于程序块的持续更新和优化，使控制功能更加丰富；
- 清晰的程序架构具有很好的传承性；
- 强大的企业库不仅仅包括程序，还可以容纳硬件参数、HMI 界面等对象；
- 很好的协调性与一致性，设计方式统一；
- 提高软件质量和竞争力；
- 提高效率；
- 知识的积累和迭代；

对于最终用户，标准化的好处如下：

- 快速定位系统硬件故障，减少停机时间；
- 熟知的变量名称、按工艺划分的程序便于维护人员的阅读；
- 程序架构清晰，便于后期的技改；
- 报警信息带有故障时刻的程序状态，便于维护人员的故障分析。

18.3　PLC 硬件的标准化

硬件的标准化主要涉及硬件的选型和网络的配置：

1）IO 站点和模块选择相同的设备类型。对于系统集成商来说，与模块对应的图样和程序相对固定，提高整体的效率；对于最终用户来说，减少备件的种类便于维护。这里特别强调的是在条件允许的情况下，应尽量选择诊断功能完善的高性能模块，这样可以快速地定位故障源，减少停机的时间。

2）站点的 IP 地址与设备名称应统一规划，OEM（Original Equipment Manufacture，原始设备制造商）设备 IP 地址固定，PN 的设备名称可以与实际设备名称相匹配。

3）远程 I/O 设备以及网络设备间的连接端口固定，便于调试、诊断和维护。

4）功能相似、型号不同的 OEM 设备可以使用组态控制，便于程序的管理。

5）按层级分组控制设备，可快速地浏览与设备相关的控制设备，如图 18-2 所示。

图 18-2　按层级分组控制设备

6）在有条件的情况下，主干网络与控制网络应分开。

18.4　PLC 软件的标准化

软件的标准化应考虑如下几个方面：

➤ 编程方式（例如面向对象的编程方式）以及符号名的定义；

➤ 编程语言，可以选择图形化编程语言和文本语言；

➤ 程序块接口的定义是否使用结构化的接口和参考（Ref）进行参数的传递；

➤ 数据的存储是全局数据块还是背景数据块。

最终实现的目的是提高程序的可读性、灵活性、可维护性和复用性。

18.4.1　分配符号名称

软件标准化的第一步就是分配符号名称，包括传感器与执行机构、全局变量以及函数和函数块名称及接口声明符号名称的命名。

（1）传感器与执行机构符号名的命名

传感器与执行机构连接的是 PLC 的输入、输出模块，应以工艺认可的名称定义，例如"1 号电机运行指示""2 号电机反向运行指示"等。如果名称定义的过于冗长，则可读写性差，编程时的引用也不方便；太简练则不容易识别。可以生成基于控制对象的 PLC 数据类型，然后在数据块中创建该对象的全局变量，最后将输入、输出变量引用到全局数据块，这样在程序中可以借助智能感知的功能引用这些变量，例如 Motor.feedback.temperature，这样即方便变量的引用也增强了可读性。

（2）全局变量以及函数和函数块接口声明符号名称的命名

项目、软件单元、组、工艺对象、程序块、变量表等的符号命名方式相同，可以像高级语言一样使用帕斯卡命名法（PascalCase），即每个单词开头的字母大写，例如"Actual-Velocity"；变量、接口参数、PLC 数据类型等声明使用驼峰式命名法（camelCase），即除了第一个单词外的其它单词的开头字母大写，如图 18-3 所示。

	ActVelocityControl		
	Name	Data type	Default value
1	▼ Input		
2	startMotor	Bool	false
3	setVelocity	Real	10.0
4	setAcceleration	Real	0.5
5	▼ Output		
6	actualVelocity	Real	0.0
7	actualPosition	Real	0.0
8	error	Word	16#FFFF
9	▼ InOut		
10	▼ telegram	"typeMotorTelegramm0815"	
11	stateWord	Word	
12	controlWord	Word	
13	▼ Static		
14	statError	Bool	false
15	▶ statVelocityValues	Array[0..#NUMBEROFVALUES] of Real	
16	▶ instCalculatePosition	"CalculatePosition"	
17	▼ Temp		
18	tempPosition	Real	
19	▼ Constant		
20	NUMBER_OF_VALUES	Int	50
21	MIN_VELOCITY	Real	10.0
22	MAX_VELOCITY	Real	500.0

图 18-3　驼峰式命名法（camelCase）

注意：建议符号名称使用英文。虽然可以使用中文，但是引用不方便。

1）实例 DB 名称以"Inst"前缀开始。

2）每一个变量名称只能有一个缩略语，缩略语必须统一，例如"Min"表示最小，"Avg"表示平均值。

3）数组符号名称总是复数，数组下标以 0 开始，以常数结尾。

4）PLC 数据类型前缀为"type"，使用 PLC 数据类型替代结构体。

5）前缀使用"stat"和"temp"表示静态和临时变量，使用前缀"inst"表示多重背景，如图 18-3 所示。

6）Input、Output 和 InOut 没有前缀，多变量传输使用 PLC 数据类型。

7）使用大写字母命名常量，常量值不等于 0，例如故障代码等。

18.4.2　符号表层级化

按设备层级划分符号表，可以快速地浏览与设备相关的变量，如图 18-4 所示。

图 18-4　符号表层级化

18.4.3　控制对象的拆分

　　为了提高程序的复用性，必须对一台完整的设备进行拆分。一台完整的设备包含若干个控制单元，一个控制单元包含若干个设备模块，一个设备模块又可以包含若干个控制模块，例如图 18-5 所示的控制对象是一个传送带，传送带作为控制单元包含输送逻辑和驱动逻辑，输送逻辑作为设备模块包含两个传感器的控制，驱动逻辑也作为设备模块包含电机的控制，可以使用 V90 或者 S120 对电机进行控制。

图 18-5　控制对象的拆分

　　拆分后的目的是使控制设备对象化和模块化，并与模块化的程序相匹配。设备升级改造和扩展功能后，相应的程序块也需要进行改编，除此之外还应考虑这些程序块的复用性。在后续的项目中，大部分编程工作就是拼装不同的模块。拆分的模块既不能太大也不能太小，太大不灵活，太小拼装的工作量就会很大。程序块是选择 FB 还是 FC 呢？推荐的方法是独立控制对象使用 FB（块），或者在 HMI 上有独立显示的对象使用 FB，例如，通常一个 PID 回路在 HMI 上需要独立操作和显示，所以对应的程序块可以是 FB。另外，每个人的看法也有差异，图 18-5 中也可以将驱动逻辑部分作为一个独立对象用于其它的设备，使用 FB 与之匹配。

18.4.4　程序块接口的定义

一个控制对象可以使用一个 FB/FC 块与之匹配，在编写 FB/FC 块前需要确定与哪些设备交换数据？交换什么数据？这些数据通过什么方式交换？首先参数的传递必须通过接口而不能直接对本地变量进行访问，如图 18-6 所示。

图 18-6　通过接口进行传递参数

其次控制单元与设备模块、设备模块与控制模块通过程序块的接口进行数据交换，推荐的交换方式如图 18-7 所示，即同层级模块间的数据通过上层级模块进行交换，这样可以使接口非常清晰，每层级的模块又相对独立。

图 18-7　不同层级数据推荐的交换方式

最后还应考虑参数传递使用的数据类型，如果传递一组参数，建议使用 PLC 数据类型作为接口参数，这样可以简化程序块间数据的交换，避免不必要的错误，如图 18-8 所示。PLC 数据类型还支持版本控制，参数扩展后可以整体更新所有使用该类型的程序块接口。

还可以隐藏一些不经常使用的参数，例如专家参数，便于其他工程师的使用。为了安全起见，可以对某些参数赋初始值，如图 18-9 所示。这些工作都可以通过接口参数的属性进行设置。

图 18-8　使用 PLC 数据类型作为传递参数

图 18-9　隐藏接口参数和设置初始值

18.4.5　编程语言的选择

TIA 博途软件提供多种编程语言，分别为 LAD/FBD、SCL、STL（不建议使用）和 GRAPH，不同的编程语言适合不同的应用环境，见表 18-1。程序块编程语言的选择应该与应用相关联。

表 18-1　不同编程语言适合的应用环境

编程语言	LAD/FBD	SCL	GRAPH	STL
互联和块调用	适合			
复杂任务和程序逻辑		适合		适合
类高级语言编程方式		适合		
容易理解	适合	适合	适合	
顺控			适合	

注意：不同的程序语言适合不同的编程人员，作为开发人员，LAD/FBD 和 SCL 是必备的。

18.4.6 程序的层级化和调用顺序

除了符号表和硬件设备外，程序块也可以按组和层级进行划分，划分的原则可以按工艺或者控制顺序。程序层级化的好处在于结构清晰并可以快速查询与控制对象对应的程序块，如果使用 SIVARC（后续介绍）自动生成 HMI 界面功能，程序的层级化是必需的，这样程序架构会自动映射到 HMI 中进行界面和变量的管理，如图 18-10 所示。

图 18-10　设置程序组和层级

在程序块的调用上也需要按控制顺序和控制对象进行划分，以图 18-5 的控制对象为例，调用结构如图 18-11 所示。

图 18-11　程序调用结构

18.4.7　数据的存储

数据可以存储于全局数据块中，也可以存储于多重实例数据块中，如图 18-12 所示。两种存储方式各有优缺点，存储于全局数据块中的好处是数据中央管理，缺点是可能出现不确定的交叉访问和数据的不一致性；存储于多重实例数据块中的好处是没有交叉访问，程序块可以独立复制或者作为库的模板，缺点是接口变得比较复杂。

图 18-12　数据存储的方式

从程序块标准化的角度来说，一个独立对象的数据应该封装于多重实例数据块中，复杂的 FB 接口参数可以使用 PLC 数据类型进行优化，各个对象相互交换的数据可以存储于全局数据块中作为接口数据块。与 HMI 通信的数据，也最好先暂存一个数据块中，然后再传送到接口数据块中（不要通过 HMI 直接对 FB 接口赋值，有可能会出现一些问题，在后续的移植章节会有介绍）。

18.5　库功能

上面章节的重点是将一个设备拆分为不同的对象，然后为每一个对象分配一个对应的 FB，在其它的项目中复用和拼装这些块以提高工程效率。在 FB 的编程环节还介绍了编程语言的选择、变量名称和接口定义、调用顺序以及数据的存储方式等。FB 中实现的功能包括对象的控制功能、状态以及基于对象的报警（使用 PROGRAMM_ALARM 发送报警信息）。这些功能还远远达不到管理的目的，例如程序块版本迭代、项目中程序块的更新、更新块的共享和管理、程序块的帮助文档、以及更加完善的功能，例如自动生成对象界面以及变量的自动连接、自动生成程序等功能，这些管理功能都可以通过 TIA 博途软件的库功能实现，自动生成对象界面和程序等附加功能也是基于对库的操作。

18.5.1　库的基本信息

TIA 博途软件提供了强大的库功能，可以将需要重复使用的对象存储在库中。该对象既可以是一个程序块、DB 或 PLC 数据类型，也可以是一个分布式 I/O 站或一整套 PLC 系统，甚至可以是 HMI 的一幅界面，或者是一幅界面上的某几个图形元素的组合。几乎所有的对象都可以成为库元素。熟练使用 TIA 博途软件的库功能，可以使项目开发事半功倍。

在 TIA 博途软件中，每个项目都连接一个项目库，可以存储在项目中多次使用的对象，项目库总是随项目打开、保存和关闭。除了项目库，还可以创建任意多数量的全局库。用户可以将项目库中的对象添加到全局库中，以方便其他同事在其他项目中直接使用该全局库。由于各库之间相互兼容，因此可以将一个库中的库元素复制和移动到另一个库中。

项目库和全局库中都包含以下两种不同类型的对象：

1. 模板副本

基本上所有对象都可保存为模板副本，保存之后可在项目中多次使用该模板副本。例如，可以保存整个设备及内容，或者将设备文档的封页保存为模板副本。模板副本是对象的一个复制，所以模板副本不能进行二次开发，也没有版本号。

2. 类型

运行用户程序所需的元素，例如块、PLC 数据类型、界面或界面模板可作为类型。类型有版本号，支持二次开发，可以对类型进行版本控制。类型中的元素有新版本时，通过"版本发行"功能，将更新项目中所有使用这些类型的程序。

在 TIA 博途软件视图右侧的工具栏上，单击"库"即可打开库界面。

18.5.2　项目库类型的使用

下面以示例方式介绍如何将程序块添加为库中的类型，如何使用该类型以及如何对类型进行版本控制。

使用鼠标将项目树下的程序块"块 _2[FB1]"直接拖放至右侧的库工具栏→项目库→类型文件夹目录下，在弹出的对话框中，可以定义该类型的名称，版本号，并为其添加注释，单击"确定"按钮后，该块将作为一个类型存放在项目库的类型文件夹中，如图 18-13 所示。类型不能带有全局变量，程序块转换类型的过程中系统自动检查。

在项目树下，可以看到"块 _2 [FB1]"左上角有一个黑色的小三角符号，代表该程序块是库中的一个类型，会随库中类型的更新而更新，如图 18-14 所示。

图 18-13　添加程序块到类型

图 18-14　类型的一个实例

项目库中的类型可以用于项目中所有的 PLC 站点，直接将类型拖放至其它 PLC 站点程序块文件夹下就可以使用。类型后续的修改，则需要在项目库中进行编辑，在左侧的项目库中选择该类型，右键选择"编辑类型"进入编辑界面，编辑完成之后，该类型处于"测试中"模式，必须发行后才有确定的版本。选择该类型，右键选择"发布版本"条目，在弹出的窗口中定义新的版本号以及添加修改注释，如图 18-15 所示，单击"确定"按钮后，所有该类型的实例将会同步更新。

图 18-15　更新项目中的实例

同步之后，需要对所有调用了该类型的 CPU 进行编译，以检查更新后的程序是否匹配。如果不需要 CPU 中的函数或函数块随库中的类型自动更新，可以选中该程序块，单击右键选择"终止到类型的连接"，之后该程序块右上角的黑色小三角符号消失，表示该程序块已变为普通块，与库中的类型再无关联。

默认状态下，程序块在项目树中不显示版本信息，如果需要显示可以选择项目的状态显示栏，鼠标右键，在"显示隐藏"标签中使能"版本"选项，如图 18-16 所示。

图 18-16　在项目中显示程序块版本

18.5.3　项目库模板副本的使用

模板副本是对象的一个复制，没有版本控制，也不支持二次开发。所有可以添加为类型的对象均可以添加到模板副本，但反之不然。除程序块之外，一个模块、一个分布式 I/O 站点以及整个 PLC 站点等硬件对象都可以添加到模板副本，所以模板副本的对象范围更广。例如，要在多个项目中使用具有相同硬件及参数设置的一个分布式 I/O 站点，可以将该 I/O 站添加到模板副本，该项目下的其它 PLC 可以直接使用该分布式 I/O 的模板副本，无需重新做配置。切换到网络视图，鼠标选中该分布式 IO 站，并将其拖放到项目库模板副本下，即可完成一个元素的添加任务，如图 18-17 所示。

图 18-17　添加对象到模板副本

如果需要使用该模板副本中的分布式 I/O 站，只需在网络视图中将模板副本下的该分布式 I/O 站直接拖放到相应位置，并连接到其控制器即可。

程序块、PLC 变量以及 PLC 数据类型等对象的添加与此类似，不再单独阐述。

18.5.4　全局库的使用

如果要在不同的项目中使用相同的库元素，就需要通过全局库的功能来实现。全局库中的库文件可以单独保存，这样可以很方便地在另一个项目或另一台 PC 上使用。

下面以示例的方式介绍如何创建一个全局库，并在该全局库中添加类型和模板副本。

在库工具栏下，显示"全局库"之后，单击"创建新全局库"按钮，可创建一个新的全局库。在弹出的窗口中为该全局库定义一个名称，选择本地的存储路径，并根据需要，添加注释、作者等信息。新的全局库添加完成后有 4 个子目录，分别为类型、模板副本、公共数据和语言以及资源。全局库的类型与模板副本用法与项目库基本相同。类型的版本更新信息会以日志的形式存储在公共数据下，语言库存放在语言和资源目录下。

项目中的对象可以直接通过拖放的方式添加到全局库的模板副本中，但是不能以同样的方式添加到全局库的类型中。全局库中的类型只能来自于项目库中的类型，可通过拖放的方式将项目库中的类型添加到全局库的类型中，操作步骤如图 18-18 所示。

全局库文件经过变更之后，选择该库文件，右键键快捷菜单中选择"保存库"，即可将全局库保存。如果需要将全局库复制给其他用户使用，

图 18-18　向全局库中添加类型

则可以有两种方式将全局库保存为副本：一种方式是以库文件夹的形式进行保存。例如在库名称上单击右键，选择"将库另存为…"，之后选择存储路径；另一种方式是以库压缩文件的形式进行保存，例如选择该库文件，右键快捷菜单选择"归档库"，之后选择存储路径，将库文件以压缩文件的形式保存。两种方式保存的库文件都可以在其它安装了 TIA 博途的 PC 上通过全局库下的"打开全局库"按钮直接打开。

其他用户得到全局库的副本之后，既可以在自己的项目中打开全局库，使用全局库中的元素，也可以使用这个全局库中的类型更新自己项目库中或者全局库中的其它旧版本类型，在全局库下选择该库文件，右键快捷菜单单击"更新类型"，如果选择"项目"，则更新项目中的类型；如果选择"库"，则可以更新项目库或者其它全局库中的类型。

18.5.5 企业库功能

TIA 博途软件的库功能包含项目库和全局库，项目库跟随着项目，项目库中的元素只能在本项目中使用，全局库可以共享给其他工程师和项目使用。全局库中的模板副本相当于存储不同元素的文件夹，通过拖放功能可以将不同项目中不同的元素存储于模板副本中，供其他工程师使用；而类型必须由项目库提供，如果在其它项目中使用，这些使用的类型元素将自动地进入到该项目的项目库中。

一个企业或者工程公司希望系统地管理这些库元素，首先需要将不同项目的项目库存放于一个或者多个全局库中，然后将全局库存放到服务器中共享给其他工程师。如果需要版本控制，则必须将库元素存放于类型中（不是所有的库元素都支持版本控制）。在新项目中如果对类型元素进行更改后，版本号会自动升级，然后将新的版本更新到全局库中并上传到服务器中存储，这样就完成一次类型元素的更新迭代。版本控制的好处是在类型元素下可以看到以前的版本号，使用项目更新功能，最高版本将自动替代项目中低版本的类型元素，如果需要使用其它版本的类型元素可以通过"设置为 default"功能或者手动的方式进行替代。

上传到服务器的类型版本更新后应怎样及时通知到每一位库的使用者？使用原始的方法费时、费力，使用企业库功能可以很好地解决这个问题，下面以示例的方式介绍企业库功能的使用。

首先，库的管理者将最新的全局库存放到的服务器中（可以是一台 PC），然后在库使用者的 TIA 博途软件中设定全局库的存储路径，存储路径应在系统指定的文件"CorporateSettings"中组态。打开 TIA 博途软件，导航至"选项"→"设置"→"常规"，可以查看到指定文件的路径，如图 18-19 所示。

"CorporateSettings"为 XML 类型文件，可以使用记事本打开并编辑，在"<CorporateLibraryPaths>"和"</CorporateLibraryPaths>"内指定企业库的存储路径，在"<Item>"和"</Item>"间填写企业库的完整路径，示例中将企业库存储于本地，如图 18-20 所示。

组态完成后保存该文件，重新打开 TIA 博途软件后，系统将自动连接指定的企业库并在全局库中打开，服务器中的企业库更新后，在 TIA 博途软件中也会自动更新。

为了更好地保护企业库，库中的元素除了密码保护（不能打开）之外，还可以将全局库导出为受保护的库（不需要密码）作为企业库，这样库中的元素只能查看而不能编辑。单击全局库，鼠标右键选择"导出为受保护的库"即可将全局库导出一个受保护的库，如图 18-21 所示，原全局库可以作为副本备份。

图 18-19 企业库组态文件的存储路径

图 18-20 组态企业库存储路径

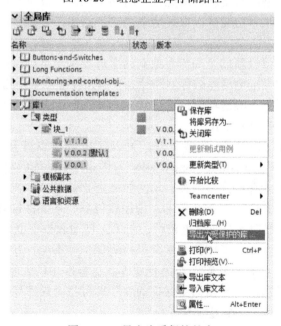

图 18-21 导出为受保护的库

18.5.6　使用多用户软件管理库

企业库存放于一个服务器中，然后在本地的 TIA 博途软件中指定企业库存放的路径，利用 TIA 博途软件的库功能自动更新本地库中的内容。如果在一个共享的群组里，多人管理多个库，如果新增加一个库，需要在本地修改"CorporateSettings"文件指定新库的路径，然后还需要将新库的路径信息发送到群组里，每个工程师都需要修改"CorporateSettings"文件。如果一个库需要多人管理，因为没有库的状态信息，可能会造成相互覆盖。

在 TIA 博途 软件 V18 及以上版本中，多用户软件除了用于团队工程外，还增加了库的管理功能。将库存放于项目服务器中，借助多用户软件的功能，可以记录每一个工程师的操作信息并反馈库的状态信息，例如标记情况、更新状态等。

打开全局库，可以看到新增加了服务器管理、检入、刷新本地会话等按钮以及服务器库的状态信息，如图 18-22 所示。

图 18-22　服务器库的操作

单击"管理服务器上的全局库"按钮 ，在弹出的对话框中选择存放库的服务器，然后将一个或者多个全局库拖放到服务器中并创建本地会话，本地会话作为服务器库的一个副本，可以防止服务器数据被修改和覆盖。本地的全局库类型版本经过迭代更新后，单击检入按钮 可以将修改的类型上传至库服务器中。如果其他工程师上传了修改的库，在本地，服务器通过状态标志 提示需要更新，单击刷新本地会话按钮 将更新的内容下传到本地，同时更新标志消除。

使用"TIA 项目服务器 -Administration"同样可以对库进行管理。导航至"开始"→"Siemens Automation"，单击"TIA 项目服务器 -Administration"条目进入多用户服务器管理界面，如图 18-23 所示，服务器库和项目是分开的，但是管理方式是完全相同的。

使用多用户项目服务器管理全局库或者企业库相对于 TIA 博途软件自身的企业库管理功能更加方便和简单。服务器的创建和管理，库的检入和更新等操作请参考"团队工程"章节，这里不再介绍。

图 18-23　服务器库的管理

18.6　用户自定义帮助

全局库或者企业库中元素用于共享给其他工程师使用，如果使用者不熟悉这些元素怎么使用，元素的提供者或者开发者还需要编写相应的帮助文档。TIA 博途软件提供用户自定义文档功能，与相应的帮助文档进行关联，使用者只需使用鼠标单击库中的元素，按下 <Shift+F1> 组合键就可以直接打开该元素的帮助文档，该功能还支持多语言切换功能，用户可根据用户界面语言编写不同的用户自定义文档，切换用户界面语言时，系统自动切换对应的用户文档，方便使用者快速查看库中元素的相关信息。

不但可以为库中的元素自定义文档，项目树、程序编辑器（支持 LAD、FBD、STL、SCL 和 GRAPH 编程语言）以及界面编辑器中的对象也可以自定义文档。

帮助文档支持的文件格式如下：

- ➢ Microsoft Word（.docx）；
- ➢ Microsoft Excel（.xlsx）；
- ➢ Microsoft PowerPoint（.pptx 和 .ppsx）；
- ➢ HTML 界面（.htm 或 .html）；
- ➢ Microsoft XPS（.xps）；
- ➢ 富文本格式（.rtf）；
- ➢ 文本文档（.txt）；
- ➢ 编译后的 HTML 帮助（.chm）；
- ➢ PDF 文档（.pdf）。

用户自定义文档存储的目录如下：

1）项目文件夹：UserFiles\UserDocumentation\< 相应语言的文件夹 >\< 对象类别 > 如

果为项目中的对象创建用户自定义文档，则该帮助将保存在项目文件夹中。在项目传递时，用户自定义文档也会一同传递。

2）全局库的目录：UserFiles\UserDocumentation\< 相应语言的文件夹 >\< 对象类别 >如果为全局库中的对象创建用户自定义文档，则该用户自定义文档将保存在全局库的目录中。在全局库传递时，用户自定义文档也会一同传递。

3）硬盘驱动器或网络驱动器上的中央目录：< 用户自定义文档的中央目录 >\< 相应语言的文件夹 >\< 对象类别 > 可以将用户自定义文档存储在硬盘驱动器中，这样可访问每个项目中的用户自定义文档；或者放在网络驱动器上，整个项目组成员均可访问该用户自定义文档。使用 XML 文件或在 TIA 博途软件的设置中指定用户自定义文档的存储路径。

用户自定义文档必须位于相应语言所对应的子文件夹内。表 18-2 列出了安装的用户语言所对应的语言文件夹。

表 18-2 相应语言的文件夹

语言	子文件夹	语言	子文件夹
德语	\de-DE	法语	\fr-FR
英语	\en-US	意大利语	\it-IT
西班牙语	\es-ES	简体中文	\zh-CN

对象类别见表 18-3。

表 18-3 对象类别

对象类别	英文标识	对象类别	英文标识
HMI 界面	Screens	库中的模板副本	Master Copies
组织块（OB）	Organization Blocks	项目树中的项目节点	Projects
函数块（FB）	Function Blocks	项目树、项目库或全局库中所有的文件夹类型	Folders
函数（FC）	Functions	项目树中的所有链接类型，例如 "添加新块""添加新设备" 等	ShortCut
数据块	Data Blocks	位于 "库" 任务卡或库视图中的库	Libraries
库中的类型	Library Types		

下面分别以用户自定义文档存储于项目文件夹和硬盘驱动器的中央目录为例介绍用户自定义文档功能。

1. 存储于项目文件夹

1）创建一个新的项目，记住项目的存储路径。

2）添加 PLC 站点并创建 FB1，符号名称为 "电机控制"。

3）编写 FB1 的在线帮助文档，可以按照不同的语言进行编辑，例如分别编写中英文在线帮助，FB1 的在线帮助文档名称为 "电机控制"，与程序块的符号名称相匹配。

注意：中英文的文档名称相同，可以暂存于不同的文件夹中。

4）在项目的存储路径中，查找并打开文件夹 "UserFiles"，如图 18-24 所示。

图 18-24　查找 UserFiles 文件夹

　　在文件夹"UserFiles"中，创建目录"UserDocumentation"，然后再创建两个子目录"zh-CN"和"en-US"，在两个子目录中分别再次创建目录"Function Blocks"，最后将已经编写完成的 FB1 中英文帮助文档存放到对应的目录中。

　　5）在项目中单击 FB1，使用 shift+F1 键可以查看程序块自定义的在线帮助，同时可以切换界面语言例如从中文切换到英文，再次使用 shift+F1 可以打开英文的帮助文档。

　　2. 存储于硬盘驱动器的中央目录

　　1）将 FB1 拖放到项目库的类型中并复制到全局库中。

　　2）打开 TIA 博途软件，在"选项"→"设置"→"常规"→"常规"→"用户文档"中，使能"为用户自定义文档显示调用日志"和"在中央目录内搜索用户自定义文档"选项并设置存储路径，如图 18-25 所示。

图 18-25　使能自定义文档的中央目录

　　选择"为用户自定义文档显示调用日志"是为了查看调用文档的日志文件，出问题时也可以查看故障的原因，如图 18-26 所示。

图 18-26　查看调用文档的日志文件

3）将文件复制到选定的目录中，目录路径为 < 用户自定义文档的中央目录 >\< 相应语言的文件夹 >\< 对象类别 >\，例如将英文帮助文档放到 "C:\TEST\en-US\Library Types\" 目录下；将中文帮助文档放到 "C:\TEST\zh-CN\Library Types\" 目录下。

注意：存放到全局库的类型中，对象类型改为 "Library Types"。

4）在全局库的类型中单击 FB1，使用 shift+F1 可以查看程序块自定义的在线帮助了，切换界面语言，系统自动地打开不同目录的帮助文档。

注意：如果帮助文档只有一种语言，例如中文，界面语言切换到英文，如果找不到相应的英文文档，系统会自动地搜索其它语言文件夹中的相应文档。

如果在目录中找不到相应的文件名称，系统将在项目下的目录中查找。

18.7　SiVArc

SiVArc（SIMATIC WinCC Visualization Architect）是 TIA 博途软件的选件包，系统集成商和设备制造商可以使用 SiVArc 方便、快速和灵活地自动构造 HMI 的解决方案。SiVArc 也是一个图形用户界面生成器，可以简单地进行配置而不需要编程知识，使得在 TIA 博途软件中的 HMI 工程变的方便、高效。

前面介绍的标准化中提到拆分控制对象，使用一个 FB（块）与一个对象相匹配，这个 FB 可以实现的功能除了应有的控制程序、状态，还需要带有事件触发的系统与过程报警以及自动生成 HMI 功能，如图 18-27 所示。

SiVArc 是用于实现自动生成界面功能的选件，使用者只需要简单地调用一个 FB（块），控制对象的控制、状态、报警和界面就可以轻松无误地完成。

SiVArc 是对库中元素的引用，所以做好全局库或者形成企业库是前提条件。SiVArc 也可以说是程序标准化后的附加应用。

图 18-27　对象控制 FB 实现的功能

18.7.1　SiVArc 的应用

使用 SiVArc 可以基于 PLC 的程序自动生成 HMI 的变量、界面、界面中的对象以及文本列表，如图 18-28 所示。简单地说就是在 SiVArc 中设定一些规则，规则中规定调用哪一个程序块时将哪一个界面对象放置在哪一幅界面的什么位置上，生成与之相关的变量并连接到界面对象上。使用 SiVArc 的好处是将对象的控制程序与 HMI 和变量相关联，可以批量无误地生成界面对象并关联相应的变量。

图 18-28　SiVArc 的应用

18.7.2　SiVArc 对 PLC 程序架构的要求

使用 PLC 的程序生成 HMI 界面对象，怎样生成、生成什么样的 HMI 架构需要在规则中定义，所以要求 PLC 的程序架构一定要有规则，也就是必须使用模块化和对象化的编程方式，否则无规则可定义。

　　每调用一个 FB（块）就是生成一个实例，每一个实例对应界面中的一个对象，这个对象的变量来源于对应的实例，如图 18-29 所示，示例中 HMI 界面对象与程序块保存于库中。

图 18-29　实例与 HMI 界面对象的对应关系

　　相同的程序架构，通过 HMI 和对象属性的定义可以得到不同的界面架构，例如一个 PLC 的程序架构如图 18-30 所示。FB2 调用了三个 FB1，FB4 调用了两个 FB1，如果使用 FB1 控制一个对象，程序中总共有五个对象，在 HMI 中自动生成五个界面对象。是生成一副包含五个对象的界面？还是生成两幅界面，一副界面包含三个对象（FB2），另一副界面包含两个对象（FB4）？感觉上生成两幅界面比较清楚，那么两幅界面使用什么名称命名呢？通常的情况下使用调用 FB（块）的实例名称命名，例如 FB2 和 FB4 的实例名称，从这点上看，使用 FB（块）的调用层级就非常方便，如果使用 FC 替代 FB，界面名称就不容易区分，除非再定义标识符。

图 18-30　PLC 的程序架构示例

18.7.3　使用 SiVArc 生成 HMI 示例

　　SiVArc 功能强大，灵活方便，完全掌握需要一定的时间，这里借助几个典型的示例，可以使读者快速地了解 SiVArc 的使用方法。

　　示例程序的架构如图 18-31 所示。有两条生产线 A（FB2）和 B（FB3），生产线 A 中有三个电机控制（调用三个 FB1），生产线 B 中有两个电机控制（调用两个 FB1），每一个电机的名称就是"电机控制"FB1 实例数据块的名称，FB2 和 FB3 的实例数据块名称分别为数字化生产线 A 和数字化生产线 B。根据程序架构，可以使用 SiVArc 生成两幅界面，名称分别为数字化生产线 A 和数字化生产线 B（FB2 和 FB3 的实例数据块名称），在数字化生产线 A 界面中有三个电机对象，在数字化生产线 B 界面中有两个电机对象。

图 18-31　示例程序架构

使用一个"电机控制"FB 控制一个电机，电机的状态需要在 HMI 中显示，在 FB 的静态变量中使用了一个 PLC 数据类型"电机参数"，便于参数的分配。每调用一个 FB（块）就需要在 HMI 中生成一个电机的界面对象，并且将"转速值""电流值""温度值"和"电机名称"自动与 PLC 变量连接，如图 18-32 所示。

图 18-32　FB（块）与 HMI 对应关系

完成示例功能的步骤如下：

1）按照图 18-32 在 PLC 中创建 PLC 数据类型"电机参数"，并拖放到项目库的类型中；在 HMI 中按界面对象格式将电机图片、I/O 域以及文本拖放到界面中，并按照 PLC 中参数的数据类型设置相应 I/O 域的数据类型。

2）通过右键快捷菜单命令将整个 HMI 对象作为一个面板创建。

3）连接 I/O 域与"电机名称"到面板接口，如图 18-33 所示。

注意：面板的创建与接口的设置、连接在此不做详细介绍。

图 18-33　连接变量到面板接口

4）单击包含面板的界面，选择"插件"→"SiVArc 属性"，定义面板的 SiVArc 属性，如图 18-34 所示。属性分为"静态值的表达式"和"变量表达式"两种，"静态值的表达式"只是简单地与程序一些参数连接，而不能根据 PLC 过程值变化，例如连接 FB 的一个字符串参数，如果参数是一个常量，在 PLC 编译后立刻就知道连接的结果，这时需要选择"静态值的表达式"进行连接；如果是一个变量，需要显示运行后参数的内容，这里就必须选择"变量表达式"进行连接，但不是所有的条目都支持上述两种属性。

图 18-34　定义面板的 SiVArc 属性

每一个界面对象的属性都有差别，但是都有一定的规律，正是利用这些规律，SiVArc 使用表达式的方式给这些属性赋值。属性的表达式含义如下：

➢ 名称。

因为每调用一个 FB（块），在 HMI 中将自动生成一个界面对象，每一个界面对象的名称不能相同，这里可以使用 FB（块）实例化数据块的名称作为界面对象的名称。对象名称是一个常量，所以选择"静态值的表达式"（不支持"变量表达式"），单击条目栏的按钮，在弹出的对话框中输入表达式"Block.DB.SymbolicName"，表示为"被调用 FB（块）的实例化数据块的符号名称"，如图 18-35 所示。

图 18-35　输入 SiVArc 表达式

表达式具有智能感知能力，输入首字母后自动地显示整个指令，输入完成后系统自动地对表达式进行编译，如果语法错误，表达式将显示红色。

➢ 电机名称。

电机名称与对象名称相同，所以也选择"静态值的表达式"，表达式为"Block.DB.SymbolicName"。

➢ 电机参数。

电机参数用于显示运行的实时值，所以必须选择"变量表达式"。从图 18-32、图 18-33 可知，电机显示的参数连接被调用 FB（块）实例数据块中的变量"电机状态"。PLC 的变量名称一定是"被调用 FB（块）的实例化数据块的符号名称.电机状态"，实例化数据块的名称在变化，而"电机状态"的名称不会变化，利用这个规律，表达式为"Block.DB.SymbolicName&"_电机状态""，前缀名称为"被调用 FB（块）的实例化数据块的符号名称"，与不变的符号名称中间使用"&"进行连接。由于这些变量需要在 HMI 中自动创建，在 HMI 中默认的 PLC 变量子层级分隔符使用"_"，如图 18-36 所示，所以这里需要使用"_"替代"."。

图 18-36　HMI 中的变量设置

如果该 FB 被作为多重实例嵌套多次调用，前缀名称可能叠加了多个名称，容易混乱，可以使用表达式 "Block.DB.HMITagPrefix&"_ 电机状态 "" 进行替代。

注意：表达式指令集可以参考 TIA 博途软件的在线帮助，这里不做介绍。

5）创建一幅界面，例如根界面，在界面中央可以添加一个文本域，于是可以在每一幅界面的中央显示界面的名称，定义文本域 SiVarc 的属性如图 18-37 所示。

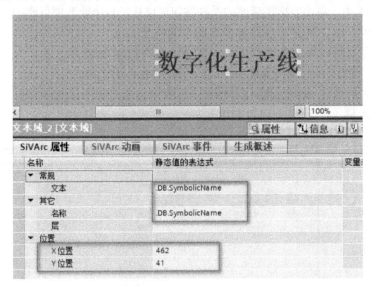

图 18-37　定义文本域 SiVarc 属性

文本和名称为静态值表达式 ".DB.SymbolicName"，表示显示的内容为上一级调用 FB（块）（FB2 和 FB3）实例数据块的名称，如果是 ".." 表示上两级，最多嵌套九级。位置设置为常数，为界面的中央位置。根据调用的关系，在界面的中央将显示 "数字化生产线 A" 或者 "数字化生产线 B"。

6）界面对象的 SiVarc 的属性设置完成后，还需要设置界面的属性，否则不能区分是生成一副界面还是多幅界面。界面的 SiVarc 属性设置如图 18-38 所示，界面为根界面。

图 18-38　界面的 SiVarc 属性

名称为静态值表达式为 ".DB.SymbolicName"，表示界面的名称为上一级调用 FB（块）（FB2 和 FB3）实例数据块的名称。如果这里不设置任何属性，生成的界面名称相同，那么所产生的界面对象将全部集中在一副界面中，如果按界面名称设置属性，在示例中将生成两幅界面，分别为 "数字化生产线 A" 或者 "数字化生产线 B"。所以清晰的程序的架构非常重要，同时也会影响到 HMI 的架构。

7）打开项目树，在"公共数据"→"SiVArc"→"界面规则表"中，定义程序块与界面对象间的规则。每一个界面规则中包含"名称""触发规则""界面对象""面板副本/界面类型""布局字段""条件""PLC 列"以及"HMI 列"等条目，这些条目的含义如下：

① 名称：每一条界面规则都有唯一的名称，需要手动键入。

② 触发规则、界面对象和面板副本/界面类型：调用选择的程序块后将选择的界面对象放置到选择的界面中。单击空格栏后面的选择按钮可以从项目中或者项目库中选择这些对象。

③ 布局字段：定义界面对象放置于界面中的位置。

④ 条件：定义哪些界面规则可以生成界面，具有过滤功能。

⑤ PLC 列、HMI 列：规则在哪个 PLC 和哪些 HMI 中生效。

示例中定义的界面规则如图 18-39 所示，即调用程序块"电机控制"后将界面对象"电机"和"文本域_1"放置到根界面中。

图 18-39　定义界面规则

8）所有的准备工作完成后，需要编译整个 PLC 程序以确定最终的程序架构，然后选择需要自动生成界面的操作屏，单击工具栏中的 按钮，即可自动生成界面和变量（可以选择与界面对象相关的变量还是所有的变量）。

9）如果增加或者减少程序块中控制对象的数量，界面重新生成后，HMI 对象自动更新并匹配。

> **注意：**
> ➢ 需要安装 SiVArc 可选软件。
> ➢ HMI 必须与 PLC 建立连接。
> ➢ 将界面语言切换成英文才能完整生成界面和变量。
> ➢ 规则也可以放到全局库中。

18.7.4　变量规则示例

根据具体设置，SiVArc 生成与界面对象相关的变量或者所有外部变量，这些外部变量仅限于背景数据块和全局数据块。在变量规则中，可指定以下信息：

➢ 存储生成变量的文件夹名称。

➢ 创建生成变量的变量表名称。

如果没有在变量规则中定义，生成的变量将无规则地全部放置到 HMI 变量中。示例中将按照 PLC 程序层级架构生成 HMI 变量的层级架构，以实例数据块名称为变量表名称进行变量的划分。

1）在项目树下，导航至"SiVarc"→"变量规则表"并打开，新建一个变量规则，在"变量组层级"中选择"HmiTag.DB.FolderPath"，在"变量表"中选择"HmiTag.DB.SymbolicName"如图 18-40 所示。

图 18-40　定义变量规则

表达式"HmiTag.DB.FolderPath"表示 HMI 中的变量按照 PLC 实例数据块的层级架构划分。

表达式"HmiTag.DB.SymbolicName"表示 HMI 中的变量按照 PLC 实例数据块的符号名称创建变量表。

2）单击工具栏中的 ![] 按钮，即可自动生成界面和变量，生成的 HMI 变量与 PLC 层级架构相匹配，如图 18-41 所示。

图 18-41　PLC 程序与 HMI 变量的层级架构

3）如果在"变量表"中选择"HmiTag.SymbolicName"，则变量结构中没有按照实例数据块的符号名称划分 HMI 变量表，如图 18-42 所示。

4）为了便于管理，层级和变量表的名称可以添加附加字符，例如""XX"&HmiTag.DB.FolderPath&"XX""，也可以拼接两个表达式，例如"HmiTag.DB.FolderPath&HmiTag.DB.SymbolicName"。

图 18-42　无 DB 名称的变量架构

18.7.5　布局的示例

通过布局功能，使自动生成的界面对象放置预定的位置上，下面以示例的方式介绍布局功能。

1）打开"根界面"，在界面中插入一个"矩形"，矩形的位置将自动生成电机控制对象的位置。

> **注意**：矩形的大小需与电机控制对象匹配。

2）在矩形的属性中，选择"插件"→"SiVarc 属性"，激活"用作布局字段"选项，在"布局字段名称"中键入名称，例如"motor"（必须是英文）。其它可以自由选择。设置完成后，通过复制和粘贴功能生成其它两个矩形图形，这三个矩形的位置即是自动生成 HMI 对象的布局区域，如图 18-43 所示。

图 18-43　设置布局的 SiVarc 属性

3）单击界面，选择"插件"→"SiVarc 属性"，使能"导航"按钮。如果生成的对象数量超过三个，将自动生成另外一个界面，同时在两个界面中也将自动生成导航按钮。

4）设置完成后将界面拖放到项目库中，在界面规则中选择该界面作为界面模板副本并选择已经做好的布局。

5）生成的 HMI 对象将自动按照设置的布局进行排列，如果界面对象溢出即超出三个，将自动生成导航按钮，如图 18-44 所示。

图 18-44 按照布局排列的界面对象

示例程序可以通过"机工电气"微信公众号，输入 24009 下载或联系工作人员索取：示例程序→ SiVarc 文件夹下的"SiVarc"项目。

18.8 TIA 博途软件 Openness 简介

TIA 博途软件 Openness 提供了多种访问 TIA 博途软件的方式，并且针对定义的任务提供了多个函数。除了在程序编辑器中编写程序代码功能以外，通过 TIA 博途软件 Openness 的 API 接口可以完成大多数 TIA 博途软件菜单的操作，替代人工的手动处理，例如打开 TIA 博途软件、下载程序、调用库中的函数等操作，TIA 博途软件 Openness 的功能介绍如图 18-45 所示。

图 18-45 TIA 博途软件 Openness 功能介绍

使用 TIA 博途软件 Openness 不但需要掌握 .Net 4.6.2 的 Microsoft Visual Studio 2015 Update 1 或更高版本的知识以及编程语言 C#/VB，还需要了解 Openness 的对象模型与 TIA

博途软件的架构对应关系，通过 Openness 提供的对象操作 TIA 博途软件。

TIA 博途软件 Openness 主要的应用如下：

（1）批量化操作

例如修改项目中若干个变频器参数，通常需要打开变频器参数界面，找到相应的参数，修改、保存后退出，然后依次修改其余变频器参数，如果调试后，参数不适合，还需要再次修改，使用 TIA 博途软件 Openness 批量化操作可以解决这样的问题。

（2）特殊的应用

例如检查运行的程序是否更新、定期上传 PLC 程序备份等操作。

（3）程序的标准化

TIA 博途软件 Openness 也可以说是实现程序标准化终极目标的工具，最理想的情况下是工艺人员将控制对象在 PC 软件上进行组装，组装完成后并编译，代码自动生成。在底层可以通过 TIA 博途软件 Openness 按照设备组装次序调用全局或者企业库中的程序块，完成大部分的编程任务。在最新的版本中，TIA 博途软件 Openness 应用程序可以将 SiVArc 实例化，这样程序生成的同时，也可以将界面对象与程序块和相应的变量进行连接。实现这样功能的前提条件是库中的对象一定要种类齐全，所以库对于标准化来讲是非常重要的。

在西门子网上下载中心可以搜索到许多关于 TIA 博途软件 Openness 的使用示例，可以参考通过用户界面生成模块化设备的示例，示例包含说明文档和高级语言的源代码，这里不再过多介绍，链接地址为：

https://support.industry.siemens.com/cs/cn/zh/view/109739678

第19章 SIMATIC S7-1500R/H 冗余系统

19.1 SIMATIC S7-1500 R/H 冗余系统简介

冗余系统可提供高度的可靠性和系统可用性。最重要的自动化组件的冗余配置可降低生产停机的可能性并减轻组件错误造成的后果。在冗余操作系统中，个别自动化组件的故障不得妨碍工厂运营。SIMATIC S7-1500 R/H 冗余系统可用领域如下：

> 隧道；
> 机场（例如行李传送带）；
> 地铁；
> 造船；
> 废水处理厂；
> 高货架立体仓库。

SIMATIC S7-1500R/H 为西门子的冗余系统，通过将发生中断或故障的单元自动切换到备用单元的方法实现系统的不中断工作。SIMATIC S7-1500R/H 冗余系统中 CPU 是冗余的，两个 CPU 并行处理相同的用户程序，如果一个 CPU 出现故障，另一个 CPU 会接替它对过程进行控制。为了保证数据的一致性，对可能导致出现数据偏差的事件进行同步，例如与其它设备的通信等。除了 CPU 冗余外，还可以根据需求实现网络、接口模块和通信的冗余。

19.2 SIMATIC S7-1500R 和 SIMATIC S7-1500H 的区别

SIMATIC S7-1500R 中的 R 是 Redundant 冗余的缩写，SIMATIC S7-1500H 中的 H 是 High available 高可用性的缩写。SIMATIC S7-1500H 结合故障安全系统 F 形成 SIMATIC S7-1500HF 系统，可实现故障安全系统的冗余。目前为止（CPU 版本 V3.0）SIMATIC S7-1500R 和 H 各发布了两款 CPU，分别是 1513R、1515R，1517H 和 1518HF，参数见表 19-1。

表 19-1　SIMATIC S7-1500R/H 参数

冗余系统	SIMATIC S7-1500R	SIMATIC S7-1500H
CPU 类型	CPU 1513R-1PN CPU 1515R-2PN	CPU 1517H-3PN CPU 1518HF-4PN
程序容量	数据工作存储器： CPU 1513R-1 PN：最大 2.5MB CPU 1515R-2 PN：最大 4.5MB 代码工作存储器： CPU 1513R-1 PN：最大 600KB CPU 1515R-2 PN：最大 1MB	数据工作存储器： CPU 1517H-3 PN：最大 8MB CPU 1518HF-4 PN：最大 60MB 代码工作存储器： CPU 1517H-3 PN：最大 2MB CPU 1518HF-4 PN：最大 9MB

（续）

冗余系统	SIMATIC S7-1500R	SIMATIC S7-1500H
同步方式	通过 PN 进行同步 数据传输率为 100Mbit/s	通过同步光纤进行同步 数据传输率为 1Gbit/s
PN IO 类型	S1、S2	S1、S2、R1
PN 站点数量	– 在 PROFINET 环网中：最多 50 个 PROFINET 设备，包括 R-CPU（建议最多 16 个 PROFINET 设备） – 在 PROFINET 环网中，通过交换机扩展连接（附加总线型、树形、环形拓扑）：最多 64 个 IO 设备	–PROFINET 环网：最多 50 个 PROFINET 设备（包括 H-CPU） –PROFINET 网络（环网、线形或组合拓扑）：最多 256 个 IO 设备
PN IO 网络拓扑	与两个 CPU 直接连接的必须是环网	环形、总线型、树形

除了两者之间硬件参数的不同，R 和 H 主要区别在于同步的介质和系统的切换时间，R 系统使用 PN 网络进行主备 CPU 的同步，系统的切换时间大约 300ms；H 系统使用专用同步模块和光纤进行主备 CPU 的同步的，系统的切换时间大约 50ms，如图 19-1 所示。

图 19-1　SIMATIC S7-1500R/H 同步方式

19.3　SIMATIC S7-1500R/H 同步机制

冗余系统至少有两个相同的设备，例如 CPU 用于增加系统的可用性，两个 CPU 中的数据同步也是非常重要的，否则在主 - 备 CPU 切换的过程中会产生数据的抖动，从而对设备造成损坏。

冗余系统同步的方式有周期同步、命令同步方式。周期同步比较简单，一个周期同步一次，如果循环周期比较长，同步时间也会变长，在主备 CPU 切换时丢失数据的概率就会变大。采用命令同步的方式大大降低了主备 CPU 切换时数据丢失的概率，但是由于同步过于频繁，给 CPU 的运行带来非常大的负载。结合周期同步和命令同步的优点，前期推出的 SIMATIC S7-400H 冗余系统采用了事件同步机制，即凡是可能产生数据偏差的事件都需要同步，例如：

➢ 直接访问 I/O 设备；
➢ 中断循环程序执行的事件；
➢ 更新用户时间，例如 S7 定时器；
➢ 更新过程映像；

➢ 通过通信功能更改数据；

➢ 修改不同的 CPU 可能造成差异的数据，例如当前时间、系统时间或运行系统消息。

SIMATIC S7-400H 事件同步的执行方式与 CPU 程序的执行是同步的，即有偏差立即同步，主备 CPU 数据相同后再执行后续的命令。SIMATIC S7-1500R/H 继承了 SIMATIC S7-400H 的事件同步方式，并在该基础上进行了优化，变为异步执行方式，在一个循环周期内，如果主 CPU 比备用 CPU 运行的速度快，在备用 CPU 中使用一个缓存区存储主 CPU 同步的数据，跟随着主 CPU 执行程序。备用 CPU 向主 CPU 报告循环结束后，主 CPU 会立即开始下一循环，SIMATIC S7-1500R/H 同步示意如图 19-2 所示。

图 19-2　SIMATIC S7-1500R/H 同步示意图

如果备用 CPU 运行的比主 CPU 快，由于没有主 CPU 的同步数据，所以运行到同步点后需要等待同步数据，然后才能执行后续程序。

19.4　SIMATIC S7-1500 R/H 连接 I/O 的方式

SIMATIC S7-1500R/H 在中央机架上不能扩展任何模块，所有模块都必须通过 PROFI-NET IO 设备接入到系统中，所以 PROFINET 通信在 SIMATIC S7-1500R/H 系统中尤为重要。

19.4.1　PN IO 设备的几种类型

SIMATIC S7-1500 R/H V3.0 版本为止，PN 设备的类型大致分为以下几种类型：

1. S1 模式

S 为 Single 的首字母，表示为单一接口；1 表示只有一个 AR（Applicationrelation），就是只能与一个 PN 控制器进行通信。一般标准 PN 设备都是 S1 类型设备，只能与一个 CPU 进行通信。在 CPU V2.8 版本，支持切换 S1 设备功能，S1 设备与主 CPU 建立通信关系后如果主 CPU 故障，设备掉站，主备 CPU 切换后重新与主 CPU（原备 CPU）建立通信关系。

2. S2 模式

S 为 Single 的首字母，表示为单一接口；2 表示有两个 AR（Applicationrelation），即

可以同时与两个 PN 控制器进行通信。S2 类型设备可以连接到 SIMATIC S7-1500R/H 系统，同时与主 - 备 CPU 进行通信。

3. R1 模式

R 为 Redundancy 的首字母，表示为冗余接口；1 表示只有一个 AR（Applicationrelation），每一个接口与一个 CPU 进行通信。

几种 PN 的类型和连接方式如图 19-3 所示。

图 19-3　几种 PN 类型和连接方式

19.4.2　S2 模式的 PN IO 设备

SIMATIC S7-1500 R/H V2.9 及以上版本冗余系统支持 S2 模式的 PN IO 设备见表 19-2。

表 19-2　支持 S2 模式的 PN IO 设备

IO 系统		
设备名称	设备图例	订货号
ET 200SP-IM155-6PN HF（FW> = 4.2）		6ES7155-6AU01-0CN0 6ES7155-6AU30-0CN0
ET 200MP-IM155-5PN HF（FW> = 4.2）		6ES7155-5AA00-0AC0
网关		
PN/PN- 耦合器		6ES7158-3AD10-0XA0
驱动设备		
S120，CU310-2PN（FW > = 5.2） （withgsdml）		6SL3040-1LA01-0AA0

（续）

IO 系统		
设备名称	设备图例	订货号
驱动设备		
S120，CU320-2PN（FW>=5.2） （withgsdml）		6SL3040-1MA01-0AA0
交换机		
SCALANCE XC-200 系列		6GK52 □□ - □□□ 00-2 □ C2
SCALANCE XP-200 系列		6GK5 2 □□ - 0 □ A00- □□ S6
SCALANCE XF-200 BA 系列		6GK5 204-2AA00-2GF2

19.4.3　R1 模式的 PN IO 设备

SIMATIC S7-1500 H V3.0 及以上版本冗余系统支持 R1 模式的 PN IO 设备见表 19-3。

表 19-3　支持 R1 模式的 PN IO 设备

IO 系统		
设备名称	设备图例	订货号
ET 200SP IM 155-6 PN R1 固件版本 V6.0 或更高版		6ES7155-6AU00-0HM0
ET 200SP HA IM 155-6 PN HA 固件 V1.2 及更高版本		6DL1155-6AU00-0PM0
ET 200iSP IM 152-1 PN 固件 V1.0 及更高版本		6ES7152-1BA00-0AB0

19.4.4 SIMATIC S7-1500R/H 连接 S1/S2 模式 PN IO 设备

在 SIMATIC S7-1500R CPU 的中央机架上不能扩展任何模块，例如 PS 电源、I/O 模块和通信处理器。除此之外，两个 CPU 之间通过 PN 网络进行同步，主 - 备 CPU X1 接口的 P2 端口之间需要一根网线直连，不能插入任何 PN IO 设备。通过 PN 网络连接的 PN IO 设备必须支持 MRP（介质冗余协议）用于主 - 备 CPU 同步的 H-Sync 报文的转发，由于 S1 设备不支持 H-Sync 报文的转发，所以只能使用支持同步报文 H-Sync 转发的交换机进行连接。XC-200、XP-200 和 XF-200BA 系列的交换机支持系统冗余 S2、介质冗余和 H-Sync 报文的转发（见表 19-2），SIMATIC S7-1500R 连接 S1/S2 设备典型配置如图 19-4 所示。

图 19-4　SIMATIC S7-1500R 连接 S1/S2 设备典型配置

在 SIMATIC S7-1500H CPU 的中央机架上同样不能扩展任何模块，例如 PS 电源、I/O 模块和通信处理器。SIMATIC S7-1500H 的主 - 备 CPU 之间通过专用同步光纤进行同步，主 - 备 CPU 之间可以插入 PN IO 设备，由于 PN 网络不需要转发用于主 - 备 CPU 同步的 H-Sync 报文，PN IO 设备只要支持 MRP（介质冗余协议）就可以连接到网络上，使用交换机进行连接可以扩展连接 PN IO 设备的数量，SIMATIC S7-1500H 连接 S1/S2 设备典型配置如图 19-5 所示。V3.0 及以上版本 SIMATIC S7-1500H CPU 连接 PN IO 设备的网络还支持线型拓扑，减少接线的工作量。无需花费时间进行 MRP 重构，因此可缩短监视时间。

在 V2.8 及以上版本的 SIMATIC S7-1500R/H CPU，可以将 S1 模式的 PN IO 设备作为切换 IO。S1 模式 IO 设备仅支持一个 AR，AR 始终用于连接 SIMATIC S7-1500R/H 冗余系统的主 CPU。主备 CPU 切换后，S1 设备也进行切换，切换过程如图 19-6 所示，切换 S1 设备对于 SIMATIC S7-1500R 和 SIMATIC S7-1500H 主备 CPU 切换的响应是相同的，示例中为 SIMATIC S7-1500H。

从图 19-6 中可以看出，在冗余系统正常运行的模式下，S1 PN IO 设备只与主 CPU 进行通信，当主 CPU 故障，与 S1 PN IO 设备通信中断，如果模块输出的信号为 1，切换时将变为 0，冗余系统切换完成后，备用 CPU 成为主 CPU，然后重新与 S1 PN IO 设备建立连接并通信，根据现场的输入状态再决定输出的状态，有可能输出信号再次变为 1，这样在 CPU 切换过程中输出将产生抖动，对生产造成影响。

图 19-5　SIMATIC S7-1500H 连接 S1/S2 设备典型配置

图 19-6　S1 设备 CPU 主 - 备切换时的响应

可以通过设置输出模块的保持功能阻止 CPU 切换造成状态的跳变，例如打开模块 DQ 8x24VDC/0.5A HF 的属性界面，选择"模块参数"→"通道模板"→"输出"选型，在"输出参数"参数栏中选择通道对 CPU STOP 模式的响应，如图 19-7 所示。

图 19-7　设置输出模块对 CPU STOP 模式的响应

如果选择保持上一个值，在 SIMATIC S7-1500 R/H 主 - 备 CPU 切换时，输出状态保持上一个有效值，CPU 切换完成后再根据输入的信息决定输出的结果。这样的应用解决了大部分连接标准 PN IO 设备的问题，但是也应注意一些问题，如果切换后的主 CPU 再次故障停机后，输出结果将保持，设备处于失控状态，只能通过断电进行人为干预。

S2 设备同时与 CPU 主 - 备进行通信，IO 设备会在输出端激活主 AR 的数据，备用 AR 的数据仅会保存下来。如果主 CPU 发生故障，备用 CPU 会成为主 CPU，同时备用 AR 会切换为主 AR，该 AR 的数据会在输出端激活。切换是无扰动的，以 SIMATIC CPU1517H 为例，S2 设备在 CPU 主 - 备切换时的响应如图 19-8 所示。

图 19-8　S2 设备在 CPU 主 - 备切换时的响应

下面以示例的方式介绍 SIMATIC S7-1500R/H 连接 PN IO 设备的过程，假设配置的需求：使用一个 SIMATIC S7-1500R 连接两个 S2 模式的 ET200SP 站点和使用交换机连接两个 S1 模式的变频器，组态过程如下：

1）打开 TIA 博途软件，创建新项目。在项目树下单击"添加新设备"，然后选择"CPU 1515R-2 PN"并选择 CPU 的版本为 V3.0（只有 V2.8 及以上版本才支持 S1 模式切换 IO），于是创建了一个 S7-1500 PLC 站点。

2）打开项目树，可以看到 SIMATIC S7-1500R/H 系统项目树中的信息。一个 SIMATIC S7-1500R/H 站点包括三部分，如图 19-9 所示。

第一部分：可查看适用于整个系统的设备组态和诊断选项。

第二部分：冗余 ID 为"1"的 CPU 属性，包括程序块、符号表、trace、变量监控表等选项。

第三部分：冗余 ID 为"2"的 CPU 属性，只有"设备组态"和"在线和诊断"选项，由于 CPU 主 - 备的程序完全相同，所以在这里没有与程序相关的选项，只有与硬件本身相关的选项。

CPU 冗余 ID 信息可以通过指令"RH_GetPrimaryID"读出，用于判断当前主 CPU 的位置。

图 19-9　SIMATIC S7-1500R/H 项目信息

1）切换到网络视图，可以看到主 - 备 CPU 之间已经通过网络连接，在拓扑视图中可以进一步查看到两个 CPU 都是使用 X1 接口的 P2 端口进行了连接，这也是为了禁止在两个 CPU 间插入 PN IO 设备（SIMATIC S7-1500R 的限制），如图 19-10 所示。

图 19-10　SIMATIC S7-1500R 主 - 备 CPU 自动连接

2）在网络视图中，选择"硬件目录"→"分布式 I/O"→"ET 200SP"→"接口模块"→"PROFINET"→"IM155-6 PN HF"中选择"6ES7155-6AU01-0CN0"并拖入到网络视图中，如图 19-11 所示。

3）将拖入的 ET 200SP 站点分配给 SIMATIC S7-1500R/H 系统。有两种方式：第一种可以按照常用的方式，鼠标单击 ET 200SP 的以太网接口，然后拖放到主 CPU 的 X1 接口，然后再次使用鼠标单击 ET 200SP 的以太网接口，拖放到备用 CPU 的 X1 接口；另外一种方式就是鼠标右击 ET 200SP "未分配"字段，然后右键快捷菜单中单击"分配给新 IO 控制器"，在弹出的窗口中，勾选两个冗余 PLC 的接口，如图 19-12 所示。S2 PN IO 设备分配完成之后，站点上"未分配"字段变为"多重分配"。

4）在 ET 200SP 站点中插入相应的模块，然后以相同的方法插入第二个 S2 模式的 PN IO 设备。

图 19-11　插入具有 S2 模式的 PN IO 设备

图 19-12　将 S2 模式 PN IO 设备分配给 SIMATIC S7-1500R/H

5）在"硬件目录"→"网络组件"→"工业以太网交换机"→"SCALANCE X-200 网管型"→"SCALANCE XC208"目录下，选择"6GK5 208-0BA00-2AC2"拖放到网络视图中并多重分配给 S7-1500R/H 系统。

6）同样将两个 SINAMICS-G120-CU240E-2PN 拖放到网络视图中并多重分配给 SIMATIC S7-1500R/H 系统。

7）在网络视图中，单击 PROFINET 网络，高亮显示同步域，如图 19-13 所示。

单击网络，在属性中导航至"PROFINET Subnet"→"域管理"→"MRP 域"→"设备"，设置 MRP 域中的设备的角色，如图 19-14 所示。除了主 - 备 CPU 的 PN 接口作为"管理员"外，其它的设备只能作为"客户端"，由于两个驱动设备通过交换机而不是直接连接到 MRP 环网上，所以选择"环网中无设备"。

图 19-13　高亮显示同步域

图 19-14　设置 MRP 域中设备的角色

8）设置完成 MRP 域后，还需要设置环网断开后的网络重构时间，重构时间必须少于 PN IO 设备的看门狗时间，否则 IO 设备掉站。冗余系统中 IO 设备的看门狗时间与更新时间的计算关系为：

看门狗时间倍率 > = (1.1 × 200ms) / 更新时间 +1，如果更新时间是 2ms，看门狗时间倍率大于等于 111 就可以了。其中 200ms 为 MRP 网络最大重构时间。

在网络视图中，单击 ET200SP 的网络接口，在"IO 周期"中设置看门狗时间倍率，示例中为 112，如图 19-15 所示，然后以相同的方式设置其它环网中的 PN IO 设备。

图 19-15　设置 IO 周期的看门狗倍率

9）最后，在拓扑视图中按照现场实际网线的连接配置网络拓扑结构，如图 19-16 所示。

图 19-16　配置网络拓扑结构

由于配置的方法相同，如果对产品不熟悉，从网络视图和拓扑视图中很难区分哪些是 S1 模式的 PN IO 设备，哪些是 S2 模式的 PN IO 设备，这些信息可以在网络视图的 IO 通信栏中，查看 PN IO 设备 S1、S2 模式如图 19-17 所示。

图 19-17　查看 PN IO 设备 S1、S2 模式

19.4.5　SIMATIC S7-1500H 连接 R1 模式 PN IO 设备

SIMATIC S7-1500H V3.0 及以上版本可以连接 PROFINET 系统冗余 R1 模式的 PN IO 设备，实现了 PN IO 设备接口模块的冗余。除此之外，CPU 也增加了更多的功能以配合 R1 设备的连接，例如增加了线性网络拓扑方式和 Y-Switch 交换机，使连接 PN IO 设备的方式更加灵活。SIMATIC S7-1500H 连接 R1 PN IO 设备的典型配置如图 19-18 所示。

图 19-18　SIMATIC S7-1500H 连接 R1 PN IO 设备的典型配置

由于 SIMATIC S7-1500R 需要使用 PN MRP 环网发送同步报文，如果按照图 19-18 方式连接 R1 设备，将不能发送同步报文，所以 SIMATIC S7-1500R 不能连接 R1 设备。

通常，在连线方便的情况下，建议使用 PN MRP 环网增加网络的可用性。包括两个 H-CPU 在内，一个 MRP 环网最多可包含 50 个 PN 设备，通过组合拓扑方式可以连接更多的 PN 设备，最多可以达到 256 个。多个 PN MRP 环网可以通过 MRP 互连进行耦合，MRP 互连由 4 个 XC200 交换机组成，包含一个主连接和辅连接，这两个 MRP 环网之间的连接也是冗余的，PN MRP 环网互联如图 19-19 所示。

SIMATIC S7-1500H 连接 R1 PN IO 设备后，主备 CPU 上的 PN 接口被划分成两个独立的网络，S1/S2 PN IO 设备就不能直接连接到 SIMATIC S7-1500H 冗余系统中。如果冗余系统中需要混合使用 R1 和 S1/S2 PN IO 设备，例如连接单网络接口的驱动设备，就需要使用 Y 型交换机（SCALANCE XF204-2BA DNA）了。Y 型交换机使用双网接入（DNA）技术将一个网络与两个网络进行连接和耦合，通过 Y 型交换机的两个 DNA 接口连接到 SIMATIC S7-1500H 冗余系统的 PROFINET 环网 1 和 PROFINET 环网 2，再通过 Y 型交换机的 PROFINET 环网端口连接 S1/S2 设备，SIMATIC S7-1500H 使用 Y 型交换机连接 S1/S2 和 R1 PN IO 设备的典型配置如图 19-20 所示。

为了增加网络的高可用性，还可以使用冗余的 Y 型交换机连接 S1/S2 PN IO 设备的配置如图 19-21 所示。

图 19-19　PN MRP 环网互联

图 19-20　使用 Y 型交换机连接 S1/S2 和 R1 PN IO 设备的典型配置

图 19-21　使用冗余 Y 型交换机连接 S1/S2 PN IO 设备的配置

下面以示例的方式介绍 SIMATIC S7-1500H 连接 R1 模式 PN IO 设备的过程，按图 19-20 所示的典型配置进行组态，过程如下：

1）打开 TIA 博途软件，创建新项目。在项目树下单击"添加新设备"，然后选择 CPU 1517H-3 PN 并选择 CPU 的版本为 V3.0，创建一个 S7-1500 PLC 站点。

2）单击两个 H-CPU 的 PROFINET 接口 X1 之间的连接 PN/IE_1，在网络的属性窗口中，导航到"属性"→"常规"→"PROFINET 子网"→"域管理"→"MRP 域"，按照实际需求添加 MRP 域。总共三个环网，需要三个 MRP 域。

3）切换到网络视图，在硬件目录中分别选择一个 R1 设备（ET200SP IM 155-6 PN R1）、两个交换机（SCALANCE XF204，订货号：6GK5 204-0BA00-2AF2）、一个 Y 型交换机（SCALANCE XF204-2BA，订货号：6GK5 204-2AA00-2YF2）和一个 S2 设备（ET200SP IM 155-6 PN HF）拖放到网络视图中。

4）选择其中一个拖放的设备，鼠标右击"未分配"字段，然后右键快捷菜单中单击"分配给新 IO 控制器"，在弹出的窗口中，勾选两个冗余 PLC 的接口，以相同的方法将所有拖放的设备分配给 SIMATIC S7-1500H 系统。

5）双击 Y 型交换机图标进入设备视图，为 Y 型交换机配置网络接口。在"IO 周期"中，设置看门狗时间倍率为 112 倍（超过 200ms 可以不设置），以相同的方式配置其余设备。

6）在网络视图中，单击 PN 网络，高亮显示同步域。在网络属性中，导航至"PROFI-NET Subnet"→"域管理"→"MRP 域"→"设备"，设置每个设备的角色。主 - 备 CPU 的 PN 接口和 Y 型交换机分别作为三个 MRP 域的"管理员"，其它的设备作为"客户端"，为设备分配不同的角色如图 19-22 所示。

图 19-22　为设备分配不同的角色

7）最后，在拓扑视图中按照现场实际网线的连接配置网络拓扑结构（R1 设备左边的接口需要连接 ID = 1 CPU 的 PN 接口；右边的接口需要连接 ID = 2 CPU 的 PN 接口），如图 19-23 所示。

图 19-23　配置网络拓扑结构

19.5　SIMATIC S7-1500R/H 系统的故障响应

当 SIMATIC S7-1500R/H 冗余系统出现故障时，系统自动响应。例如切换 CPU、自动切换 PN IO 设备的访问路径等，了解这些故障响应对故障后的程序快速处理和维护至关重要。不同的故障，系统的响应也是不同的，总的原则是 PN IO 设备的故障不会导致主备 CPU 的切换，只有主 CPU 故障才会切换到备用 CPU，下面将对不同故障的情况进行分析。

19.5.1　SIMATIC S7-1500R/H 系统通用的故障响应

1. SIMATIC S7-1500R/H 主 CPU 故障

SIMATIC S7-1500R 主 CPU 故障如图 19-24 所示。

图中数字的标注内容如下：

① 主 CPU →故障；

② 备用 CPU →成为新的主 CPU；

③ PROFINET 电缆（冗余连接，PROFINET 环网）；

④ IO 设备 ET 200MP（使用系统冗余 S2）；

⑤ IO 设备 ET 200SP（使用系统冗余 S2）；

⑥ 交换机；

⑦ 标准 IO 设备 ET 200SP（切换 S1 设备）。

故障响应顺序：

1）冗余系统的主 CPU 在冗余运行模式下发生故障，切换 S1 设备通信中断。

2）冗余系统切换为备用 CPU，备用 CPU 成为新的主 CPU，冗余系统切换为单机运行模式。

3）新的主 CPU 会与 IO 设备交换过程数据。

2. SIMATIC S7-1500R/H 备用 CPU 故障

SIMATIC S7-1500R 备用 CPU 故障示例如图 19-25 所示。

图中数字标注的内容如下：

① 主 CPU；

② 备用 CPU →故障；

③ PROFINET 电缆（冗余连接，PROFINET 环网）；

④ IO 设备 ET 200MP；

⑤ IO 设备 ET 200SP。

故障响应顺序：

1）冗余系统的备用 CPU 在冗余运行模式下发生故障。

2）冗余系统切换为单机运行模式。

3）主 CPU 继续与 IO 设备（S2 和 S1 模式 IO 设备）进行过程数据交换。

3. PROFINET 环网中的电缆故障

PROFINET 环网中的电缆故障如图 19-26 所示。

图中数字标注的内容如下：

① 主 CPU；

② 备用 CPU；

图 19-24　SIMATIC S7-1500R 主 CPU 故障

图 19-25　SIMATIC S7-1500R
备用 CPU 故障示例

图 19-26　PROFINET 环网中的
电缆故障

③ PROFINET 电缆（冗余连接，PROFINET 环网）→中断；

④ IO 设备 ET 200MP；

⑤ IO 设备 ET 200SP。

故障响应顺序：

1）PROFINET 电缆发生故障或断开连接，将导致冗余系统的 PROFINET 环网断开。

2）冗余系统将保持为冗余运行模式。主 CPU 和备用 CPU 保持原状态。

4. PROFINET 环网中的 IO 设备发生故障

PROFINET 环网中的 IO 设备发生故障如图 19-27 所示。

图中数字标注的内容如下：

① 主 CPU；

② 备用 CPU；

③ PROFINET 电缆（冗余连接，PROFI-NET 环网）；

④ IO 设备 ET 200MP；

⑤ IO 设备 ET 200SP →故障；

故障响应顺序：

1）PROFINET 环网中的 IO 设备发生故障。

2）PROFINET 环网开环。冗余系统将通过备用连接与备用 CPU 进行连接。冗余系统可再次访问 PROFINET 环网中剩余的所有 IO 设备（MRP 的切换时间内数据保持，不更新）。

图 19-27　PROFINET 环网中的 IO 设备发生故障

5. PROFINET 环网中的交换机发生故障

PROFINET 环网中的交换机发生故障如图 19-28 所示。

图中数字标注的内容如下：

① 主 CPU；

② 备用 CPU；

③ PROFINET 电缆（冗余连接，PROFINET 环网）；

④ IO 设备 ET 200MP；

⑤ IO 设备 ET 200SP；

⑥ 交换机→故障；

⑦ IO 设备 ET 200SP；

⑧ HMI 设备；

故障响应顺序：

1）PROFINET 环网中的交换机发生故障，PROFINET 环网开环。

2）冗余系统通过 MRP 即可重新访问 PROFINET 环网中的所有 IO 设备。

3）不能继续访问交换机连接的 PN IO 设备。

图 19-28　PROFINET 环网中的
交换机发生故障

19.5.2　SIMATIC S7-1500R 特有的故障响应

1. 故障 1

SIMATIC S7-1500R 中的 PROFINET 环网中有两处电缆中断（间隔大于 1500ms），如图 19-29 所示。

图 19-29　PROFINET 环网中有两处电缆中断

图中数字标注的内容如下：

① 主 CPU；

② 备用 CPU；

③ PROFINET 环网→在两点中断；

④ IO 设备 ET 200MP；

⑤ IO 设备 ET 200SP。

故障响应顺序：

1）PROFINET 环网在一点中断，冗余系统将保持冗余运行模式。主备 CPU 保持原状态。

2）PROFINET 环网在超出 1500ms 后断开。冗余系统切换为单机运行模式。主 CPU 保持在 RUN 操作状态下，备用 CPU 切换为 STOP 操作状态。

2. 故障 2

SIMATIC S7-1500R 中的 PROFINET 环网中有两处电缆中断，（间隔不超过 1500ms）时间过短导致主 - 备 CPU 无法确认当前状态，备用 CPU 不能确定是由于主 CPU 故障还是网络同时断开造成的同步中断。

故障响应顺序：

1）PROFINET 环网两处中断的时间间隔不超过 1500ms。

2）冗余系统切换为未确定的系统状态：主 CPU 保持在 RUN 操作状态下，备用 CPU 成为主 CPU，并仍处于 RUN 操作状态。

3）两个主 CPU 会继续与可访问的 IO 设备交换过程数据，发送的数据同时生效。

4）未确定的系统状态可导致控制存在危险状态，两个 CPU 间由于不能同步，主从 CPU 运行的数据可能存在偏差。

3. 故障 3

PROFINET 环网中的 IO 设备故障后主 CPU 发生故障，两点故障时间间隔大于

1500ms，如图 19-30 所示。

图 19-30　PROFINET 环网中的 IO 设备故障后主 CPU 发生故障

图中数字标注的内容如下：

① 主 CPU →故障（事件顺序中的第二次故障）；

② 备用 CPU →切换为 STOP 操作状态；

③ PROFINET 电缆（冗余连接，PROFINET 环网）；

④ IO 设备 ET 200MP；

⑤ IO 设备 ET 200SP →故障（序列中的第一次故障）。

故障响应顺序：

1）PROFINET 环网中的 IO 设备发生故障，PROFINET 环网开环。

2）冗余系统将通过备用连接与备用 CPU 进行连接。冗余系统通过 MRP 即可重新访问剩余的所有 IO 设备（MRP 的切换时间内数据保持，不更新）。

3）主 CPU 也发生故障。

4）主备 CPU 不切换，备用 CPU 切换为 STOP 模式并保持备用角色。

IO 设备故障相当于网络一点断开，如果主 CPU 再次故障（非 STOP 模式，STOP 模式还可以进行通信），现象相当主 - 备间同步电缆全部断开（时间大于 1500ms），备用 CPU 接收不到信息将切换为 STOP 模式，主 CPU 已经故障，所以系统停机。如果两点故障时间间隔小于 1500ms，备用 CPU 切换为主 CPU，冗余系统反而可以正常运行。

19.5.3　SIMATIC S7-1500H 特有的故障响应

1. 故障 1

SIMATIC S7-1500H 同步光纤故障如图 19-31 所示。

图中数字标注的内容如下：

① 主 CPU（SIMATIC S7-1500H）；

② 备用 CPU（SIMATIC S7-1500H）；

③ 两根同步光纤（冗余连接）→中断；

④ IO 设备 ET 200MP；

⑤ IO 设备 ET 200SP；

⑥ PROFINET 电缆（PROFINET 环网）。

图 19-31　SIMATIC S7-1500H 中的两条冗余连接故障

故障分为三种情况：

1）一根同步光纤电缆中断，冗余系统状态未改变，主备 CPU 通过备用光纤进行同步。

2）两根同步光纤电缆中断，中断间隔大于 55ms。冗余系统切换为单机运行模式。主 CPU 保持在 RUN 操作状态下，备用 CPU 切换为 STOP 操作状态。

3）两根同步光纤电缆同时中断，中断间隔小于 55ms。主 CPU 保持在 RUN 操作状态下，由于时间间隔短，备用 CPU 不能判断未能同步的原因，认为是主 CPU 故障，因而切换为主 CPU，冗余系统的两个 CPU 都为主，冗余系统处于未确定的系统状态，导致控制存在危险。

> **注意**：一个 IO 同时被两个 IO 控制器控制，如果输出是一个脉冲信号，由于两个 CPU 的运行周期不同，有可能一个发 0 信号，另一个发 1 信号，造成设备的剧烈抖动，设备损害。需要特殊处理。安装时建议两个同步光纤分开安装。

2. 故障 2

两根同步光纤中断和 PROFINET 电缆发生故障如图 19-32 所示。

图中数字标注的内容如下：

① 主 CPU；

② 备用 CPU；

③ 两根同步光纤（冗余连接）→中断（间隔大于 55ms）；

④ IO 设备 ET 200SP；

⑤ IO 设备 ET 200MP；

⑥ PROFINET 电缆（PROFINET 环网）→中断。

故障响应顺序：

1）同步光纤中断，两次故障的时间间隔大于 55ms。

2）冗余系统切换为单机运行模式。主 CPU 保持在 RUN 操作状态，备用 CPU 切换为

STOP 操作状态。

3）PROFINET 电缆故障，将导致 PROFINET 环网开环。冗余系统可通过备用 PROFI-NET 电缆，重新访问 PROFINET 环网中的所有 IO 设备。

3. 故障 3

备用 CPU PROFINET 环网中的两根 PROFINET 电缆故障：

1）备用 CPU 不能连接 PN IO 设备，冗余系统保持原有状态。

2）主 CPU 可以通过 PROFINET MRP 环网的备用通路访问所有的 PN IO 设备。

4. 故障 4

SIMATIC S7-1500H 中的一个冗余连接和主 CPU 故障如图 19-33 所示。

图中数字标注的内容如下：

① 主 CPU →故障（事件顺序中的第二次故障）；

② 备用 CPU；

③ 一根同步光纤（冗余连接）→中断（事件顺序中的第一次故障）；

④ IO 设备 ET 200SP；

⑤ IO 设备 ET 200MP；

⑥ PROFINET 电缆（PROFINET 环网）。

图 19-32　两根同步光纤中断和 PROFINET 电缆发生故障

图 19-33　SIMATIC S7-1500H 中的一个冗余连接和主 CPU 故障

故障响应顺序：

1）两个冗余连接中的一个中断。可用性受到限制，冗余系统保持原有状态。

2）主 CPU 也发生故障。由于出现故障，备用 CPU 不能再与主 CPU 连接。

3）主备 CPU 不切换，备用 CPU 切换为 STOP 模式并保持备用角色。

一根同步光纤断开，冗余系统功能受限，主 CPU 故障（非 STOP 模式，STOP 模式还可以进行通信），与第二根同步光纤断开现象是一样的，备用 CPU 接收不到信息将切换为 STOP 模式，主 CPU 已经故障，所以系统停机。

5. 主 CPU 不能连接 PN IO 设备

SIMATIC S7-1500H 主 CPU 不能连接 PN IO 设备，按照设备类型、网络拓扑分为三种情况，如图 19-34 所示。

图 19-34　SIMATIC S7-1500H 主 CPU 不能连接 PN IO 设备

在图 19-34a 中，SIMATIC S7-1500H CPU 的 PROFINET 环网中的两根 PROFINET 电缆故障，主 - 备 CPU 不切换，冗余系统将保持原状态。由于 PROFINET 网络为 MRP 环形拓扑，两点故障，PN IO 设备的数据不能通过同步光纤传送到主 CPU 中，PN IO 设备不能被控制将恢复替换值。

在图 19-34b 中，线性拓扑中两个 S2 设备之间的 PROFINET 线路故障，主 - 备 CPU 不切换，冗余系统将保持原状态。单击故障，ET200SP 的数据将通过同步光纤传送到主 CPU 中。

在图 19-34c 中，R1 设备 CPU 的 PROFINET 环网中的两条 PROFINET 线路故障，主 - 备 CPU 不切换，冗余系统将保持原状态。由于使用 R1 设备，增加了冗余系统的可用性，即使两点故障，通过备用 CPU 与 R1 设备的替代连接，冗余系统仍然可以访问 PN IO 设备。

19.6　SIMATIC S7-1500 R/H 的编程与调试

19.6.1　SIMATIC S7-1500R/H 可用的指令

SIMATIC S7-1500R/H 的编程与标准 S7-1500 PLC 是相同的，由于一些功能受到限制，有的系统函数不能调用。由于 TIA 博途软件使用所见即所得的方式，可用的指令在 SIMATIC S7-1500R/H 指令库中显示为黑色实体，不可用的指令则显示灰色，如图 19-35 所示。

程序块与 CPU 的版本是相关联的，例如版本 V2.6 的 SIMATIC S7-1500R/H CPU 不支持 "PID_Compact" 和 "Program_Alarm" 程序块，在 V2.8 版本的 SIMATIC S7-1500R/H CPU 中，这些程序块变为可用，所以配置硬件时应注意选择正确的版本。

因为 SIMATIC S7-1500R/H 系统的程序相同，所以在项目树中只有 ID = 1 的 CPU 带有程序部分，如图 19-9 所示。ID = 2 的 CPU 只带有设备组态和诊断选项，由于 CPU 的组态信息也是程序的一部分，修改 ID = 2 CPU 的设备组态信息也会自动修改 ID = 1 CPU 的组态信息。

不可用函数块

可用函数块

图 19-35　SIMATIC S7-1500R/H 系统可用的指令

19.6.2　SIMATIC S7-1500R/H 的特殊指令和 OB

1. 通过"RH_GetPrimaryID"确定主 CPU

使用"RH_GetPrimaryID"指令可以读取当前作为主 CPU 的 ID。该指令会在块参数 Ret_Val 中输出主 CPU 的冗余 ID。选择"指令"→"扩展指令"→"R/H 系统"中的"RH_GetPrimaryID"指令并拖放到主程序中，如图 19-36 所示。

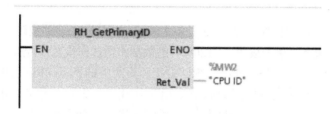

图 19-36　读出主 CPU 的 ID

Ret_Val 等于 1 表示 ID = 1 的 CPU 是主 CPU，等于 2 表示 ID = 2 的 CPU 是主 CPU。

2. 通过 RH_CTRL 指令禁用 / 启用 SYNCUP

如果其中一个 CPU 发生故障（冗余丢失），SIMATIC S7-1500R/H 冗余系统会由冗余模式切换为单机运行模式。更换故障 CPU 并切换 RUN 模式后，R/H 系统立即做出以下响应：

➤ 替换 CPU（备用 CPU）切换为 SYNCUP 操作状态，并向主 CPU 发送相应状态消息。

➤ 主 CPU 随后从 RUN 切换到 RUN-Syncup 状态。

➤ SIMATIC S7-1500R/H 冗余系统会进入 SYNCUP 状态。

处于 SYNCUP 状态时，主 CPU 用户程序运行的循环时间将延长，冗余系统响应输入信号延迟，HMI 的通信在这段时间也将中断，中断的时间与程序的大小、设置的最短循环时间有关。由于 SYNCUP 状态可能会影响现场的实时操作，使用 RH_CTRL 指令可以中断同步的过程，待需要快速响应的过程和操作完成后再启动主 - 备同步的过程，使备用 CPU 启动。

选择"指令"→"扩展指令"→"R/H 系统"中的"RH_CTRL"指令拖放到主程序中，如图 19-37 所示。

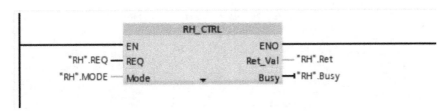

图 19-37　SYNCUP 模式控制块

指令的参数含义如下：

① REQ：为 1 时，执行指令。

② Mode：

= 3，禁用 SYNCUP 执行。

= 4，重新启用 SYNCUP。

= 7，请求 SYNCUP 系统状态。

= 8，请求主 CPU 转入 STOP 模式（SIMATIC S7-1500-R/H CPU 固件版本 V2.9 及以上版本）。

= 9，请求备用 CPU 转入 STOP 模式（SIMATIC S7-1500-R/H CPU 固件版本 V2.9 及以上版本）。

= 10，查询系统状态 SYNCUP 当前是否锁定（SIMATIC S7-1500-R/H CPU 固件版本 V3.0 及以上版本）。

③ Ret_Val：错误代码。

④ Busy：0：指令执行完成；1：指令的执行尚未完成。

3. 通过 OB72 诊断冗余故障

OB72 在 SIMATIC S7-1500R/H 冗余故障或者恢复时调用，通过在 OB72 中编写程序指示当前 CPU 的状态，OB72 的块声明参数 "Event_Class"（优化块）为 B#16#73 时表示到达事件；参数 "Fault_ID" 为

➤ B#16#01：表示由于 CPU 故障，导致冗余丢失；

➤ B#16#02：表示由于 CPU 切换为 STOP 模式，导致冗余丢失；

➤ B#16#03：R/H 系统已转入 RUN-Redundant 系统状态。

在 OB72 中，简单编写程序可以判断 SIMATIC S7-1500R/H 系统状态，如果冗余故障，点亮指示灯 "冗余故障灯亮"；如果冗余故障恢复，点亮指示灯 "冗余运行灯亮"。OB72 程序如图 19-38 所示。

4. 通过 OB70 诊断 IO 设备冗余故障

自固件版本 V3.0 起，可通过 OB 70 诊断 SIMATIC S7-1500H 系统中的 R1 和 S2 设备两个 AR 中的一个 AR 是否发生故障。冗余丢失和返回（故障恢复）都将调用 OB 70。

以下事件将导致冗余丢失：

➤ S2 设备掉电；

➤ R1 设备的两个接口模块之一故障；

➤ R1 或 S2 设备一侧的线路中断。

图 19-38　使用 OB72 程序判断冗余状态

19.6.3　SIMATIC S7-1500R/H 程序的下载

　　SIMATIC S7-1500R/H 的程序只能下载到主 CPU 中才能生效，因为只有主 CPU 才可以将修改的程序通过同步操作传送到备用 CPU 中。

　　在 SIMATIC S7-1500R/H 最初始上电阶段，系统必须为两个 CPU 进行配对即决定哪一个 CPU 是主，哪一个 CPU 是备用。只要在两个 CPU 之间创建冗余连接，将 CPU 连接至接口的相应端口（例如，对于 R-CPU：X1 P2 R），然后为两个 CPU 上电，SIMATIC S7-1500R/H 冗余系统将自动进行配对操作。冗余系统比较两个 SIMATIC 存储卡决定主 - 备 CPU 的角色，优先级由高到低的次序为 SIMATIC 存储卡包含 STEP 7 项目→SIMATIC 存储卡为空且可写入→缺失或不可写入。

　　如果两个 R/H CPU 的优先级不同，则优先级较高的 CPU 将成为主 CPU。如果优先级相同，则 CPU 序列号较低的 R/H CPU 成为主 CPU。配对完成后可以通过显示屏查看配对的状态，如图 19-39 所示。

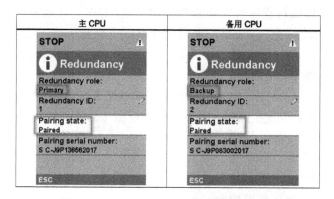

图 19-39　SIMATIC S7-1500R/H 配对状态

配对完成后，单击选择 SIMATIC S7-1500R/H 系统，然后单击下载按钮，系统会自动地浏览网络上 CPU 的 IP 地址（需要提前使用显示屏分配，如果没有 IP 地址，系统将使用 CPU 的 MAC 地址进行下载并自动分配 IP 地址），选择主 CPU（目标设备显示为"基本"）后下载按钮始能，单击下载即可，如图 19-40 所示。

图 19-40　下载程序到 CPU

目前，SIMATIC S7-1500R/H 没有 S7-400H CIR（Configuration In Run）功能，所以一定在主 CPU 处于停止的模式下才可以下载硬件配置。

19.6.4　SIMATIC S7-1500R/H 的系统状态

程序下载后，系统从停止到运行需要经过几个系统状态，通过系统状态，可直接评估冗余系统的操作特性。这些系统状态由主备 CPU 的操作状态组合而成：

> STOP；
> STARTUP；
> RUN-Solo；
> SYNCUP；
> RUN-Redundant。

主备 CPU 可能的操作状态及对应的系统状态如图 19-41 所示。

图 19-41　系统状态

图 19-41 中的编号及 CPU 启动过程的系统状态见表 19-4。

表 19-4 CPU 启动过程的系统状态

图中编号	主 CPU 操作状态	R/H 系统状态	备用 CPU 操作状态
初始情况：两个 CPU 均处于 STOP 操作状态。模式选择开关也处于 STOP 位置			
步骤 1：将程序下载到主 CPU，模式选择开关由 STOP 切换到 RUN			
①	CPU 切换到 STARTUP，并执行启动 OB100 以及其它可用的启动 OB。在 STOP 操作状态下，备用 CPU 不会与 IO 设备建立连接	STOP → STARTUP	CPU 保持 STOP 模式
②	成功为 STARTUP 后，CPU 切换为 RUN 状态。CPU 以标准 CPU 的方式在 RUN 状态下运行并执行用户程序	STARTUP → RUN-Solo（单机运行模式）	CPU 保持 STOP 模式
步骤 2：将备用 CPU 上的模式选择开关由 STOP 切换到 RUN。（即使在运行模式，也需要手动再次启动过程）			
③	RUN → RUN-Syncup	RUN-Solo → SYNCUP	STOP → SYNCUP
两个 CPU 用户程序会进行同步，以实现冗余模式。主 CPU 会将装载存储器和工作存储器的内容复制到备用 CPU。备用 CPU 会追上主 CPU 上用户程序处理的进度。成功同步后，两个 CPU 中的存储器内容完全相同			
④	RUN-Syncup → RUN Redundant	SYNCUP → RUN-Redundant	SYNCUP → RUN-Redundant
YNCUP 后，CPU 进入 RUN-Redundant 模式。两个 CPU 同步处理用户程序			

上面已经提及过主 CPU 在运行③和④阶段的时间可能比较长，在这个过程中，需要传送程序、同步静态数据、中断通信等操作，可以使用 RH_CTRL 指令禁用 / 启用 SYNCUP 过程，SYNCUP 过程如图 19-42 所示。

图 19-42 SYNCUP 过程

如果备用 CPU 运行 SYNCUP，MRP 环网必须连接完好，否则 SYNCUP 过程失败，备用 CPU 保持 STOP 模式。此外还应注意在备用 CPU 追赶主 CPU 时，一定要设定增加最小循环时间，这样可以保证备用 CPU 有足够的时间追赶主 CPU。设置 CPU 1515R 的最小循环时间为 10ms，如图 19-43 所示。如果实际运行时间为 6ms，主 CPU 会等待 4ms 用于备用 CPU 的追赶，这样同步的过程将变快，如果最小循环时间设置的过长，则 CPU 的响应处理将变慢。

图 19-43　设置 CPU 最小循环时间

19.7　SIMATIC S7-1500 R/H 的通信功能

19.7.1　SIMATIC S7-1500R/H 切换通信系统的 IP 地址

为了更加便于与标准设备或者第三方设备进行通信，SIMATIC S7-1500R/H 系统中除了每一个以太网接口具有独立的设备 IP 地址（X1、X2 和 X3 接口），两个 X1、X2 和 X3 接口还可以分别组合成三个系统 IP，如图 19-44 所示。

图 19-44　SIMATIC S7-1500R/H 的系统 IP

SIMATIC S7-1513R CPU 因为只有一个 X1 接口，所以只能有一个 X1 接口的系统 IP；SIMATIC S7-1515R 和 SIMATIC S7-1517H CPU 有 X1、X2 接口，所以可以有 X1、X2 接口的两个系统 IP；SIMATIC S7-1518HF 带有 X1、X2 和 X3 接口，可以有 X1、X2 和 X3 接口的三个系统 IP。图 19-44 中 R/H 系统 CPU 带有两个接口，以 X2 接口为例，一个 CPU X2 接口的设备 IP 地址为 192.168.1.1，另一个 CPU X2 接口的设备 IP 地址为 192.168.1.2，X2 接口的系统 IP 可以设置为 192.168.1.3（地址不能冲突）。标准 CPU 只要与系统 IP 建立通信连接就可以了，系统 IP 具有通信切换功能，通信时标准 CPU 通过系统 IP 自动与主 CPU 进行通信，主 - 备 CPU 切换后，标准 CPU 通过系统 IP 的切换功能自动地与切换后的主 CPU 进行通信。

设置 X2 接口系统 IP 的步骤如下：

1）在设备视图选择 CPU（任何一个）的属性。

2）在"PROFINET 接口 [X2]"的以太网地址栏中，勾选"启用切换通信的系统 IP 地址"选项并设置相应的系统 IP 地址即可，如图 19-45 所示。

图 19-45　启用 SIMATIC S7-1500R/H 系统 IP

设备的 IP 地址和系统的 IP 地址可以同时使用。

19.7.2　SIMATIC S7-1500R/H 支持的通信功能

由于通信将增加 CPU 的循环时间，同时也增加主 - 备 CPU 的同步负载，所以在 SIMATIC S7-1500R/H 系统中，通信功能受到了限制。SIMATIC S7-1500R/H 冗余系统支持的通信功能见表 19-5。

表 19-5　SIMATIC S7-1500R/H 的通信功能

通信功能	通信接口		
	PROFINET 接口 X1（设备 IP 地址）	PROFINET 接口 X2/X3（设备 IP 地址，SIMATIC S7-1513R 除外）	系统 IP 地址（位于接口 X1、X2 和 X3）
PROFINET IO	√	—	—
MRP（介质冗余协议）	√	—	—
LLDP（网络拓扑检测）	√	√	—
PG 通信，用于调试、测试和诊断	√	√	—
HMI 通信，用于操作控制和监视	√	√	√
开放式用户通信（TCP、ISO ON TCP、Modbus TCP）	√	√	√
S7 通信（作为服务器）	√	√	√
S7 路由	√	√	—
IP 转发	√	√	√
时间同步	√	√	—
Web 服务器	—	—	—
IRT	—	—	—
OPC UA	—	—	—

19.7.3　SIMATIC S7-1500R/H 与标准 CPU 的 OUC 和 S7 通信

SIMATIC S7-1500R/H 系统与标准 CPU 之间可以通过 OUC 和 S7（冗余系统只能作为服务器，客户端使用 PUT/GET 指令读写服务器的数据）通信服务进行通信。SIMATIC S7-1500R/H 使用系统 IP 地址后可以近似地看作一个标准 CPU，建立连接的方式和通信程序块的调用也与标准 CPU 相同，具体的操作步骤可以参考通信章节，这里不再介绍。

19.7.4　SIMATIC S7-1500R/H 与标准 CPU 通过 PN/PN 耦合器通信

通过 PN IO 方式，标准 CPU 与 SIMATIC S7-1500R/H 可以进行实时数据通信，但是直接连接有很多的条件限制，例如：

➢ SIMATIC S7-1500R/H 不能作为一个智能 PN IO 设备只能作为 PN IO 控制器；

➢ 标准 CPU 可以作为智能 PN IO 设备，但是只能以 GSD 方式接入，GSD 方式不支持 MRP；

➢ 标准 CPU 可以接入 SIMATIC S7-1500H 的线型拓扑网络中，但是只能作为 S1 设备，还需要考虑主备 CPU 切换的问题。

通过 PN/PN 耦合器（最新版本可以作为 S2 设备）可以将标准 CPU 很容易地接入到 SIMATIC S7-1500R/H 系统中。标准 CPU 可以连接 S1 设备，这样也可以间接地将 S1 设备接入到冗余系统中，如图 19-46 所示。

图 19-46　SIMATIC S7-1500R/H 通过 PN/PN 耦合器连接标准 CPU

下面以示例的方式介绍 PN/PN 耦合器的配置过程，步骤如下：

1）在 TIA 博途软件中创建一个项目，插入冗余 CPU，例如 SIMATIC S7-1517H，V3.0 版本。

2）在网络视图中，选择"硬件目录"→"网络组件"→"网关"中的 PN/PN 耦合器（V4.2 版本）并拖入到网络视图中。

3）单击 PN/PN 耦合器的左边以太网接口（X1 接口），然后拖放到主 CPU 的 X1 接口，然后再次单击 PN/PN 耦合器的以太网接口，拖放到备用 CPU 的 X1 接口。设备分配完成之后，站点上"未分配"字段变为"多重分配"。

4）如果是环网需要配置 MRP 角色和最小监控时间。

5）在项目中插入一个标准 CPU，例如 CPU 1513，然后使用鼠标拖放方式连接 CPU 1513 X1 接口和 PN/PN 耦合器的 X2 接口。

6）双击 PN/PN 耦合器站点，在"模块参数"→"转换映射"中设置 PN/PN 耦合器 X1 接口和 X2 接口的映射区，例如创建一个"传输区"，SIMATIC S7-1517H 16 个字节输入，起始地址为 0，对应 CPU 1513 的输出区，起始地址为 0，这样通信配置完成，CPU 1513 的 QB0~15 对应 CPU 1517H 的 IB0~15。

19.7.5　SIMATIC S7-1500R/H 使用系统 IP 与 HMI 通信

使用 SIMATIC S7-1500R/H 的系统 IP 地址与 HMI 通信解决了冗余系统主 - 备切换的问题，系统 IP 地址总是使用主 CPU 的设备 IP 地址，主 - 备切换，系统 IP 地址也会随之进行切换，过程如图 19-47 所示。

图 19-47　使用系统 IP 与 HMI 连接

使用系统 IP 地址与 HMI 通信也是推荐的方式，好处是支持系统和过程诊断功能，HMI 侧不需要额外的操作。使用系统 IP 地址也应考虑一些特殊情况，因为系统 IP 地址总是指向主 CPU 的设备 IP 地址，所以 HMI 同样总是连接到主 CPU 的设备 IP 地址，如果与主 CPU 的连接线中断，主 - 备 CPU 并不会切换，这时，HMI 与 SIMATIC S7-1500R/H 的通信将中断，如图 19-48 所示。所以保证网络的可靠和冗余是非常必要的！

使用 SIMATIC S7-1500R/H 的系统 IP 与 HMI 连接非常简单，以西门子操作面板为例，连接 SIMATIC S7-1517H 的系统 IP 的步骤如下：

1）在 TIA 博途软件中插入一个 SIMATIC S7-1517H 站点，分别单击 CPU 的 X2（或者 X1）接口，然后创建一个网络，使两个接口在相同的网络中，最后配置接口的设备 IP 地址和系统 IP 地址。

2）在项目中插入一个操作面板，例如 TP700。设置 IP 地址并与 SIMATIC S7-1500R/H 系统连接到相同的子网中。

图 19-48　使用系统 IP 与 HMI 连接情景

3）在网络视图中，单击"连接"按钮并选择 HMI 连接。

4）单击 HMI 的以太网接口，使用鼠标拖放功能连接到 SIMATIC S7-1500 R/H 任意一个接口 X2 接口，弹出提示窗口，如图 19-49 所示。

图 19-49　选择系统 IP 连接

5）选择"SIMATIC S7-1500R/H-System_1"完成通信配置。在 HMI 连接的属性中可以查看 HMI 是否通过系统 IP 地址与 SIMATIC S7-1500R/H 的进行连接。

使用 SIMATIC S7-1500R/H 的系统 IP 地址连接 HMI，当主 - 备 CPU 进行切换时，HMI 可能会显示连接中断并且切换时间比较长，这时因为系统 IP 地址找不到主 CPU 的设备 IP 地址，尝试重新连接，这与 CPU 以太网端口设置的"保持连接监视"的时间有关，默认设置为 30s，减少监视时间将缩短 HMI 的切换时间。

在切换的过程中应断开原来主 CPU 的连接，并与新的主 CPU 建立连接，这时可能在 HMI 中显示连接中断，然后显示连接建立等信息。由于是 S7 主通信方式，切换过程中 HMI 数据保持不变，连接重新建立后数据开始更新。

第20章

打印和归档程序

20.1 打印简介

程序编辑和调试完成之后，需要打印成文档保存。TIA 博途软件集成打印功能，可以打印整个项目或项目内的单个对象。打印输出的参考文档结构清晰，有助于项目后期的维护和服务工作，同时也可打印输出用于对客户进行演示的文档或者完整的系统文档。

可根据个人需求设计界面的外观，例如，在项目文档中，既可以添加公司徽标或使用公司的界面布局，也可以创建任意多个设计形式作为框架和封面。这些框架和封面存储于项目树的"文档设置"项中，并作为项目的一部分。还可以在封面和框架中使用占位符，占位符可以是页码、日期、文本或者图像。如果不想设计个人模板，也可使用 TIA 博途软件库中集成的框架和封面，其中包括符合 ISO 标准的技术文档模板。

可以打印的内容如下：

> 项目树中的整个项目；
> 项目树中的一个或多个项目相关的对象；
> 编辑器的内容；
> 表格；
> 库；
> 巡视窗口的诊断视图。

不能在下列区域打印：

> TIA 博途软件视图；
> 详细视图；
> 总览窗口；
> 除诊断视图外的巡视窗口的所有选项卡；
> 比较编辑器；
> 除库外的所有任务卡；
> 大部分对话框；
> 与项目无关的 PG/PC 属性。

注意：打印时至少选择一个可打印的元素，如果打印一个选中的对象，则所有包含的下级对象都将被打印。例如，如果在项目树中选择了一个设备，则将打印该设备中所有的数据。图形视图必须单独打印。

20.1.1　打印设置

可以对打印的常规属性进行设置，这是对 TIA 博途软件的设置，与项目无关。在 TIA 博途软件的菜单栏中，选择"选项"→"设置"→"常规"选项卡，在"打印设置"标签中设置打印属性，如图 20-1 所示。

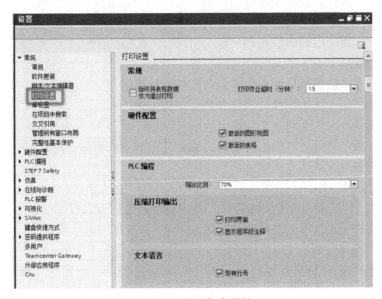

图 20-1　设置打印属性

1. 常规

始终将表格数据作为值对打印：如果没有激活该选项，则以表格形式打印。例如打印变量表时数输出的形式如图 20-2 所示。

默认变量表 [152]

PLC 变量

PLC 变量 名称	数据类型	地址	保持	在 HMI 可见	可从 HMI 访问	注释
Tag_1	DWord	%MD100	False	True	True	
Tag_2	Word	%MW100	False	True	True	

图 20-2　以表格方式打印变量表

如果选择了"始终将表格数据作为值对打印"选项，则元素以值对（即元素的属性与数值成对）的形式打印输出。打印输出将列出每个元素的属性，这适合于元素的属性非常多并且超出了打印区域时的情况，例如打印变量表时，打印输出的格式如图 20-3 所示。

默认变量表 [152]

PLC 变量

PLC 变量		名称	Tag_1	数据类型	DWord	地址	%MD100	保持	False
在 HMI 可见	True	可从 HMI 访问	True	注释					
		名称	Tag_2	数据类型	Word	地址	%MW100	保持	False
在 HMI 可见	True	可从 HMI 访问	True	注释					

图 20-3　以值对方式打印变量表

打印作业超时（分钟）：如果某些对象无法完整打印，则在组态的超时时间（分钟）后将显示一条信息。

2. 硬件配置

激活的图形视图：是否需要打印网络和设备视图中设备的外观图形。

激活的表格：是否需要将编辑器中设备的属性以表格方式打印出来。

3. PLC 编程

缩放比例：按照一定的缩放比例打印 LAD/FBD 程序段。

4. 压缩打印输出

打印界面：程序块的接口声明是否包含在打印输出中。

显示程序段注释：块的注释是否包含在打印输出中。

5. 文本语言

带有行号：对于基于文本的编程语言，是否打印程序代码的行号。

6. 运动控制 & 工艺

设定工艺对象的打印样式：

对话框 / 图形：如果编辑器支持的话，其内容将以图形方式打印。

表格：以表格形式打印工艺对象的参数。

7. HMI

显示制表键顺序：在 HMI 运行系统中，可以使用"Tab"键到达所有可操作对象。使用"Tab 顺序"命令来定义操作员在运行系统中激活这些对象的顺序。激活此选项，就可以在打印输出中，打印出这个顺序。

20.1.2 框架和封面

用户可以自己设置打印的框架和封面，这样可以给打印的文档提供专业的外观。封面可以个人设计也可以使用 TIA 博途软件中集成的封面，集成的封面可以进行再调整并重新将其存储为模板。在项目树下的"文档信息"中添加自定义的文档信息，并关联相应的打印框架和封面。可以创建多个"文档信息"，并关联不同的框架和封面，同样也可以自定义框架和封面。双击项目树中的"文档设置"→"框架"→添加新"框架"或"封面"→"添加新封面"条目，在弹出的对话框"名称"区域中输入封面或框架的名称；从"纸张类型"下拉列表中，选择纸张大小；在"方向"下拉列表中选择以纵向或横向格式打印界面。然后选择"添加"，这样就可以编辑封面或框架，新建的框架如图 20-4 所示。

在右侧的"工具箱"中，可以将其中的"元素"添加到框架中，然后对这些元素进行编辑，这样在打印出的文本中就会显示出这些元素：

（1）文本框

文本框代表文档信息中的文本元素占位符，在文本框的属性中，可设置在打印过程中自动插入文档信息中的那些文本。

（2）日期时间

打印时将插入日期和时间，而不是占位符。在巡视窗口的属性中可以指定打印创建日期、检查日期、打印日期等。

图 20-4　自定义框架和封面

（3）页码

打印时会自动地引用正确的页码。

（4）自由文本

可以在文本字段的属性中输入静态文本，不会受打印时所选文档信息的影响。

（5）图形

在巡视窗口的"图形"属性中选择图像文件，可以使用 BMP、JPEG、PNG、EMF 或 GIF 格式的图像。具体方法是从选件里添加图形元素，然后在其属性对话框中导入图形文件。

TIA 博途软件集成的封面和框架存储于库中，如图 20-5 所示。在全局库中的"Documentation templates"中包含有可在项目中使用的封面和框架，可使用拖放操作将封面和框架从系统库移动复制到项目中，然后根据项目要求，再调整项目树中的封面和框架。也可以将封面和框架从项目树移动到全局库，以便在其它项目中使用。

图 20-5　使用库中的封面和框架

20.1.3　文档信息

设计好框架和封面之后，可以进一步设计"文档信息"。可以使用系统默认的文档信息，也可以自定义。在文档信息中指定打印框架和封面，也可以创建多个不同的文档信息，以便在打印时快速切换包含不同信息、框架、封面、页面大小和页面打印方向的文档信息。例如，可以用多种语言生成打印输出，并为每种语言提供不同的文档信息。文档信息可以保存在全局库中供多个项目使用。

双击项目树中"文档设置"→"文档信息"→"添加新文档信息"标签，就可以立即创建新的文档信息。在"框架与封面（&C）"选项下，可以选择用户自定义的框架和封面，如图 20-6 所示。

图 20-6　创建新的文档信息

然后，选择菜单"项目"→"打印"指令，在弹出的打印界面中，可以选择库中的模板或者自定义的文档信息。

20.1.4　打印预览

在"项目"菜单中，选择"打印预览"命令，打开"打印预览"对话框。在对话框中，可以选择用于打印输出的文档信息；选择"打印对象 / 区域"是编辑器中的所有对象还是选中的对象；在属性中选择是"全部"还是"压缩"，"全部"是指打印全部项目数据，"压缩"是指以精简格式打印项目数据。

20.2　程序归档简介

如果对一个 TIA 博途项目操作的时间较长，则可能会产生大量的文件，在将项目备份或者通过可移动介质、电子邮件等方式进行传输时，希望缩小项目的大小。通过项目归档或使用最小化功能可以缩小项目文件的大小。

20.2.1　程序归档的方式

程序归档有两种方式：

（1）项目压缩归档方式

TIA 博途软件项目压缩归档就是将项目存储为一个压缩文件，文件包中包含一个完整项目，即包含项目的整个文件夹结构。在将项目文件压缩成归档文件之前，所有的文件将减少至只包含基本的组件，从而进一步缩小项目的大小，因此项目归档非常适合使用电子邮件进行发送。项目归档的文件扩展名为 ".zap[TIA 博途的版本号]"。例如由 TIA 博途软件 V18 创建的项目归档文件的扩展名为 ".zap18"。

（2）项目最小化方式

可以不对项目文件进行压缩，而是只创建项目的副本。副本中所包含的文件只有该项目的基本元素，因而所需的空间会降至最低。这样不仅可以保持项目的完整功能，也可以由 TIA 博途软件直接打开。

要归档一个项目，按照以下步骤操作：

1）在 TIA 博途软件的"项目"菜单中，选择"归档"命令。

2）在弹出的对话框中，选择项目的源路径和归档的目标路径，如图 20-7 所示，如果要创建项目压缩文件，则选择"归档为压缩文件"，不选择则以项目最小化方式保存项目副本。单击"归档"按钮，项目归档任务完成。

图 20-7　归档设置对话框

如果选择归档选项"丢弃可恢复的数据"，归档项目同时会重新组织项目。另外，如果不希望归档搜索索引和 HMI 编译结果，或者项目已经编辑了很长时间，则可选择选项"丢弃可恢复的数据"（Discard restorable data），归档后再恢复的项目文件会减少存储尺寸。

20.2.2　打开归档项目

可以直接通过"项目"菜单中的"打开"命令打开项目及以压缩归档方式存储的项目。

第21章

移植 SIMATIC S7-300/400 项目到 SIMATIC S7-1500

21.1 SIMATIC S7-300/400 项目移植到 SIMATIC S7-1500 简介

若要在新项目中使用 SIMATIC S7-1500 的新功能和新特性替代原有的 SIMATIC S7-300/400 PLC，但同时又希望最大限度地使用原有 SIMATIC S7-300/400 的程序，以缩短项目开发时间，可以将 STEP 7 V5.X 中 SIMATIC S7-300/400 的项目移植为 SIMATIC S7-1500 的项目。移植分为硬件部分和软件部分，硬件找功能相似的模块进行替换，一些特殊的模块需要专用的函数库支持，例如高速计数器模块、FM458 以及其它一些定位模块等，替换这些模块时可能需要重新编写程序。软件移植可以使用 TIA 博途软件自带的工具将原 SIMATIC S7-300/400 程序转换为适合 SIMATIC S7-1500 的程序，相对而言，软件的移植比硬件的替换要复杂，本章节也以软件为主介绍项目的移植。

21.2 移植 SIMATIC S7-300/400 项目的限制

TIA 博途软件支持移植原 STEP 7 V5.X 中绝大部分的硬件、功能和编程语言。支持移植的编程语言涵盖 LAD、FBD、SCL、STL、GRAPH。但是，仍然有部分硬件、功能和指令无法在 TIA 博途软件及 SIMATIC S7-1500 中实现，在移植之前应特别注意。

21.2.1 硬件限制

TIA 博途软件支持的硬件是以 2007 年 10 月 1 日为限，在 2007 年 10 月 1 日之前退市的模块，TIA 博途软件不支持，也不能通过安装硬件更新包 HSP（Hardware Service Pack）的形式获得支持。待移植项目中有期限之前的模块时，请首先在项目中替换为相应模块的后续型号后，才可以实现硬件移植。

待移植项目中如果包含 TIA 博途软件不支持的硬件，移植过程会中止，并在生成的移植日志中告知中止原因，查阅移植日志可获知具体不支持的模块信息。也可以通过 "TIA Portal Readiness Check Tool" 工具先行检测待移植项目中包含的硬件在 TIA 博途软件中是否支持。如不支持，该软件会告知后续替代型号。检测结果可导出为 PDF 或 CSV 格式。该工具软件可以在西门子技术支持网站免费下载，无需授权，下载解压后即可运行。应注意的是运行该软件需要 Java 的支持，所以需要运行该工具软件的 PC 上安装有 Java。

TIA Portal Readiness Check Tool 下载链接如下：

http：//support.automation.siemens.com/CN/view/en/60162195

其它 TIA 博途软件不支持的硬件如下：

CPU31xT、S7-400H、S7-400 的多值计算功能（一个机架中插入多个 CPU）、FM 458

及其附属模块。

> **注意**：移植的过程先是平台的移植，从 STEP 7 到 TIA 博途软件，TIA 博途软件不支持 2007 年 10 月 1 日之前的模块，所以移植会报错并终止。可以选择不移植硬件，只移植软件部分，在后期从 SIMATIC S7-300/400 移植移植到 SIMATIC S7-1500 时重新配置硬件即可。硬件的限制不包括分布式 I/O 站点。

21.2.2　功能限制

由于 SIMATIC S7-300/400 PLC 的一些功能很少使用，或者已经被替代或淘汰，这些功能将无法移植，例如 MPI 接口支持的 GD 全局通信（S7-1500 已没有 MPI 接口，可通过其它通信方式如 I-Device 等替代 GD 全局通信）、PROFIBUS-FMS 通信、PROFIBUS-FDL 通信、编程语言 HiGraph 以及使用 iMap 软件配置的 PROFINET CBA 通信。此外，由于系统框架发生变化，也不支持软冗余项目的移植。

由 STEP 7 V5.X 创建的程序库也不能移植，但是可将程序库中的块先添加到项目中，然后移植到 TIA 博途软件后，再将项目中的程序块重新添加到 TIA 博途软件的库中。

21.2.3　集成项目的注意事项

集成项目是指以 STEP7 V5.X 为平台安装了其它软件，用于 HMI、驱动等设备的组态，这样在一个项目中包含各种设备，便于设备间的通信和管理。集成项目分以下几类：

➢ STEP 7 V5.X +WinCC Flexible2008 SP2/SP3 的集成项目；

➢ STEP 7 V5.X + WinCC 的集成项目；

➢ STEP 7 V5.X + Drive ES 或 SIMOTION SCOUT 的集成项目。

对于 STEP 7 V5.X +WinCC Flexible2008 SP2/SP3 的集成项目，根据实际项目的应用情况，可以直接移植。

对于 STEP 7 V5.X + WinCC 的集成项目，不能直接移植，需要使用移植工具。

对集成 HMI 的项目也可实现部分移植：

➢ 如果仅需移植 STEP 7 项目则需将 HMI 部分删除；

➢ 如果仅需移植 WinCC Flexible 的部分，则需在 WinCC Flexible 中解除集成；

➢ 如果仅需移植 WinCC V7 的部分，则需选择 STEP 7 项目文件夹下的 WinCC project 文件中的 *.MCP 作为 WinCC 的移植文件。

对于 STEP 7 V5.X + Drive ES 或 SIMOTION SCOUT 的集成项目，无法实现集成移植，必须解除集成，并将项目重新组织另存后，方可进行移植。

21.3　项目移植的前期准备工作

如果在同一台计算机上完成移植工作，根据待移植项目的不同，需要在该计算机上安装相应软件及授权如下：

1. 只移植 STEP 7 V5.X 的项目

➢ 需要安装 STEP 7 V5.7 及有效授权；

➢ 需要安装选项包及对应授权（例如 SCL，Graph，Distributed Safety... ）。

2. 只移植标准 WinCC Flexible 2008 SP2/SP3 项目

➢ 无需安装 WinCC Flexible 2008 SP2/SP3。

3. 集成项目（STEP 7 V5.X + WinCC Flexible 2008 SP2/SP3）

➢ 需要安装 WinCC Flexible 2008 SP2/SP3 及有效授权；

➢ 需要安装 STEP 7 V5.7 及有效授权。

如果在编程器 PG 上只安装了 TIA 博途软件而没有安装 STEP 7 V5.X 和 WinCC Flexible 2008 SP2/SP3 及相应授权，则需要借助 "Migration-Tool" 移植工具来实现项目数据的移植。该工具在 TIA 博途软件安装光盘目录 Support 下，文件名称为 "SIMATIC_Migration_Tool_TIA_Vxx（xx 表示 TIA 博途软件的版本）.exe"，该软件无需授权，但需要安装。

安装了该工具软件的编程器可以将 STEP 7 V5.X 和 WinCC Flexible2008 SP2/SP3（或 WinCC V7.x）的项目通过该软件生成一个中间项目，然后在只安装了 TIA 博途软件的编程器 PG2 上继续对中间项目进行移植，过程如图 21-1 所示。

STEP 7 V5.X　　　　　中间项目　　　　　　TIA Portal
WinCC Flexible　　　　（*.amXX）　　　　　　项目

图 21-1　使用 Migration-Tool 移植工具来实现移植

在移植前，应检查原项目中是否含有 SCL 创建的程序块，如果有则需要 SCL 的源文件，并且存放在 PLC 项目下的 "Sources" 文件夹下，并确保 "Sources" 下所有程序块没有加密，否则在移植过程中 TIA 博途软件会将无源文件的程序块自动转化为加密的程序块，而加密的程序块是无法进一步移植到 SIMATIC S7-1500 上的；而原 STEP 7 V5.X 中 "Sources" 下的源文件如果加密，则移植将直接报错，以致无法进行。

21.4　在 STEP 7 V5.7 中对原项目进行检查

在移植前，应对原 STEP 7 V5.X 的项目进行一次重新编译，以防止由于原项目数据不一致或者包含 TIA 博途不支持的组件而引起的移植报错并中止。

推荐使用最新版本的 STEP 5.7 SP1 对原 V5.X 的项目进行重新编译和调整消息号，具体步骤如下：

1）使用 STEP 7 V5.7 SP1 打开原项目，选择 CPU 下的 "Block" 并单击右键，选择 "Check Block Consistency…"，开始对项目进行一致性检查。

2）在弹出的界面中，单击编译按钮如图 21-2 所示。于是将对原项目进行一致性检查。

3）项目重新编译后，应确保编译后的项目没有错误，检查使用 PLC 系统函数或函数块生成消息标识号的一致性。再次选择 CPU 下的 "Block" 并单击右键，选择 "Special Object Properties" → "Message Numbers…" 对消息号进行检查。

4）在弹出的界面中，单击 "Options" 按钮进入默认设置界面，选择基于 CPU 的消息号即第一个选项，如图 21-3 所示。

5）配置完成之后，在 SIMATIC Manager 下，选择 "File" 下的 "Save As…" 对原项目进行另存。

6）在弹出的对话框中选择另存路径，并勾选 "With reorganization（slow）" 选项，这样将对原项目

图 21-2　重新编译所有块

进行重新组织，并去除 TIA 博途软件不支持的选件包，于是项目就可以直接在 TIA 博途软件中进行移植了。

图 21-3　确保所有消息是基于 CPU 的类型

21.5　移植 STEP 7 V5.7SP1 的 SIMATIC S7-300/400 项目到 TIA 博途软件

移植过程分为两部分，首先应进行平台的移植，即 SIMATIC S7-300/400 的项目从 STEP 7 到 TIA 博途软件平台的移植。

对于项目的移植，始终建议使用最新版本的 TIA 博途软件来完成该工作。打开 TIA 博途软件，在 TIA 博途软件视图中选择 "移植项目" 进入移植界面，如图 21-4 所示。

在源路径中，选择 STEP 7 V5.7 SP1 项目中的 *.S7P 文件。项目移植到 TIA 博途软件有两种形式：默认设置中是不带硬件移植的，即只移植项目程序；也可以选择包含硬件移植，这样移植后的项目中将包含原项目硬件的配置信息。然后指定移植后项目的存储路径，单击 "移植" 按钮进行移植。移植所需的时间取决于项目的大小、硬件模块的数量、程序块的多少以及计算机的性能等因素。

图 21-4　选择待移植的项目

移植后的 SIMATIC S7-300/400 项目，需要重新在 TIA 博途软件中编译。如编译有错，应根据编译提示对项目进行修改，然后再次编译，直到项目编译没有错误为止。

> **注意：** 在移植过程中可能会报错中止，应根据移植日志中的错误信息对项目进行处理。

21.6　移植 TIA 博途软件中的 SIMATIC S7-300/400 项目到 SIMATIC S7-1500

移植的第二部分就是硬件平台的移植，即从 SIMATIC S7-300/400 到 SIMATIC S7-1500。在 TIA 博途软件的设备视图中，鼠标选中 SIMATIC S7-300/400 的 CPU，单击右键选择"移植到 S7-1500"即开始执行到 SIMATIC S7-1500 的移植，如图 21-5 所示。

图 21-5　从 SIMATIC S7-300/400 移植到 SIMATIC S7-1500

在弹出的菜单中，应从右侧的 SIMATIC S7-1500 控制器列表中选择移植后使用的 CPU 型号和版本号。在移植前会弹出一个警告窗口，提示移植后的项目必须进行程序测试后方可在实际项目中使用，确认后执行项目的移植。

在后续弹出的界面中，应选择 SIMATIC S7-1500 使用哪些串行通信指令，如图 21-6 所示。如果被移植项目中没有使用 ET 200S 的串行通信模块，本设置界面可忽略，直接单击确定；如果有，选择"对于 S7-1500 的集成通信模块，使用新的 PtP 指令"，意味着原 ET 200S 将在新的 SIMATIC S7-1500 应用中被 ET 200MP 或 ET 200SP 的串行模块替代；如果选择"继续对 S7-300/400 通信处理器使用 PtP 指令"，则意味着 ET 200S 的串行通信模块将在新的 SIMATIC S7-1500 系统中继续使用。

图 21-6　选择 SIMATIC S7-1500 使用的串行通信指令

选择完成后，单击"确定"按钮，移植正式开始。

移植到 SIMATIC S7-1500 后，应将项目重新编译，并根据编译的结果，对 SIMATIC S7-1500 的项目进行修改。

> **注意**：在移植过程中，如果报错中止，应根据移植日志的提示对项目进行检查更正，然后继续移植，直到移植完成。
>
> 在移植过程中不会删除原有的 CPU 和分布式 IO，移植过程只添加了一个 SIMATIC S7-1500 CPU 站点并将用户程序移植到新的 CPU 中，其它信号模块和分布式 I/O 等并不会自动添加到 SIMATIC S7-1500 系统中。应根据实际情况选择相应的模块和分布式 I/O 类型，再添加到 SIMATIC S7-1500 系统中，添加过程中应注意模块的地址应与原项目程序中使用的地址相匹配。

21.7　移植应注意的问题

从 SIMATIC S7-300/400 移植到 SIMATIC S7-1500，组态和编程的平台与 PLC 的系统都发生了变化，可能会遇到的问题概括为以下几点：

（1）硬件部分

1）对于 CPU 容量和响应时间的要求，可以在西门子网站下载选型工具 TST（TIASelection Tool），软件推荐使用 CPU 类型，软件下载地址为：

https://new.siemens.com/global/en/products/automation/topic-areas/tia/tia-selection-tool.html

2）I/O 模块的匹配是否有特殊的要求，例如转换时间、输入延时以及诊断功能。

3）功能模块 FM 的替换，例如高速计数 FM350-1/2、定位模块 FM351、FM353、FM354 等，这些模块在 SIMATIC S7-1500 中不再支持，必须使用新的模块进行替代和重新编程。

4）通信功能的变化，MPI、PROFIBUS 通信使用 Ethernet/PROFINET 通信替换。

（2）软件部分

1）OB 块与系统函数 / 函数块的变化，使用相应函数和函数块替代或者改写程序。

2）SIMATIC S7-1500 中对数据类型的检查更加严格。

3）大端编码与小端编码，主要与第三方进行通信时，字节的排列次序发生变化。

4）SIMATIC S7-1500 中诊断的 ID 不是模块的起始地址而是硬件的标识符。

5）通信机制的变化将影响程序的结果。

6）SIMATIC S7-1500 中不再支持状态字，所以 STL 的移植会出现更多的问题。

绝大部分移植的问题最终归结于软件部分，这些问题大都集中在 STL 语言的移植上，因为 SIMATIC S7-1500 底层系统不支持 STL。下面将介绍软件移植过程中的一些常见问题。

21.7.1　组织块与系统函数 / 函数块的移植

由于 SIMATIC S7-300/400 与 SIMATIC S7-1500 的系统架构不同，支持的系统指令和组织块 OB 等也有差异。在移植后，OB 会有一些调整，移植前后 OB 的变化见表 21-1。

表 21-1　SIMATIC S7-300/400 与 SIMATIC S7-1500 的 OB 对照表

原 S7-300/400 中的 OB	移植到 S7-1500 后的 OB
OB60 多处理器中断	不支持，在移植过程中会被删除
OB70 I/O 冗余故障（只对于 H CPU）	
OB72 CPU 冗余故障（只对于 H CPU）	
OB73 通信冗余故障（只对于 H CPU）	
OB101 热启动	
OB81 电源故障	OB 82 诊断中断
OB84 CPU 硬件故障	
OB87 通信故障	
OB 85 优先等级错误	OB 83 移除 / 插入模块
	OB 86 机架错误
OB 88 处理中断	由 OB 121 编程错误（仅限全局错误处理）替代
OB 102 冷启动	由 OB 100 启动组织块替代

同样由于系统架构的差异，支持的指令也不同，所以移植项目中包含的系统指令从 SIMATIC S7-300/400 移植到 SIMATIC S7-1500 后，也会发生变化。在移植日志中，会出现以下几种图标，代表在移植过程中可能出现的 4 种情况：

🛈 SIMATIC S7-1500 系统的指令与 SIMATIC S7-300/400 系统的指令完全相同。

❗ 部分系统功能将被自动地更改及调整，例如：

CTRL_RTM（SFC3）→ RTM（SFC101）

D_ACT_DP（SFC12）→ D_ACT_DP（SFC45）

CREAT_DB（SFC22）→ CREATE_DB（SFC86）

CREA_DBL（SFC82）→ CREATE_DB（SFC86）

AG_SEND（FC5）→ TSEND（SFB150）

CTRL_RTM（SFC3）的移植如图 21-7 所示，系统自动地添加临时变量以满足移植的要求，所以移植后的程序需要用户再次确认并测试。

图 21-7　CTRL_RTM（SFC3）的移植

🔵一些系统功能块将不再支持，需要用户手动调整：

ALARM_SQ（SFC17）→ PROGRAM_ALARM（FB700）

AS_MAIL（FB49）→ TMAIL_C（FB1032）

GET_S（FB14）→ GET（SFB14）

RDSYSST（SFC51）→ GET_DIAG（SFC117）

RDSYSST（SFC51）的移植如图 21-8 所示，移植后系统函数变为红色，表示系统不再支持，用户需要调用 GET_DIAG（SFC117）以满足控制的要求。

图 21-8　RDSYSST（SFC51）的移植

⚠️指令已不再支持，例如 MPI 相关指令、RSE（报告系统错误）相关指令、

DP_SEND（FC1）/DP_RECV（FC2）等指令在 SIMATIC S7-1500 中已不支持或者不再需要。这些功能的实现需要使用新的指令和方法。

21.7.2 数据类型不匹配

STEP 7 V5.X 对数据类型的要求不严格，而 TIA 博途软件对数据类型要求比较严格，同样的程序在 STEP 7 V5.X 以 LAD 语言显示，移植到 TIA 博途软件上，由于数据类型不匹配，只能以 STL 语言显示（STL 对数据类型不检查），如图 21-9 所示，变量 MD100、MD104 和 MD108 在 STEP 7 V5.X 中声明的变量类型为双字，移植到 TIA 博途后自动转换为 STL 语言。

图 21-9　数据类型不匹配（1）

如果是程序块的调用，从 STEP 7 V5.X 移植到 TIA 博途软件则会报错，如图 21-10 所示，在 STEP 7 V5.X 中，FC1 声明的形参是浮点数据类型，在 OB1 中调用赋值的变量是双字数据类型，移植到 TIA 博途软件后报错。这些都是编程不严谨或是编程习惯不好造成的，因为在数据块中可以声明一个数组变量快速创建地址空间并节省时间，这也是造成数据类型不匹配的主要原因。如果在 STEP 7 V5.X 的符号表或者数据块中定义正确的数据类型，例如浮点数据类型，移植后就不会出现问题。

图 21-10　数据类型不匹配（2）

21.7.3　无效浮点数的处理

SIMATIC S7-1500 无效浮点数的处理方式与 SIMATIC S7-300/400 的不同，SIMATIC S7-300/400 的表达式"无效浮点数 <> 1.0"的结果为 FALSE；SIMATIC S7-1500 的表达式"无效浮点数 <> 1.0"的结果为 TRUE，如图 21-11 所示。由于存在这种差异，可能会导致程序中的指令产生不同结果。

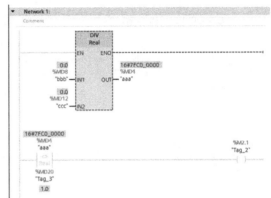

图 21-11　无效浮点数的处理方式不同

21.7.4　诊断地址的变化

SIMATIC S7-300/400 诊断地址使用的是模块的逻辑地址，SIMATIC S7-1500 诊断地址使用的是模块的硬件标识符，在程序移植后需要手动修改，如图 21-12 所示。

图 21-12　诊断地址的变化

21.7.5　函数块参数的自动初始化

在 SIMATIC S7-300/400 中，必须为函数中的输出参数进行赋值，否则输出可能是一个随机值；在 SIMATIC S7-1500 中，由于在调用函数块时，将对基本元素数据类型的输出参数自动地进行初始化，从而极大地降低了未定义输出参数产生的风险。对于这些系统方面的变化，在程序移植时也应注意，否则同样的程序执行的结果会不同，如图 21-13 所示，在 SIMATIC S7-300/400 中输出参数值为 1，移植后在 SIMATIC S7-1500 中输出参数值为 0，通过 trace 可以看到，输出参数为 1 一个周期，然后被系统初始化为 0 了。这样的问题也是由于编程不规范造成的，因为在 SIMATIC S7-300/400 没有对输出编写初始化程序，输出的结果可能是随机的，如果编写初始化程序，结果是一样的。如果确实需要在函数中这样操作，可以将输出参数变为输入 / 输出参数。

图 21-13　块参数自动初始化

21.7.6　系统状态信息的查询

SIMATIC S7-300/400 通过状态字可以判断运算结果，例如运算结果是否溢出，但是 SIMATIC S7-1500 中没有状态字，所以移植后也会出现问题，如图 21-14 所示，程序移植报错，解决的方法是在 SIMATIC S7-1500 中调用 GET_ERROR、GET_ERR_ID 或者其它方法判断运算结果。

图 21-14　系统状态信息的查询

21.7.7　SIMATIC S7-300、SIMATIC S7-1500 CPU 与 HMI 通信的差异

SIMATIC S7-300 CPU 与 HMI 进行通信，数据的发送与接收是在 CPU 的程序扫描完成之后发生的，而 SIMATIC S7-1500 CPU 是在程序扫描期间多次进行，通信机制与 SIMATIC S7-400 相同，如图 21-15 所示。

图 21-15　通信机制的差异

SIMATIC S7-300 与 SIMATIC S7-1500 CPU 与 HMI 通信机制的差异也会影响到移植后程序运行的结果，下面可以通过一段程序测试这种差异带来不同的结果，示例程序如图 21-16 所示。

```
1         L      "Tag_1"                        %MW10
2         T      "Tag_2"                        %MW12
3         A      "Tag_3"                        %M100.0
4         JCN    jmp
5         L      400                            400
6   next: T      "Tag_5"                        %MW2
7         CALL   WAIT
8                WT :=10000       //扫描等待总共4S   10000
9         L      "Tag_5"                        %MW2
10        LOOP   next
11  jmp:  NOP 0
12        L      "Tag_1"                        %MW10
13        L      "Tag_2"                        %MW12
14        ==I
15        JC     End
16        SET
17        =      "Tag_6"                        %M100.1
18  End:  NOP 0
19
```

图 21-16　用于测试 HMI 与 CPU 通信的示例程序

程序执行，将变量 MW10 的值传送到变量 MW12 中，如果 M100.0 为 0，则直接运行跳转标签 "jmp" 后的程序；如果为 1 则程序等待 4 秒后再运行跳转标签 "jmp" 后的程序。然后比较 MW10 和 MW12 的值，如果相同则跳转到标签 "End" 结束程序；如果不相同，设置 M100.1 为 1。将示例程序分别下载到 SIMATIC S7-300 和 SIMATIC S7-1500 CPU 中，测试过程如下：

1）设置 M100.0 为 1，让程序扫描等待 4 秒（需要设置 CPU 扫描的看门狗时间大于 4 秒）。

2）在 4 秒的时间内通过 HMI（可以使用 PG 替代）修改 MW10 的值，使之与 MW12 的值不一样。

3）查看 M100.1 的结果。

测试的结果如下：

SIMATIC S7-300 CPU 中 M100.1 的值为 0；SIMATIC S7-1500 CPU 中 M100.1 的值为 1。

原因：

SIMATIC S7-300 CPU 与 HMI 通信是在循环控制点发生的，所以通过 HMI 修改变量 MW10 的值一定会传送到变量 MW12 中，MW10 与 MW12 相等，所以 M100.1 的值为 0；SIMATIC S7-1500 CPU 与 HMI 通信是在程序执行时发生的，所以通过 HMI 修改变量 MW10 的值可能不会传送到 MW12 中，这样 M100.1 的值就设置为 1 了，只有在程序扫描完成后并在执行第一条指令前修改 MW10 的值才能使 M100.1 保持为 0，但是概率太小了。

SIMATIC S7-400 与 SIMATIC S7-1500 CPU 通信机制相同，所以程序移植不会出现这样的问题。

解决方案：

HMI 与 SIMATIC S7-1500 CPU 的数据交换应设置通信缓存区，然后再将通信缓存区的数据传送到 PLC 或者 HMI，示例中 HMI 可以与 SIMATIC S7-1500 CPU 的一个数据块变量例如 DB1.DBW0 连接，然后将 DB1.DBW0 的数据传送到 MW10 就可以避免上述的差异。

通信机制的差异除了影响程序逻辑运算的结果，有时还会影响通信不能顺利执行。图 21-17 是从 SIMATIC S7-300 移植到 SIMATIC S7-1500 的一段示例程序，HMI 直接连接 PLC 变量 MD20 并对函数的输入 / 输出声明 "HMI_TAG" 进行赋值。使用 SIMATIC S7-300 时，操作正常，移植后发现 HMI 设定的值不能传送到 PLC 中，多次尝试后可能会成功。尝试的次数与在函数中对 HMI 数据进行处理的程序量大小有关，程序量越大尝试的次数越多，这样的问题也是由于通信机制的变化造成的，HMI 与故障安全函数块交换数据也会遇到这样的问题（造成 CPU 停机），解决的方案是相同的。

图 21-17 HMI 对 InOut 参数的赋值

21.7.8 Any 指针的移植

SIMATIC S7-300/400 程序中 Any 指针移植到 SIMATIC S7-1500 是没有问题的，但是应注意特殊的应用，例如对 Any 的赋值是一个变量，SIMATIC S7-300 的示例程序如图 21-18 所示，指针的存储区为 DIX（访问实例 DB），在 SIMATIC S7-1500 中不支持，程序移植到 SIMATIC S7-1500 并下载到 CPU，CPU 由于不能发现实际存储地址而处于停止模式，这里需要将 16#85 改为 16#84（存储区为 DBX）即可以解决问题。

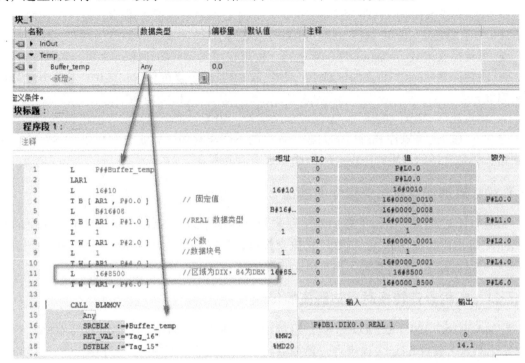

图 21-18　Any 指针的移植

21.7.9　逻辑运算顺序和跳转

　　STL 编程语言的跳转指令用于实现控制任务的选择，在 SIMATIC S7-300/400 中可以在任何指令中插入跳转标签，并且使用跳转指令触发。如果在一个逻辑操作指令中（逻辑单元）加入一个跳转指令，当程序运行时可能会发生意外错误，这样在特定情况下可能导致 CPU 进入停止状态。导致的原因主要是使用"或""或非"指令导致首次扫描位的状态无法确定，示例程序如图 21-19 所示。

图 21-19　逻辑运算顺序和跳转

跳转标签加在逻辑单元的中间，如果条件满足跳转到"M1"执行"ON"指令，指令的首次扫描位状态在 SIMATIC S7-300/400 中将根据程序顺序或者跳转确定，在 SIMATIC S7-1500 中不能确定，所以编译报错。解决的方法如下：

➢ 跳转标签"M1"加在程序的第七行，使之在逻辑单元的开始；

➢ 跳转标签"M1"后使用"SET"或者"CLR"指令复位首次扫描位，重新开始新的逻辑单元；

➢ 跳转标签"M1"前使用"BE""BEU"和"BEC"指令结束前序的逻辑单元。

总之，逻辑运算顺序和跳转的问题与程序的不严谨有关，即使在 SIMATIC S7-300/400 不报错，但是这样的逻辑顺序也会给调试和维护造成困难。

21.7.10　累加器以及相关指令的移植

SIMATIC S7-1500 虚拟了累加器 1 和累加器 2 用于运行 STL 程序，如果在 SIMATIC S7-400 中使用累加器 3 和 4，则程序移植会报错，只能使用中间变量，例如数据块转存累加器 3 和 4 的值并替换累加器 3 和 4 相关的指令。

21.7.11　编程语言转换时累加器值的传递

SIMATIC S7-300/400 LAD 和 STL 编程语言都是基于 STL，程序块中的不同程序段可以使用 LAD 或者 STL 编程语言，累加器的值从上到下是传递的。SIMATIC S7-1500 的 LAD 和 STL 编程语言是相互独立的，所以累加器的值不会传递。这样的差异同样会影响程序的移植，如图 21-20 所示的示例程序，移植过程没有报错，但是控制结果不同。左边是移植前的程序状态，程序段 2 执行后，累加器 1 的值传递到程序段 3，计算结果为 30。移植到 SIMATIC S7-1500 后，程序段 1 执行后，累加器 1 的值传递到程序段 3，计算结果为 100，同样的程序控制结果发生变化，如果每一个程序段的程序是独立的则可以避免这样的问题。从这个示例中也可以看到，不同编程语言的代码在 SIMATIC S7-1500 的一个程序块中只是为了方便显示，在内部是完全独立。

图 21-20　编程语言转换对移植的影响

21.7.12　块调用时状态字信息的传递

在 SIMATIC S7-300/400 的程序中调用程序块时，调用块的状态字信息会传递到被调用块中，而 SIMATIC S7-1500 则不能进行传递，在移植时将会报错。下面以示例的方式进行介绍，SIMATIC S7-300/400 移植前的示例程序如图 21-21 所示，在 FC2 中调用 FC1，相当于使用 M1.5 对 M1.2 赋值。

图 21-21　块调用时状态字的传递 - 传入被调用块中（移植前）

移植到 SIMATIC S7-1500 编译报错，原因是 M1.2 之前的状态未知，需要在移植后的程序中进行修改以满足要求，改动如图 21-22 所示。

图 21-22　块调用时状态字的传递 - 传入被调用块中（移植后）

1）在 FC1 的属性中时能"通过寄存器进行参数传递"选项。

2）在 FC2 使用 UC 或者 CC 调用 FC1（使用指令 UC 和 CC 调用程序块，参数是通过寄存器而非接口传递到调用块，使用 CALL 指令报错）。

这里有一个问题就是使用 UC 和 CC 调用程序块时，被调用块不能带有形参，如果有则需要程序较大改动。

同样调用的块在 SIMATIC S7-1500 中也不能将状态信息传出，在移植时也会报错。例如 SIMATIC S7-300/400 移植前的程序如图 21-23 所示。

图 21-23 块调用时状态字的传递 - 传出被调用块（移植前）

程序移植到 SIMATIC S7-1500 后编译报错，原因是在 FC2 中 RLO 的状态未确定，需要对移植后的程序进行修改以满足要求，修改后的程序如图 21-24 所示，即在 FC1 中使用 SAVE 指令保存 RLO 的结果到 BR 位中，然后在 FC2 中应用 BR 保存的状态。

图 21-24 块调用时状态字的传递 - 传出被调用块（移植后）